国际经济学

主　编　杨宏玲
副主编　成新轩　张晓华　王　青

北京理工大学出版社
BEIJING INSTITUTE OF TECHNOLOGY PRESS

内 容 简 介

本书以微观经济学和宏观经济学为理论基础，以国际经济关系为研究对象，系统介绍了国际经济中各经济体相互联系的内在机制、影响及政策。本书广泛吸收了国内外优秀教材的成果，对国际经济学理论框架所涉及的主流内容进行了系统介绍，同时将国际经济学领域的新成果融入各相关章节，兼顾了教材的基础性和前沿性。本书以案例和专栏的形式融入了课程思政内容，以增强课程的铸魂育人功能。

本教材注重理论演进的渐进性和前沿性，内容逻辑严密，叙述深入浅出，语言表达准确流畅。每章均附有本章小结和复习思考题，以方便读者学习。

本书可作为高等学校经济类专业本科生的教材，也可供其他专业选用和社会学者阅读。

版权专有　侵权必究

图书在版编目（CIP）数据

国际经济学 / 杨宏玲主编. --北京：北京理工大学出版社，2022.11

ISBN 978-7-5763-1829-6

Ⅰ.①国… Ⅱ.①杨… Ⅲ.①国际经济学 Ⅳ.①F11-0

中国版本图书馆 CIP 数据核字（2022）第 209165 号

出版发行 / 北京理工大学出版社有限责任公司

社　　址 / 北京市海淀区中关村南大街 5 号

邮　　编 / 100081

电　　话 /（010）68914775（总编室）
　　　　　（010）82562903（教材售后服务热线）
　　　　　（010）68944723（其他图书服务热线）

网　　址 / http：//www.bitpress.com.cn

经　　销 / 全国各地新华书店

印　　刷 / 河北盛世彩捷印刷有限公司

开　　本 / 787 毫米×1092 毫米　1/16

印　　张 / 17　　　　　　　　　　　　　　　责任编辑 / 王晓莉

字　　数 / 395 千字　　　　　　　　　　　　文案编辑 / 王晓莉

版　　次 / 2022 年 11 月第 1 版　2022 年 11 月第 1 次印刷　　责任校对 / 周瑞红

定　　价 / 89.00 元　　　　　　　　　　　　责任印制 / 李志强

图书出现印装质量问题，请拨打售后服务热线，本社负责调换

本教材项目依托项目：

教育部首批新文科研究与改革实践项目——经济学类国家级一流本科专业融入理工要素的人才培养模式改革研究（2021050022）

河北省高等教育教学改革研究与实践项目——大数据时代经济学类国家一流本科专业"开放式"创新人才培养模式研究（2020GJJG003）

前言

国际经济学是经济类专业的基础理论课，是教育部确定的高等学校经济学类 8 门核心课程之一。河北大学经济学院的国际经济学课程是省级精品课，教材建设一直是我们不断提升教学质量的重要工作之一。近年来，世界经济形势风云变幻，我国面临百年未有之大变局，国际经济学也不断出现新成果，国际经济学教材应及时体现这种新变化。国家提出要全面推进高校课程思政建设，教材建设是积极推进课程思政建设的重要举措。

本书融入了编者多年的教学科研成果，并广泛吸收了国内外优秀教材的成果，对国际经济学理论框架所涉及的主流内容进行了系统介绍，以确保课程体系的完整性。同时将近年国际经济研究的新领域融入各相关章节，如新新贸易理论、全球价值链理论、国家安全与贸易、新区域主义等，兼顾了教材的基础性和前沿性。本书以案例和专栏的形式融入了课程思政内容，以增强课程的铸魂育人功能，如习近平总书记的重要讲话、"一带一路"倡议、中国的"非市场经济地位"问题、新《美墨加协定》中的"毒丸条款"及对我国的影响、我国的自贸区战略及实施情况等。

全书共十七章，第一章为绪论，第二章至第六章为国际贸易理论部分，第七章至第九章为国际贸易政策，第十章和第十一章是反映"二战"后国际经济新变化的理论，第十二章至第十七章为国际金融部分。

本书由河北大学经济学院杨宏玲主持完成，并完成大部分章节的编写，河北大学经济学院成新轩、张晓华、李敏和王青几位老师对本书提出了大量有价值的建议并参与了部分章节的写作和修改。经济学院的几位研究生为本书做了大量资料收集整理工作，他们分别是刘卜菲、赵敏秀、孙欢新、肖雅、李雨潮、庄巧艳、孔艺萌、刘格、王晓颖。

本书编写过程中参阅了大量国内外著作、教材和学术论文，若参考文献中未明确罗列，敬请原作者谅解，在此一并致谢。感谢北京理工大学出版社冯洪波编辑的耐心支持和辛苦付出。

目录

第一章 绪论 (1)
- 第一节 国际经济学的研究对象 (1)
- 第二节 国际经济学与微宏观经济学的联系和区别 (3)
- 第三节 国际经济学的研究内容 (5)
- 第四节 国际经济学的研究方法和主要微观分析工具 (7)
- 本章小结 (8)
- 复习思考题 (9)

第二章 古典国际贸易理论 (10)
- 第一节 重商主义的贸易观点 (10)
- 第二节 绝对优势理论 (12)
- 第三节 比较优势理论 (15)
- 第四节 机会成本与比较优势 (18)
- 第五节 多种商品、多国时的比较优势 (21)
- 第六节 古典贸易理论的验证 (22)
- 本章小结 (24)
- 复习思考题 (24)

第三章 国际贸易均衡 (26)
- 第一节 机会成本递增条件下的贸易均衡 (26)
- 第二节 贸易均衡价格 (29)
- 第三节 自然资源禀赋论、偏好与国际贸易 (33)
- 本章小结 (35)
- 复习思考题 (35)

第四章 要素禀赋理论 (36)
- 第一节 赫克歇尔-俄林模型 (36)
- 第二节 要素禀赋理论的拓展 (42)
- 第三节 特定要素与国际贸易 (48)

第四节　赫克歇尔-俄林模型的验证与解释 ··· (50)
　　本章小结 ··· (53)
　　复习思考题 ··· (54)

第五章　现代国际贸易理论 (55)
　　第一节　规模经济与国际贸易 ·· (55)
　　第二节　垄断竞争与差异产品贸易 ·· (61)
　　第三节　寡头垄断与同质产品产业内贸易 ··· (65)
　　第四节　重叠需求国际贸易理论 ··· (69)
　　第五节　新—新贸易理论 ··· (71)
　　第六节　全球价值链的理论进展 ··· (73)
　　本章小结 ··· (75)
　　复习思考题 ··· (75)

第六章　动态国际贸易理论 (76)
　　第一节　生产要素的增长与国际贸易 ··· (76)
　　第二节　技术转移与国际贸易 ·· (82)
　　第三节　需求变动与国际贸易 ·· (86)
　　第四节　国际贸易对经济增长的影响 ··· (88)
　　本章小结 ··· (90)
　　复习思考题 ··· (91)

第七章　国际贸易政策：关税与非关税壁垒 (92)
　　第一节　关税及其经济效应 ·· (92)
　　第二节　进口配额及其影响 ·· (99)
　　第三节　出口补贴及其影响 ·· (102)
　　第四节　反倾销 ··· (104)
　　第五节　其他非关税壁垒措施 ··· (106)
　　本章小结 ··· (110)
　　复习思考题 ··· (110)

第八章　贸易保护的理论依据 (111)
　　第一节　贸易条件改善论 ··· (111)
　　第二节　幼稚产业保护理论 ·· (113)
　　第三节　凯恩斯的超贸易保护理论 ··· (116)
　　第四节　战略性贸易政策理论 ··· (117)
　　第五节　贸易政策的政治经济学 ··· (120)
　　第六节　国家安全论 ··· (121)
　　第七节　保护公平竞争论 ··· (123)
　　本章小结 ··· (124)
　　复习思考题 ··· (124)

第九章　贸易政策的实践 (125)
　　第一节　发达国家贸易政策的演变 ··· (125)

第二节　发展中国家的经济发展战略与贸易政策…………………………（130）
  第三节　国际贸易体系………………………………………………………（135）
  本章小结…………………………………………………………………………（143）
  复习思考题………………………………………………………………………（144）

第十章　国际区域经济一体化……………………………………………（145）

  第一节　国际区域经济一体化的内涵及类型………………………………（145）
  第二节　关税同盟理论………………………………………………………（148）
  第三节　新区域主义…………………………………………………………（152）
  第四节　国际区域经济一体化的实践………………………………………（154）
  本章小结…………………………………………………………………………（160）
  复习思考题………………………………………………………………………（161）

第十一章　国际要素流动与跨国公司……………………………………（162）

  第一节　资本的国际流动……………………………………………………（162）
  第二节　劳动力的国际流动…………………………………………………（167）
  第三节　对外直接投资与跨国公司…………………………………………（171）
  本章小结…………………………………………………………………………（175）
  复习思考题………………………………………………………………………（175）

第十二章　汇率与外汇市场………………………………………………（176）

  第一节　外汇与汇率…………………………………………………………（176）
  第二节　外汇市场……………………………………………………………（179）
  第三节　固定汇率制度和浮动汇率制度……………………………………（184）
  本章小结…………………………………………………………………………（188）
  复习思考题………………………………………………………………………（188）

第十三章　国际收支………………………………………………………（189）

  第一节　国际收支和国际收支平衡表概述…………………………………（189）
  第二节　国际收支平衡表的主要内容………………………………………（190）
  第三节　国际收支的平衡、失衡及影响……………………………………（195）
  本章小结…………………………………………………………………………（197）
  复习思考题………………………………………………………………………（197）

第十四章　汇率决定理论…………………………………………………（198）

  第一节　铸币平价理论………………………………………………………（198）
  第二节　购买力平价理论……………………………………………………（199）
  第三节　汇率决定的资产市场分析法………………………………………（203）
  第四节　汇率理论发展的新趋势……………………………………………（208）
  本章小结…………………………………………………………………………（210）
  复习思考题………………………………………………………………………（210）

第十五章　国际收支调整理论……………………………………………（211）

  第一节　价格-铸币流动机制………………………………………………（211）

第二节　国际收支调整的弹性论 ……………………………………………… (213)
　　第三节　国际收支调整的吸收论 ……………………………………………… (218)
　　第四节　国际收支调整的货币论 ……………………………………………… (221)
　　本章小结 ………………………………………………………………………… (224)
　　复习思考题 ……………………………………………………………………… (224)

第十六章　开放经济条件下的宏观经济政策 …………………………………… (225)
　　第一节　开放经济条件下的内外平衡与政策搭配 …………………………… (225)
　　第二节　开放经济条件下的宏观经济模型 …………………………………… (231)
　　第三节　固定汇率制度下的宏观经济政策 …………………………………… (233)
　　第四节　浮动汇率制度下的宏观经济政策 …………………………………… (237)
　　本章小结 ………………………………………………………………………… (241)
　　复习思考题 ……………………………………………………………………… (241)

第十七章　国际货币制度 …………………………………………………………… (242)
　　第一节　国际货币制度的演变 ………………………………………………… (242)
　　第二节　国际货币制度改革 …………………………………………………… (251)
　　第三节　最优货币区理论与欧洲货币一体化实践 …………………………… (254)
　　本章小结 ………………………………………………………………………… (260)
　　复习思考题 ……………………………………………………………………… (260)

参考文献 ……………………………………………………………………………… (261)

第一章 绪 论

近代以来，特别是 20 世纪 90 年代以来，以信息技术革命为中心的高新技术迅猛发展，制度创新不断演进，使以国家为主体的国际经济活动日益频繁，所涉及的范围也越来越广泛。通过国际贸易、国际投资及劳动力的国际流动等途径，各国经济相互依赖的程度不断加强，世界经济越来越融为一个整体。经济学家们用"经济全球化"（Economic Globalization）来概括各国之间这种越来越密切的联系。进入 21 世纪，经济全球化进程加快，以全球价值链为主的国际分工深刻影响各类生产要素的跨国流动，促进新一轮科技革命的孕育、兴起，数字技术强势崛起，推动全球价值链的重构，以上趋势将导致国家之间的国际经济活动更加复杂。

经济全球化是一把"双刃剑"，它推动了全球生产力的大发展，加速了世界经济增长，为少数发展中国家提供了难得的历史机遇。与此同时，经济全球化也加剧了国际竞争和国际投机，增加了国际风险，造成环境污染和气候变化，并对国家主权和发展中国家的民族工业形成了严重冲击等。在现有的以国家为单位的经济关系中，制度的局限性日趋突出。经济全球化使财富日趋集中在少数人手中，财富分配不均导致社会矛盾日益尖锐。经济全球化趋势被主要发达国家的民众或被选出的政府所否定，形成了以本国利益优先为特征的逆全球化或反全球化的态势。作为经济学重要分支学科的国际经济学，是解释并作为国际经济运行的基本理论和基本政策确立的基础。学习国际经济学有助于我们了解掌握开放市场经济条件下国际经济运行的一般理论和政策，有助于我们掌握分析和理解国际经济问题的工具和框架，从而更好地把握国际经济现象，使我国在国际竞争中居于有利地位，为我国构建国内国际双循环、相互促进的新发展格局提供借鉴和参考。

第一节 国际经济学的研究对象

国际经济学作为一门重要的经济学的分支学科，其研究对象是国际经济关系，即研究主权国家之间经济的相互依存性。国际经济关系是指一国同其他国家的经济关系，是世界范围内各个国家或地区间经济关系的总和。从现代经济学的观点看，这种国家间的经济依存关系在本质上反映的是一种生产的国际关系，是对生产力因素的相互作用的研究，它受国家间政治、社会、文化及军事等因素的影响，又反过来影响这些因素。国际经济关系不仅涉及各国的经济利益，而且深深影响各国人民的日常生活与经济福利。健全而稳定的国际经济关系,有助于维护和促进世界的和平与繁荣。

国际经济关系已有数千年的历史,这方面的研究可以追溯到中世纪,但作为一门独立的学科,大约兴起于20世纪40年代,至今已形成一个较完整统一的体系,其基本理论框架已大致形成,所涉及的领域和范围也已基本明确。随着国际经济实践的发展,其理论内容也在不断充实和扩大。具体来讲,国际经济学主要研究稀缺资源在世界范围内的最优配置,分析一个国家与世界上其他国家之间在商品、劳务和资本方面的流动和流向,分析直接约束这种流动和流向的国内政策,以及这些政策对一国福利所产生的效应。作为经济学的一个重要分支学科,它与微观经济学和宏观经济学共同构成了经济学的基础。

关于国际经济学的研究对象,美国哥伦比亚大学的波特·凯能(Peter B. Kenen)和雷蒙·卢比兹(Raymond Lubitz)这样指出:国际经济学学者把世界看成一个由各个分立的国家组成的社会,它试图说明国家商品、劳务和资本的流动,估计它们对国内福利的影响,并预测各国在国内政策方面所能做出的反应。另一位学者德尔伯特·斯奈德(Delbert A. Sinder)说,国际经济学主要研究国家经济关系,其中包括国际分工、国际商品交换、国际劳工和资本流动的原因的研究、数量的研究、过程的研究以及后果的研究,并且在这些研究中还将包括制度、结构、不同发展程度的各国之间的经济关系等问题。

要对国家之间的经济活动和经济关系进行深入研究,我们必须把国家视为经济活动的基本单位或行为主体。就研究的着眼点而言,有两种观察角度:一种是站在单个国家的角度,首先假定一国同外部世界隔绝,而后才开始同其他国家发生贸易和金融关系;另一种则是站在世界整体的角度,假定各个地区之间不存在贸易障碍和政策差别。在实际研究和分析中,几乎所有的国际经济学学者都采取了第一种观察角度,因为它体现了历史和逻辑的一致性。

专栏1-1

什么样的汽车算美国汽车

要回答什么样的汽车算美国汽车并非易事,这话听起来也许有些奇怪。一辆产自俄亥俄州的本田雅阁算是美国汽车吗?那么在加拿大生产的克莱斯勒小货车呢(现在克莱斯勒已经成为德国戴姆勒-克莱斯勒的一部分)?近50%的零部件进口自日本的肯塔基丰田或马自达可以算是美国汽车吗?显然,要确定什么是真正的美国汽车变得越来越困难,人们的观点也大相径庭。

一些人认为,凡是在北美(美国、加拿大、墨西哥)组装的汽车都算美国汽车,因为它们用的是美国制造的零部件。但美国汽车业工人联合会认为在加拿大和墨西哥制造汽车抢走了美国工人的就业机会。有些人认为由位于美国的日本工厂生产的汽车应视为美国汽车,因为他们为美国人提供了就业岗位。另一些人则认为这些日本"跨国工厂"生产的汽车应该算是美国外的汽车,理由是:(1)他们创造的工作岗位是从美国汽车制造者那里转移过来的;(2)他们使用的零部件有近40%是从日本进口的;(3)它们将利润转回了日本。那么,如果这些工厂使用的零部件75%甚至90%是美国生产的,又该怎么算呢?由马自达位于密歇根州的工厂为福特生产的福特Probe汽车可以算是美国汽车吗?

要准确界定一辆美国汽车的确有困难，即使1992年颁布的《美国汽车标签法》要求所有在美国出售的汽车均须标明其零部件产自国内和国外的比例之后，这种情况仍然没有改变。也许有人怀疑在各国相互依存和全球化的世界，这样的问题是否还有意义。为了增强竞争力，汽车制造商必须从全球购买更便宜、质量更好的零部件，同时还要将汽车销往世界各地以获得大规模生产的经济效益。福特在6个国家（美国、英国、德国、意大利、日本和澳大利亚）设计汽车，在30个地区（北美3个，南美3个，亚洲7个，欧洲17个）拥有生产设备，其员工中，来自国外的人数比来自美国的还要多。事实上，汽车产业和其他很多产业市场一样，正迅速发展成为一系列真正全球化且独立的公司。

资料来源：[美]多米尼克·萨尔瓦多. 国际经济学[M]. 12版. 刘炳圻, 译. 北京：清华大学出版社, 2019.

第二节　国际经济学与微宏观经济学的联系和区别

微观经济学和宏观经济学也称为一般经济学，国际经济学是在微宏观经济学的基础上发展起来的。作为一门独立的经济学分支学科，国际经济学的研究对象和微宏观经济学的研究对象又有显著的区别。

一、国际经济学与微宏观经济学的联系

微宏观经济学以国内经济为研究对象，因此也可称为国内经济学。国际经济学与国内经济学有着密不可分的联系。一方面，国际经济学是国内经济学的进一步引申。一般经济学主要是以国内经济学的研究为基础的，而国际经济学则反映了一般经济学原理在国际经济这一特殊领域的发挥和运用。另一方面，对开放条件下的国内经济的考察，又必须考虑国际经济的影响，开放的国内经济本身就是国际经济。因此，对国际经济的研究，又构成了一般经济学体系的一个组成部分。在许多方面，国际经济与国内经济有着明显的相似之处和密切的联系。

就国际经济的内容而言，经济活动的主要方式是国家间的贸易、投资、劳务提供以及其他形式的资金转移等。国内经济活动也包含这些内容，只不过活动范围由国际的变成区际的或部门的而已。

就经济运行过程及其所带来的问题而言，国际经济与国内经济也有许多相似之处。例如，在一国经济中，资源的分配和使用是否合理决定了一国经济的效率；而在国际经济中，资源的替代和转换的合理性同样影响一国或世界经济整体的效率。又如，在一国经济中，收入的分配和再分配过程影响地区与地区、阶层与阶层之间的福利和平等；而在国际经济中，贸易、投资等经济活动会在国家间经济关系中造成同样的问题。再如，在一国经济中，经济的增长是一个伴随着解决发展速度、均衡、稳定等一系列问题的过程；而同样的问题在国际经济中同样不可避免。

奥裔美籍经济学家戈特弗里德·冯·哈伯勒（Gottfried Von Haberler）曾说：严格说来，

要在国际贸易和国内贸易之间划出一道鸿沟,既是不可能的,也是不必要的。一旦我们考察所谓对外贸易的特质,就会发现,我们所论及的只是程度上的差别,而非本质上的、能造成严格的理论分界的基本差别。所以,美国麻省理工学院经济学教授查尔斯·金德尔伯格(Charles P. Kindleberger)指出,作为传统理论的一个分支,国际经济学与国内的区际经济学所研究的问题存在着程度上的不同。正是在上述意义上,S. J. 威尔斯(Sidney J. Wells)如是说:对一般经济学与国际经济学这一特殊学科之间的联系,发现得越多,对后者的理解就越深入。

二、国际经济学与微宏观经济学的区别

虽然说国际经济学是国内经济学的引申,但它是在特殊条件下的引申,即在国际经济领域内,国内经济的一般原理得到了特殊的表现,并形成了国际经济运动的一些特有规律。研究并揭示这些规律,对各国在实践中所采取的国际经济政策加以分析、估计和评价,正是国际经济学的基本任务。国际经济学与国内经济学在研究对象上有着明显的区别。

古典经济学家在阐述他们的国际贸易理论时,有一个最基本的假定,那就是:生产要素在国内具有充分的流动性,劳动力可以自由迁徙,资本可以自由转移,土地可以自由选择使用;但是生产要素在国家间是不能流动的。从这一点出发,古典经济学家阐述了国际贸易的特殊过程和特有规律。在现代经济学者们看来,古典经济学家们的上述假设未免过于极端。事实上,生产要素在国家间并不是完全不可流动的,劳动力的国际迁徙、资本的国际流动、各国间的相互投资等,都是生产要素在国际范围内流动的表现。另外,生产要素在一国之内的流动性也不是绝对的,由于种种原因,要素的流动也会受到某些限制。尽管如此,国际经济与国内经济的差别依然存在,因为我们不能忽视的一个事实是:国际经济与国内经济的运行范围和条件存在巨大的差别。

就生产要素的流动性而言,国际生产要素的流动比国内生产要素的流动面临更严重的障碍,在经济、政治、文化、法律和社会方面都是如此。例如,商品的国际流动要受关税和非关税壁垒的限制,劳动力的国际迁徙要受各国间工资差别及语言、文化、社会习俗等的影响,资本的流动则要受各国利率政策、外汇政策、法律法规以及经济环境的约束。可见,生产要素的国际流动即使不像古典经济学家们假定的那样极端,但也比它们在国内流动困难且有限。

就经济运行环境和条件而言,国际经济与一国之内的区际经济的不同之处在于,前者没有一个统一的经济和政治中心,因而也没有总的计划、总的预算、总的经济协调以及调节手段,与此同时,各国的经济条件和运行状况以及由此而提出的经济政策要求也不同,这就使得国际经济关系比国内经济关系更为复杂。总体而言,国际经济的均衡、稳定、协调和传递方式及其过程都与国内经济有很大的不同。

就世界货币制度而言,不同国家之间存在不同的货币金融体系,这就给国际经济交流带来许多复杂的问题,如货币的兑换、汇率的调整、国际收支的平衡、失衡及其补偿等,这些问题都是国内经济运行不会涉及的。

总之,国际经济学是从一般经济学中分离出来的一个分支学科。作为一门系统的独立的理论,它大约兴起于20世纪40年代,即"二战"后不久。虽然国际经济学在西方形成的历史不长,但其理论渊源却相当久远,它所论及的许多问题早已引起了各派经济学家的注

意和研究。几十年来，有关国际经济学的著作大量出版，所研究的内容和问题不断扩充和加深。至今，国际经济学已形成一个较完整统一的体系，其基本的理论框架已大致形成，所涉及的领域和范围也已基本明确。随着国际经济实践的发展，其理论内容会不断充实和扩展。

第三节　国际经济学的研究内容

国际经济学研究的主要内容可分为实物经济(Real Economy)方面和货币经济(Monetary Economy)方面两个部分。国际经济学研究的实物经济方面，也称国际经济学的微观经济学(Microeconomics)部分或国际贸易(International Trade)，它主要研究国际贸易和国际要素流动，包括影响国际贸易和国际要素流动的主要因素、贸易和要素流动对资源配置和收入分配以及福利的影响、国家经济政策对贸易和要素流动的影响等。国际经济学研究的货币经济方面，也称国际经济学的宏观经济学(Macroeconomics)部分，这些内容还常被称为宏观开放经济学(Open-economy Macroeconomics)或国际金融(International Finance)，它主要研究国际收支(Balance of Payments)及其调整过程，包括外汇市场和汇率、国际收支及其在不同汇率制度下的调整过程等。

一、国际经济学微观部分的主要内容

国际经济学的国际贸易部分包括国际贸易理论(Trade Theory)和国际贸易政策(Trade Policy)两个部分，是国际经济学的微观部分。它以单个国家为基本分析单位，研究单个商品的相对价格及其决定，这一点与微观经济学非常相似。其中，国际贸易理论分析贸易的基础(the Basis for Trade)、贸易的模式(the Pattern of Trade)以及贸易的利益及其分配(the Gains from Trade)。国际贸易理论的研究是指在没有政府干预和人为限制、排除货币因素等一系列假定条件下，对国际贸易的基础、利益、模式等问题所作的纯粹的理论探讨，其主线是比较利益。国际贸易政策则考察贸易的限制措施及其影响、新贸易保护主义(New Protectionism)的原因和效果等。国际贸易政策的研究是指对政府的贸易政策及各种市场垄断因素对国际贸易所造成的限制及其经济影响进行的研究。这部分内容意味着研究已经从纯理论向国际贸易关系迈进了一步。

经济增长与国际贸易的相互关系在国际贸易理论研究中占有重要地位，历来被经济学家所关注。要素禀赋随时间而改变，技术知识不断创新和扩散，各国的收入水平、需求偏好和需求结构也在不断地发生变化。尽管这些变化不会改变贸易理论中的基本结论，但会改变国际贸易的规模、结构和方向。一国在某些方面的竞争优势不是永久的，各国参与国际贸易的动机是为了获得贸易利益，促进其经济的发展，因此国际贸易对一国的经济增长也具有非常重要的影响。亚当·斯密最早提出的"剩余产品出口"(Vent for Surplus)模型体现了他对贸易带动经济增长的认识。大卫·李嘉图在其比较成本理论中同样阐述了国际贸易带动经济增长的思想。约翰·斯图亚特·穆勒(John Stuart Mill)关于贸易对经济增长的贡献的论述启发了人们从新的视角认识贸易的作用。丹尼斯·霍尔姆·罗伯逊(Dennis Holme Robertson)在20世纪30年代提出贸易是"经济增长发动机"(Engine for Growth)的命题，20世纪50年代罗格纳·纳克斯(Ragnar Nurkse)丰富和发展了这一学说。纳克斯认为

中心国家经济的迅速增长引起对发展中国家初级产品的大量需求,从而带动发展中国家的经济增长,他在此基础上提出了具体传递效应。马克斯·科登(Max Corden)则提出了贸易的收入效应、资本积累效应、替代效应、收入分配效应以及要素加权效应等理论,并认为这些效应都具有积累性,贸易对经济增长的贡献随经济的发展逐渐强化。戈特弗里德·冯·哈伯勒(Gottfried Von Haberler)完善了贸易促进经济增长的理论,将其概括为:贸易促进欠发达国家的资源得到充分利用;通过市场的扩大促使劳动力的流动及规模经济的获得;国际贸易传播新观念、新技术、先进的管理经验;国际贸易刺激资本由发达国家流向发展中国家;新设备的进口刺激国内需求;国际贸易又是反垄断的最好武器。20世纪80年代中期以后,保罗·罗默(Paul M. Romer)、罗伯特·卢卡斯(Robert E. Lucas Jr.)等提出的新增长理论把创新作为推动生产率增长的核心因素,同时认为贸易促进了创新活动,创新活动推动了经济增长。本书单列一章(第六章)从动态的角度阐述经济增长与国际贸易的关系。

国际经济一体化是"二战"后国际经济关系中一个引人注目的新现象。许多学者从分析关税同盟入手,对国际经济一体化的原因、条件及其经济后果进行了研究。考虑到国际经济一体化也是一种特殊的国际贸易政策,故有学者把这一部分内容置于贸易政策同一篇内;但也有人对经济一体化问题作了独立的阐述,以突出其意义,本书采用后一种形式。国际贸易,即商品的国际移动并不是国际经济活动的唯一形式,生产要素的国际流动与国际贸易是可以相互替代的。跨国公司的对外直接投资使生产要素的国际流动得以有组织地进行。对跨国公司的形成根源、经济影响以及各国采取的相应政策的研究,是国际经济学面临的一个新课题。由于生产要素的国际动可以被看作国际贸易的进一步延伸,因而有学者把这部分内容直接安排在国际贸易理论和政策之后;但是生产要素的国际流动所涉及的因素远比商品贸易广泛得多,而经典的国际经济理论又不能对其加以充分解释和说明,因此也有人将这部分内容放在其他理论之后,形成一个在逻辑上更为独立的部分;本书采用前一种形式。

二、国际经济学宏观部分的主要内容

国际经济学的国际金融部分包括汇率、外汇市场、国际收支及其调整内容,它涉及货币、总收支、收入水平和价格指数等宏观经济变量,这与宏观经济学非常相似。其中,外汇市场探讨一国货币与他国货币相交换的框架及汇率的决定;国际收支用以测度一国与外部世界交易的总收入和总收支及其平衡;汇率理论研究两国货币汇率的决定及其变动的原因;国际收支调整研究在不同汇率和国际货币制度下,一国国际收支失衡的调整过程及其对国内经济的影响。对于汇率决定理论和国际收支调整理论,本书分两章进行了专门阐述。

自20世纪80年代以来,开放条件下的宏观经济政策协调逐步成为宏观国际经济学的重要研究内容。因为在开放经济中,国家间的宏观经济政策,必然会影响贸易伙伴国的经济政策。因此,国家间的经济政策协调成为国际经济活动中不可或缺的行为。长期以来,国际金融理论的发展,一直是围绕"外部平衡"(External Balance)这一重要问题而展开的。但在开放经济条件下,一国宏观经济政策的总体目标是实现经济的内外部平衡,即长期内着眼于经济增长、充分就业、物价稳定和国际收支平衡四大目标,短期内着眼于充分就业、物价稳定和国际收支平衡三大目标。关于开放经济条件下的宏观经济政策,本书作了专门论述。

国际货币体系的形式和内容随各国货币制度的演变以及国际政治、经济关系的变化而不断变动和调整。从19世纪初英国率先实行金本位制至今,国际货币体系先后经历了国际金本位制、布雷顿森林体系和牙买加体系三个重要的阶段。由于布雷顿森林体系解体后，各国相继实施了自由化的经济政策和浮动汇率，所以这直接加速了资本的跨境流动并推动了金融全球化的进程。随着国际经济关系的不断变化和发展，尤其是金融危机的频繁爆发，牙买加体系的弊端逐渐暴露出来，改革现行的国际货币体系成为时代的迫切要求。本书最后一章对此进行了专门论述，并介绍了欧洲货币一体化的发展。

第四节　国际经济学的研究方法和主要微观分析工具

一、主要研究方法

对国际经济的初期理论研究是古典经济学中的国际贸易理论，研究的基础是劳动价值论。古典经济学者关于比较利益的思想，成为现代国际经济分析的起点。古典经济学之后的资产阶级庸俗经济学，以效用价值论代替了劳动价值论，在一定程度上为后来的新古典经济学的国际经济分析提供了基础。古典经济学和新古典经济学的国际经济理论的基本着眼点是价格、交换、均衡、效益和福利，局限在微观分析范围内。国际经济学体系在"二战"后臻于完善，其完善原因除国际经济实践发展的需要外，还直接与凯恩斯经济学的出现有关。20世纪30年代后，凯恩斯在经济分析中运用了总量分析方法，建立了一套系统的宏观经济学理论。正是在这一理论之上，关于国际收支均衡的各种宏观调整机制的分析才得以完成。关于国际经济学的研究方法，可以概括为以下几个方面。

（一）局部均衡分析和一般均衡分析

局部均衡分析方法主要分析一种商品或一种要素在市场上的供求变动或政府政策对本产品价格、产量以及对直接涉及的消费者和生产者的影响。一般均衡分析方法则要考虑到所有市场、所有商品的价格和供求关系变化，有助于把握任何一种行为和政策对整个经济的影响。国际经济学中经常采用的最简单的一般均衡模型是假定只有两种商品存在的市场模型。

（二）微观分析和宏观分析

国际经济学中的微观分析主要考察的是国际市场的交易行为，研究国际市场的价格、资源配置、收入分配、经济效率和福利等问题；宏观分析主要研究的则是国际收支的均衡过程、国际收支的调整机制以及它们同国民收入的相互影响等。

（三）静态分析和动态分析

静态分析是指在研究某一因素对过程的影响时，假定其他变量固定不变的一种分析方法。动态分析则要求对事物变化的过程以及变动中的各个变量对过程的影响加以分析。大多数国际经济学者经常采用的一种分析方法是介于静态分析与动态分析之间的比较静态分析方法，它既不假定影响研究对象的诸条件是稳定不变的，也不对变量与过程的变动和调整本身加以研究，而是对变化的不同阶段的一些既定结果加以比较分析。

（四）定量分析和定性分析

定量分析侧重于对数量关系的变化进行考察，需要运用数学原理与公式，形成一定的数学模型，来说明所研究的经济现象中所有有关经济变量之间的依存关系。定性分析则旨在揭示事物和过程的质的、结构性的联系，强调用逻辑推理方法阐述事物性质与发展趋势。在国际经济分析中，学者们常常把两者结合起来使用。

(五) 实证研究和规范研究

实证研究是用假说、定义对社会经济现象进行解释，其特点是研究和说明经济过程本身，回答"是什么"的问题，因而也叫作"客观的"研究。而规范研究则是以一定的价值判断为基础，提出某些分析处理社会经济现象的标准，并研究怎样才能使社会经济符合这些标准，回答"应当是什么"的问题。实证研究偏重于"纯理论"研究，而规范研究则有很强的政策倾向性。普遍认为，马歇尔以前的国际贸易理论是一种"纯理论"，因而具有实证研究的特色。而在当代西方国际经济学者中，许多人致力于"政策探讨"，偏重于政策分析和评价，具有较强的规范研究特色。但在国际经济的实际研究中，这两者往往是无法分清的。因为在对国际经济关系的研究中，往往既要说明某些事物是什么，也要说明应该是什么。前者说明某种理论，后者用已叙述的理论来为其提出的政策提供理论依据。例如，李嘉图的比较利益学说，既可以说是在客观阐述国际贸易的基础和过程，当属于实证研究之列，也可以说是在论证自由贸易的好处，为当时英国的自由贸易政策提供理论依据，从而又有规范研究的色彩。

二、主要微观分析工具

国际贸易理论四个基本的微观分析工具是边际分析、机会成本、生产可能性曲线和无差异曲线。边际分析是后三者的数学基础，机会成本和生产可能性曲线属于供给方面，无差异曲线属于需求方面。传统国际贸易理论的一般均衡分析（供求分析）是以边际分析为基础、以机会成本概念为核心、以无差异曲线为主要手段的几何分析方法。这些知识在微观经济学中已有系统的介绍，这里不再赘述。

本章小结

> 国际经济学作为经济学的一个重要分支学科，建立在国际经济密切联系的基础上。其研究对象是国际经济关系，即研究主权国家之间经济的相互依存性。国际经济学与一般经济学有着密不可分的联系，国际经济学是国内经济学的进一步引申，对国际经济的研究又构成了一般经济学体系中的重要组成部分。国际经济学与国内经济学在研究对象上又有明显的区别。国际经济学是国内经济学在国际经济领域的引申，从而形成了国际经济运动的一些特有规律。国际经济学包括国际贸易和国际金融两部分内容，国际贸易部分包括国际贸易理论和国际贸易政策，是国际经济学的微观部分。国际金融部分包括汇率和外汇市场、国际收支及其调整，是国际经济学的宏观部分。国际经济一体化和生产要素的国际流动是随着"二战"后国际经济关系发展出现的新理论。边际分析、机会成本、生产可能性曲线和无差异曲线是国际贸易理论的四个基本微观分析工具。边际分析是后三者的数学基础，机会成本和生产可能性曲线属于供给方面，无差异曲线属于需求方面。国际贸易理论的一般均衡分析是以边际分析为基础、以机会成本概念为核心、以无差异曲线为主要手段的几何分析方法。

复习思考题

1. 国际经济学的研究对象是什么？如何看待当前的逆全球化浪潮？
2. 国际经济学与微宏观经济学有何区别和联系？
3. 从微观和宏观两个层面，简述国际经济学研究的基本内容。
4. 现代国际经济学的主要微观分析工具有哪些？如何综合运用这些分析工具作一般均衡分析？

第二章 古典国际贸易理论

国际贸易理论主要探讨国际贸易产生的原因、贸易模式和贸易利益分配问题。最早提出国际贸易理论的是重商主义者，他们把金银货币等同于财富，将国际贸易的动因和利益分配归结到流通领域。古典国际贸易理论就是传统的比较利益理论，是在批判重商主义的基础上发展起来的，该理论产生于18世纪中叶，完善于20世纪30年代，从技术差异的角度说明了国际贸易产生的原因、结构和利益分配，主要包括亚当·斯密的绝对优势理论和大卫·李嘉图的比较优势理论。由于假设劳动是唯一的生产要素，因此生产技术差异就具体表现为劳动生产率差异。由于重商主义是古典国际贸易理论的前身和批判对象，因而在阐述古典国际贸易理论之前，需先简要介绍重商主义。

第一节 重商主义的贸易观点

重商主义产生和发展于欧洲资本原始积累时期，反映这个时期商业资本的利益和要求。重商主义是资产阶级最初的经济学说，它对资本主义生产方式进行了最初的理论考察。

一、重商主义的产生和发展

重商主义产生和发展于15世纪末至18世纪中叶。15世纪末，西欧社会进入封建社会的瓦解时期，资本主义生产关系开始萌芽和成长。当时由于商品经济的发展，需要更多的货币投入流通。地理大发现扩大了世界市场，给商业、航海业、工业以极大的刺激，促进了各国国内市场的统一和世界市场的形成，推动了对外贸易的发展，引起了商业资本的大发展，对货币的需求强烈增加。与此同时，欧洲建立了封建中央集权制的民族国家，民族国家的庞大开支，日益需要大量货币。商业资本在经济上为民族国家服务，民族国家则运用各种力量支持商业资本的发展，重商主义就是在这一历史条件下产生的。尤其到17、18世纪资本的原始积累时期，重商主义得到空前发展。

重商主义经历了早期和晚期两个发展阶段。早、晚期重商主义者都把货币看成是财富的唯一形态，但在如何增加货币财富的问题上，双方持有不同的看法和主张。15世纪到16世纪中叶为早期的重商主义时期，其代表人物是英国古典学派经济学家威廉·斯塔福（William Stafford，1554—1612）。早期的重商主义者强调绝对的贸易顺差，他们主张多卖少买或不买，甚至通过行政手段来控制商品进口，禁止货币输出，同时要保持每一笔交易和对每一个国家的贸易都实现顺差，以便最大限度地积累货币财富，这种思想被称为货币平衡论。当时，西班牙、荷兰、英国、法国等国家都曾颁布过各种法令，规定严厉的刑法，禁止金银出口。16世纪下半叶到18世纪为晚期重商主义时期，其代表人物是英国古典学派经济学家托马斯·曼（Thomas Mann，1571—1641）。与早期重商主义者不同，晚期重商主义者逐步认识到货币运动和商品运动之间的内在联系，不再强调每一笔交易都必须保持顺差，更加重视长期和总体的贸易顺差。他们认为，一定时期的贸易逆差是可以接受的，只要最终结果是贸易顺差即可，这种思想被称为贸易平衡论。按照重商主义的观点各国都希望创造贸易顺差，那么顺差从何而来？因此，重商主义发展到后期，重商主义从实践中认识到：一味追求顺差不仅徒劳无益，而且是有害的。同时，重商主义者还认识到，国内金银太多还会造成物价上涨，从而导致消费下降，出口减少，影响贸易差额。因此认为保存金银的最好办法是输出金银，用来从事更多的国际贸易，这不但不会使金银消失，而且会使金银增加。现在的输出是为了将来更多的输入，这就是晚期重商主义"货币产生贸易，贸易增加货币"的精辟结论。

二、重商主义的政策主张

重商主义者主张实行国家干预对外贸易的保护主义政策，其政策主张具体包括以下方面。

（一）货币政策

强调贵金属（货币）是衡量财富的唯一标准，贵金属是一个国家必不可少的财富，如金银等，一切经济活动的目的就是获取金银。早期的货币差额论主张通过立法禁止金银输出；晚期的贸易差额论的政策主张有所放松，主张通过追求贸易顺差来增加货币财富，同时重商主义主张吸引国外货币留在本国，如英国政府曾规定，外国商人必须将出售货物所得的全部货币，用于购买当地商品。

（二）保护关税政策

关税制度在重商主义以前主要出于财政目的。重商主义时期，关税成了贸易保护政策的一种手段，其具体做法是：对进口的制成品课以重税，对进口的原材料免税，对出口的制成品减免关税。

（三）限入奖出政策

除了开采金银矿以外，对外贸易是货币财富的真正来源。因此，要使国家变得富强，就应尽量使出口大于进口，因为贸易顺差才会导致贵金属的净流入。一国拥有的贵金属越多，就越富有、越强大。因此，重商主义者认为政府应该鼓励出口，不主张甚至限制商品（尤其是奢侈品）进口，并且在鼓励制成品大量出口的同时，阻止原料和半成品的输出。他们认为，出口廉价原材料和进口高级制成品一样是一种愚蠢的行为。

（四）鼓励发展本国工业的政策

为了实现贸易顺差，必须多卖出商品，这就需要大力发展本国工业。为此，各国都制定了鼓励发展工业的政策措施，如高薪聘请外国工匠、禁止熟练工人外流和机械设备输出、向生产者发放贷款并提供各种优惠条件等。

(五)国际贸易是一种"零和贸易"

重商主义者认为,由于不可能使所有贸易参加国同时顺差,而且任一时点上的金银总量是固定的,所以一国所获的贵金属总是基于其他国家的损失,即国际贸易是一种"零和贸易"。因此,重商主义者鼓吹经济民族主义,认为国家利益在根本上是冲突的。这一观点反映了原始资本积累时期商业资本家对货币或贵金属的认识。

综上,重商主义的思想可以概括为:货币是财富的唯一形式,金银的多少是衡量一国富裕程度的唯一标准。在一国范围内,这种财富不会增加,一国若使财富的绝对量增加,必须进行国际贸易并在贸易中保持贸易顺差,即实行"限入奖出"的贸易政策,使贵金属源源不断地流入国内。在本质上,重商主义认为贸易是一种"零和贸易"。

三、对重商主义的评价

重商主义理论和政策在历史上曾起过进步作用,促进了资本原始积累,推动了当时国际贸易和商业运输业的发展。重商主义主张国家干预对外贸易,积极发展出口产业,实行关税保护措施,通过贸易差额从国外取得货币的观点,对各国根据具体情况制定对外贸易政策有参考意义。但重商主义也有严重缺陷,主要表现为:

第一,重商主义的财富观是错误的。财富不是金银,金银也不是财富的唯一形态。贵金属只是获得物质财富的手段或媒介,真正的财富是该国国民所能消费的本国和外国的商品和服务的数量和种类。

第二,重商主义的经商致富论是错误的。重商主义认为财富都是在流通领域中产生的,特别认为国际贸易是财富增值的源泉,这种观点是不科学的。

第三,重商主义认为国际贸易是"零和贸易"的思想是错误的。重商主义认为一国只有在他国损失的前提下才能获利,而没有认识到国际贸易有促进各国经济增长的重要意义。

虽然重商主义不适合自由竞争和自由贸易的需要,但重商主义的影响从未消失过。20世纪80年代以来,随着被高失业控制的国家试图通过限制进口来刺激国内生产,新重商主义有卷土重来的势头。事实上,除了1815年至1914年间的英国,没有一个西方国家彻底摆脱过重商主义的观点,重商主义在21世纪仍然活跃。

第二节 绝对优势理论

亚当·斯密在1776年发表的代表作《国民财富的性质和原因的研究》(又称《国富论》)中,对重商主义的思想进行了深刻的批判,并提出了绝对优势理论(Absolute Advantage)。亚当·斯密是第一个论证国际贸易是"非零和"而非"零和"的英国古典经济学家。作为古典贸易理论的开端,绝对优势理论从理论的层面揭示贸易可以使贸易双方"双赢"的事实,从而为自由贸易的思想提供了理论依据。亚当·斯密所处的时代,重商主义已严重阻碍资本主义的自由发展,代表先进生产力的资产阶级要求实现自由竞争和自由贸易,亚当·斯密的学说正是当时英国资产阶级经济利益和政治主张的反映。

一、理论分析的假设条件

绝对优势理论是建立在一系列严格假设基础之上的,这些假设主要包括以下9个方面。

(1)世界上只有两个国家——英国和美国，这两个国家都能生产两种商品——小麦和布。

(2)只有劳动力一种生产要素。

(3)劳动力在一国之内是完全同质的，且劳动力市场始终处于充分就业状态。

(4)劳动的规模收益不变。即生产要素从一个部门转移到另一个部门时，增加生产的产品的机会成本保持不变。

(5)商品市场和劳动力市场都是完全竞争的。

(6)劳动力在一国之内可以自由流动，但在国与国之间不能流动。

(7)两种产品的消费者需求偏好相同。

(8)两个国家之间实行自由贸易，不存在政府对贸易的干预或管制。

(9)不考虑运输费用和其他交易费用。

二、绝对优势理论的基本内容

亚当·斯密用绝对优势这一概念作为解释国际贸易的基础。绝对优势可以通过劳动生产率来度量，如果一国生产某单位产品所需投入的劳动更少，或者投入单位劳动所获得的产出更多，则表明该国在生产这一产品上具有绝对优势。绝对优势理论认为，如果一国相对于另一国在一种产品的生产上具有绝对优势，而在另一种产品的生产上处于绝对劣势，则两国可以通过专门生产自己有绝对优势的产品，并用其中的一部分来换取自己有绝对劣势的产品，则各国资源都能被最为有效地利用，每一个国家都能从中获利。国际贸易利益是"非零和"的。

因此，亚当·斯密主张实行自由贸易政策，反对国家对外贸的干预，认为自由贸易能有效地促进生产的发展和产量的提高，一切限制贸易自由化的措施都会影响国际分工的发展，并降低社会劳动生产率和国民福利。他认为，国家为了保护某一产业，限制某种外国产品的进口，则说明该产业没有国际竞争力，生产效率较低。这种保护表面上保护了本国的产业，但实质上是使本国的资源从效率高的部门转移至效率低的部门，从而造成了资源的不合理配置和使用。

现在我们看一个绝对优势的例子：根据前面的假定，在没有国际贸易的情况下，两国的劳动力投入和产出情况如表 2.1 所示。

表 2.1 两国的绝对优势情况

国家	小麦			布		
	劳动投入量	产出量	劳动生产率	劳动投入量	产出量	劳动生产率
英国	15	120	120/15 = 8	5	100	100/5 = 20
美国	10	120	120/10 = 12	10	100	100/10 = 10

从表 2.1 可以看出，英国生产小麦的劳动生产率（单位劳动投入的产出量）为 8，生产布的劳动生产率为 20，美国生产小麦和布的劳动生产率分别为 12 和 10。美国在小麦的生产上有绝对优势，英国在布的生产上有绝对优势。根据绝对优势理论，英国应把全部劳动力都用于生产布，而美国应把全部劳动力都用于生产小麦。这种国际分工将导致两国的产出发生变化，其变化情况如表 2.2 所示。

表 2.2 有国际分工时的投入、产出情况

国家	小麦		布	
	劳动投入量	产出量	劳动投入量	产出量
英国	0	0	15+5=20	20×20=400
美国	10+10=20	20×12=240	0	0

从表 2.2 可以看出，进行国际分工之后，美国将全部劳动力用于生产小麦，生产量是 240 单位，英国将全部劳动力用于生产布，生产量是 400 单位，比分工前两国的产量之和增加了 200 单位。接下来，两国各自用自己生产的部分产品与对方交换，交换的价格要在两国各自国内的价格之间，假定两国以 1∶1 的价格进行交换，英国用 200 单位布与美国交换 120 单位小麦，交换的结果如表 2.3 所示。与没有国际分工和国际贸易相比，进行国际分工和国际贸易之后，英国和美国的消费量各增加了 100 单位布，这说明两国都从贸易中获得了利益。

表 2.3 国际贸易后两国的小麦、布的消费量

国家	小麦消费量	布消费量
英国	120	200
美国	120	200

三、对绝对优势理论的评价

绝对优势理论开创了自由贸易理论的先河，它第一次从生产领域阐述了国际贸易的基本原因，并揭示了国际分工和专业化生产能使资源得到更有效地利用，从而提高劳动生产率的规律。

绝对优势理论也存在明显的局限性，除了一系列严格的假设大多与现实不符外，还存在一个明显的局限，即它只能解释经济发展水平相近的国家之间的贸易，而不能解释一个国家在两种产品的生产上都处于绝对优势，而另一个国家都处于绝对劣势的情形下的国际贸易问题。按照绝对优势理论，两个国家进行贸易必须各自在一种产品的生产上处于绝对优势。在上面的例子中，如果美国在小麦和布的生产上都具有绝对优势，英国在小麦和布的生产上都处于绝对劣势，英、美之间还会不会产生贸易呢？如果两国发生贸易，英国能不能从贸易中获利呢？贸易利益从何而来？显然，这种国际贸易情况用绝对优势理论解释不了，英国另一位古典学派经济学家大卫·李嘉图用比较优势理论，完善了绝对优势理论的局限性，在更为普遍的基础上解释了贸易产生的基础和利益分配问题，从而成为国际贸易理论发展的重要基石。

专栏 2-1

曼昆：一个自由贸易的经典故事

有一天，爱索兰国的一位发明家发明了一种以极低成本炼钢的方法，但是生产过程极为神秘，而且发明家坚持保密。奇怪的是，发明家不需要多投入任何工人或者钢铁炼矿，唯一需要的是本国的小麦。

发明家被誉为天才，因为钢铁在爱索兰的应用如此之广，所以这项发明降低了许多物品的成本，并使爱索兰的民众生活水平大大提高。当钢铁厂关门以后，一些原先的工人蒙受了痛苦。但最终，他们通过各种方法找到了新的工作。一些人成了农民，种植发明家需要的小麦；另一些人则进入由于生活水平提高而出现的新行业。每一个人似乎都能理解，这些工人被代替是进步不可避免的一部分。

几年以后，一位多事的报社记者决定调查这个神秘的炼钢过程。她偷偷潜入发明家的工厂，终于发现发明家原来是一个大骗子。发明家根本没有炼钢，他只是违法地把小麦运送到其他国家，然后进口钢铁。发明家所做的唯一事情就是从国际贸易中获取利益。

当真相被披露时，政府停止了发明家的经营。钢铁价格上升了，工人回到了原先的钢铁厂工作。爱索兰国人民的生活水平退回到以前。发明家被投入狱中并遭到大家的嘲笑。毕竟他不是发明家，他仅仅是一个经济学家！

资料来源：http://economist.icxo.com/htmlnews/2008/08/19/1306078.html. 世界经济学人.

第三节 比较优势理论

根据绝对优势理论，国际贸易可能只会发生在发达国家之间，经济发展水平差距较大的发达国家与发展中国家之间就不会发生任何贸易，这个结论显然与国际贸易的现实不符。1817年，大卫·李嘉图出版了《政治经济学及赋税原理》一书，该书被誉为《国富论》之后的经济学巨著，书中，大卫·李嘉图阐述了比较优势理论(Comparative Advantage)。

一、比较优势理论的基本内容

大卫·李嘉图认为，国际贸易的基础是两个国家产品生产的相对劳动成本，而不是绝对劳动成本。比较优势理论的基本观点可以概括为：即使一国在所有产品的生产上较之另一国均处于绝对优势，但只要优势的程度不同，仍有可能发生互利贸易。一国可以专门生产并出口其具有比较优势的产品，同时进口其具有比较劣势的产品。通过国际分工和贸易，双方仍然可以从贸易中获利。大卫·李嘉图用实例说明了这一道理，他指出，如果两个人都能制造鞋和帽，其中一个人在两种职业上都比另一个人强些，不过制帽时只强1/5，而制鞋时则强1/3。那么这个较强的人就专门制鞋，那个较差的人就专门制帽，岂不是双方都能获利。

下面我们举例说明比较优势理论。比较优势理论的基本假设条件与绝对优势理论的假设条件完全相同，所不同的是例子中的两个国家一个是美国，另一个是中国。两国的劳动投入和产出情况如表2.4所示。

从表2.4可以看出，中国在小麦和布上的劳动生产率与美国相比均处于绝对劣势地位，但中国在小麦上的劳动生产率是美国的1/4，而布的劳动生产率是美国的1/2，相比之下，中国布的绝对劣势要小一些，即具有比较优势；另外，美国在小麦和布的生产上都具有绝对优势,但由于小麦的绝对优势比布的绝对优势要大,因此,美国在小麦的生产上具有比较优势。在这种情况下,国际分工和国际贸易的模式就是中国专门生产布,美国专门生产小麦。

表 2.4 封闭条件下两国的投入、产出情况

国家	小麦			布		
	劳动投入量	产出量	劳动生产率	劳动投入量	产出量	劳动生产率
美国	10	120	120/10 = 12	10	100	100/10 = 10
中国	40	120	120/40 = 3	20	100	100/20 = 5

有国际分工时两国的投入、产出情况如表 2.5 所示。

表 2.5 有国际分工时两国的投入、产出情况

国家	小麦		布	
	劳动投入量	产出量	劳动投入量	产出量
美国	10+10 = 20	20×12 = 240	0	0
中国	0	0	40+20 = 60	60×5 = 300

从表 2.5 可以看出,两国按照比较优势进行专业化分工之后,世界小麦的产量依然是 240 单位,而布的产量由 200 增加到 300,增加了 100 单位。两国调整生产后将进行交换,如表 2.6 所示,如果假定美国以 120 单位小麦与中国 150 单位布进行交换,交换后两国小麦的消费水平没有变化,而两国布的消费水平比贸易前都增加了 50 单位。由此可见,即使在没有绝对优势的情况下,两国仍然可以通过开展国际贸易获得利益。因此,不仅美、英等发达国家之间可以开展自由贸易,美国和中国等发达国家和发展中国家之间也可以开展自由贸易。

表 2.6 国际贸易后两国的小麦、布的消费量

国家	小麦消费量	布消费量
美国	120	150
中国	120	150

两国可以从国际贸易中获利这一动力,推动着美国和中国的相互贸易与国际分工。随之而来的问题是,两国以什么样的价格相互交换产品。在美国和中国的例子中,我们知道通过 120 单位小麦与 150 单位布进行交换,两国均可获利。然而这不是两国互利贸易的唯一交换比例。由于在美国国内,单位劳动投入的小麦产量为 12,单位劳动投入的布的产量是 10,因此美国国内的交换比例是 1 单位小麦等于 5/6 单位布(即相对价格)。如果国际交换比例小于或等于这一交换比例,美国将会拒绝贸易。如果国际交换比例大于这一交换比例,美国就可获利。同理,在中国国内,单位劳动的小麦产量为 3,布的产量为 5,因此中国国内小麦和布的交换比例为 1 单位小麦等于 5/3 单位布。如果用 5 单位布交换的小麦数量小于或等于 3 单位,中国也会拒绝贸易。如果中国用 5 单位布从美国那里换取的小

麦多于3单位，中国就可获利。总之，如果美国可用6单位小麦换得多于5单位布就可获利，中国如果用少于5单位的布换取3单位小麦就可获利。因此，美国和中国之间互惠贸易比率范围是：5/6 C＜1W＜5/3 C。因此，国际比价要在参加贸易的两个国家贸易前的两种商品的国内比价之间，否则其中一国就会退出贸易。这意味着，任何一方卖出商品的价格不能等于或低于本国的同一商品的卖价，否则厂商选择在本国市场销售商品，而不出口。从进口来看，任何一方进口的价格不能等于或高于国内同一商品的价格。因此，国际比价一定处于两个贸易参加国的国内比价之间，只有在双方获利的前提下，国际贸易才能被所有的参加国所接受。国际分工以及由此带来的各国劳动生产率优势的充分发挥，是国际贸易利益的根本来源。

二、比较优势理论的例外

比较优势理论有一个不常见的例外，那就是一国在两种商品的生产上均处于绝对劣势地位，并且两者的不利程度是相同的，则不会发生贸易。例如，如果中国单位劳动投入的布的产量不是5单位，而是2.5单位，则中国在小麦和布上的劳动生产率均只有美国的1/4，那么美国和中国将均无比较优势，两国不会有互惠的贸易发生。尽管在理论中注意这一例外很有必要，但在现实中这种情况很少发生，因此，比较优势理论的应用不会受实质性影响。

这就需要对比较优势理论的表述稍作修改。应该说，即使一国相当于另一国在两种商品的生产上均处绝对劣势，仍有互利贸易的基础。除非对两种商品而言，一国的绝对劣势比例与另一国的相同。另外，一些自然贸易障碍，如运输成本可能在存在比较优势时阻碍贸易，这里我们假设没有自然和人为的障碍存在。

三、对比较优势理论的评价

大卫·李嘉图的比较优势理论具有重要的进步意义，它将自由贸易理论大大向前推进了一步，从而成为国际贸易理论发展的重要基石，为当时英国新兴资产阶级的自由贸易主张提供了理论支持，促进了英国生产力的发展。即使在今天，它仍然有很重要的应用价值，为世界各国参与国际分工，发展对外贸易提供了理论依据，各国根据各自的比较优势组织生产、从事贸易，不仅可以获得利益，而且也会促进国际贸易的发展。

比较优势理论也存在一定的局限性，主要体现在三个方面：一是比较优势理论的假设条件过于苛刻，缺乏坚实的现实基础，对当代许多现象不能作出解释；二是大卫·李嘉图虽然解释了劳动生产率的差异如何引起国际贸易，但没有进一步解释造成各国劳动生产率差异的原因；三是比较优势理论主张一国一直从事具有比较优势的行业的生产和出口，而对那些没有比较优势的行业就彻底放弃。事实上，这样的国际分工是不存在的，各国大都会生产一些与进口商品相替代的产品。

专栏2-2

姚明修剪草坪的机会成本

姚明作为中国最优秀的篮球运动员，2002年到美国NBA打球，很快就成为美国NBA最优秀的球员之一。2004年4月19日，美国《时代》周刊公布一年一度的"世界最具影响力的一百人"名单，姚明是唯一入选该名单的中国人和 NBA 球员，也是七位入选该名单的体育界明星之一。姚明在中国和美国都有大量球迷，2004 年他的广告收入总计 1.1 亿美元。据保守估计，姚明的实际身价已高达 3 亿美元，是中国最富有的运动员。姚明打球很优秀、出手灵活，想必除草也不会逊色，但是姚明要不要自己除草呢？

假设姚明自己除草只需要 2 个小时，但因此他不能去拍电视广告，而拍 2 个小时广告能赚 1 万美元，也就是说姚明除草的机会成本是 1 万美元；如果请一个钟点工来除草，他要花 4 个小时，当然在这 4 个小时中，他也可以去麦当劳打工挣 20 美元，也就是说钟点工除草的机会成本是 20 美元。由此看出，姚明在拍电视广告上有着明显的比较优势，而钟点工则在除草上有一定的比较优势。姚明时间的市场价值高，所以，他自己除草的机会成本很高，因此，姚明可以去拍广告，让钟点工去除草，这样双方都可以获得比较优势。

资料来源：赵春明. 国际贸易[M]. 4 版. 北京：高等教育出版社，2021：22-23.

第四节 机会成本与比较优势

比较优势理论建立在一系列严格的假设基础之上，这些严格的假设和现实之间有很大的差距，尤其是劳动力是唯一的要素和劳动力同质的假设受到了广泛的质疑。事实上，劳动力既不是唯一的生产要素，也不是以固定比率投入所有商品的生产过程。在一些商品的生产中需要使用比另一些商品更大的资本/劳动比率，在大多数商品的生产过程中，劳动力、资本和一些其他生产要素之间是可以相互替换的。劳动力显然也不是同质的，在培训、生产率和工资上都有很大不同。由于比较优势理论的这些缺陷，哈伯勒于 1937 年出版了《国际贸易理论》，用机会成本重新解释了比较优势理论。用机会成本解释的比较优势理论，有时也被称作比较成本理论。

哈伯勒根据各国在不同商品生产上机会成本的差异说明了国际贸易的原因，其基本内容是：在一个两国、两种产品的经济中，如果一国在一种产品的生产上有较低的机会成本，而另一国在另一种产品的生产上有较低的机会成本，那么两国应各自专门生产自己机会成本较低的产品。这种生产上的重组会扩大整个世界经济的规模，通过贸易，两国的福利水平都会提高。

关于机会成本的问题，我们在微观经济学中已有所了解，机会成本就是在生产两种产品的情况下，增加一单位某种产品的生产所放弃的另一种产品的价值或数量。在上一节关于美国和中国的例子中，如果美国要增加种植 1 单位小麦，就必须放弃 5/6 单位布的生产，美国种植 1 单位小麦的机会成本是 5/6 单位布。相同的道理，中国增加 1 单位小麦生产的机会成本是 5/3 单位布。小麦的机会成本在美国要比中国低，因此在一个两国、两种商品的世界中，美国在小麦的生产上有比较优势，中国在布的生产上有比较优势。根据机会成本理论，美国应专门生产小麦，而中国应专门生产布，在这种国际分工的基础上进行国际贸易,则美国和中国的福利水平都会提高。在这一案例中,我们虽没有作出劳动是唯一生产要素和劳动力同质的假设,但得出的结论与大卫·李嘉图基于劳动价值论所得的结论是一致的。

二、比较优势理论的图形说明

机会成本可用生产可能性曲线来说明,生产可能性曲线是在生产资源被充分使用的条件下,一个经济社会所能生产的两种产品的最大组合点的连线。表 2.7 给出了美国、中国的小麦和布的生产可能性组合。

表 2.7 美国、中国的小麦和布的生产可能性组合

| 美国 || 中国 ||
小麦	布	小麦	布
180	0	60	0
150	20	50	20
120	40	40	40
90	60	30	60
60	80	20	80
30	100	10	100
0	120	0	120

表 2.7 中,美国可生产 180 单位小麦和 0 单位布,150 单位小麦和 20 单位布,120 单位小麦和 40 单位布,以及 0 单位小麦和 120 单位布等。这就是说,美国每放弃 30 单位小麦,所得资源恰好额外生产 20 单位布,即 30 单位小麦 = 20 单位布。因此,在美国 1 单位小麦的机会成本是 2/3 单位布,而且保持不变。另外,中国可生产 60 单位小麦和 0 单位布,50 单位小麦和 20 单位布,40 单位小麦和 40 单位布,以及 0 单位小麦和 120 单位布等,这就是说,中国每放弃 10 单位小麦可增加 20 单位布的产量。因此,中国 1 单位小麦的机会成本是 2 单位布,而且保持不变。根据表 2.7 我们可以画出美、中两国的生产可能性曲线,如图 2.1 所示。

图 2.1 中,由于假设机会成本不变,两国的生产可能性曲线都是直线,生产可能性曲线上每一点都代表一国投入其全部资源可能生产的小麦和布的最大数量组合。在没有国际贸易的情况下,一国只能消费它自己生产的产品,人们的偏好和需求决定了该国事实上选择生产和消费的产品组合。假设在没有贸易的情况下,美国选择的生产组合为图 2.1 中的点 $A(90,60)$,中国选择的生产组合为图 2.1 中的点 $B(40,40)$。两国的生产组合也就是他们的消费组合,且不可能超越其生产可能性曲线,而专业化分工和国际贸易会使这种不可能性变成现实。由于美国小麦的机会成本是 2/3 单位布,中国小麦的机会成本是 2 单位布,显然美国小麦的机会成本要比中国小得多。根据机会成本理论,美国应专门生产小麦,中国应专门生产布,则美国的生产组合将会从没有贸易情况下的点 $A(90,60)$ 移动到

点(180,0)，而中国的生产组合将会从点 $B(40,40)$ 移动到点 $(0,120)$。这种生产上的重新组合，扩大了两国经济的整体规模。

在专业化分工的基础上，两国接下来要进行交换，即开展国际贸易。如图 2.2 所示，这里首先应确定两国进行交换的国际比价，基于机会成本不变及每个国家都生产两种商品的假设，一国生产可能性曲线与其国内两种商品的交换比率即国内比价线重合。因此，美国的国内比价是 1 单位小麦等于 2/3 单位布，中国的国内比价是 1 单位小麦等于 2 单位布。

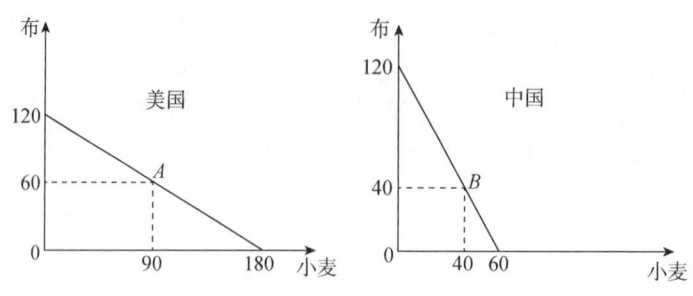

图 2.1　美国和中国的生产可能性曲线

根据上一节的分析，国际比价要在两个参加贸易的国家贸易前的国内比价之间，假设美国和中国进行贸易的国际比价为 1 单位小麦换 1 单位布。在此价格下，美国生产的 180 单位小麦自己消费 110 单位，其余 70 单位用来交换布，可换来 70 单位布。

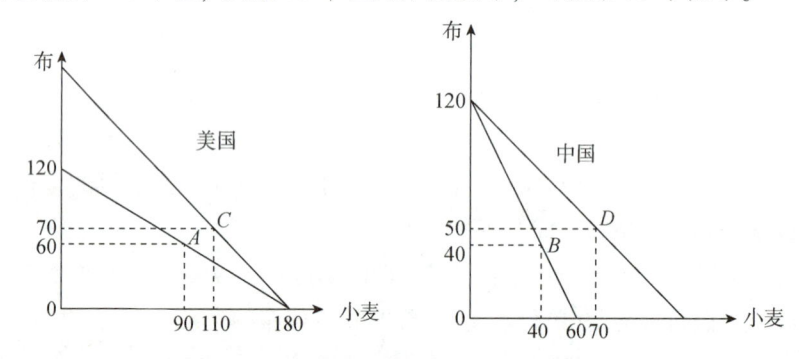

图 2.2　机会成本不变条件下的贸易所得

图 2.2 是机会成本不变条件下的贸易基础和所得情况。在图 2.2 中，C 点(110,70)为贸易后美国的消费组合点。专业化分工和国际贸易给美国带来的净收益为 20 单位小麦和 10 单位布。同样，中国生产的 120 单位布自己消费 50 单位，其余的 70 单位交换 70 单位小麦，在图 2.2 中用 D(70,50)表示中国贸易后的消费组合点。贸易给中国带来的净收益为 30 单位小麦和 10 单位布。从图 2.2 中我们看到，在进行专业化分工和国际贸易后，美国和中国的消费组合点均在两国的生产可能性曲线之外，这种消费水平在封闭的经济条件下是不可能达到的，这就表明国际贸易使各国的福利水平都提高了。图 2.2 中由进口量、出口量和国际比价线组成的三角形称为"贸易三角形"，贸易三角形可用于衡量两国贸易规模的大小。

第五节 多种商品、多国时的比较优势

现在，我们将比较优势理论首先扩展到多于两种商品，接着扩展到多于两国的情形。每种情形下，我们可以看到比较优势理论很容易被一般化。

一、多种商品时的比较优势

表 2.8 表明美、英两国 5 种商品的美元和英镑价格或成本。

表 2.8 美国和英国的商品价格

商品	在美国的价格/美元	在英国的价格/英镑
A	2	6
B	4	4
C	6	3
D	8	2
E	10	1

为确定美、英两国各自出口、进口何种商品，我们必须先将所有商品用同一种货币表示，然后再比较两国的价格。例如，如果美元和英镑的汇率是 2 美元＝1 英镑，则英国商品的美元价格如表 2.9(a)所示。

表 2.9(a) 英国商品的美元价格

商品	A	B	C	D	E
在英国的美元价格	12	8	6	4	2

在这一汇率下，商品 A 和商品 B 在美国的美元价格比在英国低，商品 C 在两国的价格相同，商品 D 和商品 E 在英国价格较低。因此，美国向英国出口商品 A 和商品 B，从英国进口商品 D 和商品 E，商品 C 是非贸易品。

现假设汇率为 1 英镑＝3 美元，则英国商品的美元价格如表 2.9(b)所示。

表 2.9(b) 英国商品的美元价格

商品	A	B	C	D	E
在英国的美元价格	18	12	9	6	3

在这一较高的汇率下，商品 A、商品 B 和商品 C 的价格在美国较低，商品 D 和商品 E 的价格在英国较低。因此，美国将向英国出口商品 A、商品 B 和商品 C，从英国进口商品 D 和商品 E。注意，当 1 英镑＝2 美元时为非贸易品的商品 C 在 1 英镑＝3 美元时由美国出口。

最后，如果汇率为 1 英镑＝1 美元，英国商品的美元价格如表 2.9(c)所示。

表 2.9(c)　英国商品的美元价格

商品	A	B	C	D	E
在英国的美元价格	6	4	3	2	1

在这一汇率下，美国只向英国出口商品 A，进口除商品 B 以外的所有商品（商品 B 在两国价格相同，此时为非贸易品）。

最终，实际汇率将固定在使美国向英国的出口价值量与美国从英国的进口价值量相等的水平上（没有其他国际贸易时）。一旦均衡汇率建立，我们即可确定美国、英国各自出口何种商品。在既定均衡汇率下，每个国家在其所出口商品上有比较优势（此处不考虑长期内汇率非均衡的情况）。

由表 2.8 可知，美国在商品 A 上有最大的比较优势，美国至少必须出口这种商品。为使这一点成为可能，汇率必须满足 1 英镑>0.33 美元。英国比较优势最大的商品是商品 E，英国至少必须出口商品 E。为使这一点成为可能，汇率必须满足 1 英镑<10 美元。这种讨论可被扩展到更多的商品上。

二、多国时的比较优势

假设不是两国 5 种商品，而是两种商品（小麦和布）和 5 国（A、B、C、D 和 E）。这些国家的 P_W/P_C 由低到高如表 2.10 所示。有贸易时，均衡的 P_W/P_C 将位于 1 和 5 之间，即 $1<P_W/P_C<5$。

表 2.10　用国内 P_W/P_C 给国家排序

国家	A	B	C	D	E
P_W/P_C	1	2	3	4	5

如果在有贸易时，均衡的 $P_W/P_C=3$，国家 A 和国家 B 将向国家 D 和国家 E 出口小麦换布。国家 C 将不参与国际贸易，因为其贸易前的 P_W/P_C 值与有贸易时的均衡 P_W/P_C 值相同。如果在有贸易时，均衡的 $P_W/P_C=4$，国家 A、国家 B 和国家 C 将向国家 E 出口小麦换布，国家 D 将不参与国际贸易。如果在有贸易时，均衡的 $P_W/P_C=2$，则国家 A 将向其他各国（除了国家 B）出口小麦以换取布。

这种讨论很容易被推广到多个国家。然而，将我们的讨论同时推广到多种商品和多国很麻烦，也不必要。重要的是，简单的两国、两种商品模型导出的结论可以被推广并且适用于多国和多种商品。

第六节　古典贸易理论的验证

一种理论的生命力是否长久，除了理论框架本身的完善程度外，最主要的还是看其在实践中的解释或预测能力。古典贸易理论从劳动生产率差异的角度来解释国际贸易的原理，那么，这一理论在多大程度上能解释国际贸易的实践呢？对大卫·李嘉图贸易理论的实证检验，最早也是最具代表性的工作是由迈克道格尔（G. D. A. MacDougall）完成的。迈克道格尔以美国与英国1937年各行业的出口绩效与劳动生产率之间的关系为例进行实证研究，其结果如表2.11所示。

表2.11 迈克道格尔对大卫·李嘉图贸易理论的检验结果

行业或产品	美国劳动生产率/英国劳动生产率	美国出口/英国出口
	大于2	
收音机		8
生铁		5
容器		4
罐头		3.5
机械		1.5
纸		1
	1.4~2	
烟卷		0.5
油毡		0.33
针织品		0.33
皮鞋		0.33
焦炭		0.2
化纤		0.2
棉制品		0.11
人造丝		0.09
啤酒		0.06
	小于1.4	
水泥		0.09
男式毛制品		0.04
人造奶油		0.03
毛衣		0.004

根据迈克道格尔的估计，美国1937年的平均工资水平是英国的两倍。因此，他假设若美国某些行业的劳动生产率高于英国对应行业的劳动生产率两倍，那么美国应在这些行业上具有比较优势。迈克道格尔用美、英两国各行业对世界其他国家的出口之比，作为判断比较优势的标准。他一共计算了25个行业或产品的两国劳动生产率的比值与出口比值，其中部分结果如表2.11所示（表中仅列出19个行业或产品的结果）。迈克道格尔的检验结果显示，在25个行业或产品中，有20个行业或产品服从假设检验。即在这20个行业或产品中，当美英两国的劳动生产率之比大于2时，两国相应的出口之比大于1；当两国的劳动生产率之比小于2时，两国的出口之比小于1。

此后，巴拉萨用1950年的数据，斯特恩用1950年和1959年的数据也证实了劳动生产率与出口绩效之间的这种正相关关系。斯特恩在 1950 年所观察的 39 个行业或产品中有 33 个行业或产品支持假设检验，但到了 1959 年，这一关系有所削弱。此外，戈卢布、谢长春以及克斯汀诺特、唐纳森和科默杰还提出了更新的李嘉图贸易模型的证明，这些经验研究同样支持了比较优势理论。

尽管李嘉图贸易模型得到了验证，但还不能说古典贸易理论具有广泛适用性。这是因为：一方面，这些实证分析还过于简单化，不具有普遍意义；另一方面，这些研究结果虽然与古典贸易理论所预计的情况比较接近，但并不排除与其他贸易理论也有一致的地方。比如，如果贸易主要是由后面我们将要讨论的要素禀赋差异引起的，由于现实中要素价格很难均等化，因此资本丰裕的国家，其劳动生产率也可能相对较高。因此，上述实证分析结果也可能反映的只是两国要素禀赋的差异。

本章小结

国际贸易理论的实质是市场经济商品交换和生产分工，其起源和发展可以追溯重商主义学派。重商主义者认为国际贸易是一种"零和贸易"，一方得益必定是另一方受损，出口者从贸易中获得财富，而进口则减少财富，其政策主张是国家干预贸易以鼓励本国商品出口，限制外国商品进口。亚当·斯密是第一个建立起市场经济分析框架的经济学家，他的贸易思想是整个自由竞争市场经济体系的一个有机组成部分。亚当·斯密的绝对优势理论认为国际贸易和国际分工的原因和基础是各国间存在的劳动生产率和生产成本的绝对差别。各国应该集中生产并出口其具有劳动生产率和生产成本绝对优势的产品，进口其不具有绝对优势的产品。贸易的双方都会从交易中获益。大卫·李嘉图的比较优势理论认为，即使一国在两种产品的生产上都具有绝对优势，另一国都具有绝对劣势，只要优劣程度不同，两国仍有互利贸易的基础。每个国家都应集中生产并出口其具有比较优势的产品，进口其具有比较劣势的产品。比较优势理论在更普遍的基础上解释了贸易产生的基础和贸易所得。

但比较优势理论关于劳动力是唯一生产要素和劳动力同质的假设一直受到广泛质疑，哈伯勒用机会成本重新解释了大卫·李嘉图的比较优势理论，使其重新焕发了生命力。在两个国家多种产品的模型中，一种产品的比较优势由该产品生产的相对成本(或相对劳动生产率)与两国的相对工资相比来确定。在两种产品多个国家的模型中，一国的比较优势由该国产品生产的相对成本与国际产品市场的相对价格相比来确定。如果一国相对工资率的提高超过产品相对劳动生产率的提高，该国就会在越来越多的产品上失去比较优势。

复习思考题

1. 阐述重商主义的主要观点，并对其进行评价。
2. 在分析中国加入世界贸易组织(WTO)的利弊时，有人说"为了能够打开出口市场，我们不得不降低关税，进口一些外国产品，这是我们不得不付出的代价"，请分析评论这种观点。

3. 在古典贸易模型中，假设 A 国有 120 名劳动力，B 国有 50 名劳动力，如果生产棉花，A 国的人均产量是 2 吨，B 国也是 2 吨；如果生产大米，A 国的人均产量是 10 吨，B 国则是 16 吨。画出两国的生产可能性曲线并分析两国中哪一国拥有生产大米的绝对优势；哪一国拥有生产大米的比较优势。

4. "贸易中的'双赢理论'本是强权理论，对于弱国来说，自由贸易的结果只能变得更穷"，请评论上述观点。

5. 在李嘉图贸易模型中，用生产者剩余和消费者剩余的方法说明一国进口和出口的福利水平变动。

6. 举一个三国、三种商品的例子，使每国出口其中一种商品到另外两国，并各自从另外两国进口一种商品。

第三章　国际贸易均衡

根据经济学原理，机会成本的变化至少有三种情况：机会成本递增、机会成本递减和机会成本不变。在第二章，我们假定生产各种产品的机会成本不变，这是一种简化问题的分析手段。为了更接近现实，本章放松机会成本不变的假设，将简单贸易模型扩展为机会成本递增条件下的模型。在现代国际贸易理论部分我们再考察机会成本递减的情况。然后，借助国际贸易的局部均衡下的供需曲线和一般均衡下的提供曲线，分析开放条件下的国际贸易均衡的相对价格、贸易条件和贸易利益问题。在本章最后一节分析自然资源禀赋论和消费者偏好对国际贸易的影响。

第一节　机会成本递增条件下的贸易均衡

一、机会成本递增条件下的孤立均衡

本节我们使用微观经济学中已学过的机会成本递增、生产可能性曲线和无差异曲线等知识分析机会成本递增条件下的比较利益问题。在现实经济生活中，一国生产通常会面对递增的机会成本。机会成本递增是指：在生产两种产品的条件下，为增加一种产品的生产而不得不放弃的另一种产品的产量，不是不变而是不断增加的。

机会成本递增使生产可能性曲线是一条凹向原点的曲线，而不再是机会成本不变情况下的一条直线。不同国家因资源存量不同，它们的生产可能性曲线就不同，但都凹向原点。生产可能性曲线反映了一国的生产或供给条件，反映一国需求偏好的是社会无差异曲线。下面我们阐述供给和需求如何使一国经济在封闭条件下达到均衡状态，即社会福利最大化的问题。

根据微观经济学原理，在封闭条件下，生产者的利润最大化是边际转换率等于价格，消费者的效用最大化是边际替代率等于相对价格。在几何图形上，前者表现为利润最大化的均衡生产点是生产可能性曲线与两种商品的相对价格线相切的切点，后者表现为社会效用最大化的消费点是社会无差异曲线与两种产品的相对价格相切的切点。由此可以推论，要使生产和消费同时达到均衡，生产可能性曲线与社会无差异曲线必须切于同一条相对价格线上。在封闭经济的条件下，均衡的生产点必须等于消费点，否则供给和需求就很难达到均衡状态。

图 3.1 反映了 A、B 两国在封闭条件下的均衡情况。图中 A 点是 A 国在封闭条件下，生产可能性曲线与其所能达到的最高的社会无差异曲线的切点，A 国在此点实现了均衡。同样，B 国在 A_1 点也实现了均衡，在该点它的生产可能性曲线与其所能达到的最高的社会无差异曲线 I_1 相切。由于社会无差异曲线是凸向原点且互不相交的，因此，上述切点就只能有一个，即均衡状态是唯一的。坐标中的其他点要么是因为受资源限制达不到，要么就是没有实现福利最大化，因此都不是均衡点。在 A 点和 A_1 点这样的孤立均衡状态下，边际转换率＝边际替代率＝商品的相对价格，在图 3.1 中表示为生产可能性曲线和社会无差异曲线的公切线的斜率。A 国的孤立均衡相对价格是 $P_A=1/4$，B 国的孤立均衡相对价格是 $P_B=4$。这表明两国同一种商品的相对价格不同，其原因是这两国的生产可能性曲线和社会无差异曲线的形状与位置均不相同。

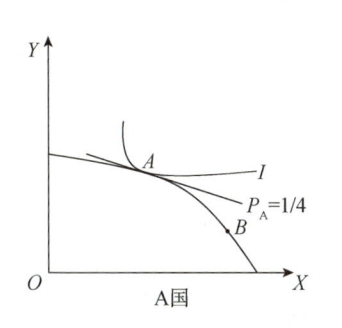

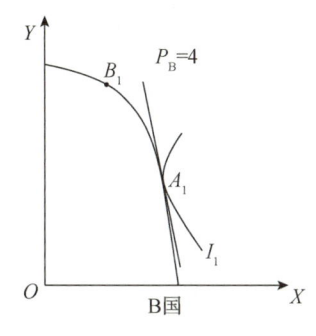

图 3.1　孤立均衡

如前所述，两国之间同一商品的相对价格差异是两国具有不同的比较优势的表现，从而构成了两国互利贸易的基础。在无贸易的条件下，由于 $P_A<P_B$，因此 A 国在商品 X 上具有比较优势，B 国在商品 Y 上具有比较优势。两国应专门生产本国具有比较优势的产品，并将其部分出口以换取自己有比较劣势的产品。

二、机会成本递增条件下的贸易基础和贸易所得

通过前面的分析我们知道，在无贸易情况下，$P_A<P_B$，A 国在商品 X 上有比较优势，B 国在商品 Y 上有比较优势。根据比较优势理论，两国应本着比较优势原则进行国际分工和贸易，两国的福利水平都会提高。但是，两个国家在专门生产本国具有比较优势的商品的同时，生产的机会成本也在不断递增。所以，一旦两国同一商品的价格相同，分工就会停止。这时，贸易就在这一价格水平上达到均衡。通过互利贸易，两国的最终消费水平会大于不存在贸易时的情况，我们用图 3.2 说明这一过程。

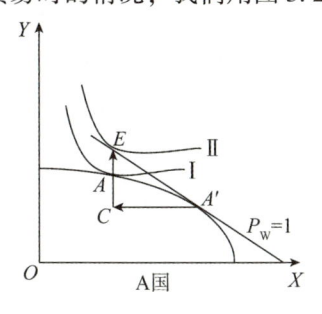

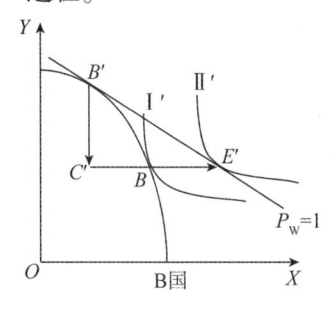

图 3.2　机会成本递增条件下的贸易所得

从孤立均衡点 A 开始，随着 A 国分工生产 X 的深入，其生产组合点沿着其生产可能性曲线向右下方移动，生产 X 的机会成本也在增加，这表现为生产可能性曲线的斜率在递增。从孤立均衡点 B 开始，随着 B 国分工生产 Y 的深入，其生产组合点沿着其生产可能性曲线向左上方移动，生产 Y 的机会成本也在增加，因为其生产可能性曲线的斜率在递减（生产的机会成本下降，意味着生产 Y 的机会成本上升）。这种生产中的分工一直持续到商品的相对价格（生产可能性曲线的斜率）在两国相等时为止。共同的相对价格会在贸易前两国相对价格之间的某一点，图 3.2 中这一相对价格为 $P_W=1$，在这一价格上，贸易达到均衡。

通过贸易，A 国的生产组合从 A 点移到了 A' 点，其最终消费组合为无差异曲线 II 上的点 E，这是 A 国在 $P_W=1$ 的国际比价下进行贸易所能达到的最大福利水平。同样，B 国的生产组合从 B 点移到了 B' 点，其最终消费组合为无差异曲线 II' 上的 E' 点。在图 3.2 中，由一国的进口量、出口量和国际比价线围成的三角形称为"贸易三角形"，A 国的贸易三角形为三角形 ECA'，B 国的贸易三角形为三角形 $E'C'B'$。这样，通过国际分工和贸易，两国都可以消费生产可能性曲线以外的生产组合。

成本递增条件下的贸易模型与成本不变条件下的贸易模型之间存在一个基本差异。在机会成本不变的条件下，会形成完全专业化的分工。而在机会成本递增的条件下，比较利益理论仍然有效，但达不到完全专业化分工的程度。这种不完全分工发生的原因是机会成本递增。随着一国扩大生产其具有比较优势的产品，两国的相对价格会趋近，直到相等。这时，两国都不会再扩大其具有比较优势产品的生产，这种均衡通常发生在任何一国在生产上达到完全分工之前。

三、贸易利益的分解

国际贸易利益可以分解为来自交换的利益和来自分工的利益。来自交换的利益来源于在资源配置不变、产出不变的情况下，一部分产品以国际价格而非国内价格进行贸易；来自分工的利益则来源于资源按照比较利益进行的重新配置。

为了区分这两种利益，假定一国从封闭到开放分两步走。第一步，当开放之后面对新的国际价格时，消费者可以立即作出调整，而生产者的生产不能立即作出调整，所以生产点不变。这时，消费者面对新的国际价格，发现原来在封闭条件下价格比较贵的商品现在变得便宜一些了，而原来比较便宜的商品现在则变得比较贵了。于是，他们会增加对变得便宜的商品的消费，减少对价格变得比较贵的商品的消费。

如图 3.3 所示，消费点由 E 点转移到对应于更高满足程度的 F 点，F 点是通过生产点 E 的国际相对价格线与社会无差异曲线的切点。在这一阶段，社会福利水平的提高来自在产出不变的情况下从国际交换中获得的利益。第二步，生产者对价格变化作出反应，进行生产调整，他们会增加相对价格上升的产品的生产，减少相对价格下降的产品的生产。于是生产点由 E 点向右下方转移，当到达 Q 点时，机会成本与新的价格水平达到相等，于是，Q 点成为新的生产均衡点。生产的这种变化，提高了资源的配置效率，从而使消费点由 F 点转移到对应于更高福利水平的 C 点。这一移动表明了在相对价格不变的情况下由于生产的专业化而获得的额外利益。两种利益之和便构成了贸易利益。

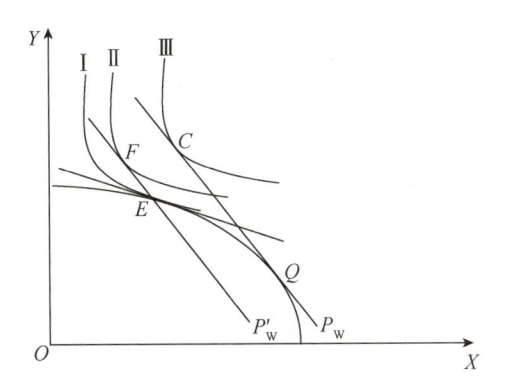

图 3.3　国际贸易利益的分解

专栏 3-1

美国高进口竞争产业的就业机会丧失

高进口竞争产业可以大概定义为占进口比重 25% 以上的产业。1979—1999 年美国这些产业中有近 650 万工人失业，其中电子机械和服装产业失业人数最多，分别为 118.1 万人和 113.6 万人。但是，这些产业中的失业原因大部分并不是由于进口，而是国内的原因，如技术改进、消费者需求变化以及企业重组等。

当然，美国进口竞争激烈的产业的确由于进口的原因比其他制造业经历了更高的失业率，这一点可以由以下事实证明：高进口竞争产业就业人数占制造业总就业人数的 30%，这些产业在 1979—1999 年的失业人数占制造业总失业人数的 38.4%。然而，马丁·尼尔·贝利(Martin Neil Baily)和罗伯特·Z. 劳伦斯(Robert Z. Lawrence)发现，尽管 2000—2003 年美国制造业的失业人口高达 285 万人，其中仅有 31.5 万人或 11.1% 是完全由于进口或外包原因造成的。然而，保罗·萨缪尔森(Paul A. Samuelson)相信，如今，贸易会对美国和其他富国造成伤害。贾格迪什·巴格瓦蒂(Jagdish Bhagwati)、阿文德·帕纳加里亚(Arvind Panagariya)和 T. N. 斯瑞尼瓦桑(T. N. Srinivasan)对此持不同意见。

资料来源：多米尼克·萨尔瓦多. 国际经济学[M]. 杨冰, 译. 10 版. 北京：清华大学出版社，2011：61.

第二节　贸易均衡价格

两国达到孤立均衡时的相对价格差异是两国各自比较优势的体现，也是两国互利贸易的前提和基础。这一节，我们将运用局部均衡分析方法和一般均衡分析方法确定贸易均衡相对商品价格。

一、局部均衡分析

根据经济学原理，只有供求双方共同作用，才能决定均衡价格。下面我们利用经济学中的基本分析工具供给曲线和需求曲线对贸易均衡价格问题进行局部均衡分析。图3.4表示A、B两国贸易前后的局部均衡状态。图中纵轴表示商品X的相对价格，横轴表示X的数量。我们假设世界上只有A、B两个国家，两国均为贸易大国，各国供给和需求的变化都会影响国际市场价格。

A点是A国无贸易情况下的生产和消费点，其国内X的相对价格为P_1。B点是B国在无贸易情况下的生产和消费点，其国内X的相对价格为P_3。因为$P_1<P_3$，两国开展贸易后，X的相对价格将介于P_1和P_3之间。

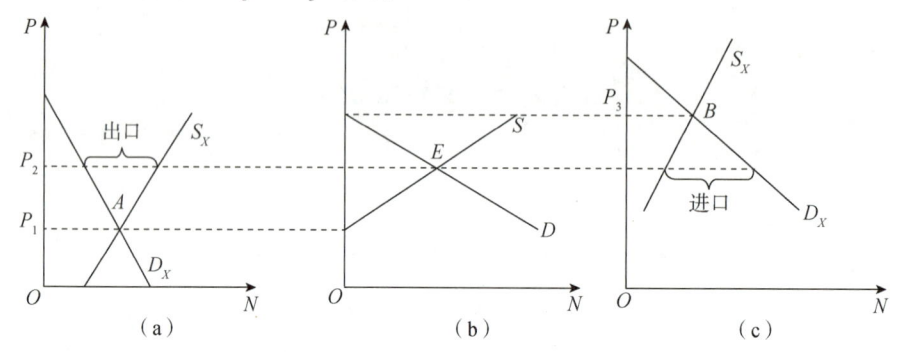

图 3.4 两国贸易的局部均衡分析

(a) A国的X商品市场；(b) X商品国际市场；(c) B国的X商品市场

当价格高于P_1时，A国将生产比其需求数量更多的X，并将多出的这一部分出口，如图3.4(a)所示。在价格低于P_3的情况下，B国对X的需求将超过本国所能生产的数量，故B国将进口X以满足其超额需求，如图3.4(c)所示。当X的价格大于P_1时，A国在图3.4(a)中对X的超额供给形成了A国出口X的供给曲线，即图3.4(b)中的S。同样，当X的价格小于P_3时，B国对商品X的超额需求形成了B国进口商品X的需求曲线，即图3.4(b)中的曲线D。在图3.4(b)中，供求曲线S和D相交于点E，E点对应的价格P_2即为贸易后均衡的相对价格。此时，A国X商品的出口数量正好是B国的进口数量。同样，我们也可以对Y商品进行类似的局部均衡分析，不同的是B国出口，A国进口。

二、基于提供曲线的一般均衡分析

一般均衡分析是对所有商品及其价格的变动情况的分析，进行一般均衡分析通常使用的工具是提供曲线。提供曲线又称供应条件曲线或相互需求曲线，是由经济学家马歇尔和埃奇沃思共同提出的。它是指在各种不同的贸易条件（或国际相对价格）下，一国为进口一定数量的某种商品而愿意提供的出口商品数量。提供曲线包含了供给和需求两方面的因素，一国的提供曲线可以从它的生产可能性曲线、无差异曲线以及各种可能使贸易发生的相对价格中推导而出。图3.5是A国提供曲线的推导过程。

在图3.5(a)中，A国最初处于无贸易的孤立均衡点A，这时它生产X的机会成本，即X的相对价格为$P_a=1/4$。为使图3.5(a)简便一些，我们省略了A点的价格线$P_a=1/4$和与该点相切的无差异曲线 I 。如果贸易在$P_b=1$的条件下发生，A国的生产将移至B点，在贸易中A国就用60X与B国交换60Y，最终消费组合为其无差异曲线 III 上的点E。这样，我们得到了图3.5(b)中的点E。在图3.5(a)中，当$P_f=1/2$时，A国的生产点将移至 F 点，此时 A 国用 40X 与 B 国交换 20Y，消费组合点为 H，这样我们又得到了图 3.5(b) 中的点 H。连接图 3.5(b) 中的原点、H 点和 E 点以及用同样的方法得到的其他点，我们就得到了 A 国的提供曲线，它反映了 A 国为进口某一数量的 Y 而愿意出口的 X 的数量。

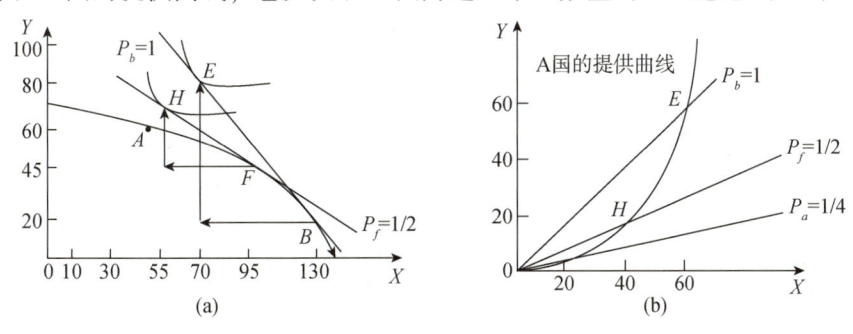

图 3.5　A 国提供曲线的推导过程

图 3.5 中 A 国的提供曲线位于自给自足的相对价格线 $P_a=1/4$ 之上，凸向横轴，这表明它在横轴所代表的商品 X 上有比较优势，应该出口 X。A 国提供曲线的位置和形状也表示了它生产 X 时机会成本递增的情况，随着 X 生产和出口的增加，每单位 X 换取的 Y 越来越多，只有这样，A 国才愿意在机会成本递增的情况下提供更多的 X。

用同样的方法我们可以得到 B 国的提供曲线，如图 3.6 所示。

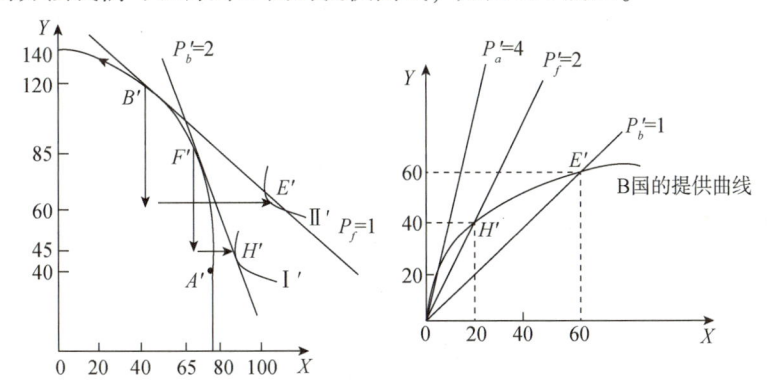

图 3.6　B 国提供曲线的推导过程

B 国的提供曲线反映了 B 国为进口一定数量的 X 而愿意出口的 Y 的数量。B 国的提供曲线位于自给自足的相对价格线 $P'_a=4$ 的下方，凸向纵轴，与 A 国提供曲线的方向正相反，这表明 B 国在纵轴所代表的商品 Y 上有比较优势，应该出口 Y 进口 X。为使 B 国出口更多的 Y 必须提高 Y 的相对价格，这意味着 X 的相对价格下降。因此，在 $P'_f=2$ 时，B 国会出口 40Y，在 $P'_b=1$ 时，B 国会出口 60Y。这是因为，增加生产 Y 的机会成本是递增的，而且 B 国在贸易中消费越多 X 和越少 Y，Y 的边际效用就会逐渐超过 X。

有了两国的提供曲线，我们现在可以进行一般均衡分析。由于 A 国的出口就是 B 国的进口，而 B 国的出口又是 A 国的进口。因此，国际均衡相对价格是在两国供应条件或相互需求条件中寻求双方都满意的供应条件和都愿意接受的需求条件，而这个条件就是 A 国和 B 国提供曲线的结合点或交点。两国提供曲线的交点确定了两国开展贸易后的均衡相对价格，只有在这一相对价格水平上，两国贸易才达到均衡。此外的任何一个价格水平，两国所愿意进出口的数量都不会相等，贸易会在供求法则的作用下达到均衡。图 3.7 是将前面得出的两国的提供曲线放在同一坐标轴中，它们相交于 E 点，从而确定了均衡的相对价格 $P_x/P_y = P_b = P_b' = P_w = 1$。在此价格上，A 国愿用 $60X$ 交换 $60Y$，而 B 国恰恰要用 $60Y$ 交换 $60X$，从而实现了贸易均衡。

需要指出的是，贸易均衡的相对价格 $P_x/P_y = 1$ 只是在这个例子中成立，若 A、B 两国的生产可能性曲线和社会无差异曲线发生变化，提供曲线就会发生变化，均衡的相对商品价格就不一定是 1 了。

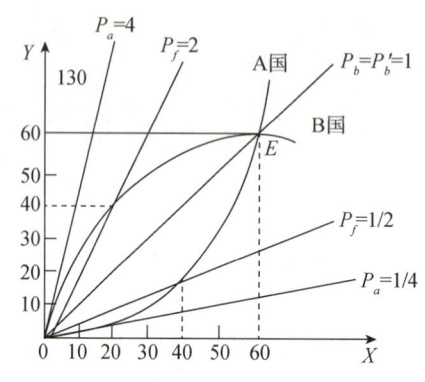

图 3.7　贸易均衡的相对商品价格

三、贸易条件

一国的贸易条件是指一国出口商品的价格与该国进口商品的价格的比值。在只有两个国家的世界中，一国的出口就是其贸易伙伴国的进口，所以在两国条件下，一国的贸易条件等于另一国贸易条件的倒数。在一个具有多种贸易商品的世界中，贸易条件定义为一国出口商品的综合价格指数与进口商品的综合价格指数的比值，这个比值通常以百分比的形式表示。

在上面的分析中，由于 A 国出口商品 X，进口商品 Y，因此 A 国的贸易条件表示为 P_x/P_y。如果 A 国进出口许多商品，P_x 应是其出口价格指数，P_y 应是其进口价格指数；B 国出口商品 Y，进口商品 X，故 B 国的贸易条件表示为 P_y/P_x，即为 A 国贸易条件的倒数。同样，如果 B 国进出口许多商品，P_x 应是其进口商品价格指数，P_y 应是其出口商品价格指数。

由于供给和需求随时间不断变化，提供曲线也会移动，从而改变贸易额和贸易条件。一国贸易条件的改善通常是指该国出口商品价格相对于其进口商品价格有所上升，反之则为贸易条件恶化。我们可以把一国基期的贸易条件设为 100，则贸易条件的变化可以用百分比来表示。

一般而言，在其他条件不变时，贸易各国更愿意自身的贸易条件改善。但即使一国的贸易条件改善了，我们也不能因此就断定该国的贸易状况好转，因为影响贸易条件的因素很多。例如，当一国的贸易条件提高了 15%，而外国对该国商品的进口需求下降了 20%（需求价格弹性大于 1），该国的出口额下降了，反而不利于国际收支平衡。因此，不能单凭一国贸易条件的变化来确定这一因素对该国福利的净影响效果，我们需要综合考虑各方面的影响因素。

> 专栏 3-2

7 国集团的贸易条件

表 3.1 是七大工业国（G-7）1972—2008 年部分年度的贸易条件。

表 3.1 七大工业国的贸易条件
（单位出口价值÷单位进口价值；2000 年为 100）

国家	1972 年	1980 年	1990 年	2000 年	2005 年	2008 年	1972—2008 年变化百分比
美国	127	90	101	100	97	92	-28
加拿大	96	107	97	100	114	121	26
日本	109	59	84	100	83	62	-43
德国	118	98	110	100	105	100	-15
英国	107	103	101	100	105	106	-1
法国	101	90	100	100	104	100	-1
意大利	106	78	94	100	100	101	-5

资料来源：Elaborated from data in IMF, International Financial Statistics (Washington D.C.: 2009).

贸易条件是由单位出口价格指数除以单位进口价格指数得出的，假设 2000 年的贸易条件为 100。表中显示，七大工业国的贸易条件在该期间大幅波动，美国、日本和德国 2008 年的贸易条件大大低于 1972 年的贸易条件；英国、法国和意大利 2008 年的贸易条件稍低于 1972 年的贸易条件；加拿大 2008 年的贸易条件则远高于 1972 年的贸易条件，出现这一现象的主要原因是 2000 年以来石油和其他初级商品的价格飞涨，而加拿大是这些商品的主要出口国。

第三节 自然资源禀赋论、偏好与国际贸易

国际贸易不仅产生于各国生产技术和生产要素禀赋的差异，在某些情况下也源于供给或需求方面的自然条件不同。自然资源禀赋理论和基于不同偏好的贸易就是基于这些差异的分析。

一、自然资源禀赋论

自然资源禀赋论的基本观点是，由于各国的地理条件、气候条件以及自然资源蕴藏等方面的不同所导致的各国自然资源禀赋的差异存在，所以这就需要国际贸易调节各国间的"余缺"。对于建立在自然资源禀赋基础上的国际贸易并不难理解，矿藏必须在发现它的地方开采，而各个国家不可能同时发现同样的矿产资源；只有在水利资源丰富的国家或地区才可能建立水电站；某些农作物只有在适宜其生长的气候条件下才能种植和收获。当然，随着科技的进步和人类的努力，某些农作物的生产条件可以通过人工创造出来，因而人类

对自然条件的依赖在一定程度上减弱了。但是，人类尚未达到完全摆脱自然条件限制的程度。由于各国经济发展过程中所需要的资源常常是相同的，而各国的自然条件又明显不同，各国客观上就对国际贸易有需要，我们称之为"拾遗补阙"。在某些国家，参与国际贸易的最初动因可能就建立在"拾遗补阙"的基础上。

自然资源禀赋论能够解释建立在单纯自然资源和气候条件基础上的商品贸易现象。从现实经济来看，这种观点对贸易现象的解释范围有限。随着人类认识和改造自然能力的提高，人类在解决靠天吃饭的问题、摆脱自然力限制的能力也在提升，科学技术发展到今天，许多产品对自然条件和资源的依赖已经很小。因此，这种观点的重要性逐渐降低。

二、基于不同偏好的贸易

在前面的分析中，强调了供给方面与国际贸易之间的关系。在讲到需求时，只谈到其在供求决定贸易均衡时的情形。在有些情况下，需求对国际贸易起着非常关键的作用，即使两个国家的生产可能性曲线完全相同，在消费嗜好方面的差异也可成为互利贸易发生的基础。

对某种商品偏好较低的国家，该种商品在无贸易时的相对价格就会较低，该国在该商品上就具有比较优势。为了说明这一点，我们假定两个同样能够生产小麦和大米两种产品的国家，其生产可能性曲线的形状和生产能力完全相同，但是其中一个国家的居民喜食大米，而另一个国家的居民喜食小麦。在此情况下，喜食大米的国家，大米的价格可能比较贵，而喜食小麦的国家，小麦的价格可能比较贵。这种市场价格的差异可能产生两种情况：一是喜食大米的国家生产更多的大米，而喜食小麦的国家生产较多的小麦，从而满足各自的需要；二是喜食大米的国家将自己生产的小麦出口到喜食小麦的国家换回大米，而喜食小麦的国家可能将自己生产的大米出口到喜食大米的国家换回小麦。在这种情况下，国际贸易既不是由劳动生产率的差异引起的，也不是由生产要素的禀赋差异造成的，而是由两国不同的偏好或饮食习惯的差异决定的。

我们用图3.8来说明单纯基于不同偏好的贸易。两国的生产可能性曲线的形状是完全相同的，就用同一条曲线来表示。在贸易前，喜食小麦的国家的生产点为生产可能性曲线与其无差异曲线 I 的切点 R，喜食大米的国家的生产点为生产可能性曲线与其无差异曲线 I' 的切点 S，两国的生产点同时也是两国的消费点。此时，喜食小麦的国家小麦的价格比较高，大米的价格比较低；喜食大米的国家大米的价格比较高，小麦的价格比较低。有了国际贸易后，喜食小麦的国家将增加大米的生产，其生产点沿着生产可能性曲线下移。喜食大米的国家将增加小麦的生产，其生产点沿着生产可能性曲线上移。这种生产的变化将持续到两国的相对价格相等，从而形成了统一的国际比价，这时贸易达到均衡。这时喜食小麦的国家的生产点和喜食大米的国家的生产点重合，两国的消费水平或福利水平都提高了。

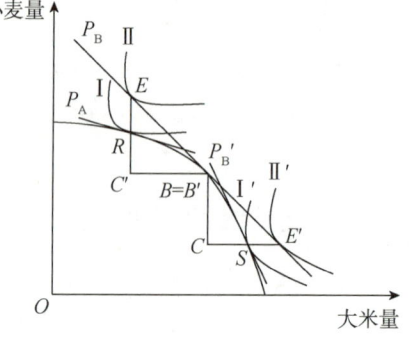

图3.8 基于不同偏好的贸易

本章小结

机会成本的变化至少有三种情况：机会成本递增、机会成本递减和机会成本不变。在机会成本不变条件下，会形成完全专业化的分工。而在机会成本递增条件下，比较利益理论仍然有效，但两国达不到完全专业化分工的程度。国际贸易利益可以分解为来自交换的利益和来自分工的利益。开展国际贸易后，两国商品相对价格会趋于均等并实现贸易均衡。两国达到孤立均衡时的相对价格差异是两国各自比较优势的体现，也是两国互利贸易的前提和基础。在局部均衡分析中，出口国的出口供给量和进口国的进口需求量相等时的价格即为贸易均衡相对价格，在基于提供曲线的一般均衡分析中，两国提供曲线的交点确定了两国开展贸易后的均衡相对价格，一国的贸易条件是指一国出口商品的价格与该国进口商品的价格的比值。在两国条件下，一国的贸易条件等于另一国贸易条件的倒数。不能单凭一国贸易条件的变化来确定这一因素对该国福利的净影响效果，我们需要综合考虑各方面的影响因素。国际贸易不仅产生于各国生产技术和生产要素禀赋的差异，在某些情况下也源于供给或需求方面的自然条件不同。自然资源禀赋论能够解释建立在单纯自然资源和气候条件差异基础上的商品贸易现象。需求对国际贸易也起着非常关键的作用。即使两个国家的生产可能性曲线完全相同，在消费嗜好方面的差异也可成为互利贸易发生的基础。

复习思考题

1. 在机会成本递增的条件下，如何确定一国的比较优势？
2. 机会成本递增条件下的贸易模型与机会成本不变条件下的贸易模型有何差异？
3. 什么是来自交换的利益？什么是来自分工的利益？
4. 什么是贸易条件？贸易均衡下的贸易条件如何确定？结合实际说说改革开放以来我国贸易条件的变化情况。
5. 简述自然资源禀赋理论和基于不同偏好的贸易理论，并结合现实进行分析。

第四章 要素禀赋理论

第一节 赫克歇尔-俄林模型

在李嘉图模型中,各国间劳动生产率的差异使一种商品在两个国家具有不同的价格,这体现了比较优势的存在,是两国互利贸易的基础。然而,在现实世界中,各国间劳动生产率的不同只能部分地解释贸易产生的原因,贸易还反映了各国之间资源的差异。用各国之间的资源差异来解释比较优势,进而说明国际贸易原因的学说,是国际经济学中最具影响力的贸易理论之一。要素禀赋理论最早由瑞典经济学家伊莱·赫克歇尔(Eli Heckscher)和伯蒂尔·俄林(Bertil Ohlin,1977年诺贝尔经济学奖获得者)师生提出,因此,这一理论通常被称为赫克歇尔-俄林理论,简称赫-俄模型(赫克歇尔-俄林模型)。由于这一理论强调了不同生产要素在不同国家资源中所占的比例与它们在不同产品的生产投入中所占的比例之间的相互作用,它又被称为要素比例理论。保罗·萨缪尔森(Paul Samuelson)等经济学家对要素禀赋理论作了进一步完善。

1919年,赫克歇尔发表了题为《国际贸易对收入分配的影响》的论文,文章中,他对现代国际贸易理论作了一个概括性的说明,对要素禀赋理论的核心思想——要素禀赋差异是国际贸易比较优势形成的基本原因进行了初步分析,但这篇文章发表后并没引起人们的注意。1933年,俄林出版了著名的《区域贸易与国际贸易》一书,书中对其老师的思想做了清晰而全面的解释,并作了进一步的研究。赫克歇尔-俄林模型从两个方面扩展了比较优势理论。一方面,将比较优势的差异及这种差异的原因归结为各国生产要素禀赋的差异,从而重新解释了国际贸易的基础;另一方面,深入分析了国际贸易对贸易双方要素投入及分配的影响。

一、赫克歇尔-俄林模型的基本概念和假设条件

(一)基本概念

在对要素禀赋理论的基本模型进行阐述之前,本文先引入两个重要概念。

1. 要素禀赋

要素禀赋(Factor Endowments),也称要素丰裕度,是指一国所拥有的两种生产要素的

相对比例。这是一个相对概念，与一国所拥有的生产要素的绝对数量无关。例如，若 A 国拥有的资本数量为 TK_A，劳动数量为 TL_A，则其相对要素禀赋为 TK_A/TL_A。为了简便，在后边的分析中我们略去"相对"一词。在要素禀赋存在差异的情况下，如果一国的要素禀赋大于他国，则称该国为资本(相对)丰富或劳动(相对)稀缺的国家，他国则为劳动(相对)丰富或资本(相对)稀缺的国家。在图 4.1 中，E_A、E_B 分别表示 A、B 两国的要素禀赋点。在 E_A 点，A 国拥有的资本和劳动总量为 TK_A、TL_A；E_B 点表示 B 国拥有的资本和劳动总量为 TK_B、TL_B。图中 E_A、E_B 两点与原点的连线的斜率分别表示 A、B 两国的要素禀赋状况。由图可知，A 国为资本丰富的国家，B 国为劳动丰富的国家。

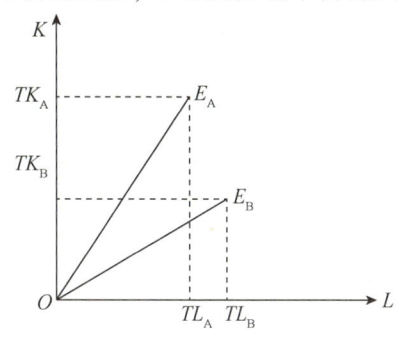

图 4.1 A、B 两国的要素禀赋

关于要素禀赋差异的界定，还有另外一种方法是按要素相对价格来确定的。如果某一国的劳动价格(w)和资本价格(r)之间的比率大于他国，则该国资本比较丰富，从而价格低廉，他国劳动力比较丰富，从而价格低廉。

对于要素禀赋的实际衡量，通常用人均资本存量来表示。一国究竟属于资本丰富还是劳动力丰富的国家，取决于与谁相比。例如，美国无论在资本存量，还是在劳动绝对数量上，都远远高于瑞士和墨西哥。但与瑞士相比，美国的人均资本存量低于瑞士，因此相对瑞士来说，美国属于劳动丰富的国家。如果美国和墨西哥相比，美国的人均资本存量高于墨西哥，因此相对墨西哥而言，美国属于资本丰富的国家。

关于要素禀赋的实际测量，在具体测算时，往往会遇到很多困难。一是各国大都没有关于资本存量的直接统计数据，因此计算某一时刻(一般是某年份)资本存量，必须将以前各期的固定投资进行加总，并考虑不同年份的固定资产折旧，而且还得用不变价格进行调整，这项工作相当繁重；二是比较各国的人均资本存量时还有另一个困难，即各国的货币单位不同，无法直接进行比较，因此比较之前需统一单位。由于存在这些实际困难，人们运用要素禀赋理论分析实际问题时，往往根据实际观察，判断要素禀赋差异。这样做有时可能会导致错误或不尽合理的结果。

专栏 4-1

部分国家和地区的要素禀赋

要素禀赋理论的一个基本假设是国家具有不同的要素禀赋。表 4.1 给出了部分国家或地区三种要素的相对要素禀赋状况，即资本与劳动之比、资本与土地之比、劳动与土地之比，每组比值都显示出各国间的相对要素禀赋状况有很大不同。

表 4.1　部分国家和地区的要素禀赋　　　　　　　　　　美元

国家或地区	资本/劳动	资本/土地	劳动/土地
澳大利亚	7 415.5	67.2	0.009
巴西	1 151.6	42.8	0.038
加拿大	10 583.1	198.0	0.019
日本	3 358.5	5 286.5	10 574
中国香港	1 368.5	90 739.1	66.308
美国	10 260.9	1 058.6	0.103

表 4.1 中的数据表明，度量的角度不同，所得出的结论不同。美国是资本拥有量最多的国家，但是若以资本/劳动的比率衡量，加拿大的资本要素比美国更丰裕，若以资本/土地的比率来衡量，中国香港地区的资本丰裕度远远高于美国。

资料来源：胡涵钧. 新编国际贸易[M]. 上海：复旦大学出版社，2000：67.

2. 要素密集度

要素密集度(Factor Intensity)是指生产某种产品所投入的两种生产要素的比例。在一个只有两种产品(X 和 Y)和两种要素(L 和 K)的世界中，如果生产 X 产品的资本与劳动投入比例大于生产 Y 产品的资本与劳动投入比例，那么商品 X 就是资本密集型产品，而 Y 是劳动密集型产品。例如：如果生产一单位 X 产品需投入 2 单位资本和 2 单位劳动力，则 $k_x = (K/L)_x = 1$；而生产一单位 Y 产品需投入 1 单位资本和 4 单位劳动力，则 $k_y = (K/L)_y = 1/4$。$(K/L)_x > (K/L)_y$，那么，X 就是资本密集型产品，Y 是劳动密集型产品。

要素密集度也是一个相对概念，与生产要素的绝对投入量无关。例如，在 X、Y 两种产品中，生产一单位 Y 产品所需投入的资本是 3 单位，所需投入的劳动力是 12 单位，生产一单位 X 产品所需投入的资本是 2 单位，所需投入的劳动力也是 2 单位。从绝对投入量上看，1 单位 Y 产品所需的资本和劳动投入量均大于 X 产品，但我们不能据此就判断 Y 是资本密集型产品，因为 X 的资本与劳动的比率($K/L = 2/2 = 1$)仍大于 Y 产品的这一比率($K/L = 3/12 = 1/4$)。所以，X 仍是资本密集型产品，Y 仍是劳动密集型产品。

产品的要素密集度可借助等产量曲线来表示。在图 4.2 中，XX' 曲线和 YY' 曲线分别表示 X 产品和 Y 产品的等产量曲线。其中 X 的等产量曲线更偏向于 K 坐标轴，Y 的等产量曲线更偏向于 L 坐标轴。在资本、劳动价格既定的情况下，两个部门的厂商所选择的最佳要素组合由等成本线与等产量曲线的切点来决定。在图 4.2 中，当任意给定一组要素价格，如 w、r 时，两条斜率为 $-w/r$ 的平行线分别与 X、Y 的等产量曲线相切于 A、B 两点，这时 X、Y 的资本与劳动比率之间的关系为 $k_x > k_y$；同样，当任选另外一组要素价格，如 w'、r' 时，X、Y 的资本与劳动比率之间的关系为 $k'_x > k'_y$。由图可知，无论在哪种条件下，X 产品所使用的资本—劳动比率均大于 Y 的资本—劳动比率。因此，X 是资本密集型产品，Y 是劳动密集型产品。

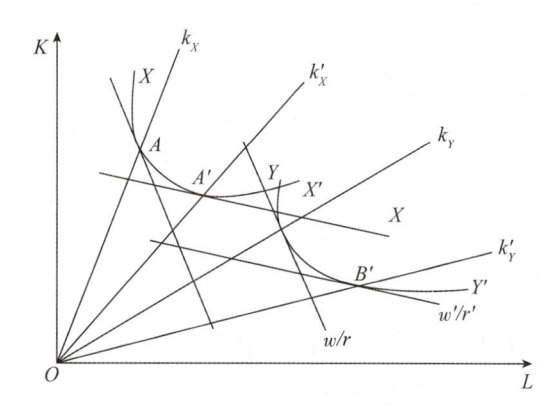

图 4.2　A、B 两国的要素密集度

(二)赫克歇尔-俄林模型的假设

赫克歇尔和俄林认为，国际贸易建立在生产要素禀赋差异的基础上，即使生产技术相同，只要两国要素禀赋条件不同，就存在国际贸易以及带来贸易利益的可能性。赫克歇尔-俄林模型建立在以下严格的假设之上，这些假设是为了在不影响结论的前提下，使我们的分析更加严谨。

(1)世界上只有两个国家(A 国和 B 国)，两种商品(X 和 Y)，两种生产要素(K 和 L)，即这是一个 2×2×2 模型。这一假设很明确，就是为了用一个二维的平面几何图来说明问题。实际上，放松这一假设(即研究更加现实的多个国家、多种商品、多种要素)并不会对赫克歇尔-俄林模型所得出的结论产生根本的影响。

(2)两国在生产中使用相同的技术，这意味着，如果要素价格在两国是相同的，两国在生产同一产品时就会使用相同的劳动—资本比率。由于要素价格通常是不同的，因此各国的生产者都将使用更多的价格便宜的要素以降低生产成本。

(3)两国的要素禀赋不同，A 国为劳动丰富的国家，B 国为资本丰富的国家。两种商品的要素密集度不同，商品 X 都是劳动密集型产品，商品 Y 都是资本密集型产品。这一假设表明，A 国的劳动价格比较便宜，B 国的资本价格比较便宜。在两个国家中，生产商品 Y 相对生产商品 X 来说，使用的资本—劳动比率更高，但这并不意味着两国生产商品 Y 的资本—劳动比率是相同的，而是在任何一国生产 X 的资本—劳动比率均低于该国生产 Y 的资本—劳动比率。

(4)生产过程中的规模收益不变，这意味着，增加生产某一商品的资本和劳动投入将带来该商品的产量以同一比率增加。例如，如果在生产商品 X 时增加 10% 的资本和劳动投入，X 的产量也会增加 10%。如果资本和劳动投入增加 1 倍，X 的产量也会增加一倍。对于 Y 产品的生产也是这样。

(5)两国的商品和要素市场都是完全竞争的，这意味着，商品的生产者和消费者数量众多，他们的行为都不会影响商品的价格。对于资本和劳动的使用者和供给者也是这样，他们都是价格的接受者。这一假设还表明，在长期中，商品的价格将与生产成本相等，生产者不会获得任何超额利润。最后，这一假设还意味着，所有的生产者、消费者、要素所有者对商品的价格和要素收入是完全了解的。

(6)两国消费者的需求偏好相同,即两国无差异曲线的位置和形状是完全相同的。也就是说,如果两国的相对商品价格相同,两国消费 X 和 Y 的比例也相同。

(7)生产要素在一国内可以自由流动,但在国与国之间不能流动。因而在不存在国际贸易的情况下,国与国之间要素收入的差异将会永远存在。

(8)两国的资源都被充分利用,两国在贸易前后都能生产出最大可能的产量。

(9)两国都没有运输成本和交易成本,也没有任何限制贸易的关税和非关税壁垒。在贸易存在的条件下,当两国的相对(或绝对)商品价格完全相等时,两国的生产分工才会停止。如果存在运输成本、交易成本和其他贸易限制措施,则当两国的价格差等于单位贸易商品的关税、运输等成本时,两国的生产分工就会停止。

由以上假设可知,A、B 两国除要素禀赋不同外,其他一切条件都是完全相同的。任何一个假设条件变化,赫克歇尔-俄林模型的结论都有可能不同,甚至不成立。

二、赫克歇尔-俄林模型的基本内容

基于前面的基本假设,赫克歇尔-俄林模型可以这样表述:在国际贸易中,一国的比较优势是由其要素丰裕度决定的。一国应生产和出口较密集地使用其较丰裕的生产要素的产品,进口较密集地使用其较稀缺的生产要素的产品。简而言之,劳动相对丰裕的国家应当出口劳动密集型产品,进口资本密集型产品;资本相对丰裕的国家应当出口资本密集型产品,进口劳动密集型产品。这意味着,A 国出口商品 X 是因为 X 是劳动密集型产品,而且劳动是 A 国比较丰富和便宜的要素;同样,B 国出口商品 Y 是因为 Y 是资本密集型产品,而且资本是 B 国比较丰富和便宜的要素。

这一理论模型的基本结论基于以下推理过程。

(1)各国生产同种产品时,其价格的绝对差异是国际贸易产生的直接原因,商品的价格差是国际贸易产生的利益驱动力。

(2)这种价格的绝对差异是由生产同种产品时的成本差别造成的。

(3)各国生产产品时的成本不同,是由生产要素的价格不同造成的。假设生产布需要 3 单位资本和 6 单位劳动,在技术上美国和中国是相同的。但是,中国每单位资本的价格是 6 美元,每单位劳动的价格是 1 美元,而美国单位资本的价格是 3 美元,单位劳动的价格是 5 美元,结果,中国每单位布的价格是 $6×3+1×6=24$(美元),美国每单位布的价格是 $3×3+5×6=39$(美元)。可见,各国生产同一产品的价格差,是由生产要素的价格差异造成的。

(4)生产要素的价格差由各国生产要素的供给差异造成。由经济学的基本理论可知,商品和要素的价格决定他们的供求,两国生产要素的供给差异造成了两国生产要素价格的差异。

(5)两国生产要素供给的差异是由两国的要素禀赋决定的。某种生产要素在一国相对比较丰裕时,其供给量就大;相反,另一种生产要素在该国比较稀缺,其供给量就少。各国生产要素的不同丰裕度和各种产品所需要的要素比例的不同,使各国在生产相同产品时,分别在不同的产品生产上具有比较优势或成本优势。总之,赫克歇尔-俄林模型说明了在技术水平相同的情况下,各国生产要素的相对丰裕度是各国比较利益形成的基础。

二、赫克歇尔–俄林模型的几何说明

在两国生产技术条件相同的条件下，国家之间要素禀赋的差异，最终会影响两国 X 和 Y 两种商品的生产能力，从而造成供给能力的差别。两国供给方面的差别，可通过考察两国的生产可能性曲线的偏向性来直观地加以判断。在封闭的条件下，两国要素禀赋的差异将引起生产可能性曲线的差异，进而导致相对供给的差异。两国相对供给的差异将导致两国的相对价格差异。图 4.3 表示贸易前 A、B 两个国家在封闭条件下的均衡状况。

图 4.3 中 AA' 代表 A 国的生产可能性曲线，BB' 代表 B 国的生产可能性曲线。A、B 两国对应的社会无差异曲线为 I_1 和 I_2。两个国家都根据本国的社会需求偏好和生产成本选择均衡点。在两国消费者偏好相同的条件下，无差异曲线形状相同。A 国均衡点为 E_A，B 国均衡点为 E_B。A、B 两国在封闭条件下的相对价格差异由无差异曲线与生产可能性曲线相切决定。A 国国内 X、Y 产品价格比为 $(P_X/P_Y)_A$，即图中的相对价格线 P_A，B 国国内 X、Y 产品价格比为 $(P_X/P_Y)_B$，即图中的相对价格线 P_B。无差异曲线与生产可能性曲线切线 P_A 与 P_B 的斜率值分别为 $(P_X/P_Y)_A$、$(P_X/P_Y)_B$。P_A 斜率小于 P_B 斜率，两国产品的相对价格 $(P_X/P_Y)_A$ 小于 $(P_X/P_Y)_B$。因此，A 国在 X 产品上具有相对优势，B 国在 Y 产品上具有相对优势，即劳动丰裕的国家在劳动密集型产品的生产上具有相对优势，资本丰裕的国家在资本密集型产品上具有相对优势。

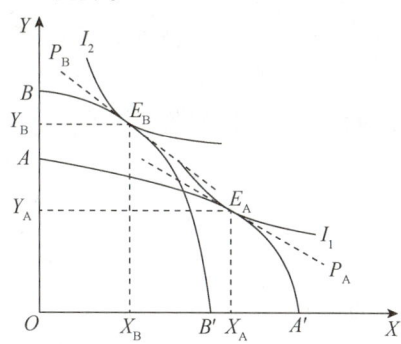

图 4.3　贸易前 A、B 两国在封闭条件下的均衡状况

图 4.4 表示 A、B 两国在自由贸易条件下的均衡状况。在封闭的条件下，两国的要素禀赋差异导致了产品的相对价格差异。在自由贸易条件下，由于 B 国市场 X 产品的价格高于 A 国，A 国将出口 X 产品到 B 国。同样，B 国也将出口 Y 产品到 A 国，即 A 国进口 Y 产品，B 国进口 X 产品。A、B 两国自由贸易会使同一产品的相对价格趋于一致，两国将面对相同的国际均衡价格 P_W。在图 4.4 中，两条 P_W 价格线平行，表示两国面对相同的国际均衡价格（均衡的国际贸易条件）。国际均衡价格 P_W 必然位于 $(P_X/P_Y)_A$、$(P_X/P_Y)_B$ 之间，比图中的相对价格线 P_A 陡峭，比相对价格线 P_B 平坦。在国际贸易中，A 国出口 X 产品，进口 Y 产品，B 国正好相反。此时，两国的均衡点由原来没有发生国际贸易时的 E_A、E_B 转移到 E'_A、E'_B。E'_A 与 E_A 相比，X 的产量增加，Y 的产量减少，均衡点下移。同理，B 国的均衡点上移到 E'_B。贸易条件形成后，两国的消费组合为 C_A、C_B 点，对应的无差异曲线为 I'_1、I'_2，两国福利都明显提高了。对于新的均衡点，A 国出口量为 $O_AE'_A$，进口量为 O_AC_A，形成 $O_AC_AE'_A$ 贸易三角形；B 国出口量为 $O_BE'_B$，进口量为 O_BC_B，形成 $O_BC_BE'_B$ 贸易

三角形。

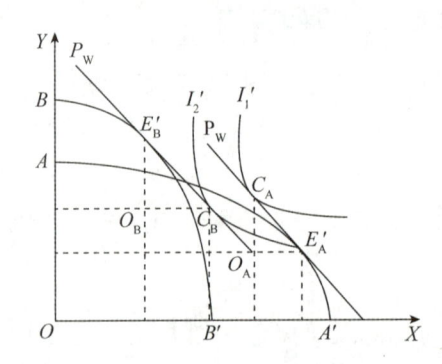

图 4.4　A、B 两国在自由贸易条件下的均衡状况

因而可以得出结论：A、B 两国在封闭条件下，资源禀赋差异导致供给能力的差异，进而引起相对价格差异。价格差异是两国发生贸易的直接原因。开展自由贸易后，两个国家都会出口密集使用其要素丰裕的产品，进口密集使用其要素稀缺的产品，这就是赫克歇尔-俄林定理。需要指出的是，赫克歇尔-俄林定理也称 H-O 定理，是建立在两国偏好相同、技术相同等一系列严格假设基础上的，因此，根据这一定理得出的一些结论与我们现实中的一些实际情况不相符合，但这并不会损害该定理的理论价值。因为当我们逐步放松这些假设约束时，在赫克歇尔-俄林定理的框架内我们会得到越来越现实的结论。

第二节　要素禀赋理论的拓展

完整的赫克歇尔-俄林理论由四个基本定理组成，分别是 H-O 定理、斯托尔珀-萨缪尔森定理、要素价格均等化定理和罗伯津斯基定理。H-O 定理我们已经介绍过了，后三个定理实际是 H-O 定理的重要推论。

一、斯托尔珀-萨缪尔森定理

赫克歇尔-俄林定理的结论显然是要素禀赋差异会引起国家间自由贸易。然而，斯托尔珀和萨缪尔森却发现，在某种条件下，一国采取保护贸易的措施也能使实际收入趋于增加。1941 年，美国经济学家斯托尔珀和萨缪尔森在二人合写的《保护主义与实际工资》一文中，提出了关税对国内生产要素价格或国内收入分配影响的理论，该理论被称为斯托尔珀-萨缪尔森定理(the Stolper-Samuelson Theorem)。斯托尔珀和萨缪尔森研究了关税对收入分配的影响，并把研究结果扩大到一般国际贸易对收入分配的影响。斯托尔珀-萨缪尔森定理证实了：实行保护主义会提高一国相对稀缺要素的实际报酬，或者说，保护主义会提高进口产品中密集使用的生产要素的实际报酬。

斯托尔珀-萨缪尔森定理在赫克歇尔-俄林定理的基础上提出，其分析和成立的前提是 H-O 定理的全部假设条件必须满足，同时还假设两种商品都是最终产品。

在完全竞争条件下，生产要素的价格由其边际生产力(Marginal Productivity)决定，表现形式有三种：产品形式为边际物质产品(MPP)；收益形式为边际收益产品($MRP = MPP \cdot MR$)；价值形式为边际产品价值($VMP = MPP \cdot P$)。在完全竞争条件下 $MRP = VMP$，即在均衡状态时，生产要素在所有部门的报酬相等。

假定以 $MPPL_X$、$MPPL_Y$ 表示 X、Y 产品部门中劳动要素的边际产出，$MPPK_X$、$MPPK_Y$ 表示 X、Y 产品部门中资本要素的边际产出，则在均衡状态下，劳动的价格（工资率）为

$$w = P_X \cdot MPPL_X = P_Y \cdot MPPL_Y$$

资本的价格（利息率）为：

$$r = P_X \cdot MPPK_X = P_Y \cdot MPPK_Y$$

如果 X 产品的相对价格上升，则该部门生产要素的报酬与 Y 产品部门的不相等。生产要素将从要素报酬低的部门流向报酬高的部门。X 产品为劳动密集型，Y 产品为资本密集型，在生产过程中劳动和资本的配比不同，K_X/L_X 小于 K_Y/L_Y。因此，在生产过程中，Y 产品部门释放的劳动供给不能满足 X 产品部门生产对劳动的需求（超额需求），而 Y 产品部门释放的资本供给超过了 X 产品部门生产对资本的需求（超额供给）。由于供求关系的变化，在要素市场上，劳动的价格将上涨，资本的价格将下跌。由于资本和劳动的价格发生变化，各部门生产的资本-劳动的比率也会随之调整，即厂商将采用便宜的要素替代昂贵的要素。因此，一种生产要素相对价格的变化，会导致其密集使用的要素名义价格的变化，而另一要素名义价格则会发生相反的变化。

由上述等式可得：

$$w/P_X = MPPL_X, \ w/P_Y = MPPL_Y$$
$$r/P_X = MPPK_X, \ r/P_Y = MPPK_Y$$

生产要素的实际报酬或实际价格取决于要素的边际生产力，上述等式表明要素的实际报酬等于其边际生产力。

若生产函数 $Q = F(K, L)$ 规模收益不变，则

$$\frac{F(K, L)}{L} = F(K/L, 1)$$

令 $f(k) = F(K/L, 1)$，则

$$F(K, L) = Lf(k)$$

$$MPPL = \frac{\partial F(K, L)}{\partial L} = \frac{\partial (Lf(k))}{\partial L}$$

$$= f(k) + Lf'(k)\left(-\frac{K}{L^2}\right) \tag{4.1}$$

$$= f(k) - kf'(k)$$

$$MPPK = \frac{\partial F(K, L)}{\partial K} = \frac{\partial (Lf(k))}{\partial K}$$

$$= Lf'(k) \cdot \frac{1}{L} = f'(k) \tag{4.2}$$

因此，在规模收益不变的条件下，边际生产力取决于两种要素投入的相对比例（资本/劳动），与要素投入的绝对量无关。产品的相对价格变化对要素实际报酬的影响，仅仅取决于产品中投入的要素比例的变化。当 Y 产品的相对价格上升时，在生产调整过程中厂商改变要素组合，两部门的资本-劳动比率都下降。按照边际收益递减规律，资本-劳动比率下降，资本的边际生产力上升，劳动的边际生产力下降，即资本的实际报酬 r/P_X、r/P_Y 上升，而劳动的实际报酬 w/P_X、w/P_Y 下降。

结论：一种产品的相对价格上升，将导致该产品密集使用的生产要素实际报酬或实际价格提高，而另一种生产要素的实际报酬或实际价格下降。斯托尔珀-萨缪尔森定理对新古典贸易理论中只有自由贸易才能产生福利的观点提出了质疑，认为在一国国内要素自由流动的条件下，该国对其使用相对稀缺要素的生产部门进行关税保护，可以明显提高稀缺要素的收入。斯托尔珀-萨缪尔森定理的基本思想是：关税提高受保护产品的相对价格，将增加该受保护产品密集使用的要素的收入。如果关税保护的是劳动密集型产品，则劳动要素的收入趋于增加；如果关税保护的是资本密集型产品，则资本要素的收入趋于增加。这一结论表明，国际贸易虽然能提高整个国家的福利水平，但并不对每一个人都有利，一部分人在收入增加的同时，另一部分人的收入却减少了。国际贸易会对一国要素收入分配格局产生实质性的影响，这也恰恰是为什么有人反对自由贸易的原因。

专栏 4-2

案例分析：南北贸易和收入不均等

自 20 世纪 70 年代起，美国工资收入不均等的现象明显加剧。1970 年，工资收入处于第 90 分位（在 90% 的工资收入者之上、10% 的工资收入者之下）的男性工人的工资收入，是处于最低的第 10 分位的工资收入者的男性工人工资的 3.2 倍。2016 年，收入处于第 90 分位的工资收入者的工人工资则比处于最低的第 10 分位的工资收入者的工人工资的 5.5 倍还高。同一时期，女性工人工资不均等程度的上升速度也处于类似的水平。收入不均等程度的上升与教育回报的提高有关，尤其在 20 世纪 80 年代之后。1980 年，大学毕业生的工资比高中毕业生高 40%，在 20 世纪 80 年代和 90 年代期间，这一指标作为教育的回报持续上升至 80%，达到这一峰值后，该指标的走势大体平稳（尽管大学毕业生之间的工资差距持续加大）。

工资不均的现象为什么会增多？许多观察者将原因归于世界贸易的增长，尤其是韩国和中国等新兴工业化经济体工业制成品出口的增长。截至 20 世纪 70 年代，发达工业国家与发展中国家之间的贸易——通常所说的"南北"贸易——绝大部分是北方的工业制成品与南方的原油、咖啡等原材料及农产品之间的交换。不过，从 1970 年开始，以前的原材料出口国也开始日益向美国等高收入国家出售工业制成品。新兴工业化经济体向发达国家出口的产品绝大部分是服装、鞋类及其他相对而言不太复杂的产品（低技术产品），这些产品均属于非技术劳动密集型产品；而发达国家出口到新兴工业化经济体的产品则是资本密集型或技术密集型产品，如化学药品、航空器等（高技术产品）。对许多观察者来说，似乎能直接得出这样一个结论：正在发生的情况正是要素价格均等化现象。正如要素比例模型所述，资本和技术充裕的发达国家与技术劳动充裕的新兴工业化经济体之间的贸易，提高了技术和资本充裕国家中高技术工人的工资，并降低了非技术工人的工资。关于这个问题的争论已远远超出了纯学术的范围。如果人们认为发达国家收入不均现象加剧是一个严重的问题，而且相信世界贸易的增长是造成这一问题的主要原因，那么就很难理解为什么经济学家一贯支持自由贸易。一些有影响力的评论家认为，发达国家若想基本保持一个中产阶级社会，就不得不限制与低工资收入国家之间的贸易往来。

> 尽管一些经济学家相信，与低收入国家之间贸易的增长是美国收入不均现象加剧的主要原因，但大多数实证研究者至今仍认为，国际贸易最多只是收入不均加剧的原因之一，但绝非主要原因。那么，造成美国技术工人与非技术工人之间收入日益扩大的原因究竟是什么呢？大多数人认为，是新的生产技术而不是贸易对工人的技能提出了更高的要求，如计算机的广泛使用及工作场所中其他先进技术的应用。这通常被称为技术-技能互补型或技能偏向型技术变革。
>
> 资料来源：保罗·R. 克鲁格曼，等. 国际经济学[M]. 11 版. 北京：中国人民大学出版社，2021：81-82.

二、要素价格均等化定理

美国经济学家保罗·萨缪尔森（Paul Samuelson）于 1948 年在 H-O 定理的基础上，得出了要素价格均等化的命题，并对此进行了论证。由于它是 H-O 定理的引申，因此又被称为 H-O-S 定理。这一定理的基本内容是：自由贸易不仅会使商品的价格均等化，而且会使生产要素的价格均等化，使两国所有的工人都能获得同样的工资率，所有的土地都能获得同样的地租报酬，而不管两国的生产要素的供给和需求模式如何。

通过前面的分析可知，国际贸易是由相对价格差异引起的，反过来，国际贸易又促使各贸易国的商品价格趋于均等，同时，生产要素的价格也会发生变化。这种变化经过一段时间，在没有其他要素干扰的情况下，各国同一生产要素的价格会达到均等化。

由于各国的要素禀赋不同，从而一国比较丰裕的生产要素的价格较低，而比较稀缺的生产要素的价格较高。国际贸易会使一国的生产结构发生变化，各国会较多生产并出口密集使用本国比较丰裕的要素的产品，较少生产并进口密集使用本国较稀缺的要素的产品。国际贸易造成的贸易参与国生产结构的变化使各国对不同生产要素的需求程度发生了变化，这种生产要素需求程度的变化又进一步影响各生产要素的价格，从而使本国的比较丰裕的生产要素的价格上升，本国比较稀缺的生产要素的价格下降。从总体看，两国生产要素价格呈反向运动，最终两国同一生产要素的价格会趋于均等化。国际贸易会提高各国丰裕要素所有者的收入，降低稀缺要素所有者的收入。这一结果的重要含义在于，国际贸易虽改善了一国整体的福利水平，但并不是对每一个人都有利，因为国际贸易会对一国要素收入分配格局产生实质性的影响。

我们还可以用几何图形来说明两国要素价格均等化的过程，如埃奇沃思盒状图。图 4.5 是中国和美国的埃奇沃思盒状图，他们重叠于同一个坐标系，两国关于商品 X 的原点是重合的。因为中国的劳动相对丰裕，而美国的资本相对丰裕，所以两图关于商品 Y 的原点不重合，把它们放置于同一个坐标系中是为了便于下边的分析。

图 4.5 中，O_X 是两国生产 X 的原点，O_Y 是中国生产 Y 的原点，O_Y' 是美国生产 Y 的原点，横轴表示劳动力的拥有和各部门使用的情况，纵轴表示资本的拥有和使用情况。其中 $O_X B$ 为美国拥有的全部劳动力，$O_X D$ 为中国拥有的全部劳动力，$O_X C$ 表示美国拥有的全部资本量，$O_X F$ 表示中国拥有的全部资本量。由于两国使用相同的生产技术，两国关于商品 X 的等产量曲线相同，都从共同的原点 O_X 开始测度。两国关于商品 Y 的等产量曲线也相

同，不同的是中国是从 O_Y 开始测度，而美国是从 O'_Y 开始测度。越远离原点 O_X 的 X 的等产量曲线表示 X 的产出越大，越远离 O_Y 或 O'_Y 的 Y 的等产量曲线表示产品 Y 的产出越大。

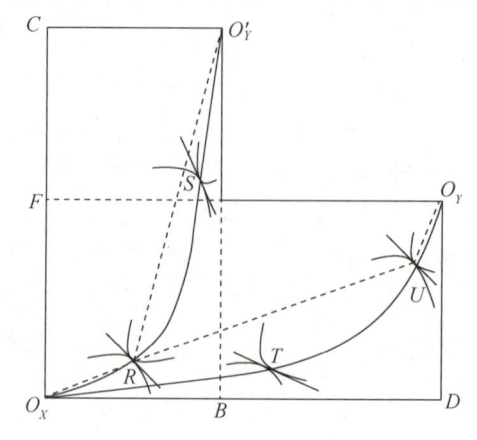

图 4.5 要素价格均等化过程

分别连接两个国家 X 的等产量曲线与 Y 的等产量曲线的切点，我们就会得到两国的生产契约线。生产契约线表示在一定的技术和要素投入条件下，资源在有效利用时所能达到的最大产量组合。各国生产契约线上的每一点都对应于该国生产可能性曲线上的每一点，X 的等产量曲线与 Y 的等产量曲线的公切线的斜率的绝对值代表要素价格比率(w/r)，从坐标原点 O_X 引向生产契约线上任何一点的射线的斜率都表示生产既定产量 X 的资本/劳动力(K/L)投入的比率，而从坐标原点 O_Y 或 O'_Y 引向生产契约线上任何一点的射线的斜率都表示生产既定产量 Y 的资本/劳动力投入的比率。A、B 两国的生产契约线均凸向右下方，这是因为商品 X 在两国都是劳动密集型的。

在封闭的条件下，中国的均衡点为 T，美国的均衡点为 S，此时中国生产两种商品所需的资本/劳动力比率均小于美国。这在图中表现为，从原点 O_X 和 O_Y 出发通过 T 点的射线的斜率分别小于从 O_X 和 O'_Y 出发通过 S 点的射线的斜率。另一方面，由于中国劳动力比较丰裕，所以劳动力价格比较便宜，这在图中表现为，在 T 点 X 的等产量曲线与 Y 的等产量曲线公切线的斜率的绝对值要小于在 S 点 X 的等产量曲线与 Y 的等产量曲线公切线的斜率的绝对值。在开放条件下，劳动力丰裕的中国将增加劳动密集型产品的生产，其均衡点将沿着生产契约线 $O_X O_Y$ 向右上方移动。在这个过程中，中国生产 X 和 Y 两种产品的资本/劳动力比率会不断上升。与此同时，其要素价格比率也会不断上升。同样，资本丰裕的美国将增加资本密集型产品的生产，其均衡点将沿着生产契约线 $O_X O'_Y$ 向左下方移动。在这个过程中，美国生产 X、Y 两种产品的资本/劳动力比率会不断下降，要素价格比率也会不断下降。随着两国专业化生产规模的扩大，最终中国的均衡点将位于 U 点，美国的均衡点将位于 R 点，此时中国和美国生产 X、Y 产品的资本/劳动力比率相等，且工资率/利息率比率也相等。

通过以上分析可知，国际贸易不仅使商品的价格均等化，也使要素的价格和两国生产同种产品的要素密集度达到均等化。在这三种均等化中，商品的价格均等化是主导力量，它是要素价格均等化和要素密集度均等化的前提。

三、罗伯津斯基定理

罗伯津斯基定理(Rybczynski Theorem)是指在生产两种产品的情况下，如果商品的国际比价保持不变，一种生产要素的增加会导致密集使用这种生产要素的产品的产量增加，同时，另一种产品的产量则下降。塔德乌什·罗伯津斯基(Tadeusz Rybczynski)发现，某种生产要素增加会同时对两种产品的生产产生影响。其原因在于，当某种生产要素增加时，要将其投入生产，必须与另外一种生产要素相组合。在生产要素被充分使用的情况下，就要求另外一个部门释放出一部分生产要素，其结果使释放生产要素的部门的产品产量减少。

当一国商品价格保持不变时，一国劳动增加，那么该国的劳动密集型产品的产出将以更大比率扩张，而资本密集型产品的产出将下降。因为当劳动增加时，要使商品价格不变，要素价格也必须保持不变。而只有当要素比例(K/L)以及 K 和 L 在两种商品 X、Y 中的生产力保持不变时，要素价格才能保持不变。使新增劳动实现充分就业，以及使K/L保持不变的唯一途径是使资本密集型产品 Y 产出下降，释放出足够的资本 K 和少量的劳动 L 以吸收所有新增的 L 来共同生产 X。因此，X 的产出量将会上升，而 Y 的产出量将会下降。由于从 Y 产品中释放出的部分 L 和从 Y 中释放出的 K 共同生产了部分 X 产品，因此 X 产出量的扩张比率会高于劳动的数量扩张，这也被称为"放大效应"(Magnification Effect)。[①] 同理，如果只有资本 K 增加，并且商品价格保持不变，那么，Y 产品的产出量将以更大比率扩张，X 产品的产出量将会下降，最后达到如下状态，同时满足：

$$\frac{K_X}{L_X} = \frac{K_X + \Delta_K + \Delta K_Y}{L_X + \Delta L_Y} \tag{4.3}$$

$$\frac{K_Y}{L_Y} = \frac{K_Y - \Delta K_Y}{L_Y - \Delta L_Y} \tag{4.4}$$

如图4.6所示，OX、OY 直线的斜率分别表示均衡时两种商品的要素使用比例。X 产品偏向于 K 坐标轴，为资本密集型产品；Y 产品偏向于 L 坐标轴，为劳动密集型产品。E 点表示一国要素变化前的禀赋点。根据要素充分利用的假设，$OYEX$ 为一个平行四边形。X、Y 点所对应的资本和劳动量，代表两个产品部门的要素投入量。假定劳动供给不变，资本增加，则图4.6中的要素禀赋 E 点转变为 E' 点。在商品价格不变时禀赋点移动，但 X、Y 两产品生产的要素比例仍保持原来水平。由于保证所有要素的充分利用，图中四边形 $OYEX$ 发生变化，形成新的四边形 $OY'E'X'$。根据几何图示可以得出，X 产品产出量增加，Y 产品产出量减少。因此，在商品的国际比价保持不变的情况下，一种生产要素的增加会导致密集使用这种生产要素的产品的产量增加，同时，另一种产品的产量则下降。

[①] 国际贸易中有两个著名的放大效应。一个是产品价格变化对要素价格变化的放大效应，即斯托尔珀-萨缪尔森定理；另一个是要素禀赋变化对产品产量变化的放大效应，即罗伯津斯基定理。美国经济学家琼斯(R. W. Jones)在其1965年的《简单一般均衡模型的结构》一文中命名了这两个效应。这两个放大效应之间的对偶关系实际上是要素禀赋的产出效应和产品价格的投入效应之间的对称性，即所谓的"相互关系"(Reciprocity Relation)。

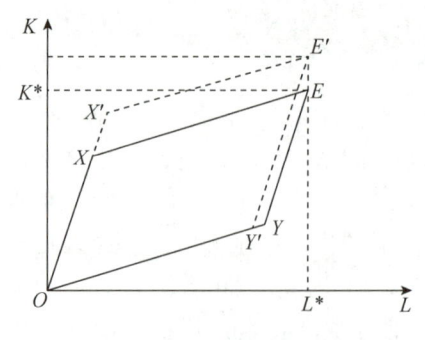

图 4.6　罗伯津斯基定理

第三节　特定要素与国际贸易

要素价格均等化定理是基于要素投入在一个国家的不同产业间可以自由流动的假设得出的，尽管该假设从长期看也许可行，但在短期内可能不成立。现实中，生产要素的流动会受时间因素的限制，许多要素在短期无法流动，或只限于在某一产业或部门内部流动。在这种情况下，H-O 模型关于国际贸易对收入分配的影响的结论就要有所修改，我们这里用特定要素模型(Specific-Factors Model)来进行解释。特定要素模型是由美国经济学家保罗·萨缪尔森(Paul Samuelson)和罗纳德·琼斯(Ronald Jones)在 20 世纪 70 年代提出并完成论证的，揭示了在某些生产要素无法在产业间流动时贸易对收入分配的短期影响。

所谓特定要素(Specific Factor)，是指在一定时期内一种要素的用途通常仅限于某一部门，而不适合其他部门。在实际中，特定要素与流动要素之间没有明显的界限，这只是一个调整的问题，因而特定要素也可以理解为那些调整速度比较慢、重新达到新的均衡所需时间较长的生产要素。在这里，长期和短期是相对的。所谓长期是指所有要素充分流动所需要的时间；所谓短期是指这样一个时期，其间至少一种要素在生产函数中是固定的。特定要素只存在于短期生产中。特定要素理论分析的是要素投入无法在产业间移动时，贸易对收入分配的短期影响。实际上，该理论是要素价格均等化定理的短期版本，即特定要素模型可以看作是短期内某些要素不能流动的赫克歇尔-俄林模型。

特定要素模型揭示了国际贸易在短期内对一国收入分配的影响，即国际贸易会提高出口部门的资本(特定要素)实际收入，降低进口替代部门的资本实际收入，而对劳动实际收入的影响则不确定。这一模型对人们认识贸易政策的制定有启示作用。

比较典型的是，在短期内，资本成为不能自由流动的特定要素，这里以资本为特定要素为例说明特定要素模型。现在将 X、Y 两个产业同时置于一个短期一般均衡框架下考察，要求两个产业之间劳动力可以自由流动，并形成一致的工资水平，这意味着两个产业的劳动边际产品相等，将导致劳动在 X、Y 两个产业间的重新配置。

图 4.7 中，横轴表示劳动力数量，其长度 $O_X O_Y$ 代表该国劳动总量，从 O_X 向右表示 X 产品部门的劳动使用量，由 O_Y 向左表示 Y 产品部门的劳动使用量；纵轴表示劳动的报酬，即工资率。曲线 VMP_{LX} 和 VMP'_{LX} 分别表示封闭时和自由贸易时 X 部门的劳动力需求曲线；VMP_{LY} 表示 Y 部门的劳动力需求曲线。在每个产业中，劳动力(L)与一定数量的其他要素

(资本 R 或资本 S)相结合生产出产品。劳动力的边际生产率是递减的,各产业对劳动力的需求曲线均向下倾斜。边际产品价值(VMP)是指产品的价格(P)与劳动力的边际产量(MP)的乘积。VMP 曲线就是劳动力需求曲线。这是因为在竞争条件下企业会发现,当劳动力的价格(工资率)等于 VMP 时,雇用劳动力获利最大。由于边际收益递减规律,即每增加 1 个单位劳动力,劳动力的边际产量贡献递减,因此 VMP 曲线向下倾斜。因为 $VMP=P\times MP$,MP 下降意味着多雇用劳动力 VMP 会减少。假定 X 的价格 P_X 是既定的,X 产业的资本存量也是既定的,当该部门使用更多劳动力时,劳动力的边际产出下降,即劳动力的边际产品价值线 VMP_{LX} 向右下方倾斜。类似地,VMP_{LY} 代表 Y 部门的边际产出。A 点是无贸易时本国劳动供给与需求相等的均衡点。

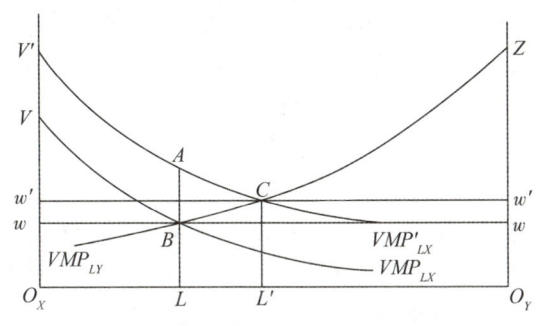

图 4.7 商品价格与要素价格的关系

当经济走向自由贸易时,如果 X 的价格 P_X 提高,将导致 VMP_{LX} 右移到 VMP'_{LX},VMP_{LX} 增加的幅度 $\Delta VMP_{LX}/VMP_{LX}$ 由图 4.7 中的 BA/AL 表示。例如,P_X 提高 20%,边际产出曲线也将有相同比例的移动。B 点不能成为自由贸易后新的均衡点,因为在这一点上 X 产业的工资率高于 Y 产业,劳动力要素将由 Y 产业转到 X 产业,X 产业使用的劳动力从 L 增加到 L',使 X 产业获得额外资源扩大生产、增加出口。劳动力要素的移入降低了 X 产业的边际劳动产出,Y 产业的劳动边际产出提高,整个经济沿着边际产出曲线变动至 C 点达到均衡,在 C 点,生产 X 产品的劳动力要素增加,两个产业的名义工资都提高了(从 w 到 w')。

从图 4.7 还可以看到,在自由贸易条件下,X 行业的特定要素 R 的总收入和所有行业的总工资都增加了,Y 行业的特定要素 S 的总收入减少了。因此,名义要素价格 r 和 w 更高了,而 S 更低了。所以,以对 Y 的购买力来衡量,X 行业的资本所有者和劳动者获得了更高的实际收入,而 Y 行业的资本所有者获得的实际报酬降低了。即使用 X 产品衡量,由于 X 产品的相对价格上升,Y 行业的资本所有者收入的实际购买力降低,即 Y 行业特定要素 S 的实际报酬也降低了。

因此可得出结论:经济由自给自足走向自由贸易时,出口产品相对价格的提高会提高该部门特定要素的真实报酬,减少进口部门特定要素的真实报酬,并且它对可流动要素的真实报酬的影响无法确定。从特定要素模型可见,如果某一要素被较为固定地使用在出口部门的产品生产中,那么,该要素的报酬会随着出口贸易的发展而增加。相反,如果某一要素被较为固定地(或较专业地)使用在进口竞争部门的产品生产中,那么,该要素的报酬会随着进口贸易的发展而下降。

第四节 赫克歇尔-俄林模型的验证与解释

赫克歇尔-俄林模型是国际经济学中最具影响力的理论之一，在1933—1953年的20年时间里，被公认为是经济学中的一颗"明珠"，经济学家惊异于其逻辑的严谨、模型的精巧，以及对诸多现实问题的解释能力。但一个再好的模型也要经得起经验检验，如果一个理论与经验检验的结论相矛盾，这一理论就没有了生命力。从20世纪50年代初开始，随着经济学家对要素禀赋理论的实证检验工作不断深入，赫克歇尔-俄林理论的一些不足也开始暴露。在众多的实证研究中，美国经济学家瓦西里·里昂惕夫（Wassily Leontief）对要素禀赋理论适用性进行的检验，既是第一次也是最具代表性的一次。里昂惕夫之谜引起了经济学家们的广泛关注，他们提出了许多解释意见，并对要素禀赋理论进行了修正。

一、里昂惕夫之谜

里昂惕夫是以美国为例验证H-O定理的。1953年他在美国《经济学与统计学杂志》上发表了一篇文章，在文章中，他运用自己首创的"投入—产出"分析法，并利用美国1947年的数据测算了美国进出口商品的要素含量，试图证明H-O模型的正确性。根据人们的一般认知，美国是资本比较丰富而劳动力比较稀缺的国家，根据H-O模型，美国应出口资本密集型产品，进口劳动密集型产品。然而，根据里昂惕夫的实际测算结果，美国进口的是资本密集型产品，出口的是劳动密集型产品。这一结果与H-O模型正好相反，因此被称为里昂惕夫之谜。

里昂惕夫估算的是美国进口替代品的资本—劳动比率，而不是美国进口商品的资本—劳动比率。所谓进口替代品就是美国自己可以制造，同时也从国外进口的商品（由于生产上的不完全分工）。里昂惕夫使用美国进口替代品的数据，是因为美国进口的外国产品数据不全。即使这样，里昂惕夫仍正确地得出以下结论：如果H-O理论成立，尽管美国进口替代品比美国实际进口品更偏向资本密集型产品（因为美国的资本比其他国家相对便宜），但其密集程度仍将高于美国的出口商品。里昂惕夫的测算结果如表4.2所示。

表4.2 美国每百万美元出口产品和进口替代品的资本和劳动力需求（1947年）

项目	出口产品	进口替代品
每百万美元所含资本（1947年价格，美元）	2 550 780	3 091 339
每百万美元所含劳动量/(人·年$^{-1}$)	182	170
资本-劳动比率/(美元·人$^{-1}$)	14 010	18 180

资料来源：多米尼克·萨尔瓦多. 国际经济学[M]. 12版. 刘炳圻，译. 北京：清华大学出版社，2019：107.

由表4.2可知，美国出口商品的资本-劳动比率是14 010美元/人，进口替代品的资本-劳动比率是18 180美元/人。美国进口替代品的资本密集度比美国出口商品的资本密集度高大约30%。这意味着，美国进口的是资本密集型产品，出口的是劳动密集型产品。里昂惕夫的检验结果令人震惊。

里昂惕夫之谜的提出，使H-O理论处于一种颇为尴尬的境地。问题究竟出在哪里？

这吸引了许多经济学家试图从各个方面来解开这一令人困惑的现象,这种探索推动了国际贸易理论的巨大发展。

二、对里昂惕夫之谜的解释

对里昂惕夫之谜产生的原因,有各种各样的解释,归结起来,主要有两类:一类是对里昂惕夫的统计方法及统计资料的处理提出了不同的意见;另一类是对 H-O 理论本身进行了重新的研究和探索。以下针对里昂惕夫之谜,介绍几种有代表性的解释。

(一) 里昂惕夫本人的解释

对于出现的矛盾现象,里昂惕夫本人也难以置信,他曾反思自己是否认真评估美国的要素禀赋,想当然地认为美国是资本丰富的国家。对此,他从有效劳动的角度作出如下解释:由于劳动力素质各不相同,在同样资本的配合下,美国工人的劳动生产率比外国同行要高得多,因此若以他国作为衡量标准,则美国的有效劳动力数量应是现存劳动量的数倍。从有效劳动力数量看,美国应为有效劳动力相对丰富的国家,而资本在美国则成为相对稀缺的要素。这样一来,矛盾现象似乎不存在了。但若此观点正确,美国就无所谓划分劳动密集型产品和资本密集型产品。这一解释没有被广泛接受,里昂惕夫也否定了它。

(二) 人力资本说

欧文·克拉维斯(Irving Kravis)、唐纳德·基辛(Donald Keesing)、彼得·凯南(Peter Kenen)和鲍勃温(Bald-win)等人用人力资本的差异来解释这一悖论。人力资本说认为,"劳动"要素过于宽泛,实际上,劳动有很多种类,一般劳动可以分为熟练劳动和非熟练劳动两类。其中,熟练劳动不是先天具备的,劳动者必须经过一定的教育和培训才能具有一定的技能,我们称之为人力资本(Human Capital)。基辛将劳动分为 8 类。第一类是科学家和工程师,他们的人力资本最高;第二类是技术人员,人力资本其次;最后一类为没有技术的工人。基辛通过检验美国进出口商品发现,在美国的出口产品中,第一类劳动的含量比例最高,在美国的进口产品中,第一类劳动的含量比例最低。因此,美国可能是一个技术劳动禀赋丰裕的国家。将美国和 13 个其他国家相比,美国出口的是技术劳动密集型产品。里昂惕夫之谜可能是把劳动看成是同质的引起的,不同质量的劳动在生产中的作用是不同的,简单地按人/年或单位劳动小时计算,会引起误差。如果将美国工人人数乘以 3,美国的贸易模式就符合赫克歇尔-俄林模型的推测。加入人力资本后,里昂惕夫之谜可以得到解释。

(三) 自然资源说

自然资源的丰裕程度会影响一个国家的贸易模式。该理论认为,仅仅考虑资本和劳动两种要素限制了赫克歇尔-俄林模型的使用范围。里昂惕夫曾在 1956 年指出,没有考虑自然资源的影响可能是悖论出现的原因之一。在里昂惕夫之谜中,许多作为资本密集型的进口产品实际是资源密集型产品。里昂惕夫在计算进口产品的要素需求量时,抬高了进口产品的资本/劳动比率,没有计算自然资源。例如,美国大量进口的石油、煤炭、钢铁等产品,既包含资本的贡献,同时也离不开自然资源的贡献,而这些产品是资源密集型产品。美国的进口产品中初级产品占 60% ~ 70%,这些产品的自然资源密集度很高,把这些产品归入资本密集型产品提高了美国进口产品的资本/劳动比率。

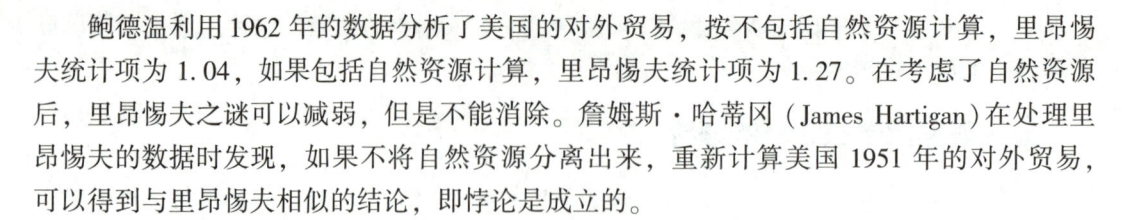

鲍德温利用1962年的数据分析了美国的对外贸易，按不包括自然资源计算，里昂惕夫统计项为1.04，如果包括自然资源计算，里昂惕夫统计项为1.27。在考虑了自然资源后，里昂惕夫之谜可以减弱，但是不能消除。詹姆斯·哈蒂冈（James Hartigan）在处理里昂惕夫的数据时发现，如果不将自然资源分离出来，重新计算美国1951年的对外贸易，可以得到与里昂惕夫相似的结论，即悖论是成立的。

（四）关税结构说

赫克歇尔-俄林模型建立在完全自由竞争的假设之上，认为一国通过对外贸易可以增加本国丰裕要素的实际报酬，减少稀缺要素的实际报酬。关税结构说主要强调贸易保护，尤其是关税对产品要素密集度的影响。就美国来说，关税更倾向于保护劳动力的所有者，而不是资本的所有者。美国设置贸易壁垒主要是针对劳动密集型产品的进口。由于关税保护的结构性差异，劳动密集型产品受到较多的抵制，因此资本密集型产品成为美国的主要进口产品。里昂惕夫的结论在一定程度上反映了美国的关税结构。这一结论与赫克歇尔-俄林模型中假设的自由贸易模式相悖。鲍德温在1971年的一项研究中，确认了关税结构对国际贸易模式的影响，并且估计关税导致进口物品的资本/劳动减少了5%，这在一定程度上解释了里昂惕夫之谜。

（五）要素密集度的逆转

在赫克歇尔-俄林理论中，我们曾假设，要素密集度逆转是指一种给定的商品在劳动丰裕的国家生产就是劳动密集型产品，在资本丰裕的国家生产就是资本密集型产品。例如小麦，在美国由于资本相对丰裕，可以用资本密集（机械化）的方式生产，在中国由于劳动力相对丰裕，则可以用劳动密集（手工作业）的方式生产。这样，小麦在美国生产时，属于资本密集型产品，而在其出口的中国，则属于劳动密集型产品。因此，从要素密集度逆转的角度同样能解释里昂惕夫之谜。

根据赫克歇尔-俄林模型的假设，无论在什么情况下，X与Y的要素密集度的关系都是不变的，即X总是劳动密集型的，Y总是资本密集型的，严格的假设条件限制了理论的实际适用性。在现实中，要素密集度可能发生逆转。如果两种商品的替代弹性有较大差异，要素相对价格变化，就将产生要素密集度逆转的现象。即某些要素价格下，X产品是资本密集型的，Y产品是劳动密集型的；而另一些要素价格下，X产品却又是劳动密集型的，Y产品是资本密集型的。

图4.8表示要素密集度逆转的情况，X产品的生产要素替代弹性小于Y产品，即X的等产量曲线比Y的等产量曲线弯曲度小，X、Y的等产量曲线xx、yy相交。当要素相对价格线为P_1时，k_x的斜率大于k_y的斜率，即X产品的资本要素密集度大于Y产品。当要素相对价格线为P_2时，k'_y的斜率大于k'_x的斜率，即X的资本要素密集度小于Y。要素相对价格线的变化，使两个产品的要素密集度发生逆转。一旦存在要素密集度逆转，要素禀赋论、要素价格均等化等理论将无法解释相关现象。由于同种商品，在两国不同的要素价格下，可能属于不同类型，如A国出口劳动密集型的X产品，B国出口资本密集型的Y产品，但两国无法实行专业化分工，向对方出口同种产品。在这种情况下，两国不可能进行国际分工和国际贸易，要素密集度逆转发生的概率虽然极小，但无论可能性有多小，都无

法排除这种可能性。

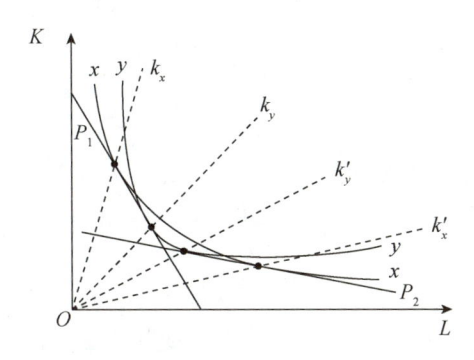

图 4.8　要素密集度逆转

经济学家格鲁贝尔(H. G. Grubel)在 1962 年对 19 个国家的 24 个行业进行了统计分析,发现有 5 个行业存在生产要素密集度的逆转。迈克尔·霍德(Michael Hodder)的研究表明,在美国和英国的双边贸易中,两国出口的商品在本国都是资本密集型的。然而,要素密集度逆转只存在于少数行业中,不具有普遍性,否则整个国际贸易的经典理论就要重写了。

(六)要素需求逆转

赫克歇尔-俄林模型假定两国消费者的偏好完全相同,所以国际贸易形态只取决于要素禀赋,与需求因素无关。但在现实中,决定国际贸易的因素既有可能来自供给方,也有可能来自需求方。如果一国在某种商品上享有比较优势,而且消费者特别偏好这一产品时,赫克歇尔-俄林模型决定的进口方向将改变,即发生需求逆转。基于需求逆转,里昂惕夫之谜可以这样解释:虽然美国的资本比较充裕,但如果美国消费者的消费结构中资本密集型产品(以制成品为主)占绝大部分,那么美国则有可能出口劳动密集型产品,进口资本密集型产品。

本章小结

要素禀赋理论主要包括赫克歇尔-俄林定理、斯托尔珀-萨缪尔森定理、赫克歇尔-俄林-萨缪尔森定理和罗伯津斯基定理,后三者为要素禀赋理论的拓展。赫克歇尔-俄林定理的核心观点是,要素禀赋相对差异决定着国际分工的形态和国际贸易的流向,各个国家生产和出口本国密集使用丰裕要素的产品,进口密集使用稀缺要素的产品。斯托尔珀-萨缪尔森定理、罗伯津斯基定理分别探讨了产品价格变化对要素价格变化的放大效应和要素禀赋变化对产品产量变化的放大效应。斯托尔珀-萨缪尔森定理论证了不仅仅只有自由贸易才能产生福利,实行保护主义也可以提高一国相对稀缺要素的实际报酬。赫克歇尔-俄林-萨缪尔森定理指出了国际贸易将通过商品价格的均等化导致要素价格的均等化,从而影响一国的收入分配格局。罗伯津斯基定理是指在生产两种产品的情况下,如果商品的国际比价保持不变,一种生产要素的增加会导致密集使用这种生产要素的产品的产量增加,同时另一种产品的产量则下降。

> 特定要素模型是要素禀赋论的短期分析，在短期内，资本在一国国内各地区和产业间是不能自由流动的，在这种情况下，国际贸易将导致一国(资本稀缺的国家)生产劳动密集型产品的资本所有者真实收入上升，而生产资本密集型产品的资本所有者真实收入下降；至于国际贸易对工人真实收入的影响，则是不明确的。要素禀赋理论由于过于严格的假设不能解释所有的贸易现象。里昂惕夫之谜对要素禀赋理论的适用性所作的实证研究最具代表性。尽管实证研究的结果有反对赫克歇尔-俄林模型的，也有支持的。但大多数学者并不认为资源禀赋的差异就可以解释国际贸易模式。里昂惕夫之谜激起了经济学家的进一步研究。对里昂惕夫之谜的解释主要包括里昂惕夫本人的解释、人力资本说、自然资源说、关税结构说、要素密集度的逆转和要素需求逆转。

复习思考题

1. H-O模型的主要内容是什么？并简要评价。
2. 要素均等化定理的主要内容是什么？要素价格均等化是如何实现的？
3. 特定要素模型的主要内容是什么？它与要素禀赋理论有何关联？
4. 何谓里昂惕夫之谜？经济学家从哪些方面对它进行了解释？对此你有何看法？
5. 需求逆转是否会影响要素价格均等化？请说明理由。
6. 在"二战"后的几十年间，日本、韩国等东亚的一些国家或地区的国际贸易商品结构发生了明显变化，主要出口的产品由初级产品转向劳动密集型产品，再到资本密集型产品，试对此变化进行解释。

第五章　现代国际贸易理论

传统国际贸易理论强调国家间技术、资源及偏好等方面的差异在国际贸易中的决定作用，国际贸易应主要发生在供给或需求条件不同的国家之间，而且国家间的差异越大，它们之间的贸易基础就越坚实，且这种贸易形态属于产业间贸易。但现实中国际贸易所表现出的特征与比较优势理论所预期的情形并不完全一致，根据关贸总协定（GATT）及世界贸易组织（WTO）的统计，自 20 世纪 60 年代以来，约 2/3 甚至更多的世界贸易是发生在技术、资源和偏好均比较相似的发达国家之间，而发展中国家与发达国家之间的贸易，以及发展中国家之间的贸易，在世界贸易中所占的比重不足 1/3。此外，发达国家之间的贸易主要以制成品贸易为主，其中大部分贸易发生在机械、运输设备等行业内部。这些事实说明以比较优势原理为核心的传统贸易理论，已不能有效解释"二战"后国际贸易发展中的一些新现象，国际贸易理论面临着新的挑战。20 世纪 70 年代末，国际贸易理论在经历了 20 余年的沉寂后，出现了一次大的突破。以美国经济学家保罗·克鲁格曼（Paul R. Krugman）为代表的一批经济学家，提出了所谓的"新贸易理论"（New Trade Theory）。该理论从规模经济的角度说明国际贸易的起因和利益来源，对国际贸易基础作出了一种新的解释。该理论是建立在规模经济、不完全竞争基础之上的，主要探讨发达国家之间的产业内贸易。

第一节　规模经济与国际贸易

生产者出于对利润最大化的追求，总是竭尽所能地降低成本，控制市场价格，消除竞争者，进而进入国际市场。因而，建立在规模经济和差异产品基础上的国际贸易就发展起来了。

一、规模经济含义

根据经济学原理，规模经济是指在产出的某一范围内，平均成本随着产出的增加而递减。规模经济对应的是机会成本递减或规模收益递增。规模经济通常有两种表现形式：一种是内部规模经济，另一种是外部规模经济。内部规模经济对企业而言是内在的，指厂商的平均生产成本随自身生产规模的扩大而下降，这就形成了大企业的成本优势，大企业由于生产规模比小企业大，因而平均成本比后者低，在市场竞争中更占优势。外部规模经济对单个厂商而言是外在的，而对整个行业来说是内在的，即平均成本与单个厂商的生产规模无关，但与整个行业的生产规模有关，平均成本随着整个行业生产规模的不断扩大而下降。外部规模经济常常因"聚集效应"而产生，行业内的企业数目越多，竞争越激烈，整个行业的生产规模越大，其中单个企业就越能在信息交流与知识分享中获利，提高劳动生产率，降低成本。集中于美国加利福尼亚州硅谷的计算机公司、集中于华尔街的大量金融机构、集中于好莱坞的娱乐业等都是行业集中而产生外部规模经济的典型的例子。

大规模生产的经济性并非任何部门都存在，一般来说，全部企业投资中不变资本所占比重比较大时，其效果才比较明显。从具体部门看，规模经济多出现在重化工业或资本密集型产业。相反，在劳动密集型产业中，规模经济的效果不明显。大规模生产的经济性鼓励了有关部门和企业对其效果的追求，从而不断扩大自己的生产规模。规模的不断扩大导致其产品竞争力的不断加强，从而使其他企业难以从事该商品的生产，导致此类商品生产的垄断，削弱了企业或行业内部的竞争。这样，我们的分析将从前文的完全竞争的生产结构转移到不完全竞争的市场结构。

规模经济在国际贸易中的意义在于，无论国家间是否存在相对价格差别，规模经济的存在都会引导各国厂商专门生产部分产品，而非独自生产所有产品，这就是规模经济的好处。在开放条件下，消费者消费的产品则部分来自国内、部分来自国外。因此，规模经济是有别于比较优势的另一种独立的国际贸易起因。

专栏 5-1

美国小生意的死亡和重生

21世纪初期，美国的小生意，如小文具店、小杂货店、小食品店等纷纷陷入了"悲惨命运"——即将被大连锁店"吞没"。因为，在大城市和郊区，零售巨头纷纷攻占市场，所到之处，小生意所剩无几。

美国小生意被大连锁店"吞没"的原因非常简单：因为在自由竞争的经济体系下，大零售巨头(如沃尔玛等)以其规模经济的优势为用户带来了好处。而事实上，美国零售业这些年来发挥得淋漓尽致的规模效益并非是什么创新。在20世纪初期，美国汽车业便以规模经济和专业化分工将本是奢侈品的汽车提供给了工薪阶层。同样，美国零售业的规模经济也是将价廉物美的商品和服务提供给并不富裕的民众，可以说，没有大型零售业的规模经济，美国的平民不可能消费许多曾被认为是奢侈品的商品。

那么，美国的小生意是不是真的"死亡"了呢？奇怪的是，美国的小生意近年来在另一个平台上逐渐"重生"。例如，某家使用多年的空调系统出现问题，需要更换一个小零件。但空调厂家已不再提供那个零件，而小的零件厂家却专门收集过时的商品，以保证用户的产品能得到正常的维护和使用。再如，亚马逊推出一个平台，小生意者可参与亚马逊的联合销售，这为小生意者提供了发展的机会。

小生意得以"重生"的原因在于互联网的兴起及分工的专业化，大企业的规模效益随科技的发展得到进一步提高，小生意正是借用了空调厂商、亚马逊等在营销、固定资产等方面的规模经济效益，才得以"重生"。

资料来源：http://finance.ce.cn/macro/myal/200607/26/t20060726_7881722.shtml. 中国经济网.

二、规模经济与贸易的一般模型

规模经济一般指内部规模经济。规模经济在国际贸易中的意义在于,无论国家间是否存在相对价格差别,规模经济的存在都会引导各国厂商专门生产部分产品,而非独自生产所有产品,从而获得规模经济的好处。开放条件下的消费者消费的产品则部分来自国内、部分来自国外。因此,规模经济是有别于比较优势的另一种独立的国际贸易起因,下面我们借助图 5.1 来说明这种贸易模式。

如果仍以 2×2 模型为基础,假设 X 和 Y 生产中存在外部规模经济,为方便起见,假定在市场完全竞争下,两国相同部门的生产函数、要素禀赋、消费者偏好以及市场规模假设均相同,所以在封闭条件下,两国的 X 的相对价格完全一致,即不存在比较优势。

图 5.1 显示了仅仅由于内部规模经济两国就可以进行互利贸易。由于存在规模经济,生产可能性曲线是凸向原点的。由以上假定得知,图中 A、B 两国的生产可能性曲线和社会无差异曲线的形状及位置完全一样。这样,两国无贸易时国内均衡的相对价格也是相同的,在图中表示为 P_A,这也是两国生产可能性曲线和无差异曲线 I 在 C 点的公切线的斜率。

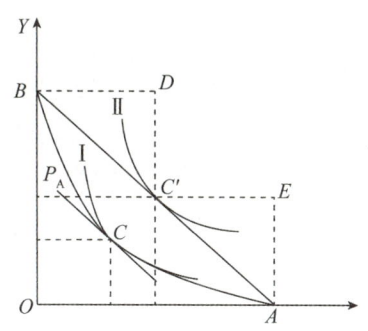

图 5.1 基于规模经济基础上的贸易

图中 A、B 两国的分工完全是随意的,如 A 国在 A 点完全专业化生产商品 X,产量为 OA。而 B 国在 B 点完全专业化生产商品 Y,产量为 OB。B 国出口 $C'D$ 的 Y 产品,换取 BD 的 X 产品,A 国则出口 $C'E$ 的 X 产品,换取 AE 的 Y 产品。两国最终的消费点从无差异曲线 I 上的 C 点上升到无差异曲线 II 上的 C' 点,两国的福利水平都得到了提高。即只有当各国都在一种商品上面临规模经济时贸易获利才会发生。在无贸易条件下,由于各国均想消费两种商品,因此每一个国家都不会完全专业化生产其中的一种商品。

值得注意的是,两国的无贸易均衡点 C 是不稳定的均衡点。如果由于某种原因 A 国沿着生产可能性曲线向 C 点右侧移动,则商品 X 的相对价格会不断下降直至 A 国在 X 上实现完全专业化生产为止。同样,如果 B 国沿着生产可能性曲线向 C 点左侧移动,X 的相对价格会不断上升直至 B 国在 Y 商品上实现完全专业化生产。

对于上面的分析必须作几点说明。第一,两国不论完全分工生产商品 X 还是商品 Y 都是无差异的。在现实世界中,其分工模式可能是由于历史偶然造成的,也可能是两国协议的结果。第二,没有哪两个国家在生产和消费等方面是完全一样的,如果有,也是偶然的巧合。实际上,在规模经济的条件下,两国进行互利贸易并不需要两国在各方面完全一致。第三,如果规模经济在很大产出水平上仍然存在,一国的少数或几个企业就会获得某种商品的整个市场，从而导致不完全竞争的市场结构。

三、外部规模经济与贸易模式

（一）外部规模经济产生的根源

外部规模经济主要产生于三个方面：生产设备供应的专门化，共同生产要素的相互借用，技术外溢效果等。

首先，生产设备供应的专门化有助于外部规模经济效果的实现。 随着经济的发展，产品和服务的生产及新产品的开发，都需要使用专门的设备和配套服务，然而单独一家企业很难生产和供应整个产品生产的全部设备。但行业的地区集中却能解决这个问题，大量厂商集中在一个区域可以联合起来提供一个足够大的市场使各种各样的专业化供应商得以生存。如果在一个国家中，某个部门所需要的所有生产环节和生产设备都能够进行生产，这些生产设备就可以以较低的价格获得，使用这些设备的企业就能降低生产成本，从而更容易发展起来。否则，该部门的生产成本会由于设备难以配齐，或需要从其他国家或地区进口其余的专用设备而增加。

其次，形成共同的生产要素市场也会导致外部规模经济效果。 厂商的云集能创造出一个完善的劳动力市场，这个市场不仅有利于厂商也有利于工人，厂商会较少面临劳动力短缺的问题，同时工人也会较少面临失业。克鲁格曼所举的电影制片厂的例子生动地说明了这一点。他假设有两家电影制片厂，在拍大型影片时都需要150人的专业演员队伍，但是一般情况下只需要100人，而淡季只需要50人。现在我们考虑两种情况，一种是，两家电影制片厂分设在两个不同的城市，其中恰好一家电影公司需要拍大型影片，需要专业演员150人，而其正常的雇用量只有100人，其余的50人就要从另一家电影公司雇用，为此需要向增雇的演员支付来往的交通费及其他补贴，这就增加了拍摄电影的成本，否则就要将自己公司的专业演员保持在150人的规模。如果两个公司都这样做，专业演员队伍就是300人，但如果其中一家公司正处于淡季，就会出现演员闲置或失业，从而浪费人力资源。第二种情况是，两家电影公司设在同一个城市，如果两家公司各雇用100名专业演员，总的雇用量就是200人。假设一家电影公司拍摄大型影片需要150名专业演员，而另一家公司恰好是淡季，那么受雇于淡季公司的闲置的50名演员就可以到拍摄大型影片的公司去工作。反之也是如此。这样，两家电影公司就共享了一个要素供应的来源。这种共同拥有的生产要素市场，有助于公司节约成本，减少人员闲置，从而形成部门规模经济。

最后，同一个部门内的生产企业越多，相互之间的技术交流和促进越便利，这有利于新技术的普及。 生产中的一些技能和知识往往直接来源于企业生产实践经验的积累和总结，对单个企业来说，由于生产规模较小，这种直接来自生产活动的经验积累是很有限的，但如果许多企业设在同一个城市或地区，将会产生技术外溢的效果。例如，某公司或某个人有了新的设计或想法，在与别人交流中，这种想法会很快得到普及，同时设计者在与他人的交流中也容易获得改进的建议并完善自己的设计。在现代经济发展中，技术外溢效果更加明显。美国的硅谷就是一个典型，那里大批IT业精英云集，他们可以在各种场合进行思想的交流，互相启发。一旦有新的发明或新产品推出，其他公司马上就会解析，进而加以改进，又推出更新的产品。这种信息的非正式流动意味着在硅谷的公司比其他地方的公司更容易与技术发展的前沿保持一致。许多跨国公司在硅谷设立研究中心甚至建厂，无非是想跟上科技发展的步伐。

(二) 外部规模经济与贸易模式

同厂商的内部规模经济一样，外部规模经济在国际贸易中也发挥着重大作用。当存在外部规模经济且其他条件相同时，大规模从事某一产品生产的国家往往有较低的生产成本，这一情况有助于形成"先发优势"：某一国家率先进入某一具有外部规模经济的行业后，强烈的外部规模经济会巩固其作为大生产者的地位，尽管其他国家存在更廉价地生产这种产品的可能性。图5.2中瑞士和泰国的手表行业说明了这一问题。

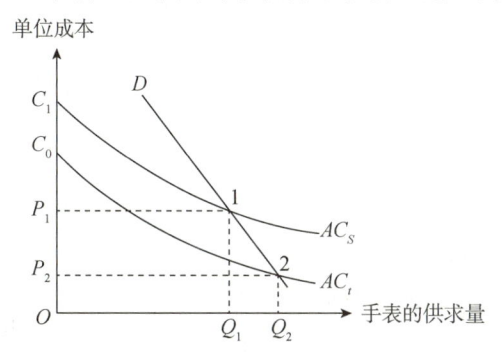

图 5.2　外部经济规模与专业化生产

瑞士在历史上就是一个手表制造业非常发达的国家，18世纪中期钟表行业主要是手工作坊式的，属于技术劳动密集型。当时瑞士恰好满足该行业的这个特点，早期钟表行业在瑞士率先发展起来，随着不断发展壮大，这种在发展初期"领先一步"的优势，由于外部规模经济的存在，转化为成本上的优势，从而限制了后来者的进入，奠定了瑞士钟表行业在国际分工中的地位。而泰国的手表行业刚刚起步，其部门规模较小，各种专业人员也比较缺乏，设备也不够完善，但泰国的人均工资水平低，会使其产品成本相对较低。从总体上看，由于泰国刚起步，生产成本可能高于瑞士，当泰国手表行业达到一定生产规模后，其产品的成本可能会低于瑞士，但在此之前，泰国产品难以与瑞士产品竞争，甚至要从瑞士进口手表。

图中横轴表示手表的供求量，纵轴表示每只手表的单位成本，假定一只手表的成本是其年产量的生产函数，AC_s表示瑞士的平均成本曲线，AC_t表示泰国的平均成本曲线，D表示世界对手表的需求，并假定瑞士和泰国均能满足这一需求。假定手表生产中的规模经济对单个厂商来说完全是外部的，厂商内部不存在规模经济，所以两国的手表工业均由许多完全竞争的小厂商构成，竞争的结果是手表价格等于平均成本。

由于泰国的平均工资水平较低，我们可以假设泰国的平均成本曲线位于瑞士的平均成本曲线之下。这就意味着，在任何给定的生产条件下，泰国总能生产出比瑞士便宜的手表。但由于瑞士率先在手表行业发展起来了，因此世界手表市场的均衡点就会是图中的点1，对应的年产量是Q_1，价格为P_1。如果泰国能够占领市场，均衡点就会是点2。但由于泰国的手表行业刚刚起步，所以它就得面临初始生产成本C_0，图中C_0高于瑞士手表的价

格 P_1。因此，虽然泰国有比瑞士更廉价地生产手表的潜力，但是瑞士手表业的历史积累和发展水平使其能够维持优势地位。

从瑞士和泰国的例子中我们看到，在历史因素决定一国的生产模式中，外部规模经济发挥了很大的潜在作用，它使一些已经形成的专业化模式继续下去，即使这些国家已不再拥有比较优势。

(三) 外部规模经济与学习曲线

关于瑞士与泰国手表行业的分析表明，行业的规模优势是历史积累的结果。当某个厂商通过经验积累而提高其产品质量或生产技术时，其他厂商就有可能对该技术加以模仿并从中受益。也就是说，后起步的国家经过一段时间的"学习"也能学习某些特定的知识，加上某种外力的作用，会逐步达到规模经济的条件，从而获得外部规模经济效果。这个积累知识、积累行业实现规模经济条件的过程，我们称之为动态收益递增或动态外部规模经济。这种动态外部规模经济，每个处在经济发展中的国家可能都会遇到，否则，工业化目标难以实现。

学习曲线是描述成本减少与特定行业产出规模不断扩大的关系曲线。动态外部规模经济可用学习曲线来表示。如图 5.3 所示，由于通过生产获得的经验对成本的影响，学习曲线向下倾斜，随着时间的流逝，累积产量不断增加，成本也因此下降。

动态外部规模经济和普通的外部规模经济一样，也能通过在某一行业的初始优势或先期进入而保持下来。图 5.3 中，L_1 是先期进入某一行业的国家的学习曲线，L_2 则是另一个具有低投入成本(如工资水平低)，但却缺乏生产经验的国家的学习曲线。只要前者进入该行业足够早，那么即使后者具有潜在的低成本，它也无法直接进入该市场。后者进入市场的唯一途径就是该国政府提供暂时的贸易保护或补贴，帮助本国该行业在成长中积累经验。

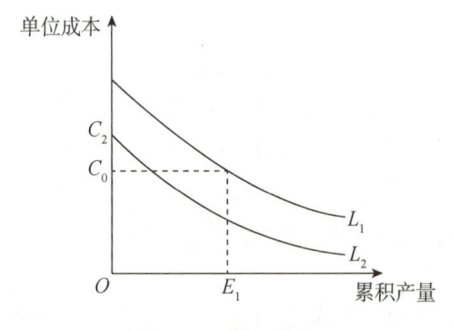

图 5.3 学习曲线

因此，动态外部规模经济潜在地支持保护主义。如果一国只要有更多的生产经验就可以生产出成本足够低的商品来出口，而目前苦于缺乏经验，生产出的产品缺乏竞争力，这样的一个国家完全可能为了增进社会长期福利，而通过补贴来鼓励该产品的生产或排除外来竞争以保护该行业，直到它能在国际市场站稳脚跟。这种通过暂时性的保护能使落后产业获取生产经验的观点就是"幼稚工业保护论"，这一理论我们将在后面的有关章节进行介绍。但挑选出潜在的胜利者(即通过一段时间的保护后，就能在世界市场上有自由竞争能力的工业)是极其困难的。

第二节　垄断竞争与差异产品贸易

不完全竞争是指垄断和竞争两种对立的力量同时存在，与完全竞争理论不同，不完全竞争至今没有一个统一的理论框架。因为不完全竞争市场结构千差万别，所以无法用统一的标准描述。垄断竞争市场和寡头垄断市场是经济学理论中两种比较典型的不完全竞争市场。

垄断竞争市场是指竞争程度很高但又存在垄断因素的市场结构。与完全竞争市场相比，在垄断竞争市场上厂商通过生产差异产品来获得一定的定价权，进而获得垄断利润。寡头垄断市场又称寡头市场，是指只有少数几家厂商提供产品供给的一种市场结构。市场上寡头的数量屈指可数，他们的供给量均占有较大份额的市场，相互影响，因而任何一家厂商在作决策时都必须考虑竞争对手对其行为的反应。

一、差异产品的含义

差异产品（Differentiated Products）是指同一产业或产品集团内的众多企业生产的有差别的产品。垄断或获得对市场定价权的控制是所有企业的追求，但当企业的生产规模还不足以影响全行业或同类产品的价格时，企业要获得某种价格控制权就要生产差异产品。一般来说，生产同种产品的厂商不可能将自己的产品定出较高的价格。厂商要使自己的产品在市场上卖出较高的价格以获得额外利润，必须生产差异产品。在现实经济生活中，某一行业在市场上提供的产品往往是不同的，或者至少消费者认为是不同的，即同一行业的产品是不同质的。例如，福特汽车公司和大众汽车公司都生产轿车，但福特牌轿车和大众公司生产的轿车无论在性能、款式、能耗、颜色还是广告宣传上都存在差别。因此，他们生产的是差异产品，而不是同质产品。差异产品的差异表现在多个方面，这些差异性可以是客观的，也可以是主观的。例如，由于生产者特殊的生产工艺和产品质量造成的产品差异就属于客观差异，而由于营销手段（广告、展销、销售网点等）造成的消费者感觉上的不同则属于主观差异。若两种产品是同质的，则它们之间具有完全的替代性，如果替代弹性介于零与无穷大之间，那么这两种产品就不再是完全替代产品，即不再属于同质产品，而是差异产品。

不仅厂商追求差异产品，消费者也追求差异产品。根据福利经济学的一般理论，消费者福利水平的提高来自两个方面，一是消费者消费同一产品的数量越多，其满足程度越高。二是消费最接近本人消费欲望的产品能够得到更大的满足。因此同一类产品的品种、设计、品牌越多，满足不同消费者消费欲望的可能性就越大。随着消费者收入水平的提高，他们趋于追求个性化消费，这种消费的排他性实际上就是"消费权的垄断"。

二、基于差异产品的产业内贸易

无论是生产者追求差异产品，从而获得某种定价的操纵权，还是消费者追求差异产品，从而最大限度满足自己的需要，都与大规模生产的经济性相矛盾。规模生产的经济性要求生产规模大、批量大、标准化的产品，从而达到节约成本的目的。差异化则要求小批量、多品种、多样化，从而减少价格参照，为生产者提供操纵价格的余地。这种小批量、多品种意味着单位产品的成本比较高,难以达到规模经济效果。如果一国既希望获得规模经济效果,又希望满足生产者和消费者对差异产品的追求,最好的解决办法是进行国际贸易。国际贸易能够扩大厂商的市场规模,从而使大规模生产有市场保障。国际贸易将大批量生产的产品分散到各国市场,在每一国市场上表现为各种产品的小批量供应。对于消费者来说,小批量的差异产品价格比较低,因而消费者的需求能够得到更大的满足。这种国际贸易是建立在差异产品的基础上的,因此只要各国之间产品有差异,无论这种差异表现为何种形式,都可以成为国际贸易的基础。

建立在规模经济和差异产品基础上的贸易形式不同于传统意义上的建立在劳动生产率差异和要素禀赋差异基础上的国际贸易。在比较利益理论中,无论是假设的还是现实的贸易,主要解释建立在完全竞争和机会成本不变基础上的产业之间的贸易,即在第一产业中的农业和第二产业中的制成品之间的贸易,我们称这种贸易形式为产业间贸易(Inter-industry Trade)。由于差异产品贸易的出现,这种国与国之间同类产品内部所进行的贸易,就不再是传统的贸易形式了,而是建立在不完全竞争和机会成本递减基础上的产业内贸易。所谓产业内贸易(Intra-industry Trade)是指同一个产业内部差异产品或非差异产品之间的国际贸易。

三、产业内贸易与产业间贸易的区别

产业内贸易与传统的产业间贸易形式的差别可以用图 5.4 和图 5.5 表示。

这里考虑的是一个 2×2×2 的模型,有两个国家,一个是资本丰裕的 B 国,一个是劳动丰裕的 A 国;有两种产品,劳动密集型的食品和资本密集型的工业品;有两种生产要素,资本和劳动。根据 H-O 理论,贸易格局应该为图 5.4 所示。

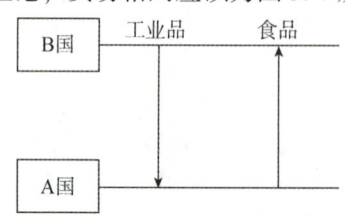

图 5.4 H-O 模型下的贸易格局

从图 5.4 可以看出,B 国应专业化生产并出口具有比较优势的工业品,A 国应专业化生产并出口劳动密集型的食品,出口等于进口,贸易平衡。但如果假设现在工业品是一个具有规模经济的垄断竞争部门,行业内有众多生产差异产品且相互竞争的企业,那么现在的贸易格局将如图 5.5 所示。

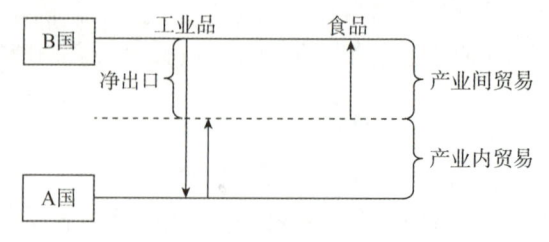

图 5.5 规模经济下的贸易格局

在此贸易格局下，B国不可能专业化生产全部工业品，而只能专业化生产并出口其中的某几种工业品，A国会专业化生产并出口其他几种工业品。所以在现在的工业品行业内，B国既向A国出口，也从A国进口，形成了产业内贸易。但由于资源禀赋差异，B国是资本丰裕型国家，且在工业品生产上有比较优势，故其出口数量比A国出口数量多，换言之，B国仍是工业品的净出口国。同样，由于A国劳动丰裕，故它在食品生产上有比较优势，将向B国出口食品，这一基于资源禀赋差异的工业品和食品之间的贸易为产业间贸易。

总之，产业间贸易反映了比较优势，或者说是基于要素禀赋差异上的比较优势，其贸易格局是资本丰裕的国家是资本密集型产品的净出口国和劳动密集型产品的净进口国；产业内贸易不反映比较优势。即使两国有相同的要素比例，两国也可以发生建立在规模经济和差异产品基础上的国际贸易，即产业内贸易。产业内贸易使规模经济成为国际贸易的一个独立的基础和源泉。正如美国著名经济学家保罗·克鲁格曼所说，各国参与国际贸易的原因有两个，这两个原因都有助于各国从贸易中获益。第一，进行贸易的国家之间存在着千差万别。国家就像人一样，当他们各自从事自己相对擅长的事情时，就能取长补短，从这种差异中获益。第二，国家之间通过贸易能达到生产的规模经济。也就是说，如果一个国家只生产一种或几种产品，就能进行大规模生产，达到规模经济，这时的生产效率比每一种产品都生产时要高得多。在现实生活中，各种贸易模式反映了上述两种动机的相互作用。

四、产业内贸易的测度

1975年，格鲁贝尔和劳埃德在其论著中提出了产业内贸易的定义和测量方法。由于产业内贸易是同类产品的贸易，因此，对同类产品的界定就显得十分重要。如果同类产品的"类"界定得较为宽泛，则产业内贸易规模较大，产业内贸易占总贸易的比重较高；相反，如果同类产品的"类"定义得较狭窄，则产业内贸易规模也较小，产业内贸易占总贸易的比重就较低。

专栏 5-2

国际标准分类

联合国为了便于进行国际贸易商品资料的统计和比较，制定了国际贸易商品的分类标准，即《国际贸易标准分类》（Standard International Trade Classification，SITC），其示例如表5.1所示。SITC将国际贸易的商品分为十大部门：

(0) 食品和活动物；
(1) 饮料及烟草；
(2) 非食用原料(不包括燃料)；
(3) 矿物燃料、润滑油及有关原料；
(4) 动植物油、脂和蜡；
(5) 未另列明的化学品和有关产品；
(6) 主要按原料分类的制成品；
(7) 机械及运输设备；
(8) 杂项制品；

(9) SITC 未另分类的其他商品和交易。此分类由联合国经济和社会事务部所属统计司根据"二战"前国际联盟制定的《国际贸易统计简明商品目录》修订改编而成,该分类在1950年出版后经过了4次修订,目录编号为5位数,分别表示部门、类、组、分组和基本目。该标准分类已被世界上绝大多数国家采用。

为了满足进一步分析的要求,各国可以自由地选择它们自己的种类以及所包括的内容。实际上,有的国家所做的分解达到了7位数字。一个项目的位数越高,我们就能够越准确地界定它所包括的相似商品集合。

表5.1 国际贸易标准分类的示例

编号	项目
8	杂项制品
85	鞋类
851	鞋类
851.1	带有金属保护鞋头的鞋类,不包括运动鞋
851.11	外底和鞋帮以橡胶或塑料制成的防水鞋类,不论其鞋帮与鞋底是以缝合、铆接、钉合、螺钉拧合、插接,还是类似工艺组装在一起的

在格鲁贝尔和劳埃德计算产业内贸易指数(Intra-industry Trade Index)时,同类产品是按 SITC 的三位数来划分的。SITC 将国际贸易中的商品分为10个部门,大类分为67个类,类以下又分为262个组,组以下又分为1 023个分组,分组以下又分为2 970个基本目。三位数的划分在 SITC 中为同一"组"的产品就是同类产品(但也有人采用较为宽松的划分标准,即以同一"类"的产品作为同类产品)。

格鲁贝尔和劳埃德计算产业内贸易指数的计算公式为:

$$B_i = 1.0 - \frac{|X_i - M_i|}{X_i + M_i} (0 \leq B_i \leq 1)$$

式中,B_i 是反映产业内贸易的指标,是 i 产业的产业内贸易指数;X_i 为 i 产业产品的出口量;M_i 为 i 产业产品的进口量。

当 $X_i = M_i$ 时,$B_i = 1.0$,说明 i 产业部门产品的进口和出口的流量相等,贸易是完全的产业内贸易。

当 $X_i = 0$,$M_i \neq 0$,或者 $X_i \neq 0$,$M_i = 0$ 时,$B_i = 0$,说明 i 产业产品的贸易是完全的产业间贸易。

在通常情况下,$0 < B_i < 1$。

由以上公式可知:

产业间贸易指数=1-产业内贸易指数

产业内贸易指数显然是从一个产业部门的角度来研究产业内贸易程度的,所以,产业内贸易指数的大小受三个主要因素的影响:一是与某种产业部门的产品特性有关,因为有些产业部门的产品生产和消费具有明显的地域性,难以进行大规模的产业内贸易;二是与该产业部门的成熟程度有关,高度发达成熟的产业部门容易发生产业内贸易,幼稚工业部门就难以发生产业内贸易；三是与产业部门的划分有关，如果产业部门划分细致，产业内贸易的指数就比较小，如果产业部门划分很粗略，产业内贸易指数就比较大。

第三节　寡头垄断与同质产品产业内贸易

一、关于寡头垄断市场企业的行为假设与均衡

由于寡头垄断市场上的厂商不多，因此，每个厂商都会考虑决策对竞争对手的影响，以及竞争对手的回应对自己的影响，并在此基础上进行最优决策。也就是说，在寡头垄断市场上，均衡是厂商之间策略性互动的结果。在这种情况下，厂商的行为假设对最后的均衡结果至关重要。为了分析的简化，我们在这里仅对厂商行为进行两种假设，即产量竞争、价格竞争，并假定市场上只有两家厂商，且厂商同时采取行动。

(一) 产量竞争与古诺均衡

首先，假设两家厂商试图同时作出生产数量的决策，每家厂商在给定竞争对手产量的情况下，可以作出利润最大化的产量决策。例如，厂商1可以把厂商2的产量看作是给定的，并根据利润最大化条件计算出自己的最适产量：

$$Q_1 = R_1(Q_2) \tag{5.1}$$

式中，Q_1 表示厂商1在给定厂商2的某一个产量水平时的利润最大化产量；Q_2 表示厂商2的产量水平；R_1 表示厂商1的利润最大化产量和厂商2的产量之间的函数关系。由于这里考虑了厂商之间的策略性互动，习惯上把式(5.1)称为厂商1的反应函数。类似地，可以得到厂商2的反应函数：

$$Q_2 = R_2(Q_1) \tag{5.2}$$

在图5.6中，横轴表示厂商1的产量，纵轴表示厂商2的产量。比较陡直的曲线 R_1 为厂商1的反应函数或反应曲线，比较平坦的曲线 R_2 为厂商2的反应函数或反应曲线。不难证明，两条反应曲线 R_1 和 R_2 的交点 E 为稳定的均衡点。显然，给定厂商2的产量为 Q_2^* 时，厂商1的利润最大化产量为 Q_1^*；而给定厂商1的产量为 Q_1^* 时，厂商2的利润最大化产量为 Q_2^*。因此，在 E 点，两家厂商都没有再调整产量的动机，E 点为均衡点。同时可以证明，当两家厂商的产量偏离均衡点时，厂商的利润最大化行为会推动产量恢复到 E 点处的水平，均衡点是稳定的。在该点处，厂商1的产量为 Q_1^*，厂商2的产量为 Q_2^*。

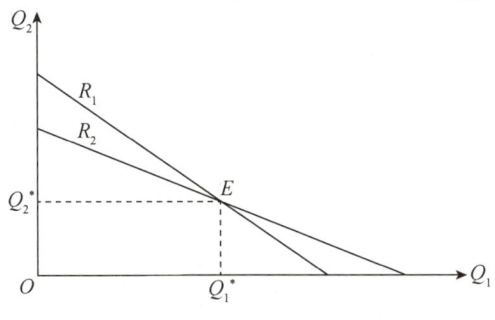

图5.6　古诺均衡

上述分析最早由法国数学家古诺在19世纪进行了阐释,因此图5.6中的均衡被称为古诺均衡。

(二)价格竞争与伯特兰均衡

假设厂商之间进行价格竞争,也就是说,每家厂商的价格决策都是在给定竞争对手价格水平条件下的利润最大化选择。在这种情形下,均衡时两家厂商的价格相等,且正好等于边际成本。由于法国数学家伯特兰最早阐释了这一情况,因此又将这种情形下的均衡称为伯特兰均衡。不难看出,伯特兰均衡实质上是一个竞争均衡,但寡头垄断市场上如何会产生竞争均衡呢?

可以肯定的是,任何一家企业的价格都不会低于边际成本,因为此时减产可以增加利润。而当任何一家厂商的价格高于边际成本的时候,竞争对手便可以以稍低一点的价格将其挤出市场。因而,任何高于边际成本的价格都不可能是均衡价格,唯一的均衡只能是竞争均衡。

二、寡头垄断下的同质产品贸易

为了分析的简化,下面仍以最简单的双寡头垄断市场结构为例进行分析,并假定企业的行为符合古诺产量竞争模式。假定世界上只有两个国家——本国和外国,整个世界市场上只有两个厂商——厂商1和厂商2,其中厂商1在本国,厂商2在外国。根据前面的分析,可以得到两个厂商在不同市场上的反应曲线,并求出均衡的生产、销售和国际贸易量,图5.7可以直观地描述这一情况。

在图5.7(a)中,横轴表示厂商1(本国厂商)在本国销售的产量,纵轴表示厂商2(外国厂商)在本国销售的产量——也就是本国从外国进口的同质产品产量。R_{1h}为厂商1在本国市场上的反应曲线,R_{2h}为厂商2在本国市场上的反应曲线。

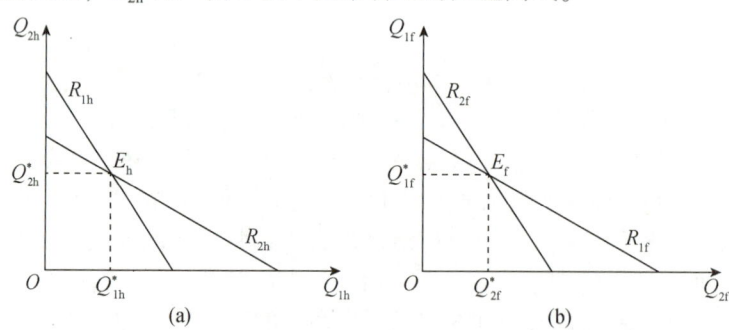

图5.7 寡头垄断下的同质产品国际贸易

两条反应曲线的交点E为本国市场的古诺均衡点,相应的产量是两个厂商在本国市场上的均衡销售量,即均衡时位于本国的厂商1在国内销售数量为Q_{1h}^*的产品,而位于外国的厂商2向本国出口数量为Q_{2h}^*的产品。

在图5.7(b)中,横轴表示厂商2(外国厂商)在外国的销售量,纵轴则表示厂商1(本国厂商)在外国的销售数量,R_{1f}为厂商1在外国市场上的反应曲线,R_{2f}为厂商2在外国市场上的反应曲线,两条反应曲线的交点E_f为外国市场的古诺均衡点,相应的产量是两个厂商在外国市场上的均衡销售量,即均衡时位于本国的厂商1向外国出口数量为Q_{1f}^*的产品，位于外国的厂商 2 则在外国销售数量为 Q_{2f} 的产品。

上述案例分析了寡头垄断的世界市场上不同厂商的策略性行为，从而解释了同质产品的产业内贸易。

三、相互倾销国际贸易理论

前面的分析以简单抽象的方法阐释了寡头垄断市场结构下的国际贸易，这里将从两国不完全竞争厂商相互倾销的动机出发，进一步分析寡头垄断市场下的国际贸易。相互倾销国际贸易理论认为，单纯因企业占领市场的行为，也会导致国际贸易的产生。在开放的市场范围内，不完全竞争的企业为了达到规模经济效果，希望向市场上销售更多的商品。因此，市场的扩展，成为不完全竞争企业追求的目标。寡头垄断企业在国内市场上占有一定的市场份额后，国内的市场就很难扩展，除非大幅度降低商品的市场卖价。因此，这类企业就将目光转向国外市场。一般而言，企业在保持国内市场价格不变的情况下，以较低的价格向国外销售商品，企业的这种价格战略为"价格差别战略"或"价格歧视战略"。在国际贸易中，寡头垄断企业的价格差别战略被称为"倾销"。

(一)倾销的含义及分类

倾销(Dumpling)是一种价格歧视行为，是指一国的寡头垄断企业以低于正常价值的价格进入另一国市场并因此对进口国工业造成损害的行为。所谓低于正常价值，是指某种产品从一国向另一国出口的价格低于下述价格之一：①相同产品或类似产品在正常交易过程中供国内消费的可比价格；②相同产品或类似产品在正常交易中向第三国出口的最高可比价格；③产品在原产国的生产成本加上合理的推销费用和利润。

判断出口商是否构成倾销的依据是：①进口国生产同类产品的企业是否受到低价进口品的冲击，以致其市场份额明显减少；②进口国同类企业的利润水平是否明显降低；③在低价进口品的冲击下，进口国的同类工业是否难以建立起来。

但现实中常常出现一种矛盾，进口国总是夸大外国产品冲击本国市场的程度，而出口商往往从自身目的出发，总是尽量掩盖其倾销行为。

按倾销的目的、时间的长短等，可将倾销分为持续性倾销和掠夺性倾销。持续性倾销是指出口商以占领市场为目的持续地以低于正常价值的价格向国外市场销售商品，厂商采取这种行为的目的在于追求利润的最大化。从进口国消费者的角度看，这种持续性倾销意味着消费者可以享受低价商品，从而提高了进口国的实际收入水平。因此，持续性倾销对进口国的消费者有利，但不利于进口国同类产业的发展。掠夺性倾销是指为打败竞争对手，出口商以低于本国市场价格的价格向国外市场销售商品，在消除竞争对手后，重新提高价格，控制市场。掠夺性倾销是有害的，由于企业降低价格是临时的和短暂的，因此消费者只能获得暂时性的低价利益，一旦竞争者退出市场，倾销者会重新提高价格，以获得垄断性的超额利润，消费者的实际收入水平不但不会上升，反而会下降。因此，掠夺性倾销通常被认为是一种追求垄断地位的行为。

(二)倾销与对外贸易

一个寡头垄断企业能够采取倾销商品的战略，需要具备三个基本条件。第一，该行业必须是不完全竞争的，各企业不是价格的接受者，而是价格的制定者。第二，企业在国内外市场面临的需求弹性不同。在国内市场上，该垄断企业产品的需求弹性比较小。在国外市场上，由于消费者有多种产品可以选择，因此产品的需求弹性比较大。第三，国内外市场必须是分割的。国内的居民不能购买到本国企业出口到国外市场的商品，或该出口品不能回流。只有在这三个条件具备的条件下，寡头垄断企业才能采取倾销战略。

作为一个寡头垄断企业，它从国外市场中最大限度地获取利润的重要战略就是倾销。对寡头垄断企业而言，将增加的商品倾销到国外比销在国内市场能够获得较多的利润。可见，倾销是符合寡头垄断企业获取最大限度利润原则的，具体情况可用图5.8表示。

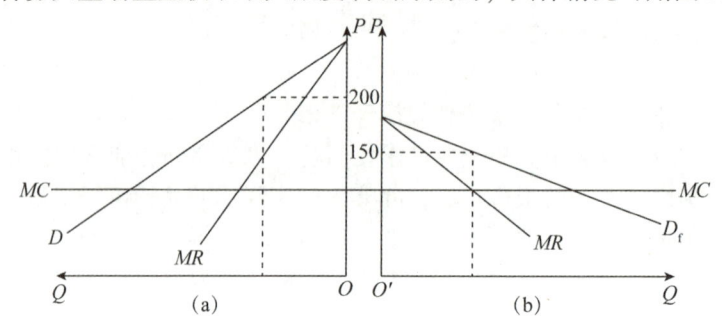

图5.8　不完全竞争企业的倾销

图5.8(a)表示寡头垄断厂商在国内面临的市场及定价情况，图5.8(b)表示该厂商在国外市场面临的市场及定价情况。横轴表示商品的供求数量，纵轴表示商品的价格。在图5.8(a)中，D曲线表示该厂商在国内市场上面临的需求曲线。由于该厂商在国内市场上具有较强的控制市场价格的能力，因此，其增加或减少生产对市场价格的影响较大，因而该厂商面临的需求曲线的斜率较小。

根据边际成本等于边际收益的原则，该厂商将销售价格定在每单位产品200美元。为增加该商品的销售，在其市场份额较大的情况下，降低单位产品售价对厂商收入的影响是相当大的。因此，不完全竞争企业会采取倾销战略，将产品销往国外市场。在图5.8(b)中，D_f表示该厂商在国外市场上面临的需求曲线。由于该厂商在国外市场上销售量较小，因而影响价格的能力有限，甚至在极端的情况下，根本不影响价格，所以该厂商面临的需求曲线较平坦，或需求曲线的斜率较大，因而其定价水平或控制价格的能力较弱。同时，由于其在国外市场上销售的规模较小，所以增加1单位产品销售所引起的总收入的减少量不大。从寡头垄断厂商的角度看，厂商为了获取最大限度的利润，更倾向于将增加的产量销到国外市场，而不是国内市场。值得注意的是，对寡头垄断厂商而言，无论是将增加的产品销到国内市场，还是国外市场，当它增加产品的生产总产量时，总能获得规模经济效益。因此，一方面，企业增加产量可以得到平均成本降低的利益；另一方面，企业为获取最大限度的利润，需要控制产品的国内市场上的销售量，从而更倾向于将产品销往国外市场。这就产生了对外贸易活动中的倾销。

(三)相互倾销与国际贸易

前面对倾销的分析表明，寡头垄断厂商为获取最大限度的利润，在存在国内和国外两大市场的条件下，为了控制国内市场上的销售量，会将产品倾销到国外市场。实际上，如果各国都存在着类似的市场结构或寡头垄断企业，那么，每个国家的寡头垄断厂商都会采取类似的价格战略，从而形成了相互倾销的局面，国际贸易因此而产生。

为了说明这一点，假定日本和美国在汽车生产部门都是寡头垄断的市场结构，各有两家汽车制造商。这些厂商在本国市场上都具有明显的垄断优势，在市场上占有较大的份额，且两国各厂商的边际成本相同，如果在本国市场上增加销售，都要降低市场价格，从而降低利润水平。为此，日本的厂商决定将汽车倾销到美国市场，同时美国的厂商决定将其生产的汽车倾销到日本市场，从而形成相互倾销格局。一般而言，其产品在国外市场上比在国内的市场上卖价要低。但是，由于外国厂商在对方市场上占的份额较小，因此在外国的市场上，该企业只是一类产品价格的接受者，不会影响到市场价格，所以各国企业在对方市场上的卖价服从于进口方企业确定的市场价格。由于两国企业的边际成本相同，因此它们根据利润最大化原则制定的价格也相同，进而两国同一质量的汽车在两国的市场价格也相同。然而当厂商将产品销往国外时，会有一定的运输成本，但其出口产品的价格还是低于在本国市场上的销售价格。尽管如此，只要这种市场价格所带来的企业净增收入不低于将这一增加的产品量销在国内市场的净增收入量，企业就会将产品倾销到国外。因此，国际贸易会由于不完全竞争企业对获取最大限度利润的追求而产生。这样，相互倾销理论成为产业内贸易的又一个原因。

从上述分析可以看出，相互倾销国际贸易会给各国带来好处。第一，相互倾销国际贸易使不完全竞争企业能够扩大产量，实现规模经济效果，降低生产成本；第二，相互倾销国际贸易增加了贸易参加国国内的竞争，能够使消费者以较低的价格购买到产品，从而提高了消费者的实际收入水平和整个社会的福利水平。

第四节　重叠需求国际贸易理论

随着"二战"后要素禀赋相近的发达国家间产业内贸易的迅速发展，规模经济模型从供给的角度给出了解释，1961年瑞典经济学家林德（Staffan B. Linder）提出了重叠需求理论，从需求的角度探讨了国际贸易发生的原因。该理论的核心思想是：两国之间贸易关系的密切程度由两国的需求结构与收入水平决定。两国之间收入水平越接近，消费结构就越相似，则两国之间进行贸易的基础就越雄厚；而收入水平差距较大的国家之间的产业内贸易会较少。

一、消费者行为的假设与代表性需求

在介绍无差异曲线时，为方便分析，我们曾假设，在一国内消费者偏好完全相同。但这一假设与现实有明显的差距，现在我们放弃这一假设。我们假设一国内不同收入阶层的消费者偏好不同，收入水平越高的消费者越偏好奢侈品，收入水平越低的消费者越偏好必需品。同时，我们还假设不同国家的消费者如果收入水平相同，其偏好也相同。由此可推断，两国的消费结构与收入水平之间的关系是一致的，即两国的收入水平越接近，消费结构就越相似；反之，如果两国的收入水平相差很大，则它们的需求结构也必然存在显著的差异。例如，欧美的一些高收入国家收入水平比较接近，打高尔夫球是一项比较普及的运动，但在非洲的一些低收入国家里，虽有少数富人有能力承担这一运动，但打高尔夫球不是代表性需求，这些国家的人普遍大量需要的可能是食品等生活必需品。

这种在一个社会中广泛存在，且随人们收入水平提高，这类需求会提高，我们称之为代表性需求，代表性需求是各国一般收入水平的反映。由于任何一国居民的收入水平都不

是绝对平均的，因此每个国家的居民对产品的需求也有差异，收入水平越高，需求产品的层次越高，反之则越低。由于收入水平的差距，反映在需求水平上，就表现为一国对同一类产品的需求呈现出多层次。

二、重叠需求与国际贸易

尽管一国居民对同一类产品的需求是多层次的，但由于代表性需求代表了该国对各类产品需求中最大部分的需求量，厂商为了实现生产的规模经济效益，总是追求在本国代表性需求的产品层次上安排生产，这就难以顾及消费者对不同层次产品的需求。这样，一国居民需求产品的多层次与厂商追求代表性需求产品之间就产生了矛盾。解决这一矛盾有两条途径：一是国内的生产者专门为那些特殊消费者生产一些非代表性需求的产品，但这是以消费者付出较高价格为代价，同时，这种选择也不符合经济学最佳分配资源的原则。因此，最好的解决办法是另一个途径——开展国际贸易。这样不仅可使上述矛盾得到解决，而且也使本国有代表性需求的产品的生产规模随之扩大，规模经济效果更加明显。

但是，这种国际贸易不是没有条件的，它只有在收入水平相近的国家之间才可能存在，因为各国的消费者有相近或重叠的需求部分。所谓重叠需求，是在收入水平相近的国家之间，消费者需求的产品档次相同的那部分需求。下面我们用图 5.9 来说明这个问题。

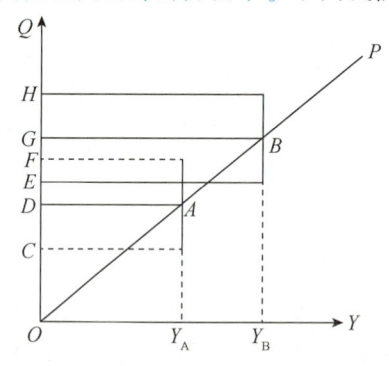

图 5.9 重叠需求与贸易

图中横轴表示一国的人均收入水平，纵轴表示消费者所需的各种商品的品质等级，所需商品层次越高，则其品质等级越高。人均收入水平越高，则消费者所需商品的品质等级也就越高，二者的关系如图中的 OP 线所示。假设 A 国的人均收入水平为 Y_A，则 A 国所需商品的品质等级处于以 D 为基点，上限点为 F，下限点为 C 的范围内。假设 B 国的人均收入水平为 Y_B，则其所需商品的品质等级处在以 G 为基点，上、下限分别为 H、E 的范围内。对于两国来说，在各自范围之外的物品不是层次太高就是太低，是其不能或不愿购买的。

在图 5.9 中，A 国所需商品的品质等级处于 C 与 E 之间，B 国所需商品的品质等级处于 F 与 H 之间，均只有国内需求，没有国外的需求，所以不可能成为贸易品。但处于 E 与 F 之间的商品，在两国都有需求，即存在重叠需求。有重叠需求的这部分是两国开展贸易的基础。当 A、B 两国的人均收入水平越接近时，重叠需求的范围就会越大，相互之间的贸易关系可能越密切。如果 A、B 两国人均收入水平相差悬殊，则两国重叠需求的商品就可能很少，甚至不存在。因此，两国贸易的基础就弱，甚至根本不会发生贸易。

三、重叠需求理论的意义

随着各国收入水平的不断提高,新的重叠需求的商品会不断涌现,根据重叠需求理论,国际贸易的规模也会相应地不断扩大,新的贸易商品会不断出现。这对解释"二战"以来迅速发展起来的发达国家之间的产业内贸易具有特别的意义。

关于该理论的适用性,林德曾指出,其主要适用于工业产品或制成品。他认为,初级产品的贸易是因自然资源的禀赋不同造成的,所以初级产品的需求与收入水平无关。初级产品贸易可以在收入水平差距很大的国家之间进行,所以初级产品的贸易可以用要素禀赋理论来说明。而工业产品的品质差异较明显,其消费结构与收入水平有很大关系。从需求角度看,发生在工业品之间的贸易与两国的收入水平密切相关,所以重叠需求理论适合解释工业品贸易。由于发达国家人均收入水平较高,它们之间对工业品的重叠需求范围较大,因此工业品的贸易应主要发生在收入水平比较接近的发达国家之间。

概括来说,重叠需求理论与要素禀赋理论各有其不同的适用范围。要素禀赋理论主要解释发生在发达国家与发展中国家之间的产业间贸易,而重叠需求理论则适合解释发生在发达国家之间的产业内贸易。林德认为,如瑞典这样的国家应专门生产高质量产品,并专门向世界各国少部分高收入阶层出口其产品,以满足他们的需要。

第五节 新—新贸易理论

一、新—新贸易理论的产生及研究内容

在古典的国际贸易理论中,学者们主要研究并提出了产业间国际贸易的原因、结构和结果,新国际贸易理论从规模经济和差异产品的角度探讨了产业内贸易产生的原因、结构和结果。在此过程中,学者们将作为国际贸易基本参与者的企业都假定为同质企业,即企业在劳动生产率和生产规模方面都相同,一个国家的贸易优势,主要是由技术、要素禀赋以及规模经济和差异产品造成的。伴随国际贸易的发展,国际贸易中的企业内贸易占的比重日趋提高,曾经的贸易理论很难解释这种新的贸易现象。学者通过研究企业的贸易模式发现,产业内存在大量的异质性(Heterogeneity),即同一产业内部企业在生产规模和生产率上存在差别,而这种异质性与企业选择出口、国际投资或外包等策略有很大的相关性。对这一现象的合理解释催生了建立在企业分析基础上的新—新贸易理论(New-new Trade Theory)。新—新贸易理论是对新贸易理论的进一步发展,它试图用异质企业贸易模型和企业内生边界模型解释国际贸易的原因、结构和结果。

新—新贸易理论通过分析单个企业的特点,研究企业的国际进入决策和国际化决策,提出了比较优势的新来源——产业内企业的异质性和契约体系的质量。企业的国际进入决策是指企业是选择仅在国内生产,既在国内生产又出口,还是既在国内生产又进行国外直接投资;国际化决策是指企业是选择国际化,还是选择外包或者一体化。在国际进入决策上,新—新贸易理论认为,企业的异质性在决策中起重要作用,异质性表现在两个方面:企业的生产率不同和组织形式的不同。二者具有相关性,生产率的不同导致企业生产和分配组织形式的不同,这给产业内和产业间贸易结构及国际投资模式提供了一个新的解释:

即生产率最高的企业选择国际投资,生产率中等的企业选择出口,生产率低的企业选择在国内生产,生产率最低的企业退出市场。进一步分析,国际贸易与投资使强者更强,弱者被淘汰,利润向高生产率的企业集中,低生产率企业的退出使企业的数量减少,但对就业的影响较小。关于企业的外包与国际投资的国际化选择,新—新贸易理论认为,在一些情况下,国际外包优于国际投资,企业更可能选择国际外包;但在另一些情况下,国际投资优于国际外包,企业更可能选择国际投资。

二、新—新贸易理论的基本模型

(一)异质企业基本模型——Melitz 模型

20 世纪 90 年代以来,许多学者通过大量实证分析发现,国际贸易其实是一种相对较少的企业行为,并非一国所有企业都会选择对外贸易。研究结果表明,即使在同一产业内,也存在出口企业和非出口企业在劳动生产率、资本技术密集度和工资水平上的显著差异,并且同一产业内企业之间的差异可能比不同产业之间的差异更显著,所以,无论在规模还是在生产率方面,企业都是异质的。基于此,马克·梅利茨(Marc J. Melitz)建立了异质企业动态产业模型,以霍彭哈恩(Hopenhayn, H. A)一般均衡框架下的垄断竞争动态产业模型为基础,扩展了克鲁格曼的贸易模型,同时引入企业生产率差异,解释了国际贸易中企业的差异和出口决策行为。

梅利茨在《贸易对产业内资源再配置与产业生产率的影响》(2003)一文中构建了一个基于企业异质性的国际贸易垄断竞争模型。这里的企业异质性表现为企业间生产率或边际成本的差异。该模型的主要思想是:

(1)企业和行业演化表现为达尔文式的优胜劣汰,生产率高的企业不仅获得更高的市场份额,也得到更高的利润,生产率最低的企业由于市场份额缩小,利润损失而最终退出市场,资源在同一行业中得到优化配置;

(2)贸易的自由化有助于进一步提高该国的资源配置,虽然自由化会对国内企业带来冲击(一些企业被淘汰),但一国福利总体提高;

(3)除了通过技术提升企业生产率外,一国企业或行业生产率的提高可通过优化资源配置来实现。

(二)企业内生边界模型

企业内生边界模型从单个企业的组织选择问题入手,将国际贸易理论和企业理论结合在一个统一框架下,主要代表人物有珀尔·安特拉斯(Pol Antràs)、埃尔赫南·赫尔普曼(Elhanan Helpman)等,他们探讨了企业的异质性对企业边界、外包及内包战略选择的影响,为研究企业全球化和产业组织提供了全新的视角。

企业内生边界模型的主要结论是:异质企业选择不同的企业组织形式,选择不同的所有权结构和中间投入品的生产地点。此外,产业特征是非常重要的决定因素。生产率差异较大的产业中主要依赖进口投入品,在总部密集度高的产业中一体化现象更为普遍。一个产业部门的总部密集度越高,就越不会依赖进口获得中间投入品。

企业内生边界理论将产业组织理论和合约理论的概念融入贸易理论,在跨国公司中间投入品贸易占全球贸易份额不断上升的国际背景下,分析了企业如何在不同国家进行价值链分配和贸易模式选择——是通过国际投资在企业边界内进口中间投入品,还是以外包形式从独立供货企业采购中间投入品，并将贸易模式的研究从产业视角引入企业内生边界视角，为企业全球化生产和贸易模式的选择提供了新的理论依据。

第六节 全球价值链的理论进展

随着全球工序分工的深入推进，生产过程日益碎片化和分散化，并导致国际贸易发生了深刻变化，以 iPhone 手机全球价值链分布为代表的国际分工形态成为学者们探索新一轮国际贸易的主要着力点。而全球价值链(Global Value Chain，GVC)理论和方法在贸易领域的推广，也成为追踪全球生产的变化模式，将地理上分散的活动和参与者联系在一个行业内，并确定它们在发达国家和发展中国家中所扮演角色的新工具。

从理论发展来看，全球价值链的概念演进及理论应用经历了较长时期。自迈克尔·波特(Michael E. Porter，1947)1985 年在《竞争优势》一书中提出"价值链"概念以来，学者们逐步将其引入对全球贸易一体化和生产的垂直专业化分工中，并将其描述为发达国家仅保存一些核心业务，而将非核心业务和环节外包，通过全球采购的方法追求全球利益最大化的生产模式。

在此基础上，加里·盖雷斐(Gary Gereffi)将价值链的概念引入产业的全球组织框架，拓展形成了全球商品链(Global Commodity Chain，GCC)理论。该理论将商品生产分解为不同阶段，并基于跨国生产组织体系把分布在全球不同规模的企业或机构组织在一国一体化的生产网络中，从而形成了全球商品链。通常而言，这一生产过程涉及四大要素：一是紧邻个别网络节点前后的商品流动；二是各节点内的生产关系；三是主要的生产组织，包括技术与生产单位的规模；四是生产的地理位置。此后，随着信息通信技术的进一步发展，全球制造的外包和离岸活动进一步加剧，全球商品链也加速过渡到全球价值链阶段。对于全球价值链，联合国工业发展组织(United Nations Industrial Developrnent Organization，UNIDO)将其概括为，在全球范围内为实现产品或服务价值而联系生产、销售、回收处理等环节的全球性跨企业网络组织，涉及原料采购和运输、半成品和成品的生产和分销、最终消费和回收处理的过程。在这个过程中，分布于全球的处于价值链上的各国企业按照国际分工分别进行着设计、产品开发、生产制造、营销、交货、消费、售后服务、最后循环利用等各种增值活动。

除了全球价值链的概念外，关于如何管理全球价值链以及不同治理形式下的分配效应，即对全球价值链治理的分析，是学者们关注的另一个焦点。全球价值链治理是领先企业和其他行为者之间通过特定的分工并实现管理的一套具体的实践和组织形式，其基本逻辑是：利用价值链上企业间的关系安排和制度机制，实现价值链内不同经济活动和环节间的非市场协调。所以，价值链很少通过市场交换自发进行调节，而是由价值链中占据优势地位的大型公司在全球、各地区或国家范围内进行战略决策的结果。一般而言，在决定如何管理全球产业中的贸易和生产网络时，价值链中的领先企业面临许多选择，例如，是内部制造零部件、市场购买中间商提供的特定服务，还是采用涉及与供应商长期外包关系的混合解决方案；如果决定外包给供应商，则需要指定商品或服务的特征(如价格和数量)，并确定供应商应具备的资格或属性等。基于此，盖雷斐等发展了约翰·汉弗莱(John Humphrey)和休伯特·施密兹(Hubert Schmitz)的全球价值链治理模式四种类型划分方法，进一步细分为市场型、关系型、模块型、领导型和层级制五种类型。其中，市场型的运行主要依靠价格机制，模式简单，协调力较差；关系型则主要依靠全球价值链各主体间频繁的社交关系；模块型在不同模块的交易中存在一定的协调能力；领导型是由价值链中的领先企业担任绝对的领导者，并对其他中小企业进行监督和控制；层级制的运行则主要依靠价值链内企业间的管理与控制。

不仅如此，关于全球价值链测度的问题，同样值得关注并形成了富有成效的探索。总体来看，学者们主要从宏观和微观视角对其展开研究。前者主要是基于国家投入产出表构建全球投入产出表，进而测算出贸易附加值、全球价值链长度以及不同国家的价格联系。值得一提的是，全球投入产出表发布了2000—2014年43个国家(地区)56个部门的全球投入产出表和附属账户数据，该数据描述了产品部门在生产过程中进口的中间投入和出口产品流向的详细情况，为测度全球价值链的参与程度、位置等指标提供了宏观数据支持。后者主要关注企业层面的生产决策，主要包括案例分析方法和出口国内增加值率的测算方法。其中，案例分析主要基于典型企业的案例(如iPhone手机和芭比娃娃等)，分析企业中间投入如何作出外包决策，进口和出口参与如何联系以及区跨国公司如何组织生产网络等；而基于加工贸易的出口国内增加值率方法，则以微观工业企业数据和特殊的海关贸易统计数据，甚至需要结合宏观层面的投入产出表数据，计算企业的物质外包程度和出口国内增加值率。表面上看，宏观和微观的测度方法迥异，但从理论上看，微观企业层面的测度与宏观投入产出模型的测度具有一致性。如果将全球投入产出表中的产业(产品部门)逐步细分到企业层面，就得到了企业间的投入产出关系；反之，微观企业层面按行业部门加总就可以得到宏观层面的投入产出数据。近年来，随着对全球价值链测度研究的逐步深入，关于价值链长度、位置和国内增加值率等的分析，使宏观和微观测度融合成为未来研究的趋势。

此后的研究中，学者们注意到，尽管全球价值链为发展中国家融入全球化提供了新的机会，但这也增加了相关风险和不确定性，因为参与全球价值链本身并不会带来包容性的发展成果，除非国内生产的增加值份额不断提升并能在不同群体之间公平分配。因此，部分研究开始聚焦到全球价值链升级及其贸易利益上，并将其主要归纳为产品升级、流程升级、功能升级和价值链升级四个方面。该领域的研究主要涉及两个方向：一是关于企业进入新市场和提高竞争力的能力源泉的争论，即是依赖于价值链位置和制度化的知识，还是依赖于领先企业—供应商关系进行知识传播的长期争论；二是考察哪些条件和路径可以为全球价值链中的弱势参与者(如小农生产者、发展中国家工人、女性企业家等)带来"更好的贸易"。当然，也有部分学者注意到，如果全球价值链的经济福利升级没有带来社会和环境的改善，那么它也是有问题的。换言之，全球价值链的社会升级同样值得被关注，包括为应对负面的环境和社会影响(如不平等现象不断加剧)可能需要采取渐进或激进的干预措施等。

总体来看，全球价值链理论和方法的快速发展及其在贸易领域的广泛应用，使其成为国际贸易理论前沿和最引人关注的领域之一。关于全球价值链测度和理论的互动发展，利用全球价值链指标来进行实证研究以及在模型中引入跨境中间投入联系，尤其是基于中国和新兴市场国家嵌入并重塑全球价值链的相关研究，正在成为国内外学者关注的热点话题。

本章小结

规模经济是由大规模生产产生的经济效果，是指在产出的某一范围内，平均成本随着产出的增加而递减。其分为外部规模经济和内部规模经济。规模经济可使资源与生产技术水平大致相同的国家之间发生贸易。产业内贸易是同一产业既有出口又有进口的双向贸易现象，即同一个产业内部差异甚至是非差异产品之间的国际贸易。产业内贸易相对于产业间贸易而言，有两大特点：一是进口和出口的商品有非常高的相互替代性；二是进口国和出口国在该商品的生产能力方面没有太大的差别。要素禀赋形成的比较优势决定了产业间贸易模式，而差异产品的规模经济生产决定了产业内贸易模式。要素禀赋差别越大的国家之间产业间贸易越多，要素禀赋越接近的国家之间产业内贸易越多。一国的产业内贸易水平可以用产业内贸易指数来衡量。重叠需求理论从需求方面研究了国际贸易的起因，认为两国之间贸易关系的密切程度是由两国需求结构与收入水平决定的。两国的收入水平和需求结构越相似，两国之间的贸易量越大。重叠需求是产业内贸易产生的又一动因。

新—新贸易理论通过分析单个企业的特点，研究了企业的国际进入决策和国际化决策，提出了比较优势的新来源——产业内企业的异质性和契约体系的质量。企业国际进入决策是指企业选择是仅在国内生产、既在国内生产又出口，还是既在国内生产又进行国外直接投资；国际化决策是指企业是选择国际化，还是选择外包或者一体化。全球价值链理论和方法的快速发展及其在贸易领域的广泛应用，使其成为国际贸易理论前沿和最活跃的领域之一。关于全球价值链测度和理论的互动发展，利用全球价值链指标来进行实证研究以及在模型中引入跨境中间投入联系，尤其是基于中国和新兴市场国家嵌入并重塑全球价值链的相关研究正在成为国内外学者关注的热点话题。

复习思考题

1. 什么是规模经济？它有几种类型？
2. 分析下列4个案例分别是外部规模经济还是内部规模经济。
(1) 美国印第安纳州艾克哈特的十几家工厂生产了美国大多数的管乐器。
(2) 在美国销售的所有本田车要么是从日本进口的，要么是在俄亥俄州的玛丽斯维利生产的。
(3) 欧洲唯一的大型客机生产商——空中客车公司的所有飞机都在法国西伦组装。
(4) 康涅狄格州的哈特福特成为美国东北部的保险业中心。
3. 何谓产业内贸易？产业内贸易水平如何测度？产业内贸易指数的大小受哪些因素的影响？
4. 简述重叠需求理论的基本内容及意义。试比较重叠需求理论与要素禀赋理论的异同。
5. 试比较现代国际贸易理论与比较优势理论之间的异同。
6. 简述新—新贸易理论的主要内容。
7. 试述全球价值链的理论进展。

第六章 动态国际贸易理论

前面各章我们都是从静态的角度阐述国际贸易的原因、结构及利益分配问题。也就是说，给定一国的要素禀赋、技术、偏好后，我们就可决定该国的比较优势和贸易收益。而实际上，要素禀赋随时间发生改变，技术知识不断创新和扩散，各国的收入水平、需求偏好和需求结构也不断发生变化。尽管这些变化不会改变贸易理论中的基本结论，但是会改变国际贸易的规模、结构和方向。一国在某些方面的竞争优势不是永久的，国际贸易的增长本身又影响生产要素的供给、技术的传播及需求的变化。国际贸易和经济增长之间是相互促进的关系。本章我们对这些问题进行考察。

第一节 生产要素的增长与国际贸易

一、生产要素增长的类型与生产可能性曲线

随着社会的发展，各国生产要素的规模和结构不断发生变化。劳动力会根据人口自然增长规律发生增减变动，资本会随着一国经济的发展和增长而积累，可利用的土地会因开发或侵蚀而增减，技术也会随时间的推移而积累和传播。这些变化都会导致生产要素供给的变化，这不仅影响产出量，还会改变投入—产出的关系，从而使生产可能性曲线和供给曲线发生移动，并对国际贸易产生影响。

生产要素增长有三种基本类型：生产要素等比例增长（Balanced Growth）、出口偏向型要素增长（Export-biased Growth）以及进口偏向型要素增长（Import-biased Growth）。任何一种要素增长都会使生产可能性曲线向外扩展，如图 6.1 所示，X 代表劳动密集型产品，Y 代表资本密集型产品。生产要素等比例增长是生产要素增长的一种特殊情形，是指一国不改变要素相对丰裕度或比例的生产要素增长，这种类型的增长用生产可能性曲线来衡量，表现为该曲线平行地向远离原点的方向移动，两条生产可能性曲线各点的斜率相等，如图 6.1(a) 所示。出口偏向型的生产要素增长是指一国出口品密集使用的生产要素的增长超过了进口品密集使用的生产要素的增长。如果该国是劳动力丰裕的国家，该国的生产可能性将由图 6.1(b) 中的 PPF 扩展为 PPF'，进口偏向型要素增长是指在进口竞争部门密集使用的生产要素的增长速度超过了出口部门密集使用的生产要素的增长速度，该国的生产可能性曲线将由图 6.1(b) 中的 PPF 扩展为 PPF''。

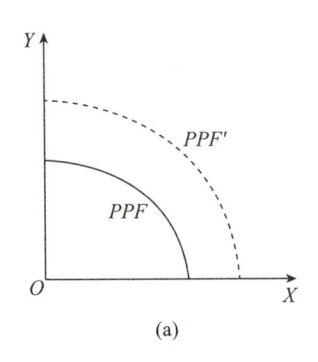

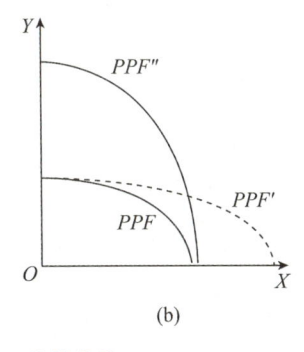

图 6.1　要素增长与生产可能性曲线
(a)两种要素同等程度增长；(b)单一要素增长

二、小国要素增长对国际贸易的影响

假设我们分析的国家是一个贸易小国，也就是说该国的贸易量只占世界市场很小的一部分，不管该国的进出口数量如何变化，都不会影响世界价格，即我们在分析中假定世界市场两种商品的相对价格固定不变，下面分别讨论生产要素等比例增长、出口偏向型要素增长以及进口偏向型要素增长对国际贸易的影响。

(一)生产要素等比例增长的贸易效应

我们通过图 6.2 来分析生产要素等比例增长的情况。

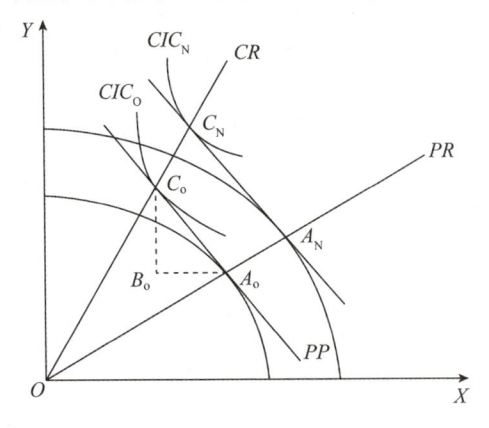

图 6.2　要素等比例增长条件下生产和消费的格局

在图 6.2 中，该国经济增长之前的生产均衡点为 A_o，消费均衡点为 C_o，PP 曲线是 X、Y 两种商品的国际市场相对价格。在这一价格水平中，该国出口 A_oB_o 单位的 X，进口 B_oC_o 单位的 Y。PR 曲线从原点引出穿过点 A_o，PR 曲线的斜率代表该国两种产品最初的生产比例。同样，CR 曲线的斜率表示在经济增长前该国两种产品的消费比例。

生产要素的等比例增长使生产可能性曲线均匀地向外扩张，在国际相对价格不变的情况下，新的生产均衡点仍然会在 PR 曲线上，如图中 A_N 点。之所以发生这种情况，是因为在世界市场价格不变的条件下，投入与产出的价格都会保持不变。要素投入价格不变意味着经济增长后两个产业仍然保持原来的资本与劳动的投入比例。如果两个产业的产出要保持同比例的增长,要素的供给就必须完全按经济增长前的方式在两个产业间进行分配。当新的资本和劳动力的比率等同于原来的资本和劳动力的比率时,两种产品的产量就会同比例增加。

经济的增长会带来收入水平的提高,进而导致消费的扩张。消费需求的增长与收入之间存在密切关系,它们之间的关系可以用 X 和 Y 需求的收入弹性 η_X、η_Y 来衡量。

如果消费均衡点沿着 CR 曲线移动,即两种产品的消费同比例增长,两种产品的收入弹性就必须相等,也就是 $\eta_X = \eta_Y$。此外,两种产品的消费百分比变化应当等于收入的百分比变化。如果消费的扩张具有这种性质,我们就称消费扩张的贸易效应是中性的。为了便于分析,在本章中我们假设在发生经济增长时,消费扩张的贸易效应都是中性的。

在这样的假设条件下,当经济增长后,新的生产点和消费点将沿着 PR 和 CR 曲线向外等比例移动,分别到达 A_N 和 C_N 点,即该国继续以原来的比率生产和消费 X 和 Y 两种产品。在这种情况下,该国的进出口都将以生产增长的同样比例增加。由此可以看出,该国经济的各个方面都以同样的比例扩张时,该国国际贸易进出口的格局不变。

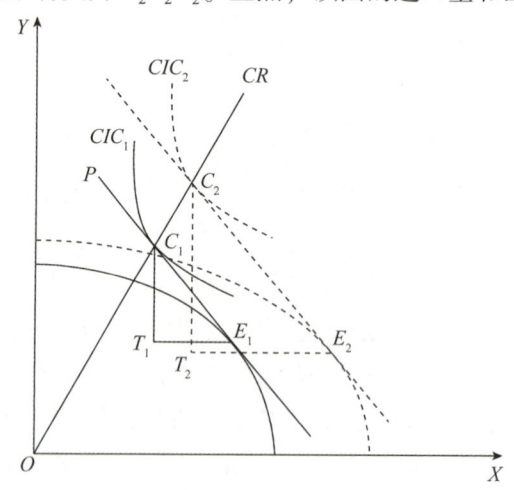

(二) 出口偏向型要素增长与国际贸易

下面用同样的方法考察其他类型的要素增长与国际贸易之间的关系。我们首先分析出口偏向型要素增长对国际贸易产生的影响。假设我们讨论的国家属于劳动相对丰裕的国家,该国出口劳动密集型产品 X,进口资本密集型产品 Y。

假设该国发生出口偏向型要素增长,即该国的劳动力要素的供给增长大大高于资本要素供给的增长,这种增长使生产可能性曲线更多地朝 X 轴外方向扩展。如图 6.3 所示,在发生增长前,该国生产和消费的均衡点分别为 E_1 点和 C_1 点,三角形 $E_1T_1C_1$ 为该国的贸易三角形。发生出口偏向型要素增长后,该国生产的均衡点变为 E_2 点,出口产品 X 的产量增加,同时进口产品 Y 产量下降。我们仍假定消费的增长是中性的,新的消费均衡点为 C_2 点,该国的贸易三角形将变为 $E_2T_2C_2$。显然,该国的进口量和出口量增加了。

图 6.3 出口偏向型要素增长与国际贸易

由此可知,出口偏向型经济增长导致该国比经济增长前生产更多的出口品 X 和较少的进口品 Y。在该国居民对两种产品消费比例不变的情况下,该国的出口与进口都将相应扩大。由此可以得出一个结论，当一国经济的增长来自生产出口产品所密集使用的要素增加时，其出口产品产量相对于进口产品产量增加，这种类型的增长被称为顺贸易的偏向型增长。偏向出口的生产要素的增长可以带动该国国际贸易量的整体增长。

(三) 进口偏向型要素增长与国际贸易

在一个经济体中，偏向出口的生产要素的增长会带来国际贸易的增长，那么该国也可能出现偏向进口产品的生产要素增长，也就是说该国最初相对稀缺的要素供给增加。假设该国发生进口偏向型要素增长，即该国资本要素的供给增长大大高于劳动力要素供给的增长，这种增长使生产可能性曲线更多地朝 Y 轴外方向扩展。如图 6.4 所示，在发生增长前，该国生产和消费的均衡点分别为 E_1 点和 C_1 点，三角形 $E_1T_1C_1$ 为该国的贸易三角形。发生进口偏向型要素增长后，该国生产的均衡点变为 E_2 点，进口产品 Y 的产量增加，同时出口产品 X 产量下降。我们仍假定消费增长的贸易效应是中性的，新的消费均衡点为 C_2 点，该国的贸易三角形将变为 $E_2T_2C_2$。显然，该国的进口量和出口量都缩小了。

由此可见，如果该国的经济增长是由于生产进口产品密集使用的生产要素的增长，就会发生进口产品产量相对于出口产品产量的增长，从而导致该国国际贸易量的下降。这种类型的经济增长又称为逆贸易的偏向型增长。

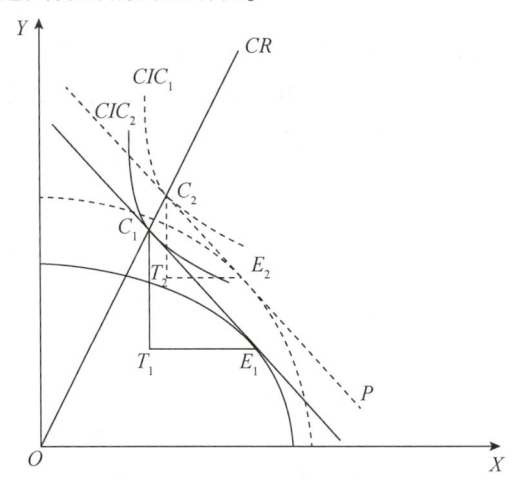

图 6.4　进口偏向型要素增长与国际贸易

如果该国的经济增长在一段时间内保持如此的发展态势，则该国生产产品的组合将越来越接近它的消费产品组合，即生产的均衡点逐渐向 CR 曲线移动，结果是国际贸易在该国经济增长中的重要性会逐渐下降，并有可能逐渐走向封闭。

三、大国要素增长的贸易效应与贫困化增长

在前文模型分析中，一个前提条件是所讨论的国家被严格地限定为世界市场价格的接受者，也就是通常所说的小国。如果所讨论的国家不是一个小国，而是一个大国，那么它的经济增长将通过国际贸易对国际市场价格产生重要的影响，同时还会因贸易条件的改变对本国的福利水平产生影响。下面我们将讨论大国要素增长的贸易效应和贫困化增长（Immiserizing Growth）问题。

(一) 大国要素增长的贸易效应

假设我们分析的国家是一个大国，在前文所分析的三种经济发展模式中，该国的经济增长将通过国际贸易发生怎样的影响呢？下面我们对此分别进行分析。

由于该国劳动力资源丰富，该国出口劳动密集型产品 X 并进口资本密集型产品 Y。在要素均衡增长的情况下，随着经济的增长，该国的出口量和进口量都会增长。世界市场上 X 商品供给的不断增加和该国对 Y 商品需求的不断增长将会对世界价格产生影响，也就是导致 X 对 Y 的相对价格下降。因此，在均衡的经济增长模式中，对于一个大国来说，由于出口商品对进口商品的相对价格下降，该国的贸易条件将恶化。

偏向型的经济增长模式也会对大国的贸易条件产生影响。在顺贸易的偏向型增长模式中，大国的贸易条件比均衡的经济增长模式更糟。在顺贸易经济增长情况下，由于 X 的生产和出口大幅度增加，它对世界市场上的供给量和从国际市场上购进 Y 的数量都超比例增长，结果是造成本国贸易条件的严重恶化。而在逆贸易的增长模式中，经济增长会给大国带来贸易条件的改善。由于一方面本国对进口产品的需求减少，而另一方面出口产品的产量下降，出口量减少，因而 X 与 Y 的相对价格提高，贸易条件得到改善。

(二) 贫困化增长

我们在前面分析生产要素增加对国际贸易的影响时，假定产品供应量的增加不会影响国际比价，实际上这意味着该国是一个小国，是国际价格的接受者，而不能影响国际市场的价格。但如果我们考虑的是一个大国，其产品产量在国际市场上占有一定份额，那么其产品供应量的增加必然影响国际市场价格。贫困化增长指这样一种情况：当一国偏向出口的生产要素增长导致密集使用该要素的产品出口增加时，该国的出口收入不但没有增加，反而减少了，造成这种情况的直接原因是贸易条件的恶化。由于我们在分析中假定参与国际贸易的只有两种产品，因此这里的贸易条件就是国际比价。

贸易条件的变化将对一个国家的福利水平产生一定的影响。当贸易条件保持不变时，经济的增长使价格曲线向外移动，因此该国的消费组合扩大，福利水平提高。但是对于大国来说，如果经济增长使贸易条件发生恶化，福利水平则可能下降。由此可见，经济增长对大国来说既有有利的一面，同时也有可能使该国的福利水平下降，即产生所谓的贫困化增长。

巴戈瓦迪最早分析了经济增长可能给大国带来的贫困化增长情形。图6.5是对贫困化增长的图形分析，显示某大国在自由贸易条件下最初的生产和消费均衡点在 E_1 和 C_1。该国的社会福利曲线用社会无差异曲线 CIC_1 表示，世界价格用 P_1 表示。假设该国的经济增长属于偏向出口的生产要素增长，即顺贸易的偏向型增长。经济增长使生产可能性曲线沿着 X 轴方向以更大的幅度向外移动。X 产品产量的大幅度增长使该国对外贸易的愿望增长，而世界其他地区对该产品的消费相对来说缺乏弹性。在这样的情况下，X 产品的世界市场价格必然大幅度下降，即从 P_1 下降到 P_2，而该国的生产均衡点最终移至 E_2，消费均衡点移动到 C_2，社会福利曲线下降到 CIC_2。社会福利水平的下降是贸易条件恶化带来的结果。可见，由于贸易条件的恶化，该国的福利水平甚至低于经济增长之前的水平。

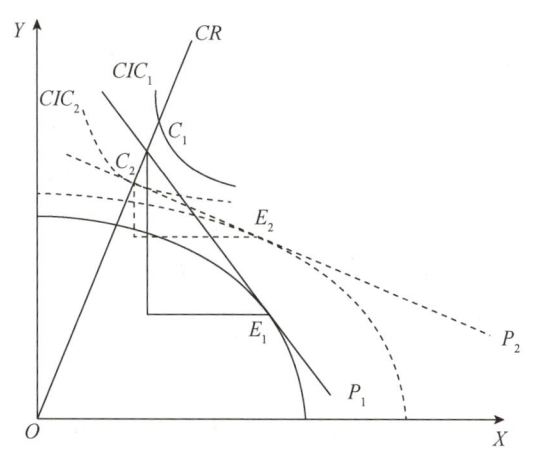

图 6.5　贫困化增长

从上述分析可以看出，贫困化增长的发生是有条件的，发生贫困化增长的条件有以下 3 个。

(1) 发生贫困化增长的国家必须是一个大国，即该国产品供给的变化将对世界价格产生影响。

(2) 要素增长的类型是出口偏向型，即该国相对丰裕的要素增长。

(3) 国际市场上对该国出口品的需求非常缺乏弹性，即出口量的增加将以该产品相对价格的大幅下降为代价，从而导致以进口商品表示的出口收入大幅减少。

只有满足上述 3 个条件，贫困化增长才可能发生。

总之，出口贫困化增长是发展中国家在经济发展的过程中可能出现的一种情况，并不是一种普遍现象，大多存在于发展中国家经济发展的一定阶段，而非经济发展的必然产物。但我们仍要注意，某些产品生产的增长不一定对一国总收入的增长有积极作用，相反它有可能有消极作用。作为一个大国，政府不会希望看到由于出口增长而导致本国福利水平下降的情况，因此会利用其在国际市场上的影响力，通过政策措施阻止该情况的发生。例如当出口价格下降时，政府可以提高出口关税抑制出口，所征得的关税通过再分配的方式为社会服务等。

专栏 6-1

我国对外贸易中的比较优势陷阱

比较优势陷阱是发展中国家没有认清当前国际贸易形势及自身地位，盲目大力发展自认为具有优势的产业，生产出的产品在国际市场上不具备竞争力，从而造成对本国经济贸易的打击，最终出现贫困化增长和优势变劣势的陷阱结果。2010 年，我国货物进出口贸易总额达 29 740 万亿美元(数据来源：中国经济统计年鉴，2011)，跃居世界第二。其中，加工贸易占贸易方式的半壁江山。然而，由于缺乏品牌价值和创新内涵，加工贸易的附加值较低，降低了我国贸易整体竞争力。这表明长期以来，我国在对外贸易中片面崇拜比较优势理论，在国际分工中过于偏重劳动密集型产品，这虽然能获得些许利益，但在长期贸易中会面临贸易结构不稳定的问题，陷入落后于人的比较优势陷阱。这一陷阱以两种方式出现：一是我国由于长期在国际分工中处于低附加值环节，贸易利润下降，缺乏改善贸易结构的物质基础，并形成对劳动密集型产品生产路径的依赖；二是我国在发展高新技术产业贸易时过于依赖发达国家的技术引进，进而缺乏创新能力，以至于长期陷于技术跟进状态。我国作为发展中国家，应及时调整和规划自己的产业，积极维护自身的产品竞争力，走出比较优势陷阱。

资料来源：姜铮. 我国对外贸易陷入比较优势陷阱及对策分析[J]. 云南财经学院学报(社会科学版), 2008(1): 27-29. 编者有整理.

第二节 技术转移与国际贸易

一、技术差距理论

美国学者波斯纳(M. Posner)在1961年提出了技术差距理论，这一理论认为，国与国之间存在的技术差距是解释某类贸易发生的原因。大部分新产品总是在发达国家诞生，其他国家由于技术差距，要等一段时间后才能进行模仿生产，但需求会先于模仿产品而诞生。由于供给和需求之间的时间差距，在这一段时间内便存在贸易的机会与可能。波斯纳以美国为创新国进行分析，他认为，美国作为世界上技术最先进的国家，出口大量的高新技术产品。可是，随着外国厂商逐渐获得这些新技术，最终他们也能出口该产品，甚至利用其廉价的劳动力成本将该产品出口到美国市场。与此同时，美国可能利用其雄厚的资本和强大的研究开发力量开发出更新的产品和生产过程，从而形成新的技术差距，并以此为基础出口该产品。

如图6.6所示，创新国在t_0点开始生产并消费新产品，t_1点时模仿国的需求出现，从而开始进口，t_2点模仿国开始生产，进口减少，创新国出口开始下降。当到t_3时，模仿国达到完全自给自足，t_3之后模仿国开始出口。按照波斯纳的观点，$t_0 \sim t_1$这一段时间为模仿国的需求滞后期，其时间长短取决于收入及模仿国消费者对新产品的认识和了解过程；$t_1 \sim t_2$为反应滞后期，它是指模仿国厂商在进口冲击下进行自我调整，生产出新产品时间的长短取决于模仿国的许多因素，如规模经济、产品价格、收入水平、运输成本、需求弹性、市场大小和关税等；$t_2 \sim t_3$为掌握滞后，其长短取决于模仿国取得技术的渠道及消化吸收技术的能力等。$t_0 \sim t_3$为模仿滞后，$t_1 \sim t_3$期间两国发生的贸易是由技术差距造成的。t_3之后，模仿国就会出现以低成本为基础的出口，即在该点之后技术差距消失，生产成本的差距将成为贸易发生的主要原因。

技术差距理论与以往贸易理论的最大不同点在于，它在解释贸易发生的原因时包含了动态发展的趋势。然而，技术差距理论也存在根本的缺陷，它没有说明技术差距的大小，也没有探明技术差距形成的原因，从而也就没有解释技术差距怎样随着时间的推移而消失。因此，技术差距模型还是一个比较粗浅的模型。

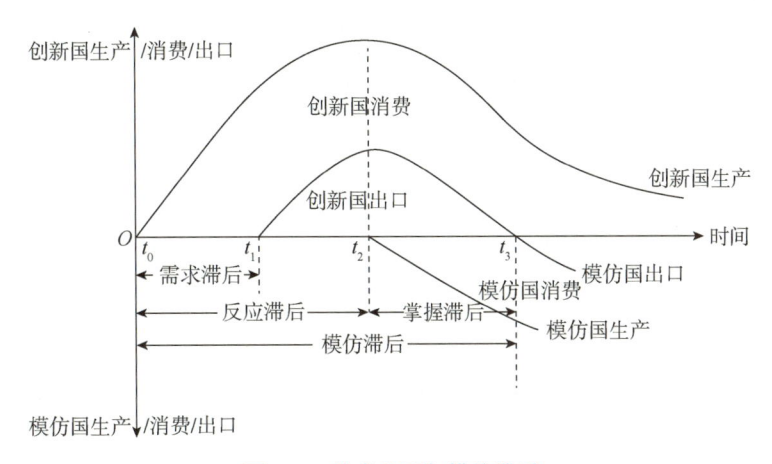

图 6.6　技术差距与模仿滞后

二、产品生命周期理论

1966 年，另一位有重要影响的美国经济学家雷蒙德·弗农（Raymond Vernon）发表了《国际投资和产品生命周期中的国际贸易》一文，对技术差距理论进行了总结和扩展，提出了产品生命周期理论，这是"二战"后最有影响的国际贸易理论之一。该理论侧重从技术创新、技术进步和技术传播的角度分析国际贸易产生的基础。这一学说不仅对国际贸易，而且对国际经济其他领域，如国际投资等也产生了巨大的影响。当一种新产品被引进时，它通常需要高度熟练的劳动力来生产，随着产品逐渐成熟并且获得广泛认可，它就变得标准化了，然后可以使用不熟练的劳动力和大规模生产技术生产该产品，原先生产该产品的发达国家所拥有的比较优势就转移到拥有廉价劳动力的不发达国家，这一过程一般都伴随着发达国家向拥有廉价劳动力国家的直接投资。

弗农指出，对许多产品而言，比较优势可以随着时间的推移从一国向另一国转移，其原因就在于这些产品都要经历产品的既定生命周期，这个周期一共分为四个阶段：第一阶段为产品的开发研制阶段，产品要经历市场的检验，在此期间需要进行大量的产品创新和试验，这个阶段一般多发生在如美国这样的发达国家。因为创新国拥有新产品的技术，所以在产品的生产和市场上具有垄断优势。第二阶段为产品模仿阶段，一般需要大量的资金投入，因此多发生在其他发达国家。由于模仿国在资金和劳动力成本方面的优势，创新国的竞争力开始下降，市场份额和出口开始下降。第三阶段模仿国开始向第三国出口该产品，由于成本低而最终取代了创新国在第三国的市场。与此同时，由于该产品的比较优势取决于劳动力成本，因此发展中国家也开始生产制造该产品。第四阶段，模仿国生产的该产品进入创新国，创新国从出口国转变为进口国。产品生命周期理论所阐述的比较优势在于，创新国在产品的早期阶段拥有比较优势，然而随着产品销往世界各地，生产越来越标准化，模仿国的企业如果在大规模生产上具有低成本的优势，它们便可凭着较低的成本获得比较优势，因而使比较优势从创新国转移到制造成本更低的国家。产品生命周期理论也隐含着一种产品在产品生命周期的不同阶段，要素密集度也在发生变化：第一阶段要求大量研发费用的投入，第二阶段要求大量资金的投入，而第三阶段则是劳动密集型阶段。产品生命周期与贸易方向变动如图 6.7 所示。

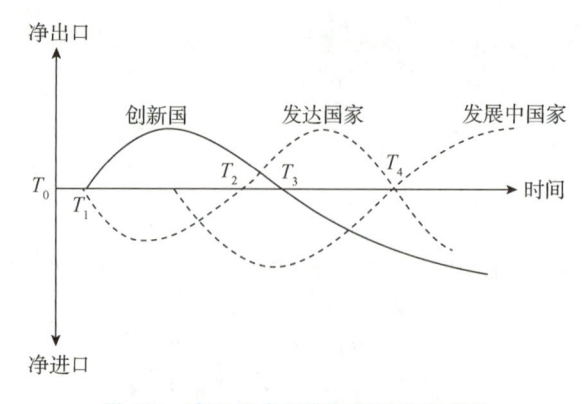

图 6.7　产品生命周期与贸易方向变动

T_0 为创新国开始生产和消费某种新产品，T_1 点为创新国生产超过本国的需求开始出口该产品，达到高峰之后出口开始下降，直到 T_3 后创新国由该产品的出口国开始变成净进口国。发达国家(模仿国)在 T_1 时开始进口消费该产品，并进而模仿生产该产品，随着其他发达国家进口的减少，创新国的出口也相应下降，在 T_2 时发达国家生产达到自给自足并停止进口该产品，进而成为该产品的出口国。随着发展中国家开始进口该产品并模仿生产，其他发达国家出口也开始下降，到 T_4 之后其他发达国家的出口被发展中国家取代，劳动力成本有比较优势的发展中国家成为该产品的净出口国。

产品生命周期理论将产品生命周期与国际贸易相结合，使国际贸易中的比较利益从静态发展到动态。然而，产品生命周期理论在具体实践中有它的局限性，因为它可以解释某些产品的发生、发展和成熟的过程，但在有些情况下又不符合实情。例如，彩电是最早在美国研制成功，美国在早期生产和出口彩电。但是随着彩电的不断推广，彩电的生产转移到日本，后来是中国的台湾地区、韩国。但是，对于有些技术已经很成熟的产品，如飞机，产品生命周期理论则不适用。美国在飞机的生产研发上是始创国，但尽管飞机的生产技术已经比较成熟，美国仍然在生产飞机上具有比较优势。

尽管产品生命周期理论存在着上述的限制，但它仍然有积极的指导意义，如对发展中国家而言，可以在国际分工中找到自己的位置，并且通过发达国家的技术转移使自己的产业结构不断升级，日本、中国等一些国家都从这种技术的接力棒中受益。

专栏 6-2

从中国和欧美纺织品贸易争端看"产品生命周期理论"

2005 年 6 月 11 日，中欧双方就解决近期纺织品贸易争端最终达成协议，避免了双边贸易摩擦的进一步升级。但美国"夕阳产业"的代表组织美国纺织业制造商协会认为，在美中两国解决纺织品贸易问题之前，它们会不断要求政府对更多中国进口纺织品设限。截至 8 月 31 日晚，由于中美在纺织品纠纷问题上的立场分歧依然很大，被外界寄予厚望的中美第四轮北京磋商无果而终。

众所周知，纺织业是一个劳动密集型产业，在发达国家是"夕阳产业"。但总体而言，纺织业是欧盟和美国的传统优势产业之一。在 20 世纪的绝大部分时间里，欧盟和美国无论是在纺织品的生产和贸易上，还是在技术和工艺的创新上都处于世界领先地位。但纺织业又是一个劳动密集型产业，欧美的劳动力成本高，已丧失了价格成本的竞争优势，根据产品生命周期理论，发达国家应该将该产业转移到发展中国家以获得比较优势。但是，欧盟和美国的纺织业仍然存在，是一个强势的"夕阳产业"，而且还常常就此和中国展开贸易战，大有重新将该产业转回之势，这就与产品生命周期理论的"产品第三阶段理论"相矛盾了。仔细想想，弗农的产品生命周期理论的"第三阶段理论"除了包括"众厂商相对而言是竞争的，不是寡占或垄断的"这个假设外，还应包括这样的条件：

(1)发达国家在"原来产业"的衰退阶段，已经开始了新产品的研制和投产，并且必须和"夕阳产业"的生产时间继起，空间并存，也就是说产业结构调整已经完成。(注意："夕阳产业"是"原来产业"转移一部分后所剩下的部分)。

(2)发达国家新产品所创造的新的市场需求，和剩余的夕阳产品所创造的剩余市场需求之和必须大于"原来产品"所创造的市场需求，否则发达国家会吃亏。

在混合经济的今天，夕阳产业的转移必须考虑政府的因素。如果这三个条件不同时具备，在产品的衰退阶段，发达国家的产业不会轻易转移出去，发达国家的跨国企业转移产业不仅考虑成本，也考虑了以上列出的三个条件。这就能够很好地解释中国和欧美纺织品贸易的争端，与产品生命周期理论并不矛盾。

目前，纺织业产值约占欧盟工业总产值的4%，欧盟仍是世界第二大纺织品和服装出口国。因此，纺织业和服装业一直是欧盟重要的工业部门。此外，在混合经济的时代，国家对经济实行宏观调整，而充分就业政策是政府宏观经济调控的头等大事。劳动密集型产业能够大规模吸纳就业人员，所以发达国家不肯轻易放弃这个重要的"夕阳产业"。

因此，产品生命周期理论有它存在的条件，中国和欧美的纺织品贸易争端是一个正常的经济现象，用产品生命周期理论可以对它进行解释。可以想象，只要"夕阳产业"市场需求大且能吸纳大量劳动力，发达国家不会轻易放弃，他们必然会寻求政府去弥补其成本和价格上的劣势。我们要加快进行产业结构的调整，优化出口商品结构，这才是长远发展之道。

资料来源：张乐才．中国和欧美纺织品贸易争端与"产品生命周期理论"的联系[J]．科技创业月刊，2005(12)：104-105．

三、雁形模式

日本经济学家赤松要于1956年根据产品生命周期理论，提出了产业发展的雁形模式。他首先对日本棉纺工业的发展进行了考察。日本在明治初年(即19世纪60年代末到70年代初)，现代化的棉纺工业尚未发展起来，因此，日本向西方开放门户，出现了西方棉纺产品大量涌入日本市场的情况。西方棉纺产品的涌入，迅速开拓了日本纺织品的市场，并使这一市场不断扩大。纺织产品市场的形成，为日本国内棉纺工业的发展准备了市场条件。这时，近代技术和低工资成本相结合的日本棉纺工业应运而生，且规模不断壮大。当日本的棉纺工业的规模达到了一定程度，规模经济得到了充分利用时，必然会使生产成本大大下降。由于后起国具有低工资优势，日本的棉纺产品获得了价格上的国际竞争力，这就迎来了棉纺产品出口的新局面,国际市场的开拓使棉纺工业得到进一步的发展。日本棉纺工业的发展历程在时间上就像三只飞翔的大雁,因此赤松要将这一过程形象地称为产业发展的雁形模式,第一只大雁为进口浪潮,第二只大雁为国内生产浪潮,第三只大雁就是出口浪潮。

后来,许多学者发现,日本的许多产业也存在雁形形态的成长历程,如"二战"后的汽车、电子计算机、集成电路、静电式复印机、轧钢机械等。一些学者又把雁形模式用来解释后进国家实现工业化、重工业化和高附加价值化的发展过程。他们强调生产要素的流动,特别是引进成熟技术对国内产业优势和贸易优势建立的重要作用,提倡按世界贸易结构发展的趋势以及产业之间比较成本变化速度的差异,从国外引进或移植技术和产业,建立新的比较成本优势。

1987年,日本学者阿部用雁形模式解释亚太地区处于不同经济发展阶段的国家经济赶超的过程,一些学者将东亚地区处于不同经济发展阶段的国家之间所形成的阶梯型产业间或产业内分工概括为"东亚模式"。1997年7月开始的东南亚乃至东亚的金融危机,引起了学者们对东亚模式的重新思考。

第三节 需求变动与国际贸易

本章前两节主要介绍了供给变动对国际贸易的影响,随着经济的发展,不仅各国的供给会发生变动,需求也会发生变动。需求变动的基本原因是消费者收入水平的变动。这一节我们主要介绍需求变动对国际贸易的影响。

一、恩格尔定律与国际贸易

恩格尔定律(Engle's Law)是19世纪中期德国统计学家恩斯特·恩格尔(Ernst Engel)提出的,用来描述家庭收入变化与食物消费支出之间变动关系的规律,即随着消费者收入的不断增加,消费者在食物上的开支占其收入的比例越来越小。对一个国家来说也是这样,经济发展水平越高的国家,居民食物消费支出占其国民收入的比例越小。

在考察一个国家的富裕程度时,可按照恩格尔定律,计算出该国居民食物支出金额在总支出金额中所占的比例。该比例称为恩格尔系数,即恩格尔系数=食物支出金额/总支出金额。一个国家的恩格尔系数越大,说明该国越贫穷,一个国家的恩格尔系数越小,说明该国越富裕。

当一国或食物进口国的收入水平提高时,对食物的需求不会与收入同比例增长,而是增长得比较慢,甚至不增长。这是因为,食物的需求收入弹性比较低。需求收入弹性是收入每增加1%,该商品需求变动的百分数。而人们对奢侈品(如冰箱、彩电、汽车)的需求收入弹性则比较大,随着人们收入的不断增加,耐用消费品,即奢侈品成为人们购买的对象,对这类商品购买量的增加往往大于收入的增加。

因此,恩格尔定律对国际贸易的变动具有重要意义。生产食物和生产奢侈品的国家在国际市场上所面临的需求条件是不同的。当人均收入随经济增长而增加时,需求的变动将越来越不利于需求弹性较低的商品,特别是不利于初级产品生产者。而收入水平越高,人

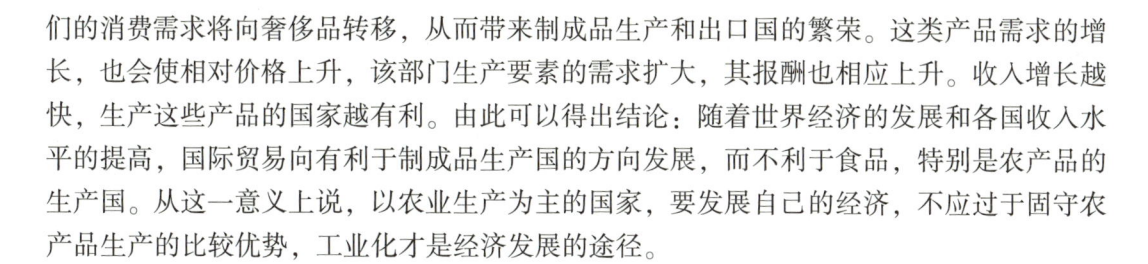

们的消费需求将向奢侈品转移，从而带来制成品生产和出口国的繁荣。这类产品需求的增长，也会使相对价格上升，该部门生产要素的需求扩大，其报酬也相应上升。收入增长越快，生产这些产品的国家越有利。由此可以得出结论：随着世界经济的发展和各国收入水平的提高，国际贸易向有利于制成品生产国的方向发展，而不利于食品，特别是农产品的生产国。从这一意义上说，以农业生产为主的国家，要发展自己的经济，不应过于固守农产品生产的比较优势，工业化才是经济发展的途径。

二、示范效应与国际贸易

人们的消费水平不仅受自身收入水平的限制，也受周围与自己收入水平相近或相同的人群消费模式的影响。对个人如此，对一个国家也是这样。示范效应是指，收入水平较高国家的消费模式及其演变，对收入水平较低国家消费模式的升级具有示范作用。

从国际贸易的角度看，这种消费模式的示范效应对发达国家或收入水平较高国家的产品出口十分有利，具体表现在两个方面：一方面，发达国家生产的耐用消费品等产品在满足国内需求后，一部分产品可能被发展中国家或收入水平处在上升阶段的国家所吸收。另一方面，发展中国家对发达国家国内已经饱和，甚至处于衰落期的产品形成源源不断的需求。因此，发达国家的厂商既可以从本国逐步变化的消费模式中获利，也可以从发展中国家仿效发达国家消费模式中获利。

从国际贸易的角度看，消费模式的示范效应对发展中国家的影响是多方面的，总的来说，这种示范效应对发展中国家的经济发展十分不利，它使发展中国家的同类产业难以发展。这是因为：

(1) 发展中国家在消费模式上追随或模仿发达国家，导致发展中国家对高层次消费品的需求不是建立在本国相应产业发展的基础上。

(2) 发展中国家的厂商在追随本国代表性需求变化时，一开始就面临着来自发达国家的强有力的竞争。一般而言，这些产品多是容易产生规模经济效果的产品。当发展中国家的厂商开始进行本国的产品生产时，他们所面临的是发达国家已经达到规模经济程度的同类企业的竞争。

(3) 示范效应对收入分配状况比较平均的发展中国家更加不利。收入分配平均意味着，该国大多数居民的收入水平相同或接近。在示范效应的作用下，各个家庭消费模式转变或升级的时间大体相同，因而在短期内，该国对某些进口产品形成大规模需求，这种需求刺激了国内生产的欲望。然而，一旦国内生产发展起来了，厂商就发现国内的需求下降了。因为在国内需求逐步增长的阶段，这种需求是由进口品来满足的，当本国的同类产品生产发展起来之后，第一轮的生产需求已经开始饱和，而第二轮的更新还需要相当长的一段时间。而国内厂商的生产规模已经比较大，因而需要市场推动和巩固规模经济效果，但受到市场的打击，国内厂商不得不减少生产量和缩小规模。当他们适应了较小的需求规模时，消费者更新产品的第二轮大规模需求又开始了，厂商又急于增加产品的生产。加之技术与管理的差距，国产商品难以与进口商品相竞争。越是如此，消费者越是趋向于购买进口商品，从而形成了比较高的进口倾向，结果本国的同类工业难以发展。这就要求发展中国家要建立良好的分配制度，为经济发展创造条件。

专栏 6-3

非洲的"米图巴"市场

非洲一些国家，如坦桑尼亚、乌干达和肯尼亚等地称旧服装市场为"米图巴"（Mitumba）市场（斯瓦希里语"米图巴"本意为"旧的"和"二手的"，现在成了当地人对进口旧服装的通称）。

这些国家的旧服装市场规模不一，但都拥挤不堪，成排的简易摊位首尾相连。每个摊位从上到下挂满了"米图巴"，从T恤、牛仔裤到高档西服、风格独特的流行时装，应有尽有。看看旧衣服的品牌，尤其是T恤上印的英文，都显示出它们是一些发达国家居民淘汰的旧货。

那么，来自哪个国家的"米图巴"最便宜？——美国。

美国旧衣服最便宜的原因不言自明——数量太大。来自美国的女式服装较男式服装更为便宜。这似乎也合乎常识：美国女人丢弃的服装比男人丢弃的服装多。尽管还没有具体的数据，但从非洲的"米图巴"市场来看，美国应该是世界上出口旧服装最多的国家。

美国人平均每年丢弃的衣服多达25万吨，多数是他们每年捐给"救世军"和教会的旧衣服。美国的"救世军"是一个收集捐赠旧物帮助穷人的慈善机构。他们收来的旧货种类繁多，从便宜的旧衣服到旧汽车都有。每年圣诞购物期间，"救世军"还派人扮成圣诞老人，站在各商场门外摇铃募捐。"救世军"收来的旧物要么直接出售，要么赠送给需要的人，当然，销售所得也必须用于慈善事业。募集到的旧衣服很大一部分卖给了一些专门分拣旧服装的公司，位于纽约市布鲁克林区的跨美贸易公司是一家专门从事分拣旧服装并出口到非洲的公司。公司的网页介绍说，该公司的95名员工每年要在7 000多平方米的厂房里分拣5 400多吨的旧衣服。工人们将流水线传送过来的旧衣服按类别扔进不同的长方形大箱。他们分拣的类别多达400余项。有些服装只能用作工业抹布和室内装潢的填充材料，有些却有可能成为价格数百甚至数千美元的收藏品。不过，这样的收藏品与古玩一样，只有经验丰富的人才能慧眼识珠。分拣后的旧衣物会被打成大包，然后在外包装上印上"美国制造"的标签。经过这一系列的工序后，它们就可以漂洋过海，在坦桑尼亚等贫穷国家找到新的"用武之地"。

资料来源：钟步. 贸易新思维：美国向非洲"出口"服装[J]. 华盛顿观察, 2005.

第四节 国际贸易对经济增长的影响

以上我们分析了经济增长对国际贸易的影响，各国参与国际贸易的动机是获得贸易利益，促进其经济的发展，因此国际贸易对一国的经济增长也具有非常重要的影响。

在亚当·斯密和大卫·李嘉图等古典经济学家看来，贸易带来进步和发展是自然的事，就如同人们需要呼吸空气一样自然。经济学家穆勒认为，贸易对于经济的影响除静态的增加福利之外，还应该强调它的动态影响。而古典经济学派之所以没有进行这种考察，是因为他们认为一个国家依据其比较优势进行贸易和促进其经济发展是没有矛盾的，是一致的。穆勒认为，从动态的观点来看，各国根据比较优势发展国际贸易，可以更加有效地使用世界的生产力。一个国家为比自己国内市场更大的市场提供产品，可以促进更大范围内的劳动分工，使机器更加有效地利用，可以更好地发明创造和改进生产过程。对外贸易的发展也可以克服一个国家市场较小的缺点。穆勒将贸易对经济发展的动态影响概括为以下三个方面：其一，扩大了市场范围，引起了更大范围内的劳动分工，提高了劳动生产率；其二，引进了外国的技术，提高了劳动生产率，增加了资本的积累；其三，培养了新的思想和新的消费偏好，促进经济"知识率"的提高。总之，国际贸易能改变现存的生产能力，提高生产发展的能力。较大规模的贸易还会为生产和发展提供较大的推动潜力。

另一位经济学家 W. 马克思·科尔登（W. Max Corden）在《贸易对于经济增长率的影响》一书中，阐述了一个国家开展对外贸易对于经济发展的五方面的影响：

(1) 最直接的影响是实际收入的增长。

(2) 产生资本积累的影响，它是实际收入增长的部分用于投资的结果，而这一部分投资，在当前或将来会转化为实际收入。

(3) 可能替代进口商品，如果投资于消费产品，导致消费产品增长率提高，其相对价格下降，消费量增加，从而替代消费品进口。

(4) 收入分配的影响，贸易将使收入分配转向出口产品，使出口产品密集使用的生产要素的收入增加。它将对储蓄倾向产生影响。

(5) 对生产要素的影响，出口增长，出口产品投入的生产要素供应的增长会较快，出口增长率将增长得更快。

一些经济学家对出口贸易和进口贸易的影响进行了细分，分别考察了它们的不同影响。出口贸易的发展对经济增长的影响主要有：

(1) 出口的增长会使得出口商品的市场日益扩大，市场的扩大反过来促进生产规模的扩大，从而带来规模经济效益。

(2) 出口的扩大，不仅会促使出口产业的发展，而且会促进与出口产业相关联的一些产业的发展。例如，汽车出口的增长，会带动与汽车相关联的钢铁业、玻璃业、橡胶业、塑料业等产业的发展。

(3) 出口贸易的发展会带动基础设施和公用事业的发展，如交通运输、通信、供电、供水、金融、保险以及各种个人服务行业都会相应地发展。

(4) 出口贸易的增长能扩大就业，增加收入和资金的积累，促进投资的增长，从而带动整个经济的增长。

(5) 出口贸易的发展会增加外汇收入，为进口贸易的发展创造了条件。

进口贸易的发展对国内经济增长的影响主要有：

(1) 进口新的产品，带动消费者的消费偏好向这些新产品转移，随着国内对这些新产品的需求日益增长，为国内生产这些新产品提供了重要的条件。

(2) 进口新的技术、新的机械设备，推动国内生产技术的升级，形成新的生产能力，从而使国内生产力达到一个新的、较高的水平。

(3) 进口国内短缺的稀缺物资，在保证生产的正常发展、调整生产结构、促使经济均衡发展方面有重要作用。同时，在稳定物价和人民生活方面也有极其重要的作用。

综合哈伯勒及其他经济学家的观点，国际贸易可以对经济发展产生以下重要的积极影响：

(1)国际贸易是反垄断的有力武器，可以带来国际竞争的效益。进出口贸易的发展，将国内企业推向国际竞争中，使国内企业为在国际竞争中求生存、求发展，不断改进技术，改善经营管理，降低生产成本，提高产品质量，开发新产品。因此，竞争效益是经济增长的重要动力。

(2)贸易可以充分利用国内就业不足的资源。通过贸易，发展中国家能够将未充分利用的国内资源转到贸易上来，使在生产可能性曲线之内的低效率的生产点外移到生产可能性曲线之外。对这样的国家而言，贸易代表"剩余出口"。

(3)通过生产规模的扩大，贸易产生规模经济效果。

(4)国际贸易是新观念、新技术、新管理和其他技能的传播媒介，促进参与国家技术的升级。

(5)贸易也刺激了资本由发达国家向发展中国家流动。在国外直接投资的情况下，具有操作资本技能的个人经验就会连同外国资本一同进入发展中国家。

(6)在几个大的发展中国家(巴西、印度、中国等)，新工业产品的进口刺激了国内需求，并带动了国内生产这类产品。

认为国际贸易有害，对它持批评态度的论述也很多(在后面的章节我们会介绍一些关于贸易保护主义的理论)。但是一国如果真的认为贸易无益而有害，它完全可以拒绝贸易。但只要是严格自愿的，进行贸易必有所得。

本章小结

生产要素增长会对国际贸易产生影响，生产要素增长有三种基本类型，即生产要素等比例增长、出口偏向型要素增长和进口偏向型要素增长。生产要素等比例增长的国际贸易规模不变，出口偏向型要素增长会扩大国际贸易规模，进口偏向型要素增长会减少国际贸易量。贸易条件的变化对一个国家的福利水平会产生一定的影响。当贸易条件保持不变时，经济的增长使该国的消费组合扩大，福利水平提高。但对大国而言，如果经济增长使贸易条件发生恶化，福利水平则可能下降，经济增长对大国而言既有有利的一面，同时也有可能使该国的福利水平下降，即带来贫困化增长。

技术差距理论认为国与国之间存在的技术差距是解释某类贸易发生的原因。产品生命周期理论是"二战"后最有影响的国际贸易理论之一。该理论侧重从技术创新、技术进步和技术传播的角度来分析国际贸易产生的基础。该理论将产品生命周期与国际贸易相结合，使国际贸易中的比较利益从静态发展到动态。日本经济学家赤松要根据产品生命周期理论提出了产业发展的雁形模式，分析日本产业发展的历程。后来，日本学者阿部用雁形模式解释亚太地区处于不同经济发展阶段的国家经济赶超的过程，称为东亚模式。各国参与国际贸易的动机是获得贸易利益，促进其经济的发展，因此国际贸易对一国经济增长具有非常重要的影响。

复习思考题

1. 生产要素增长有哪几种类型？它们分别对应生产可能性曲线怎样的变化？
2. 对于贸易小国，出口偏向型要素增长与进口偏向型要素增长对一国贸易格局有怎样的影响？当发生这两种增长时，国际贸易对一国经济的重要性各有怎样的影响？
3. 对于一个贸易大国，生产要素增长对国际市场相对价格有怎样的影响？又是怎样影响该国贸易格局的？
4. 贫困化增长的含义及方式的条件是什么？中国有贫困化增长吗？一国政府可以通过哪些手段避免贫困化增长？
5. 请结合产品生命周期理论，简述我国在国际分工中的地位。
6. 发展出口贸易和进口贸易对我国经济增长分别有什么影响？

第七章　国际贸易政策：关税与非关税壁垒

贸易政策是各国政府基于本国某种利益对对外贸易活动所采取的干预措施。在前面国际贸易纯理论的分析中，我们已经了解自由贸易将给各贸易参加国带来经济利益，并促进整个世界福利的增长。但在现实的国际贸易中，各国为使本国尽可能获得更多的经济利益，且付出较小的代价，政府都要干预对外贸易，实施贸易保护政策，这些政策主要分为两大类，即关税壁垒和非关税壁垒。本章主要对这两类贸易政策的含义及其经济效应进行分析。

第一节　关税及其经济效应

关税是历史上最重要的一类贸易壁垒，长期以来，各国都把关税作为调节进出口的重要手段，尤其是在贸易保护主义盛行时期，通过降低关税、免税、退税来鼓励商品出口，通过税率的高低来调节进口。"二战"后，由于多边贸易体制的发展，各国的关税大幅度下降，但关税仍然被作为重要的限制商品进口的手段。

一、关税的含义及种类

（一）关税的基本概念

关税是一国政府从自身的经济利益出发，依据本国的海关法和海关税则，对通过其关境的进出口商品所征收的税。关税是设在关境上的国家行政管理机构（海关）征收的，海关是贯彻执行本国有关进出口政策、法令和规章的重要部门。

海关税是一个国家对进出口商品征税的规章和对进出口的应税商品和免税商品所作的系统分类，因此，海关税由课征关税的规章条例和关税税率表两部分构成，它是一个国家对外贸易政策和关税政策的具体体现，利用海关税可以达到保护本国经济和实行差别待遇的目的。

一般而言，一国的关境与国境一致，但当一国在国境内设立了自由港和免税的自由贸易区时,该国的关境小于国境;而当几个国家或地区组成关税同盟时,同盟内部各成员间进行自由贸易,对同盟外的国家或地区则征收统一的关税,此时关境大于国境。

(二)关税的种类

关税的种类繁多,按照不同的标准,主要可划分为以下几类。

1. 按照关税课征种类或进出口商品流向的不同,关税分为进口税、出口税和过境税等

(1)进口税是进口国海关在国外商品输入本国时对本国进口商所征收的关税。进口税是最主要的一种关税,也是执行关税保护职能的最重要工具。在实际操作中,进口税是最重要和最常见的,因此提到关税时往往是指进口税,后文的讨论都是针对进口税来分析。

依据征收目的的不同,进口税又分为以获得财政收入为目的的财政关税和以保护本国相关产业为目的的保护关税两种。现实中,对国内并不生产的进口商品征税,一般是为了获得财政收入,但对国内可生产的进口商品征税,在大多数情况下是为了保护国内企业。在15世纪至18世纪重商主义盛行时期,重商主义者第一次把关税作为一种限制国际贸易的工具,使关税具有保护关税的性质。直到现在,绝大多数国家大量使用关税作为削弱外来竞争的保护贸易措施,只有极少数发展中国家把关税作为财政收入的主要手段。

按照对进口商品的差别待遇,进口税又分为优惠关税与差别关税两类。优惠关税是指对受惠国以低于普通关税税率的标准征收关税,以示优待。优惠关税一般是互惠的,即签订优惠协定的双方互相给予优惠关税待遇,也有单向优惠关税。差别关税是一国对同一类进口商品,采取不同税率征收的关税。广义的差别关税是对所有进口商品,根据不同国别采用不同税率征收的关税。狭义的差别关税是仅对部分进口商品征收额外附加税,以阻止外国货物的输入以及作为歧视、报复他国的手段。

进口附加税是一类特别的进口税,是指一国海关对本国进口商在进口商品时除征收一般关税外,根据某种目的所加征的一种关税。根据针对的国家和商品的不同,进口附加税又可分为全面附加税和特别附加税两种。例如,美国为了应付国际收支危机,于1971年8月15日实行"新经济政策",对进口商品一律征收10%的进口附加税,就是属于全面附加税。特别附加税不针对所有商品,主要有反补贴税和反倾销税两种形式。

(2)出口税是出口国在本国商品输出时对本国出口商所征收的关税。一般各国为了鼓励出口,很少征收出口税。但有时为了限制、调控某些商品的过度、无序出口,特别是防止本国一些重要自然资源、原材料和关系国计民生的敏感商品的无序出口,一些国家尤其是发展中国家也会征收出口税。

(3)过境税是一国对通过其关境或领土运往另一国的外国货物所征收的关税。该税最早产生于欧洲并于中世纪普遍流行,最初各国征收过境税的主要目的是增加财政收入。"二战"后,随着国际贸易和国际货物运输的发展,大多数国家都已废止了过境税,此外,一些国际公约和协定都规定不准征收该税。《关贸总协定》第5条明确规定成员国对通过其领土的过境运输应免征过境税或有关过境的其他费用,但允许收取少量的行政管理费和提供有关服务的费用。

2. 依据关税的征收方法，关税分为从量税、从价税、选择税和复合税

从量税和从价税是一个国家或地区征收关税最基本的两种形式。

(1) 从量税是根据贸易商品的物理量征收的关税。在多数情况下，以商品的重量为计征标准。从量税的计算公式是：

$$从量税额 = 货物数量 \times 单位从量税$$

从量税较适合于标准化和原材料产品，在征从量税的情况下，当商品价格下跌时，关税的保护作用自然得到加强，反之，价格上升，保护作用自然减弱。"二战"前，资本主义国家普遍采用从量税的方法计征关税。战后，由于商品种类、规格日益繁杂和通货膨胀，大多数资本主义国家普遍采用从价税的征收方法。

(2) 从价税是根据贸易商品的价格征收的关税，其税率表现为货物价格的百分比。从价税的计算公式是：

$$从价税额 = 商品价值 \times 从价税率$$

从价税的特点是税额随商品价格升降而增减，所以其保护作用与价格密切相关。从价税税率明确，征收比较简单，税收负担比较公平，在税率不变时，税额随商品的价格上升而增加，既可增加财政收入，又可起到保护关税的作用。但比较复杂的问题是进口商品的完税价格如何确定，现在一般有三种确定方法，即到岸价格、离岸价格和海关估价作为征税标准。

(3) 选择税是根据商品的特征确定征收关税的从价标准和从量标准，然后选择其中一种方法课征。这种方法比较灵活，进口国可以根据进口商品的价格变动和国内经济情况的需要选择有利的课征方法。海关需要限制进口时，就选择税率较高的一种形式征税，需要鼓励进口时就选择税率较低的一种形式征税。

(4) 复合税是对某些贸易商品既征收一定比例的从价税，也征收一定比例的从量税。复合税的计算公式是：

$$复合税额 = 从量税额 + 从价税额$$

在具体征收时有两种情况：一种是以从量税为主，另外加征从价税；另一种是以从价税为主，另外加征从量税。

二、关税的经济效应分析

征收关税将产生一系列的经济效应，总体而言，征收关税与自由贸易的作用相反，将在各国间和各国内的不同利益集团之间进行收入的再分配。局部均衡分析是指在其他条件不变的情况下，只对某一产品的两个国家之间的贸易情况进行分析，分析一国征收进口税后各个国家及不同利益集团的得失。

(一) 价格效应

首先，假设国内进口替代品与进口品完全同质。一般而言，关税是自由贸易价格基础上的加价，征税后，国内市场该产品的价格会上升，但小国征税和大国征税价格上升的幅度不同。下面我们用图 7.1 和图 7.2 进行分析。

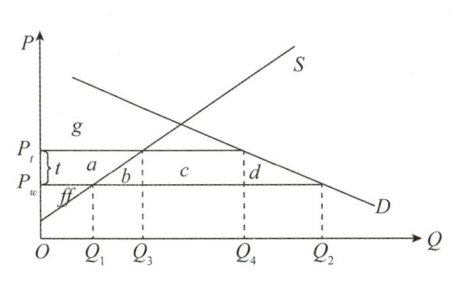

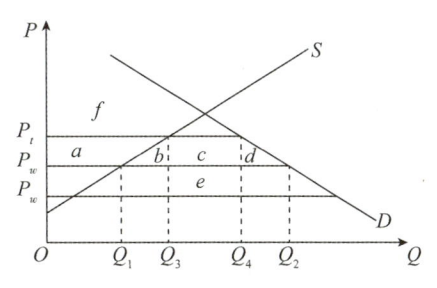

图 7.1 小国征收进口税的经济效应　　图 7.2 大国征收进口税的经济效应

在图 7.1 和图 7.2 中，横轴表示供求数量，纵轴表示价格，S、D 分别表示国内供给和需求曲线，P_w 表示自由贸易条件下的世界市场价格，P_t 表示征收关税后的国内市场价格。假设关税为从量税，t 表示对单位进口商品所征收的关税。在小国情形下，征收关税后国内价格是 $P_t = P_w + t$；在大国情形下，征收关税后国内价格是 $P_t = P'_w + t$。

当征税国是一个小国时，由于小国是价格接受者，征税后，国内市场价格上涨部分就等于所征收的关税，关税作为一种间接税，会加到商品的价格上去，最后全部由消费者承担。征税后国内市场的价格等于征税前的世界市场价格加上关税。在图 7.1 中，征税后价格由自由贸易下的价格 P_w 上升至征税后的价格 P_t，$P_t = P_w + t$。

当征税国是一个大国时，其对价格的影响表现在两个方面：一方面使得本国国内市场价格上升；另一方面，由于国内市场价格上升，国内需求减少，因而对进口品的需求减少，大国进口量的减少将带动世界市场价格的下降。在这种情况下，关税由国内消费者和国外出口商共同承担。征税后的国内市场价格等于征税前的世界市场价格加上关税。在图 7.2 中，征税后自由贸易的价格由 P_w 下降至 P'_w，国内市场价格上升至征税后的价格 P_t，$P_t = P'_w + t$。

（二）生产效应

征收关税导致国内市场价格上升，国内进口替代部门的生产厂商面对较高的价格，就会增加国内生产，无论征税国是小国还是大国，进口国生产者的福利水平都会提高，如图 7.1 和图 7.2 所示。

图 7.1 是小国征收关税前后的情形，在征税前的自由贸易状态下，小国的国内生产者的产量仅为 OQ_1，国内的需求为 OQ_2，大部分国内需求由进口满足。征税后，国内市场的价格由 P_w 上升至 P_t，价格的提高刺激了国内生产，国内生产量增加到 OQ_3，国内需求减少至 OQ_4。此时生产者剩余由自由贸易条件下的 f 增加到了 $a+f$，增加了 a 部分的面积，因此小国征收关税生产者剩余增加。图 7.2 是大国征收关税前后的情形，征税前大国的国内生产者的产量是 OQ_1，国内的需求为 OQ_2，Q_1Q_2 部分的国内需求由进口满足。征税后，国内市场的价格由 P_w 上升至 P_t，此时的生产者剩余也比征税前增加了 a 部分的面积，因此大国征收关税生产者剩余增加。

由此可见，征收进口税有利于进口竞争品的生产者，它不仅刺激了国内产量的增加，还使国内生产者获得了更多的生产者剩余。

（三）消费效应

征收进口税会损害消费者的利益。征收关税使国内市场商品的价格上升，消费者的需求量会减少,进而减少了消费者剩余。无论是小国还是大国,征收进口税都会使消费者的利益受到损害。在图7.1和图7.2中,消费者剩余的变化是一样的,在自由贸易条件下,消费者剩余为$g+a+b+c+d$。征税后,由于国内市场价格上升,消费者剩余由征税前的$g+a+b+c+d$减少到g,减少了$a+b+c+d$。因此,征收关税会降低国内消费者的剩余。

(四)政府税收效应

一般而言,征收关税会增加进口国政府的财政收入。在自由贸易条件下,一国政府没有任何收入。当一国政府出于保护本国工业的目的,决定对某种商品征收关税时,只要其关税税率低于禁止性关税水平,该国的财政收入就会增加。征收关税所得的收入等于进口量乘以关税税率。在图7.1中,政府的关税收入是c部分的面积,在图7.2中,政府的关税收入是$c+e$部分的面积。至于对福利的影响,则要看政府如何使用这部分税收,如果政府将关税收入用于补贴消费者,则可以抵消消费者的部分损失。

(五)关税的贸易条件效应

小国征税不会产生贸易条件效应,而大国征税则会产生贸易条件效应。因为大国征收关税会降低世界市场价格,即本国进口商在世界市场上购买进口商品的价格会降低。如果出口价格保持不变,则进口价格的下降意味着本国贸易条件的改善,贸易条件的改善对征税国有利。从图7.2可以看出大国征税前后世界市场价格变化的情形,大国征收关税后,国内价格由原来的P_w上升至P_t,与此同时,世界价格由P_w降至P'_w,这表明大国征收的关税并不由本国的消费者全部承担,外国出口商要承担一部分。与图7.1相比可以发现,对相同的关税t,征税后国内价格在大国情形下的上涨幅度要小于小国情形下的上涨幅度。世界市场价格的下降部分抵消了关税的部分影响,减弱了关税对国内生产和消费的影响效应。在图7.2中,征税后以新的价格P'_w进口,和征税前进口同样多的商品相比,征税后进口费用可节约e部分的面积,e的面积就表示大国因贸易条件改善而获得的利益。

(六)净福利效应

通过前面的分析,我们了解到征收关税的影响是多方面的,因此要衡量关税带来的净福利效应,必须综合考虑关税的各种影响。下面分别分析小国和大国征收关税的净福利效应。

对小国而言,关税各种福利影响的净值应把生产者剩余、消费者剩余和政府关税收入的变化情况进行综合计算,即关税的净福利效应=生产者剩余增加-消费者剩余损失+政府财政收入=$a-(a+b+c+d)+c=-(b+d)$,计算结果是净损失,其中,b为生产扭曲,它表示征税后国内成本高的生产替代原来来自国外成本低的生产,从而导致资源配置效率下降所造成的损失;d为消费扭曲,它表示征税后因消费量下降所导致的消费者满足程度的降低在扣除消费支出的下降部分之后的净额。因此,小国征收关税的净福利效应是负值。

对大国而言,关税的净福利效应=生产者剩余增加-消费者剩余损失+政府财政收入=$a-(a+b+c+d)+(c+e)=e-(b+d)$。当$e>(b+d)$时,征税国净福利增加;当$e<(b+d)$时,征税国净福利减少。所以,在大国情况下,关税的净福利效应是不确定的,它取决于贸易条件效应与生产扭曲和消费扭曲两种效应之和的对比。

> **专栏 7-1**

> **中国关税减让进程**
>
> 1950年1月,中央人民政府发布《关于关税政策和海关工作的决定》,宣布了我国实行独立自主的保护关税政策。
>
> 1978年后,经济改革初期实行保护国内工业的进口替代战略的贸易政策,实行高关税壁垒。
>
> 20世纪90年代初,采用自行调整和谈判约定两种方式削减高关税壁垒。
>
> 1992年,中国海关税采用协调制度的H.S目录,简单算术平均进口税税率为42%。1992—1999年,中国五次大幅度自行削减进口税至17.05%。
>
> 进入21世纪,中国跟随着世贸组织中贸易自由化的进程,不断地降低了关税并约束降低的关税,使国际贸易更加自由化。
>
> 为了践行进一步扩大对外开放和更好满足国内民众追求美好生活的需要,中国此后进行了多次和更大幅度的关税削减。例如,2018年5月1日降低药品关税;2018年7月1日降低汽车及其零部件、部分日用消费品关税,涉及1 449个税目,其中将税率分别为25%、20%的汽车整车关税降至15%;2018年11月1日起,降低部分商品的最惠国税率,涉及1 585个税目,平均税率由10.5%降至7.8%,平均降幅约26%,主要涉及纺织品、机电设备及零部件等。
>
> 截至2018年,中国的关税总水平已降至7.5%。
>
> 不仅如此,2018年11月5日至10日,中国在上海举办了首届中国国际进口博览会,是中国践行进一步扩大对外开放和主动扩大进口的重大举措。
>
> 资料来源:赵春明,等. 国际贸易[M]. 4版. 高等教育出版社,2021.

三、有效保护率与关税结构

通过前面的分析,征收关税有利于国内的生产者,一国进口关税水平越高,对国内相关工业的保护程度越高。这种关税效应是针对最终产品贸易而言的,此时关税的保护程度容易确定,它同关税税率成正比。对最终产品征收关税所产生的效果是名义上的,称为名义保护率(Normal Rate of Protection)。名义保护率对消费者很重要,因为它表明了关税导致的最终产品价格的增加量。

随着经济全球化和国际分工由产业间向产业内发展,中间产品贸易量大大增加,因此,贸易商品很少完全产自一个国家。在多数情况下,产品生产需要进口零部件,中间产品贸易的存在给关税经济分析及关税保护效应的估量造成了极大的差别。如果对中间产品和最终产品都征收关税,关税的实际保护效果与名义保护效果可能不同。对中间产品或原材料征收关税,将提高这些产品的价格,从而增加国内使用者的负担,导致生产成本上涨,使使用中间产品或原材料的最终产品的关税所产生的保护效应降低,所以从中间产品或原材料使用者的角度看,对中间产品或原材料征收关税相当于对生产征税,降低了国内生产的附加值。一国实行贸易保护政策,究竟应该保护什么?有效保护论认为,保护的对象应该是基于生产要素所产生的国内生产附加值,它等于最终产品的价格减去为生产这种产品投入的进口生产要素的成本。

有效保护率(Effective Rate of Protection,ERP)是指关税对某一特定工业的保护程度,它是该行业生产或加工中增加的那部分产品价值(即附加价值)受保护的情况。有效保护率的计算公式为:

$$ERP_j = (V'_j - V_j)/V_j \times 100\% \qquad (7.1)$$

式中,ERP_j 表示 j 行业(或产品)的有效保护率;V_j、V'_j 分别表示征收关税前后 j 行业(或产品)的国内生产附加值。

有效保护率对生产者很重要,它表明了关税对进口竞争品生产者的保护程度。例如:假设对进口汽车征收25%的从价税,每辆汽车价格为4 000美元,其中原材料等成本价格为2 000美元,则征税前每辆汽车的附加值为(4 000-2 000)=2 000美元。对汽车征税后,每辆汽车的价格变为4 000×(1+25%)=5 000美元。再假设对生产汽车的原材料征收10%的从价税,则每辆汽车的原材料成本变为2 000×(1+10%)=2 200美元。因此,征收关税后,每辆汽车的附加值变为5 000-2 200=2 800美元。根据有效保护率的计算公式,汽车的有效保护率=(2 800-2 000)/2 000×100%=40%,高于汽车的名义保护率25%。

通过对有效保护率的分析,在其他条件不变的情况下,最终产品的名义保护率越高,有效保护率也越高;反之亦然。在最终产品关税不变的前提下,随着中间产品关税的上升,最终产品的有效保护率下降,而降低中间产品的关税率可提高有效保护率。因此,关税对国内市场的保护不仅依赖较高的税率,还依赖合理的关税结构和生产结构。现实中,许多国家政府在关税设计中普遍采取了"瀑布式"关税结构,也称关税升级结构,即对原材料进口实行免税或只征收极低的关税,对中间产品征收较低的关税,对最终产品实行最高关税,从而使最终产品受到最充分的保护。在实行"瀑布式"关税结构的国家,关税的有效保护率明显高于其名义保护率。

专栏7-2

美国、欧盟、日本和加拿大工业产品的"瀑布式"关税结构

许多发达国家,特别是美国、欧盟国家和日本成功实施了瀑布式关税结构保护模式,即随着国内加工程度加深,关税税率不断上升,有效保护率超出名义保护率的比例越大。表7.1给出了乌拉圭回合谈判后美国、欧盟、日本和加拿大进口原材料、半成品和最终产品的关税水平。运输设备、非电子机械、电子机械和其他制成品征收单一关税(与加工阶段无关),因而不包括在表7.1中。从该表可以看出主要发达国家进口的许多工业产品的"瀑布式"关税结构。随着加工程度的不断加深,进口税增长最快的是纺织品和布料、皮革、橡胶以及旅游用品,在金属、鱼及鱼产品(日本除外)以及矿产品(加拿大除外)中也很明显。化学品、木材、纸浆、纸和家具的情形是混合的。其他发达国家的关税结构与此类似。

表7.1 2000年美国、欧盟、日本和加拿大进口工业产品的"瀑布式"关税结构

单位:%

产品	美国 原材料	美国 半成品	美国 最终产品	欧盟 原材料	欧盟 半成品	欧盟 最终产品
木材、纸浆、纸张、家具	0.0	0.7	0.7	0.0	1.0	0.5
纺织品、布料	2.8	9.1	9.1	2.6	6.6	9.7
皮革、橡胶、旅游用品	0.0	2.3	11.7	0.1	2.4	7.0
金属	0.8	1.1	2.9	0.0	1.2	2.8
化学品、摄影器材	0.0	4.1	2.3	0.0	5.2	3.4
矿产品	0.6	1.3	5.3	0.0	2.4	3.7
鱼及鱼产品	0.7	1.7	4.0	1.2	13.3	14.1

产品	日本 原材料	日本 半成品	日本 最终产品	加拿大 原材料	加拿大 半成品	加拿大 最终产品
木材、纸浆、纸张、家具	0.1	1.9	0.6	0.2	0.9	1.9
纺织品、布料	2.6	5.9	8.3	2.5	11.1	14.5
皮革、橡胶、旅游用品	0.1	10.4	20.7	0.3	5.7	10.3
金属	0.0	1.0	0.9	0.1	1.7	5.2
化学品、摄影器材	0.0	2.9	1.0	0.0	4.7	3.9
矿产品	0.2	0.5	1.8	2.7	1.0	4.4
鱼及鱼产品	5.2	10.4	7.9	0.6	0.3	4.6

资料来源:多米尼克·萨尔瓦多. 国际经济学[M]. 12版. 刘炳圻,译. 北京:清华大学出版社,2019.

第二节 进口配额及其影响

20世纪70年代以来,随着关税水平的不断降低,非关税壁垒的重要性大大加强。非关税壁垒(Non-Tariff Harriers,NTB)泛指一国政府为了调节、管理和控制本国的对外贸易

活动，影响贸易格局和利益分配而采取的除关税以外的各种行政性、法规性措施和手段的总和。与关税比较，非关税壁垒具有有效性、隐蔽性、歧视性、灵活性等特点，正因如此，非关税壁垒正逐步取代关税措施，成为各国热衷采用的政策手段。当前，国际贸易保护趋于以非关税壁垒为主，以关税壁垒为辅，各种非关税壁垒措施配套使用，非关税壁垒与关税壁垒综合使用的形式。

一、进口配额的概念及分类

进口配额（Import Quota）是重要的传统非关税壁垒，是指一国政府为保护本国工业，规定在一定时期内对某种商品的进口数量或进口金额加以限制。与关税相比，配额是直接限制商品的进口量或进口金额，因此配额对进口的限制更直接、更易于控制，是比进口关税更加严厉的贸易保护措施。

进口配额有绝对配额和关税配额之分。

（一）绝对配额

绝对配额指在一定时期内对某种商品的进口数量或金额规定一个最高数额，达到这个数额后，便不准进口。在具体实施过程中，绝对配额又有3种方式。

1. 全球配额

全球配额属于世界范围的绝对配额，对来自任何国家或地区的商品一律适用。主管当局按进口商的申请先后顺序或过去某一时期的进口实际额批给一定的额度，直至总额发放完为止，超过总配额就不准进口。但因为这种方法在限额的分配和利用上，难以贯彻国别政策，故一些国家采用了国别配额。

2. 国别配额

国别配额是指在总配额内按国别或地区分配固定的配额，超过规定的配额便不准进口。为了区分来自不同的国家或地区的商品，在进口商品时进口商必须提交原产地证明书。实行国别配额可以使进口国家根据它与有关国家或地区的政治经济关系分别给予不同额度。

3. 进口商配额

进口商配额是指进口国政府把某些商品的配额直接分配给进口商。分到配额的额度决定进口的多寡。发达国家政府往往把配额分给大型垄断企业，中小进口商难以分到或分配到的数量很少。

（二）关税配额

关税配额则指对商品进口的绝对数额没有限定，对配额以内的商品进口征收较低的关税，而对超过配额的商品进口则课以较高的关税或罚款。这种配额与征收关税直接结合，具有一定的灵活性。例如：在 2000 年 12 月 16 日至 2001 年 12 月 31 日，俄国实行原糖进口配额制。总额为 365 万吨，第一季度为 115 万吨，第二季度为 150 万吨，第三季度为 60 万吨，第四季度为 40 万吨，对此征收 5% 的关税，超过额度部分征收 30% 关税，且每千克关税不低于 0.09 欧元。

二、进口配额的经济效应

进口配额所规定的进口量通常要小于自由贸易下的进口量，所以配额实施后进口会减少,进口商品在国内市场的价格会上涨。如果实施配额的国家是一个小国,那么配额只影响国内市场的价格,对世界市场的价格没有影响;如果实施配额的国家是一个大国,那么配额不仅导致国内市场价格上涨,而且会导致世界市场的价格下降。这一点与我们前面分析的关税的价格效应一样,进口配额对国内生产、消费等方面的影响与关税也大体相同。图 7.3 表示小国情况下进口配额对一国福利产生的影响。

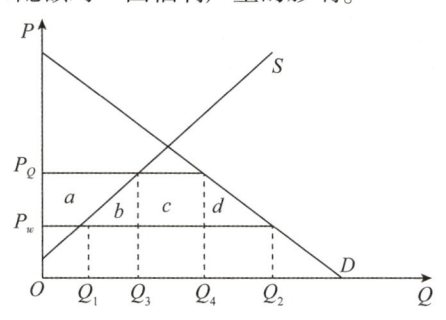

图 7.3 进口配额对一国福利的影响

在图 7.3 中,P_w 为自由贸易条件下的世界市场价格,此时国内的供给量为 OQ_1,国内的需求量为 OQ_2,需求大于供给,供需之间的差额为 Q_1Q_2,只能通过从国外进口来弥补国内供给的不足。这时,该国政府对商品进口实行配额限制,即只允许 Q_3Q_4 所示的进口数量。那么,在 P_w 的价格水平上,国内外总供给量为 $OQ_1+Q_3Q_4$,仍低于国内需求 OQ_2,由于供不应求,国内市场价格必然上升,当价格上升到 P_Q 价格水平时,国内生产增加到 OQ_3,国内需求减少到 OQ_4,供需之间达到平衡。

此时,生产者剩余增加了 a,而消费者剩余减少了 $a+b+c+d$。与关税不同的是,实施进口配额不会给政府带来任何收入。综合起来,进口配额的净福利效应 = 生产者剩余增加 − 消费者剩余损失 = $a-(a+b+c+d)=-(b+c+d)$。其中,b、d 分别为生产扭曲和消费扭曲,$b+d$ 为配额的净损失。至于 c,在关税情形下它表示政府的税收收入,因此可被抵消,在进口配额情形下称之为配额收益或配额租金,实际上是一种垄断利润,它的去向视政府分配配额的方式而定。

三、进口配额的发放

现实中,分配进口配额常常要与进口许可证相结合,以限制某种商品的进口数量。许可证是由一国海关签发的允许一定数量的某种商品进入关境的证明,分配许可证的方式主要有三种:竞争性拍卖、固定的受惠和资源使用申请程序。

竞争性拍卖是政府通过拍卖的方式分配许可证,它使进口权本身有了价格,将进口一定数量商品的许可证卖给出价最高的需求者。一般而言,进口商购买许可证的成本要加到商品的销售价格上,这样一来,其作用就与关税的作用相同,会起到抑制需求的作用。在这种情况下,进口配额的净成本如图 7.3 所示的 $b+d$。因此,也有人认为这种方式得到的拍卖收入也是另一名称的关税收入,因为同样是政府获得了进口配额的这部分收入 c。

固定的受惠是政府将固定的份额分配给某些企业的方式。通常的方式是,根据现有进口某种产品的企业的进口量在上一年度国家进口该商品总额中的比重来确定。这种方法虽然比较简单,但也带来某些问题。一是使得进口配额的实施成本更高。因为是免费发放,

所以这部分收入 c 在征收关税时或进行公开拍卖时本应属于政府的收入，现在却由进口商获得，那么实施进口配额的成本就增加了一项 c。进口商获得了进口许可证后，便可以用其购买进口产品，在国内以更高的价格出售以获得利润，这部分利润即为配额租金。这种方式较之竞争性拍卖而言，配额租金从政府手中转移到进口商手中。另外一个问题是它会造成一种市场垄断。进口配额本身就有一定的垄断性，而进口商又免费获得，这将助长他们提高市场价格，形成垄断，不利于资源配置，较竞争性拍卖缺乏效率。

资源使用申请程序是指在一定时期内，政府根据进口商递交进口配额管制商品申请书的先后顺序分配进口商品配额的方式。这种方式会给政府官员利用职权谋取私利的机会。潜在的进口商会花费大量的精力抓紧时间递交申请表，贿赂政府官员以获取进口配额。这在经济学上称为寻租行为，因为它能给进口商带来垄断利润。这种方法效率最低，它造成了大量的资源浪费。

由此可见，进口配额的发放方式不同，给国民经济福利带来的效果也不同，在以上的三种方式中，竞争性拍卖可能是分配进口配额的最好方式。因为在这种情况下，进口配额与关税对一国福利的影响是相同的，政府获得了有关的收入，有利于收入的再分配。

四、进口配额与进口关税的区别

（一）进口配额比进口关税更严厉

给定进口配额，需求增加会比等效的进口关税导致更高的国内价格和更多的国内生产量；给定进口关税，需求增加对国内价格和国内生产量没有影响，但会导致更高的消费量和进口量。进口配额可以将进口限定在一个确定的水平，这是进口关税不能达到的效果。

（二）配额容易导致垄断

实行进口配额时，国内厂商可以垄断除配额外的国内市场，此时国内市场的价格根据垄断厂商的利润最大化原则决定，而与国际市场价格无关。

（三）配额的管理效率低

配额制涉及进口许可证的发放。如政府不在竞争市场上拍卖，进口商会游说官员甚至会行贿，即"寻租"。如果政府产生判断失误或存在某种偏好，则会破坏市场的公平竞争，烦琐的行政程序会造成资源浪费等。

第三节　出口补贴及其影响

出口补贴是一种非常典型的贸易保护措施，与配额等限制进口的做法不同，出口补贴是鼓励或支持出口的。

一、出口补贴的含义

出口补贴（Export Subsidies），又称出口津贴，是指一国政府为鼓励某种商品的出口，对该商品的出口给予的直接补助或间接补助。出口补贴的目的是降低本国出口商品的价格，提高其在国际市场上的竞争力，扩大商品出口。出口补贴的形式多种多样，有直接的，也有间接的。直接补助是政府直接向出口商提供现金补助或津贴。间接补助是政府对选定商品的出口商给予财政税收上的优惠，如对出口的商品采取减免国内税收、向出口商提供低息贷款等。出口补贴也分为从量补贴(每单位补贴一个固定数额)和从价补贴(出口价值的一个比例)。

根据国际协定尽管出口补贴不合法，但现实中，大多数国家仍以隐蔽的或不是很隐蔽的形式提供各种出口补贴。例如，主要发达国家都给外国购买者以低息贷款，使其具有购买能力。这种贷款通过政府的代理机构进行，如美国通过其进出口银行进行，这些低息贷款占美国出口额的5%，在日本和法国这一比率达到30%~40%。美、欧在GATT的乌拉圭回合谈判中就农产品补贴问题僵持不下，美国抱怨欧共体为保证农民的收入，根据欧盟的共同农业政策向农民提供了高额的农产品支持价格，这些高额农业补贴导致大量的农业剩余和补贴出口，抢占了美国的市场，造成了美、欧之间尖锐的贸易冲突。日本农业补贴也很高，美国难以进入日本的农产品市场，美、日之间为此冲突频发。

二、出口补贴的经济效应

出口补贴意味着对出口商品的优惠待遇，有助于出口规模的扩大。但由于政府的刺激，本国厂商的出口规模超出了在没有任何政府干预下正常的商品出口规模，所以在量上，这种出口是"过度的"。这种过度出口意味着国内同一商品的供应低于正常规模，从而减少了消费者剩余。同时，出口补贴还造成了政府支出的增加，因为出口补贴由政府承担，在其他支出不变的情况下，政府的总支出会增加，而政府增加支出的主要来源是征税，因此出口补贴会加大纳税人的负担。图7.4说明了这种影响。

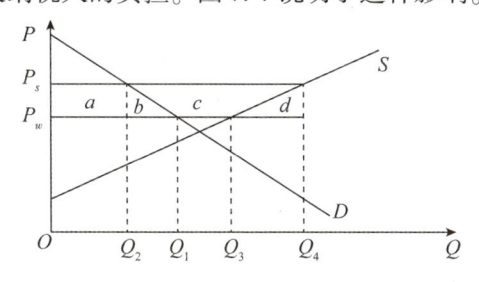

图7.4 出口补贴对一国经济的影响

在图7.4中，P_w为自由贸易条件下世界市场的价格，此时国内的供给量为OQ_2，需求量为OQ_1，供给大于需求部分Q_1Q_2为出口量。如果政府给予本国每单位出口商品金额为(P_s-P_w)的出口补贴，则本国生产者可以提高产量，由原来的OQ_2增加到OQ_4。生产者的产品一部分在国内销售，一部分在国外销售，这时，出口量由原来的Q_1Q_2增加到Q_3Q_4。在国内销售的产品不享受政府补贴，因此，国内消费者面对的价格为P_s，高于补贴前的价格P_w。由于价格上升，国内消费减少至OQ_3。由此可见，出口补贴扩大了产品的出口，但是这种出口是过度的出口，是靠牺牲本国正常消费增加的出口。

出口补贴使本国消费者的消费者剩余减少，减少量为图7.4中$a+b$的面积。生产者剩余则增加了，增加的部分为图中$a+b+c$的面积。本国政府的补贴为图中$(b+c+d)$部分的面积，此为政府的损失。综合来看，出口补贴的净福利效应=生产者剩余增加-消费者剩余损失-政府补贴=$(a+b+c)-(a+b)-(b+c+d)=-(b+d)<0$，即为净损失，其中$b$是过度出口

的损失，d 是过度生产的损失，这里要注意 b 损失了两次，而生产者只得到了一次，另一次变成了成本。因此从总体上看，出口补贴会造成一国福利水平下降。

既然出口补贴对一国的经济福利会产生负效应，为什么各国还要采取这种政策呢？实际上，在出口国看来，如果短暂的出口补贴损失或消费者福利损失，能够促成该国生产规模的扩大，进而获得规模经济效应，或者能够实现促进本国获得经济成长等长远利益，那么这种损失也许是值得的。从进口国的角度看，出口补贴是一种威胁。因为接受补贴的产品都以低于成本的价格将产品销售到国外市场，从而会挤垮进口国的同类企业，因此各国都采取一些措施，以反对因出口补贴带来的"不公平竞争"。关贸总协定规定，成员国可以对采取出口补贴的国家的出口商品征收抵消性关税，即反补贴税。

第四节 反倾销

在国际贸易中，倾销被普遍认为是一种不公平的竞争手段，反倾销是被国际社会认可的、恢复公平贸易的政策行为。反倾销的初衷是抵消不公平竞争。当出口商的价格歧视给进口国产业造成损害时，其产品在进口国将会受到法律制裁，即遭到反倾销。"二战"后，反倾销逐渐形成一股浪潮，不断从发达国家向发展中国家蔓延，国际社会对此进行了积极的斡旋与协调。GATT 第 6 条的诞生以及肯尼迪回合达成的《反倾销守则》是很好的体现。

一、反倾销税

反倾销的一般方法是征收反倾销税。反倾销税是一种进口附加税。那些自认为被外国厂商倾销所侵害的本国厂商可以通过向商业部提出申诉，寻求救助。如果他们申诉成功，政府一般会对外国厂商课征反倾销税。从理论上讲，其数额应为两种价格之间的差额，才能达到抵消不正当竞争或不公平竞争的目的。通过征收反倾销税，进口商品价格提高到进口国国内市场价格的水平，从而保护了国内同类商品的生产者。

二、反倾销的程序

（1）反倾销调查的提起与受理。反倾销调查可以以下两种方式提起：①由一个受倾销影响的国内产业或其代表向有关当局以书面形式提起反倾销调查；②由有关当局决定进行反倾销调查。

（2）初步裁决。在适当调查的基础上，有关当局对倾销或损害作出肯定或否定的初步裁决。

（3）价格保证。反倾销调查开始后，如果收到出口商令人满意的修改其产品价格或停止向该地区以倾销价格出口产品的自动保证后，主管当局认为倾销的损害结果将消除，则可中止或终止调查。但是，如果主管当局认为接受出口商的价格保证是不现实的，则可拒绝其价格保证，但应该说明理由。

（4）临时措施。在初步裁决存在倾销和损害的事实后，进口方当局为防止该国产业进一步受到损害，可采取反倾销的临时措施。临时措施可以是征收临时关税，也可以是征收与反倾销税等量的保证金或保税金。临时措施只能从开始调查之日起的 60 天后采取，实施期限通常不超过 4 个月。在出口商主动请求或者有关当局认为确有必要时，可以适当延长，但最多只能延长 2 个月。

(5)征收反倾销税。如有关当局最终确认进口商品构成了倾销,并因此对进口方某一相同或类似产品的产业造成了实质性损害,就可对该倾销产品征收反倾销税。征收反倾销税的数量应等于或小于倾销幅度,征税期限以足以抵消倾销所造成的损害所需的时间为准,但一般不得超过5年。

(6)行政复审和司法审查。在征收反倾销税的一段合理的时间之后,有关当局根据当事人的请求或自身的判断,可进行行政复审,以确定是否需要继续征收反倾销税。有关当局的最终裁决和行政复审可特别要求司法、仲裁或行政法庭进行复审。

同时,WTO规定,在《反倾销协议》实施过程中,如果缔约方之间发生分歧,则首先应该相互协商。如果协商不成,应提请世界贸易组织反倾销实施委员会进行调解。如果在3个月内无法解决分歧,世界贸易组织反倾销实施委员会应在争议一方的请求下成立专门小组,来审查整个案件。

三、作为贸易保护手段的反倾销

为抑制反倾销手段的滥用,GATT/WTO做了不懈的努力。1947年的《关税与贸易总协定》中就有关于反倾销的原则性规定,但内容非常笼统和模糊,不但难以对各国的倾销行为形成有效的约束,反而给反倾销措施的滥用提供了可乘之机。东京回合多边贸易谈判对关贸总协定有关反倾销的原则性规定进行了具体化,制定了较全面、详细的反倾销规则,但仍然不够严谨和明确,未能有效地遏制倾销行为以及反倾销措施的滥用。在乌拉圭回合多边贸易谈判中,经过艰苦的努力,终于制定出了较完善的反倾销协议,该协议成为各国遵守的国际规则,但在现实中各国各行其是,仍把反倾销作为贸易保护的主要手段之一。

专栏7-3

中国关于"市场经济地位"在WTO对欧、美的诉讼

2020年6月15日,中国自动放弃继续推进几年前针对美国和欧盟提起的有关反倾销价格比较方法的争端案。从技术上而言,这是在特定情形下中国处理此WTO争端时的务实之举。

1. 中国对美、欧提起的有关反倾销价格比较方法的争端案

在中国加入WTO之前,美国、欧盟等主要发达国家成员以中国是"非市场经济"为由,认为中国的生产成本不可靠,长期在反倾销调查中拒绝使用中国产品的生产成本,而是利用替代国或其他方法来确定或构造所谓的真实成本,最常用的就是"替代国"机制,从而人为地扩大了中国出口产品的倾销幅度,并征收高额反倾销税。在中国加入WTO的谈判过程中,中国坚决要求美国和欧盟等成员取消这种歧视性做法,将中国与其他WTO成员同等对待,但美、欧等国坚决不同意,最后双方折中,改为中国加入WTO后15年终止此做法,并将此写入《中国加入WTO议定书》第15条"确定补贴和倾销时的价格可比性"中。根据这一协定,美、欧应于2016年12月11日终止此做法。但2016年前后,美、欧、日等发达国家成员先后发表声明,表示对《中国加入WTO议定书》第15条有不同的理解,认为中国仍是"非市场经济",他们仍有权继续对中国使用特殊的调查方法。中国随即在WTO争端解决机制对美国、欧盟发起了诉讼,其大致时间表如下。

2016年12月12日，中国同时对美国、欧盟提起诉讼，被WTO分别命名为DS515（美国）、DS516（欧盟），名称为"有关价格比较方法的措施"。

　　2017年3月9日，中国和美国、欧盟磋商无果，申请成立专家组。

　　2017年4月3日，专家组成立。

　　2017年7月10日，中国和美国、欧盟关于专家组组成的磋商无果，WTO总干事根据授权（《WTO争端解决谅解备忘录》，即DSU第8条"专家组组成"第7款）指定3名专家组成员，分别为瑞士的托马斯·科蒂尔（Thomas Cottier）、新西兰的肯尼斯·詹姆斯·基思（Kenneth James Keith）和牙买加的安德里亚·玛丽·道斯（Andrea Marie Dawes）。

　　该案审理因各种原因被延迟，2018年11月26日，专家组表示将于2019年第二季度提交最终裁决报告。

　　2019年5月7日，中国根据DSU第12条"专家组程序"第12款，要求专家组中止工作。该款还规定："如果专家组工作中止超过12个月，则设立专家组的授权即告中止。"

　　2019年6月14日，专家组决定同意中国要求，中止其工作。

　　2020年6月15日，专家组中止工作超过12个月，其授权终止，此案停止审理。

　　2. 此案无关中国的"市场经济地位"，尚无输赢之说

　　此案争议只是有关美、欧反倾销调查中的一些歧视性做法，美、欧在实施此做法时通过国内法冠以"非市场经济"的理由，WTO无任何有关"市场经济"的定义或规则，此案根本无关中国是不是"市场经济"，WTO也无任何授权来判定中国或任何成员的"市场经济"地位。

　　WTO的争端审理一般要经过专家组裁决和上诉机构审理（如争端方提出上诉）等阶段，往往持续数年之久，且不到最后一刻，难分胜负，在专家组胜诉但在上诉机构又被纠正的案件并不鲜见。就此案而言，其审理连专家组裁决都没有完成，即使此案打到底，无论中国胜诉与否，可能都会无果而终，成为悬案。况且，由于美国阻挠，WTO上诉机构已经于2019年年底彻底瘫痪。在此情况下，如果中国败诉，也会上诉无门，即应受理的上诉机构因瘫痪而无法审理，无法翻盘。如果中国胜诉，美、欧则会在技术上耍个小花招，仍然提出上诉，因同样的原因无法审理，中国胜诉了也无法获得执行。在此情况下，中国于2019年提出中止专家组工作，不失为明智之举。

　　资料来源：作者根据相关报道整理。

第五节　其他非关税壁垒措施

一、"自愿"出口限额

　　"自愿"出口限额（Voluntary Export Restraints），也称自愿限制协议，是20世纪60年代以来非关税壁垒中很流行的一种方式，几乎所有发达国家在长期贸易项目中都采用了这种

方式。它是指当一国出口威胁到进口国整体国内经济时，进口国以全面的贸易限制相威胁，引导出口国"自愿"限制某些商品在一定时期内的出口数量或出口金额。"自愿"出口限额最著名的例子就是自1981年以来日本对向美国的汽车出口所实行的"自愿"出口限额。

"自愿"出口限额通常是两国政府之间谈判的结果。"自愿"出口限额并非真的自愿，而是在进口国的要求或压力下制定的，出口国同意这些要求是为了防止其他形式的贸易限制。对进口国来说，其代价比达到同样限制进口效果的关税要高，自愿出口限制就像是把许可证颁发给外国政府的进口配额，因而关税下的政府收益在自愿出口限制下变成了外国获得的租金。从进口国来看，"自愿"出口限额是比较隐蔽易行的保护措施。从政治的角度来看，"自愿"出口限额特别容易实施。直接的进口限制如关税和配额，必须通过法律程序（如在美国）或高度透明的管理渠道（如在欧盟），而"自愿"出口限额可以秘密进行谈判，要求出口国对其出口量加以限制，不为公开的政治过程和公众监督所妨碍，就能达到贸易保护的目的。

专栏 7-4

日美汽车贸易中的"自愿"出口限额

日本汽车自20世纪60年代开始进入美国市场，到80年代初，对美国汽车产业造成了严重的冲击。1979—1980年美国汽车行业利润率下降、失业率上升，使福特汽车公司和美国汽车工人联合工会向美国国家贸易委员会申请使用第201条款的保护。几位来自美国中西部各州的参议员提出将1981、1982、1983年出口到美国的日本汽车总数限制在160万辆的议案。

这个议案原定于1981年5月12日的参议院金融委员会上进行讨论和修改。但日本政府在知道这一消息后，主动于5月1日宣布"自愿"限制在美国市场上汽车的销售。1981年4月—1982年3月，限制总额约183万辆，包括出口到美国的168万辆小汽车和8.25万辆公共交通工具，以及出口到波多黎各的7万辆其他交通工具。在1984年3月之前，这个限额一直保持不变，后来开始逐步增加，1984年限额升至202万辆，1985年又升至251万辆，1992年3月限额开始下降。

在最初几年，自动限额总额几乎都会用完。在1987年前，自愿限制对日本的出口有约束力。但是到1987年之后，日本公司开始在美国境内生产汽车，美国从日本的进口自然下降，实际进口逐渐低于限制总额。到1994年3月，美国对日本汽车的自愿出口限制也就取消了。

资料来源：新浪财经网。

二、歧视性政府采购政策

歧视性政府采购政策（Discriminatory Government Policy）是指一些国家通过法令或虽无法令明文规定，但实际上要求本国政府机构在招标采购时必须优先购买本国产品，从而形成对外国产品歧视与限制的做法。各个国家的政府都有相关组织机构，为维持其正常运作，政府机构也需要采购有关的商品和劳务。如果政府机构在市场上按最低价采购，那么就没什么不同，谁便宜就买谁的，这是典型的完全竞争。但是政府的采购政策规定政府应采购本国生产制造的产品，因此它是一种优先采购本国产品的非关税壁垒措施。

这种优先购买本国产品的政策实际上是一种歧视性政策，使本国的生产者和外国的销售商处于不平等的竞争地位，从而限制了进口，在一定程度上保护了本国工业。国际社会对此提出过一些约束措施，但在具体执行时有许多困难。在1979年结束的关贸总协定"东京回合"上首次产生了"政府采购协议"，1994年结束的乌拉圭回合谈判又对这一协议进行了修改，但由于这一协议属于多边协议，协议的规定只限于签字国遵守，而签署这项协议的国家很有限，因此，歧视性政府采购作为一种贸易保护政策未被广泛使用。

三、技术性贸易壁垒

技术性贸易壁垒(Technical Barriers to Trade)是指为了限制进口而规定的复杂苛刻的技术标准、卫生检疫规定以及商品包装和标签规定，这些标准和规定往往以维护生产、消费者安全和人民健康的理由而规定。有些规定十分复杂，而且经常变化，往往使外国产品难以适应，从而起到限制外国商品进口和销售的作用。这些规定在一定条件下成为进口国限制进口的技术性贸易壁垒。

（一）技术法规与技术标准

技术标准是一项比较严厉的非关税壁垒措施，要求越来越严，涉及范围越来越广，尤其是在有关汽车、电机、机械和制药产业更为明显，而且这些标准十分复杂，经常变化，使出口企业难以及时、完整地搜集这方面的信息，从而面临极为不利的出口境况。这些技术标准不仅在条文本身上限制了外国产品的销售，而且在实施过程中也为外国产品的销售设置了重重障碍，已被普遍视为阻碍贸易的主要因素之一。

（二）商品检疫和检验规定

随着贸易保护主义的加强，一些国家更广泛地利用卫生检疫的规定来限制进口。它们对需要进行卫生检疫的商品越来越多，规定也越来越严，尤其在食品、药物、化妆品、电器、玩具及建材行业更是如此。例如，英国、日本、加拿大等要求花生黄曲霉素含量不超过百万分之二十，花生酱不超过百万分之十，超过者不准进口；日本规定茶叶农药残留量不超过百万分之零点二；美国规定其他国家或地区输往美国的食品、饮料、药品及化妆品，必须符合美国的《联邦食品、药品及化妆品法》，否则不准进口。

（三）商品包装和标签规定

各国对标签、包装都有细致入微的规范，其内容复杂，手续烦琐，有的要求很难做到，但进口商品必须符合这些规定，否则不准进口或禁止在进口国市场销售。许多外国商品为了符合有关国家的规定，不得不重新包装和改换标签，因而大大增加了成本，削弱了商品的竞争能力，影响了商品销路。例如，美国食品药品监督管理局要求大部分的食品必须标明至少14种营养成分的含量，仅为符合这一标准处领先地位的美国制造商每年要多支出10.5亿美元，由此可以想象其他落后国家出口商的成本压力，尤其是对没有条件进行食品成分分析的国家而言，这无疑是禁止进口性措施了。

四、绿色壁垒

绿色壁垒以保护自然资源、生态环境和人类健康为名，通过制定一系列复杂苛刻的环保制度和标准，对来自其他国家和地区的产品及服务设置障碍，限制进口，是以保护本国市场为目的的新型非关税壁垒。在这种"绿色潮流"中，发达国家假借环保之名，对其他国家，特别是发展中国家设置绿色壁垒，并逐步成为他们在国际贸易中使用的主要非关税壁垒。

全球自然资源匮乏，生态环境恶化，为绿色壁垒的出现提供了契机；人们消费观念的更新，"绿色需求"的扩大，内在地推动了绿色壁垒的形成；各国在技术水平、环保标准和相关资金投入等方面的差异是绿色壁垒存在的直接原因；市场矛盾尖锐，发达国家谋取经济利益是绿色壁垒产生的根本原因，而 WTO 在环保规范方面的缺陷又助长了绿色壁垒的泛滥。

绿色壁垒主要有以下表现形式。

(一)绿色环境标志和认证制度

环境标志也称绿色标志、生态标志，它由各国政府管理部门或民间团体按照严格的程序和环境标准颁发给厂商，附印于产品及包装上，以向消费者表明：该产品或服务从研制、开发到生产、使用直至回收利用的整个过程均符合生态和环境保护要求。由于环境标志制度所确立的环境标准相当高，厂商为达到环境标志的要求，其产品的生产需改变原材料成分及生产工艺才能打开市场，因此，环境标志制度在一定程度上成了一种变相的贸易壁垒。

(二)绿色关税制度

绿色关税制度，又被称为"环境进口附加税"，是指以保护环境为由，对一些影响生态环境的进口产品除征收一般关税外，再加征额外的关税。"绿色检疫"是发达国家为达到限制进口外国产品的目的，而制定的严格的卫生检疫标准，其对食品中农药残存量、放射性残留和重金属含量的要求十分严格。

(三)环保包装规定

目前，世界各国在环保包装方面采取的措施主要有：

(1)以立法的形式规定禁止使用某些包装材料，如立法禁止使用含有铅、汞和硝等成分的包装材料，不能再利用的容器，没有达到特定的再循环比例的包装材料等。

(2)建立存储返还制度，如许多国家规定，啤酒、软性饮料和矿泉水一律使用可循环使用的容器，消费者在购买这些物品时，向商店交存一定的保证金，退还容器时由商店退还保证金，有些国家还将这种制度扩大到洗涤剂和油漆等的生产和销售上。

(3)制定强制包装物再循环或利用的法律，如日本的再利用法、新废弃物处理法等。

(4)实行税收优惠或处罚，即对生产和使用包装材料的厂商，根据其生产包装的原材料或使用的包装中是否全部或部分使用可以再循环的包装材料而给予免税、低税优惠或征收较高的税赋，以鼓励使用可以再生的资源。

(四)复杂苛刻的环保技术标准

发达国家的技术水平较高，处于技术垄断地位，他们在环境保护的名义下，通过立法手段制定严格的强制性环保技术标准，有些国家甚至执行内外有别的环保标准，限制国外商品出口。很多环保标准对发展中国家来说，在短期内根本无法达到，这一标准貌似公平，实则歧视。其繁杂和苛刻程度连发达国家内部的企业都感到难以适应。目前，国际上已签订了 150 多个多边环保协定，其中有将近 20 个含有贸易条款，旨在通过贸易手段达到实施环保法规的目的。各国对进口产品也竞相制定越来越复杂且严格的环保技术标准。

本章小结

根据国际贸易理论，一国对对外贸易应采取不干预的态度。但现实中，出于各种原因，各国都会对对外贸易采取干预手段。这些干预手段可分为关税与非关税壁垒两大类。关税是一种价格控制手段，有多种形式。进口税的征收对一国的生产者有利，但不利于国内消费者。在小国情形下，进口税会导致社会福利的净损失；在大国情形下，进口税的净福利效应不确定，如果关税的贸易条件比较显著，则有可能改善本国福利，反之则降低本国福利水平。非关税壁垒措施种类繁多，据国际社会不完全统计，非关税壁垒已达2 000多项。进口配额是一种通过对进口数量的限制达到保护本国生产目的的非关税壁垒，它所起到的限制贸易作用比关税要大，使他国不易渗透本国市场。进口配额的经济效应与关税大体相同。进口配额常常与进口许可证结合使用，因此在操作过程中有可能引发"寻租"等资源浪费的行为。出口补贴是政府对出口采取补贴的方法，以提高出口企业的竞争力，扩大本国出口，但在扩大出口的同时，会因贸易条件的恶化，使政府的一部分补贴转移到国外消费者手里。倾销虽是一种企业低价行为，然而当政府成为这种行为的支持者时，便带有一国贸易政策的色彩。倾销虽然有利于进口国的消费者，但对进口国的生产者可能带来严重后果，所以进口国的生产者往往会要求政府采取反倾销措施，以抵消来自他国倾销的影响。反倾销的一般方法是征收反倾销税，使进口商品价格提高到进口国国内市场价格的水平，从而保护国内同类商品的生产者。此外，"自愿"出口限额、歧视性政府采购政策、技术性贸易壁垒和绿色壁垒等也是重要的非关税壁垒。

复习思考题

1. 关税的种类有哪些？
2. 画图分析小国和大国征收关税对国民的福利影响，并比较其异同，分析中美贸易战对两国的影响。
3. 已知一件衬衫的进口价格为10元，生产每件衬衫需投入价值5元的棉纱和价值3元的尼龙。计算对衬衫、棉纱和尼龙分别征收15%、6%、10%的进口税时，该国对衬衫的有效保护率。
4. 进口配额与进口关税有何异同？两种保护措施孰优孰劣？
5. 结合实践，分析出口补贴的经济效应。
6. 试从鼓励出口与限制进口两方面列举国际贸易政策工具。
7. 你认为中国产品出口频遭反倾销调查和制裁的原因有哪些？中国企业应如何应对？
8. 结合实际，分析技术性贸易壁垒的应用情况及影响。
9. 如何区分环境保护与绿色壁垒？中国企业出口应如何应对绿色壁垒？

第八章　贸易保护的理论依据

自由贸易是世界贸易发展的总方向，任何国家要想实现经济发展，都必须不断降低保护程度，这是不争的事实。但各国对外贸易政策演变的事实表明，贸易自由化是一个总体保护程度由高到低的演进过程。从贸易保护理论演进的历程可以看出，为贸易保护寻求理论依据的努力从未停止。在现实中，贸易保护政策是各国政府维护本国贸易利益、保护本国产业和市场免受外部冲击的重要手段，任何一个国家，即使是发达国家，也存在程度不等、侧重点不同的贸易保护政策。贸易保护理论在一定程度上反映了国际贸易发展的现实，贸易保护政策已成为各国政府用以保护本国利益、本国产业和市场免受外部冲击的重要手段。贸易保护理论的不断发展使以自由贸易理论为主线的国际贸易理论更加丰富，更贴近现实。本章主要介绍几种比较重要的贸易保护理论。

第一节　贸易条件改善论

在关税效应的分析中，我们已经了解小国征收关税时本国福利是净损失，大国征收关税则能改善贸易条件，从而有可能增加本国的福利水平。这正是最佳关税论的核心思想。

一、供求弹性与关税承担

一个大国征收关税时，关税最终由国内消费者和国外出口商共同承担，双方承担的额度取决于进口国对该产品的需求弹性和出口商对出口产品的供给弹性。从国际贸易的角度看，某种产品的出口供给弹性取决于该产品对征税国市场的依赖程度。进口国的需求弹性是指当进口产品的市场价格变化时，国内需求量变化的敏感程度。某种产品在进口国的需求弹性取决于三个因素：消费者对该产品本身的需求弹性、对来自国外出口商产品的依赖程度以及外国出口商产品所面临的替代品多寡。当出口国厂商对进口国市场依赖程度较大时，该厂商对进口国的产品供给弹性较小；反之，厂商对该产品的供给弹性则较大。

大国情形下，如果征税产品的供给弹性很小，则出口商对进口国市场依赖程度较大，出口商需承担更多的关税，否则其在进口国的市场份额可能大幅度减少；如果征税产品的供给弹性较大，则出口商不愿承担关税，其结果有两种可能：一是进口国消费者对该厂商产品的需求弹性较大，出口商的出口量会下降；二是进口国消费者对该厂商产品的需求弹性较小，甚至无弹性，则进口国的消费者可能承担大部分进口关税。

二、最佳关税与抽取垄断资金

所谓最佳关税,是在考虑贸易商品的出口供给弹性和进口需求弹性的基础上,确定的一个使本国福利达到最大的关税水平。确定最佳关税的条件是进口国由于征收关税所引起的额外损失(生产扭曲与消费扭曲)与额外收益(贸易条件效应)相等。一般来说,最佳关税不会是零关税,因为零关税不能使进口国获得任何经济利益的增加。最佳关税也不会是禁止性关税,因为在禁止性关税下,进口国不能进口该产品,经济又回到自给自足的状态,也就无从中获利可言。因此,最佳关税应该在零关税和禁止性关税之间。在国内消费者进口需求弹性一定的情况下,最佳关税水平取决于外国出口产品的供给弹性,即外国出口产品的供给弹性越大,最佳关税水平就越低;外国出口产品的供给弹性越小,最佳关税水平就越高。进口国政府确定的最佳关税水平与出口厂商的供给弹性成反比。图 8.1 是最佳关税的一个说明。

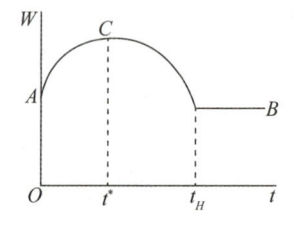

图 8.1 最佳关税

在图 8.1 中,横轴表示关税税率,纵轴表示征税国的福利水平,曲线 AB 表示关税水平对本国福利的影响。A 点为自由贸易条件下的福利水平,曲线 AC 部分表示征税的贸易条件效应大于生产扭曲与消费扭曲之和,是本国福利不断增加的过程。曲线 CB 部分,表示随着关税负担的加重,出口商会逐渐将关税价格增加到商品价格中,从而造成国内生产扭曲和消费扭曲明显增加,超过了贸易条件效应,导致福利逐步下降。t_H 点达到禁止性关税,当关税水平大于或等于 t_H 时,征税国的社会福利要低于自由贸易下的福利水平。图中,曲线 AB 在 C 点的切线斜率为零,代表征收关税的额外收益与额外损失相等,进口国的福利水平达到最高,对应这一点的关税税率为 t^*,即为最佳关税。

上述讨论的最佳关税是基于供求弹性而言的。此外,最佳关税的确定还有一种情况:如果出口商在进口国市场上具有垄断力量,那么进口国对进口商品征收关税可迫使垄断厂商放弃一部分垄断利润,这部分放弃的利益实际上转移到了进口国。因此,在这种情况下,征收关税意味着从出口商(垄断厂商)那里抽取一部分垄断租金,即关税的利益来源于垄断厂商的一部分垄断利润。因此,最佳关税论虽然指出贸易保护可能使一国获得比自由贸易更多的利益,但这种利益的获得是以他国利益的牺牲为代价的,因为征收关税在改善进口国贸易条件的同时,会使其贸易伙伴国的贸易条件恶化,所以贸易伙伴国的利益会受到损失,这种"以邻为壑"的做法自然容易遭到利益受损方的报复。如果贸易伙伴国进行报复,反过来对来自原征税国的进口产品也征收最佳关税,就会使得最初征收关税国家的目的落空,甚至可能爆发关税战。

> **专栏 8-1**
>
> **20 世纪 30 年代的关税战**
>
> 历史上最为著名的关税战发生在 20 世纪 30 年代。当时，面对 1929 年出现的世界性的经济危机，美国国会在 1930 年 6 月 17 日正式通过斯穆特-霍利关税法案。根据该法案，美国的关税税率在 1929—1933 年间提高了近 50%，并开始征收报复性关税。西班牙于同年 7 月通过了维斯税则，针对葡萄、柑橘、原木和葱头的关税采取报复性措施。瑞士为反对对手表、刺绣品和鞋类的关税，抵制美国的出口商品。意大利为反击向帽类和橄榄油征收关税，于 1930 年 6 月对美国和法国的汽车征收了高额进口税。加拿大于 1932 年 8 月对许多食品、原木和木料征收的关税提高了 30%。此外，澳大利亚、古巴、法国、墨西哥和新西兰也加入了这场关税战。这场关税战对 20 世纪 30 年代的大危机产生了极大的消极影响，至少对危机之后的经济恢复起到了阻碍作用。
>
> 资料来源：李坤望. 国际经济学[M]. 4 版. 北京：高等教育出版社，2017：118.

第二节 幼稚产业保护理论

幼稚产业保护理论又被称为古典贸易保护学说，以汉密尔顿的关税保护理论和李斯特的幼稚产业保护理论为代表，主张对某些产业采取过渡性保护、扶植措施等。幼稚产业保护理论形成于资本主义自由竞争时期，直到今天仍然是一些国家保护本国新兴产业的理论基础。

幼稚产业（Infant Industry）是指在本国处于初级发展阶段具有潜在优势但又面临国外强大竞争的产业。该理论认为，为了实现潜在的优势而对该产业实行暂时性的保护是完全正当的，因为如果不提供保护，那么在国外已成熟行业的竞争下，该产业的发展便难以继续，潜在优势就无法实现。幼稚产业保护理论也认为，当被保护的产业已成长壮大，具备了在国际市场上竞争的能力之后，就应该撤除保护，实行自由贸易。

一、汉密尔顿的关税保护理论

幼稚产业保护理论最早由美国的著名政治家亚历山大·汉密尔顿于 1791 年提出。当时的美国经济凋敝，工业落后，北方的工业资产阶级要求实行保护贸易，南方的种植园主则反对。汉密尔顿代表工业资本家的利益，作为美国的首任财政部部长，在向美国国会提交的《关于制造业的报告》中，阐述了保护制造业的必要性。他指出，一个国家如果没有工业的发展，就很难保持其独立地位。美国工业起步晚，技术落后，生产成本高，其产品根本无法同英、法等国家的廉价商品进行自由竞争。因此，美国应实行保护关税制度，帮助新建立起来的工业生存、发展和壮大。

汉密尔顿还较为详细地论述了发展制造业的直接和间接利益。他认为，制造业的发展有利于机器的推广使用，提高整个国家的机械化水平，促进社会分工的发展；有利于扩大就业，促进移民流入，加速美国国土开发；有利于提供更多的开创各种事业的机会，使个人才能得到发挥；有利于消费农业原料，保证农产品的销路和价格的稳定，促进农业发展等。

汉密尔顿的具体政策主张主要包括：①向私营工业发放政府信用贷款，为企业提供发展资金；②实行保护关税制度，保护国内新兴工业；③限制重要原料出口，免税进口极为紧缺的原料；④为必需品工业发放津贴，为各类工业发放奖励金；⑤限制改良机器输出；⑥建立联邦检查制度，保证和提高制造品质量。

汉密尔顿的制造业保护理论对美国制造业的发展产生了积极影响，开创了后期国家保护新兴产业的先河。

二、李斯特的幼稚产业保护理论

弗里德里希·李斯特(Friedrich List)是德国经济学家，他全面阐述并发展了幼稚产业保护理论。李斯特认为，19世纪的德国与英国和法国相比，是一个政治上分裂、经济上落后的农业国，在国际贸易中处于不利地位。同期，德国国内对实行何种贸易政策的意见尖锐对立：一派主张实行自由贸易政策，其理论基础是古典自由贸易理论；另一派主张实行保护关税政策，这主要是德国工业资产阶级的愿望，但缺乏有力的理论支持。李斯特代表德国工业资产阶级的利益，他在其1841年出版的《政治经济学的国民体系》一书中，提出了系统的幼稚产业保护理论。

李斯特的主要理论观点包括以下3个。

(1)指责古典贸易理论忽视了经济发展的民族性特点。李斯特认为，古典自由贸易理论完全忽视了国家的存在，不考虑如何满足国家利益，而以所谓的推进全人类利益为出发点，是世界主义经济学。但在现实中，国家之间利益、分歧和冲突的存在，使贸易保护政策具有存在的合理性。

(2)强调发展生产力是制定国际贸易政策的出发点。李斯特强调，财富的生产力比财富重要得多。一国实行什么样的外贸政策，首先必须考虑国内生产力的发展，而不是从交换中获得多少财富。对于经济落后的国家实行保护政策是抵御外国竞争、促进国内生产力发展的必要手段。实行贸易保护政策在短期内会造成本国福利的损失，但未来生产力的发展带来的利益能够弥补这种损失，使本国工业得到发展。因此，这种暂时的牺牲是必要的、值得的。

(3)认为贸易政策要与国家经济发展所处的阶段相适应。李斯特认为，各国经济发展的历程都要经历五个阶段，即原始未开化时期、畜牧时期、农业时期、农工业时期、农工商业时期，不同时期要采取不同的经济政策。当一国处于原始未开化时期、畜牧时期或农业时期时，使自己获得发展的最迅速且有利的方法是同先进的工业国实行自由贸易，输入国外工业品，输出本国产品，以此为手段，使自己脱离未开化或落后阶段，实现向更高阶段的演进。在农工业时期要实行贸易保护政策，对本国有发展潜力的工业采取贸易保护措施，防止外国的竞争，以建立与发展本国工业。到了农工商业时期，本国工业已有了相当的基础，没有理由担心外国的竞争，这时应该恢复到自由贸易政策，使国内外市场进行无所限制的竞争，并且可以鼓励他们不断努力以保持既得的优势地位。李斯特认为英国处于农工商业时期，因此应实行自由贸易政策，但德国处于农工业时期，应该实行贸易保护政策。

李斯特不主张对所有工业都进行保护，需要保护的只是幼稚产业。关于保护手段的选择，李斯特认为，贸易保护的主要手段应该是关税。一国制定的关税水平要适当，既不能过高也不能过低。同时他也认识到，征收关税会使国内该商品的价格上升，消费者利益受损。但是，随着本国工业的发展，该商品的国内价格将会下降，消费者将能够享受本国经济发展的长远利益。如果这种长远利益大于短期利益，该国就应该实行贸易保护政策。李斯特还认为，对不同行业要根据其特点采取不同程度的保护，保护还要有期限，对工业部门的保护最长不能超过30年。李斯特的理论一直被广泛引用，成为落后国家保护其工业的主要理论论据。

专栏 8-2

美国的机车行业——一个取得成功的幼稚产业

20世纪80年代初，由于进口的冲击，美国机车行业仅剩一家名为哈里-戴维森(Harley-Davidson)的生产厂商，主要生产活塞排气量超过1000立方厘米的中型机车，进口的是排气量较小的机车，且进口厂商的市场份额急剧上涨。1982年，哈里-戴维森向美国国际贸易委员会(USITC)请求进口保护。USITC的调查小组证实进口确实严重损害了哈里-戴维森的利益。因此，从1983年起，在原有的配额之外，开始以较高的税率对进口产品征收为期5年的关税。USITC允许提高保护水平的原因之一是：哈里-戴维森计划提高生产效率，并打算引进一条新的小型机车生产线，USITC想给该厂商一个机会，让其实施自己的生产计划。从其引进的(小型机车)新生产线来看，哈里-戴维森确实具备了幼稚产业的特征。

征收新的关税后，进口产品在美国机车市场上所占份额从20世纪80年代的60%~70%跌到了1984年的31%。哈里-戴维森自身开始转变管理战略，致力于削减成本和提高产品质量。尽管国内生产有了增长，但美国消费者却为每辆机车大约支付了400~600美元的成本，尽管如此，20世纪80年代中期美国机车行业的就业和产出还是有了很大的增长。1987—1993年，由于机车安全性有了明显的提高，美国厂商生产的运输货物的实际价值大约上升了75%。此外，美国的出口在1987—1991年间以每年37%的比例高速增长，当然，出口的增长也要部分归结于美元的贬值。直到1997年，哈里-戴维森依然获利颇丰。

资料来源：杨宏玲. 国际经济学[M]. 北京：对外经贸大学出版社，2015：140.

三、幼稚产业的判定标准

围绕李斯特的幼稚产业保护理论，后来的经济学家不断对其进行补充和发展。幼稚产业保护的论点通常以尚未实现的内部规模经济或外部规模经济的存在为前提，以此判定幼稚产业必须比较其现在与未来的发展。关于幼稚产业的判定，历史上很多学者提出了各种各样的标准，其中主要的标准有穆勒标准、巴斯塔布尔标准、坎普标准和小岛清标准。

(1)根据穆勒标准，所谓幼稚产业，是指那些技术不足，生产率低下，成本高于国际市场，而在贸易保护之下能够成长起来，将来可以在自由贸易中获利的有前途的工业。因此穆勒标准强调的是将来成本上的优势。

(2)巴斯塔布尔认为，所谓幼稚工业，是指那些经过保护以后，将来获得的利润总和超过进行保护所需付出的社会成本的产业，或者说幼稚产业就是其保护成本小于其未来获利总额的产业。巴斯塔布尔标准比穆勒标准要求更高，即它要求被保护的幼稚产业在经过一段时间的保护后，不仅能自立，而且必须能够补偿保护期间的损失。

(3) 坎普标准是经济学家坎普在综合上述两人标准的基础上提出的，坎普认为，所谓幼稚产业，是那些经过保护不仅使自己成长起来，还可以产生技术外溢的效果，对其他产业的发展也具有促进作用的产业。与强调内部规模经济的前两个标准不同的是，坎普标准更加强调外部规模经济与幼稚产业保护之间的关系。

(4) 日本经济学家小岛清认为，穆勒、巴斯塔布尔、坎普等人只是根据个别企业或产业的利弊得失来寻求确定幼稚产业的标准，这种方法是不正确的，要根据要素禀赋和比较优势的动态变化选择一国经济发展中应予以保护的幼稚产业。只要是有利于国民经济发展的幼稚产业，即使其不符合巴斯塔布尔或坎普确定的标准，也是值得保护的。小岛清对如何确定有利于国民经济发展的幼稚产业提出了以下具体标准：①保护幼稚产业要有利于潜在资源的利用。通过实施保护政策，建立新兴产业，开发利用潜在资源，带动经济增长。②对幼稚产业的保护要有利于国民经济结构的动态变化。一国的要素比率是变化的，当资本积累率超过劳动力增加率时，社会资本—劳动比率就会发生改变。如果资本密集型产业属于幼稚产业，对其进行保护，则有利于国民经济结构的转变。③保护幼稚产业要有利于要素利用率的提高。如果新兴产业经过保护能迅速实现技术进步，使单位产品的要素消耗大大降低，或取得显著的规模经济优势，则要素利用率会提高。

第三节 凯恩斯的超贸易保护理论

20 世纪 30 年代，资本主义经济深陷危机与萧条之中，自由放任经济受到质疑和批判，国家干预经济的思潮盛行。在面对资本主义经济危机和各国严重的失业问题，英国经济学家凯恩斯也认识到，资本主义自由经济并不能完美地自我调节及带来经济的复兴与繁荣，他于 1936 年出版的《就业、利息和货币通论》奠定了当代宏观经济学的理论基础。

一、凯恩斯的观点

凯恩斯在批判传统自由贸易理论的同时，对重商主义给予肯定、合理的评价，因此，他的理论也被称为"新重商主义"。他认为，一国在没有政府干预的情况下，国内有效需求（社会商品的总需求价格和总供给价格相等的社会总需求）可能不足，于是，在开放经济条件下，奖励出口、限制进口是一国总需求政策的一部分。一国对外的净投资取决于贸易差额的大小。一国的贸易收支顺差越多，对外净投资就越多。同时贸易收支顺差越多，本国的货币供应量也就越多，越有助于国内贷款利息率的下降，从而刺激私人投资的增加，进而提高有效需求。因此，国际贸易收支顺差可以从两个方面促进有效需求的增加：一是一国净出口的增加本身，也就是本国有效需求水平的提高，进而导致国民收入的提高；二是通过贸易收支顺差，直接影响国内货币的供应量，从而压低国内利息率，刺激国内的私人贷款增加，增加私人的消费和投资需求。凯恩斯指出，政府应该干预对外贸易，奖出限入，实行超保护贸易政策。

在凯恩斯看来，政府干预、保持贸易收支顺差不是一个长期目标，只是在一国有效需求不足的情况下才偶尔使用的手段。因此，凯恩斯的贸易保护政策并不简单等同于重商主义。他认为，贸易收支顺差不可以无限量地增加，因为当贸易收支顺差过大时，国内的货币供应量就会过多，从而使商品价格过高，影响本国商品在国际市场上的竞争力。此外，贸易收支过度顺差还会使本国的利息率过低，进而引起资本外流，造成本国投资减少。

二、理论拓展

凯恩斯的《就业、利息和货币通论》中并没有系统的国际贸易理论的阐述，但其后的经济学家提出的贸易保护理论都建立在他的就业理论和乘数理论基础之上。在后凯恩斯主义者看来，凯恩斯的主张无疑是正确的，他们对凯恩斯本人的贸易保护观点又作了进一步发挥。在贸易收支差额对国民收入影响的程度上，后凯恩斯主义者指出，保持贸易收支顺差不仅能在理论上扩大本国的有效需求，而且能够以乘数的形式增加总收入，一倍的贸易收支顺差将带来几倍的国民收入的增加。这种国民收入水平的成倍增加又会为经济的稳定增长和充分就业创造更好的条件。

总之，凯恩斯主义的贸易保护理论反映了西方经济由单纯重视企业的经济运行转向重视宏观经济的稳定和增长。他们不仅强调政府干预国内经济，通过财政和货币政策实现经济目标的重要性，还提出了政府干预对外贸易的观点，主张实行贸易保护政策来配合国内的宏观经济政策。但这一理论也存在一定的局限性，由于它产生于20世纪30年代世界经济大萧条的特定环境中，因此只强调刺激需求以缓和资本主义生产过剩的经济危机，而忽视供给方面的重要性。此外，各个国家从本国利益出发实行限制进口的政策必然会遭到其他国家的报复，各个国家都无法扩大出口，使世界贸易量减少或停滞不前，对各个国家都有害无益。

第四节 战略性贸易政策理论

20世纪70年代以来，随着不完全竞争和规模经济引入了国际贸易理论分析的框架，贸易保护理论便也有了新的发展，20世纪80年代出现的战略性贸易政策理论就是典型的代表，该贸易政策理论是建立在不完全竞争理论基础上的一种政策分析。战略性贸易政策理论的基本观点是指一国政府在不完全竞争和规模经济条件下，可以凭借生产补贴、出口补贴或保护国内市场等政策手段，扶持本国战略性工业的成长，增强其在国际市场的竞争力，从而谋取规模经济之类的额外收益，并借机掠夺他国的市场份额和工业利润。

以美国波音公司和欧洲空中客车公司的竞争为例，飞机制造业投资很大，规模经济效应明显，目前在客机制造业最大的两家企业是美国波音公司和欧洲空中客车公司，是一个典型的双寡头垄断市场结构。假定两家公司都有能力为世界市场生产一种新型飞机，且市场需求总量一定，如果两家都生产并进入市场，必然展开激烈竞争，每销售一架飞机都亏损500万美元；如都不生产，当然既无亏损，也无利润；如只有一家生产，则独占市场，会获得的1亿美元高额利润。两家公司的生产和盈亏情况如表8.1所示。

表 8.1　双方都无补贴的情形　　　　　　　　　　　　　　　　单位：百万美元

项目		空中客车	
		制造	不制造
波音	制造	空中客车　−5 波　音　　−5	空中客车　　0 波　音　　100
	不制造	空中客车　100 波　音　　　0	空中客车　　0 波　音　　　0

从表 8.1 中可以看出，在两家公司完全依靠本身的力量展开博弈的情况下，有可能两败俱伤。现在假定欧盟对航空制造业进行保护，给予空中客车公司每架飞机 2 500 万美元的出口补贴，美国政府不对波音公司进行补贴，两家公司的盈亏情况将发生变化，如表 8.2 所示。

表 8.2　对空中客车进行补贴的情形　　　　　　　　　　　　　单位：百万美元

项目		空中客车	
		制造	不制造
波音	制造	空中客车　20 波　音　　−5	空中客车　　0 波　音　　100
	不制造	空中客车　125 波　音　　　0	空中客车　　0 波　音　　　0

由表 8.2 可知，在空中客车获得补贴的情况下，空中客车生产每架飞机赢利 2 000 万美元(2 500 万美元补贴减去 500 万美元亏损)。此时波音公司面临两种选择：生产，每架飞机亏损 500 万美元；不生产，既无亏损，又无利润。波音公司在无获利可能的情况下，不生产是最好的选择。此时只剩空中客车公司一家生产，每架飞机获得 1.25 亿美元利润，欧盟以每架飞机 2500 万美元的出口补贴换取了 1.25 亿美元的高额盈利。

上述例子似乎说明，战略性贸易政策理论能够为政府的积极干预提供有力的佐证。通过牺牲外国竞争者的利益，欧洲政府的补贴大大提高了欧洲企业的利润。如果不考虑消费者的利益，这似乎可以提高欧洲的福利水平(同时减少美国的福利水平)。在不完全竞争的市场结构条件下，政府采用积极的干预政策可以改变厂商的竞争行为和结果，使本国企业在国际竞争中获得占领市场的战略性优势，并使整个国家获益。从长远看，如果假定存在规模经济和全部产业都存在动态的外部经济，那么政府可以对其未达到规模经济的行业进行保护，在该行业达到最佳规模并拥有与国外竞争对手竞争时的优势后再转向下一个行业，从而使得本国厂商获得更大的市场份额以转移垄断租金，这实际上为保护幼稚工业理论提供了现实基础。

战略性贸易政策从国家利益出发，并以提升本国国际竞争力为目的，与产业政策紧密结合，它的有效推行不仅要在不完全竞争和规模经济的前提下，而且还应具备一系列条件。根据博弈论，如果有两个国家对相同的战略性产业实行对等的扶持政策，必然会产生过度竞争，导致"囚犯困境"的出现。在国际经济与政治的现实中，通过为国内厂商获得额外收益或支持国内产业来增加国家福利的政策势必会招致他国的报复行为。政府掌握齐全可靠的信息并对实行补贴可能带来的利润准确把握是有难度的。对市场机制发育不完全、公共财政制度不健全、行业集中度不高、缺乏企业家才能的发展中国家而言,尚不具备实施战略性贸易政策的现实基础。

  战略性贸易政策理论对发展中国家与发达国家之间的贸易以及对广大发展中国家之间的贸易具有一定借鉴意义。发展中国家应该从中看到知识和技术对经济增长的重要作用,积极创造条件进行产业结构的升级,建立大企业集团,充分利用规模经济效应,以新的姿态参与国际竞争和国际合作。在世界制成品出口总额中,发展中国家的份额在过去30年里一直上升,尤其是新兴工业化国家和地区的表现更为突出。发展中国家可主动实施以进口保护促进出口的措施,将传统的规模经济产业作为政策扶持的重点,拓宽融资渠道,加强对中小企业出口的扶持和鼓励,积极开拓国际市场,从而增强国际竞争力。一国政府通过贸易保护,全部或部分封闭国内市场,确立本国企业在国内市场的特权地位,受到保护的企业销售就会增加,其边际成本将随生产扩大而递减;而外国企业的销售会减少,其边际成本将随生产缩小而递增。也就是说,该国的进口保护措施为本国企业提供了超过其国外竞争者的规模经济优势,这种优势将转化为更低的边际成本和更高的市场份额。贸易障碍的设置进一步增强了本国厂商在对方国家及第三国市场上的竞争力,同时削弱了外国厂商在本国及第三国市场的竞争力。

专栏 8—3

日本实施战略性贸易政策扶持本国产业发展

  日本的实践被看作是推行战略性贸易政策最典型的例证,效果十分显著。日本政府根据本国主导产业国际竞争力的状况,在实行分阶段、逐步开放国内投资市场措施的同时,实施战略性贸易政策,通过企业联合改组、产业扶持、行政指导和产业立法等手段,建立了新的产业体制,制止了企业间的过度竞争,防止了外资对本国产业的冲击,增强了企业的国际竞争力,促进了日本经济的自律发展。实施战略性贸易政策的电视机和半导体产业部门垄断了世界市场,计算机工业已与美国平分秋色,汽车工业优势已显著超过美国。以电子计算机为例,在财政补贴方面,1960—1983年计算机工业的各种政府补贴共计1 832.1亿日元;在投资贷款方面,1960—1982年计算机工业的财政投资及贷款共计5 576亿日元。美国著名国际经济学家彼得·林德特在其《国际经济学》一书中指出:从20世纪50年代起,日本政府就把整个计算机部门如磁芯硬件、外围设备和软件作为国家发展的关键性部门,通产省和其他政府机构一方面阻止美国国际商用机器公司等企业对日本的出口,另一方面又对富士、日立、日本电气公司等日本企业的产品生产和出口提供补贴。日本通产省也曾把电视机和相关电子消费品作为发展出口的一个头等目标,与钢铁和汽车一样进行保护,使之免受进口竞争。日本政府还允许日立、松下、三菱、三洋、夏普、索尼和东芝等七大电子企业在国内组成卡特尔式的联合,通过封闭的销售系统把美国的电子产品排斥在外;同时大量投资这些企业,以促进其产品出口。

第五节　贸易政策的政治经济学

前面介绍的贸易保护理论主要从产业和宏观经济的角度提出贸易保护的理由，而贸易保护的政治经济学主要是站在政策的供给方及国家贸易政策制定者——政府的角度研究其决策，提出背后所涉及的政治和社会利益的过程。自20世纪80年代起，越来越多的经济学家转而以实证分析方法研究贸易政策问题。这种分析吸收了公共选择理论的一些思想，能比较好地解释现实中的贸易保护主义现象，这就是贸易政策或贸易保护的政治经济学观点。

现实中，政府的目标往往是多重的，既有经济层面的考虑，也有政治和社会方面的考虑，根据前文的国际贸易理论，我们知道自由贸易虽然有利于一个国家整体福利的提高，但是会给国内不同的利益集团带来不同的影响，即贸易会带来收入再分配的效应，而不同社会阶层或利益集团对此会有不同的反应，受益的一方自然支持这项政策，而受损的一方则会反对这项政策，各种力量交织在一起最终决定贸易政策的制定或选择。如果我们将贸易政策看成是市场当中的商品，那么从本质上而言，某一项贸易政策最终的实施，实际就是贸易政策的需求方，也就是代表某些经济单位的利益集团和贸易政策的供给方政府机构互相博弈的结果。因此，我们可以将经济学的均衡分析与政治经济学结合起来，任何贸易政策的实施都是社会总福利水平最大化条件下贸易政策的供给和需求平衡的结果。

下面介绍两类有代表性的贸易政策政治经济学模型。

一、中间选民模型

所谓中间选民，是指如果我们按照某种指标将选民的政策偏好程度从小到大排序，那么偏好程度位于中间位置高低的选民就是中间选民。例如，对某一些行业要通过关税的方式进行贸易保护，那关税税率的高低就反映了贸易保护的偏好程度，将这些关税税率从小到大进行排序，那些支持中间关税税率的选民就是中间选民。这个模型的核心思想就是政府或政治家为了获得选民的支持，在选择贸易政策的时候，就必须考虑如何得到更多选民的支持，而中间选民的意见往往能够代表大多数选民的意见。因此，在国际贸易政策的制定当中，政府会依据中间选民的偏好来制定。如果根据这个归因进行推理，政府的贸易政策应该有利于大部分选民的利益。

事实上，消费者是占大多数的群体，而消费者最希望的是零关税来消费进口品，因此政府应该采取自由贸易政策。但现实并非如此，几乎所有国家都征收关税，这说明大多数国家采取的政策只代表一国少数人的利益，而不一定有利于大多数人和国家的福利，这与中间选民模型预测的结果相悖。其原因在于，这一模型没有考虑不同利益集团在政府决策中对政府的游说作用，而政治捐献模型就考虑了这个问题，因而对现实的解释力更强一些。

二、政治捐献模型

格鲁斯曼(Grossman)和赫尔普曼在1994年提出的政治捐献模型是利益集团理论中发展最成熟的模型，而曼瑟尔·奥尔森(Mancur Olson)提出的集体行动的逻辑是政治捐献模型的基础理论。集体行动的逻辑的基本思想是任何一个集体如果需要采取集体行动来实现某一共同目标时，其中的每一个个体都存在搭便车的激励，这就是集体行动的问题。在越大的集体中，个人采取行动所付出的成本往往会高于他最终能够获得的收益，因此在每个人都选择搭便车的情况下，集体利益最终是无法实现的。相反，对一个相对较小的集体而言，如果要采取集体行动，那么每个个体所获取的收益更可能大于采取行动所付出的成本，于是每一个个体都会积极地为集体的利益作出努力，从而避免集体行动中的搭便车问题。中间选民模型之所以会出现现实与预测的结果不一样，主要是因为尽管大多数的消费者都支持自由贸易，但是消费者群体众多，他们团结起来游说政府实施自由贸易的成本远远超过他们能够获得自由贸易的收益。相反，行业当中的利益集团人数较少，其团结起来游说政府进行贸易保护的成本比较小，而贸易保护之后，他们获取的收益却是丰厚的，因此他们有很强的动力组织起来去推动关税保护政策或其他贸易干预措施出台。格鲁斯曼和赫尔普曼提出的政治捐献模型正是基于上述集体行动的逻辑，分析了西方政党选举中面临的利益集团政治捐款与选民福利之间的权衡取舍。大多数利益集团都会致力于旨在推动它们经济福利提升的政治活动，也就是他们希望通过游说和宣传，甚至采取政治捐款的方式影响政府的政策，将本集团的政治主张和利益诉求体现在政府的公共政策当中。根据集体行动的逻辑，这些利益集团一定是规模相对较小，未来的潜在收益一般都会大于游说是捐款的成本，因此他们有较强的动力参与到影响政府决策的政治活动中。

政党的目标一般有两个，一个是提高选民的福利，另一个是获得利益集团的政治捐款。一方面，提高选民的福利有利于提高政党的支持率，提高政党的政治影响力，同时政党执政期间选民的满意度往往也是下一届选举各党派竞选走向的一个风向标，可以为政党的长期执政提供基础。另一方面，政治捐款能够为政党活动提供有利的财力支持，尤其在选举期间，大量的宣传活动都需要巨额的资金保障，如果没有足够的曝光率和知名度，一个政党很难在选举中脱颖而出。因此在任何一项特殊的领域，针对某一利益集团的政策，都不仅仅是政府与该利益集团博弈的结果，其他利益集团以及选民也会参与到政策制定中，最终政策的出台与这些利益集团的权衡有很大关系。

总的来看，贸易保护政治经济学认为，贸易政策关系到了一个国家政治和经济体制等多方面的因素，更好地揭示了现实当中贸易保护的存在和变化。但需要指出的是，利益集团理论所揭示的政治寻租问题可能会给社会带来负面影响。从现实来看，贸易政策的政治经济学确实能解释许多原来不能解释的现象，如发达国家的劳动密集型行业的贸易保护程度相对较高的现象。根据要素禀赋理论，发达国家在劳动密集型行业上处于比较劣势，这些行业面对发展中国家廉价劳动密集型产品的竞争，生存较为艰难。但由于一些历史原因，这些行业对政府的政策制定则有较强的影响力，再加上劳工组织比较完善，所以这些行业往往能成功地促使政府采取保护程度较高的措施。

第六节 国家安全论

国家安全论是基于 WTO 国家安全例外条款进行的贸易保护，WTO 关于货物贸易的国家安全例外规则包含在 GATT1994 的第 21 条中，该条款定义了在什么条件下 WTO 成员可以以国家基本安全利益为由偏离对 GATT 所承诺的义务。国家安全论包含了一个国家基于国家安全对进口和出口两个方面的限制。从进口方面看，国家安全论认为，自由贸易会增加本国对外国的经济依赖性，这种情况可能会危及国家安全。一个国家没有永远的敌人，也不会有永久的朋友，一旦战争爆发或国家之间关系紧张，贸易停止，供应中断，过度依赖对外贸易的经济就会出现危机，在战争中可能会不战自败。有关国家安全的重要战略物资必须以国内生产为主，不能过度依赖进口，而且当这些行业面临国际市场竞争时，政府应该加以保护。从出口方面来看，该理论认为，有关国家安全的重要战略物资对某些国家的出口也要加以限制，任何可能增强对方实力，威胁自己安全的商品都要严加出口控制。战略物资所涵盖的内容是动态的，在不同的时代和客观历史条件下，战略物资含义不一样，最早对战略物资的理解更多是粮食、军工产品等这些关系国家民生和军事的产品，之后，石油、钢铁、铝等资源类的产品如果涉及用于生产和加工上述关键性行业，那么也算重要的战略物资。进入科技时代，高科技产品，如现在作为新基建的 5G 等通信行业，如果涉及国家相关行业或者部门各类敏感信息的获取，则也是重要的战略物资。另外，在特定的时期，如新冠疫情期间，口罩等医疗设备就是关键行业和重要的战略物资。总之，如果某些产品被定义为战略物资，而这些产品的进出口贸易确实能够证明危及国家的安全，国家就应以此为由对这些产品的进出口进行限制，这就是国家安全论的主要内容。

既然战略物资具有时代性，说明在社会的不同时期，一个国家都可能以维护国家安全为由进行贸易保护。国家安全论由来已久，在最早的重商主义时期，由于重商主义认为出口是一个国家财富增加的唯一途径，因此贸易对国家而言无疑是非常重要的，自然，作为贸易主要方式的海运服务和作为贸易工具的商船，就成了重要的战略物资，一些国家就会以国家安全为由限制使用海外的海运服务或购买外国商船。在"冷战"时期，各国的国防安全往往是最为重要的。进入新的时代，科学技术快速发展，科技改变着很多行业，也改变了人类的生活和行为方式，一些高科技产品可能会成为威胁一个国家安全的战略物资，因此高科技领域的贸易保护就不断增加。

近年来，国家安全问题日益成为各国使用最为频繁的贸易和投资干预理由，这些理由带有的歧视性、随意性和背后的保护主义动机，对 WTO 多边贸易体系的信誉和稳定构成了严重的挑战。国家安全例外之所以能成为流行的政策工具，同地缘政治有着密切的关系，如推动美国政府使用国家安全例外工具的最重要原因就是所谓的"中国威胁论"，除此之外，不断高涨的反全球化、贸易保护主义和经济民族主义也起到了推波助澜的作用。2008 年全球金融危机爆发前，西方国家关于国家安全的讨论主要集中在投资上，其目的是在投资自由流动和国家安全之间寻找平衡。全球金融危机之后，随着民粹主义在发达国家的兴起，特朗普将国家安全问题置于贸易和投资政策的核心地位。2018 年 3 月，特朗普政府开始借助国家安全例外对进口钢铁和铝产品分别征收 25% 和 10% 的关税，之后这一做法超出进口的范畴，快速扩展到出口和投资等领域。贸易限制措施具有极强的传染性，在特朗普政府以国家安全例外为由实施贸易限制措施后，虽然许多国家对这一做法公开表示反对，但也刺激一些国家对贸易伙伴采取类似的措施。

长期以来，WTO 成员对国家安全例外的潜在风险有非常深刻的认识，但就如何完善这一条款一直不能达成共识。国家安全可以用来隐藏一国的保护主义动机，因此，滥用国家安全例外势必增加国际贸易环境的不确定性,动摇以规则为基础的全球多边贸易体系。当一国以国家安全例外为借口对另一国实施贸易限制措施时,往往会招致对方以相同的理由进行回击,对于规模类似的贸易大国来说,竞争性的报复措施将导致两败俱伤的结果。在受害者为小国的情况下,大国以国家安全例外为由所采取的贸易限制措施将导致不对称的结果。面对全球不断上升的贸易保护主义、经济民族主义和各种歧视性贸易政策,滥用国家安全例外已经成为威胁全球多边贸易体系稳定的一个突出问题。2020年年初,新冠疫情的暴发也使现行全球贸易体系的脆弱暴露出来,面对疫情对全球供应链的冲击,强调全球供应链的灵活性和弹性成为当前世界的潮流,经济效率的重要地位被明显忽视。疫情暴发以后,许多国家越来越将国家安全(甚至包括健康安全)作为贸易政策合理性的基础。基于非经济原因进行的贸易保护对一个国家带来的负面影响可能会更大,它往往会从根本上削弱,甚至使对方丧失国际竞争力。因此,我们要更加警惕外国对中国实施的此类贸易保护,积极和智慧地应对,尽可能降低其对国家的损害。

第七节　保护公平竞争论

保护公平竞争是许多国家特别是西方国家用来进行贸易保护的一个重要依据。这一理论最初是针对国际贸易中因政府参与而出现的不公平竞争行为的,后来又被广泛用于要求对等开放市场。保护公平竞争论以一种受害者的姿态提出进行贸易保护,这种保护似乎是迫不得已的,保护的目的也似乎是更好地保证国际上的公平竞争,以推动真正的自由贸易。对于什么是不公平竞争,各国定义很不一样,但一般来说,凡是由政府通过某些政策直接或间接地帮助企业在国外市场上竞争,并造成对国外同类企业的伤害,即被看成是不公平竞争。后来,不公平竞争的定义扩大到不对等开放市场,许多西方国家指责发展中国家的市场开放不够,指责中央计划经济没有按市场经济的原则实行自由贸易。美国还用这一论点来针对欧洲、日本等发达国家,指责他们对美国产品的进入设置重重障碍。

以公平竞争为理由来保护贸易的国家主要是美国。美国不仅在理论上认为自己理直气壮,还在法律上对不公平贸易行为作了报复的明文规定。早在1897年,美国就通过了《反补贴关税法》,1930年的《关税法案》的第701节对反补贴作了更具体的规定,并在1979年和1984年作了进一步修改。《反倾销法》则在1916年首次通过,后列入《关税法案》的第731节。1974年通过的《贸易法案》中的301条款进一步明确授权政府运用限制进口等贸易保护措施来反对任何外国不公平的贸易行为,以保护本国企业的利益。1988年,《综合贸易与竞争法案》更是把焦点集中于对付不公平贸易和竞争方面,该法案中的"超级301条款"不仅将不公平案的起诉权从总统下放到贸易代表手上,还要求贸易代表每年4月30日将"不公平贸易国家"的名单递交国会,上了这份"黑名单"的国家就可能被列为报复对象。不过,美国不会立即实行贸易报复,而是开始和这些国家谈判,要求这些国家纠正美国认为的不公平行为。如果谈判破裂,美国就可以对该国进行贸易报复。从2017年1月美国总统特朗普继任以来,他公开在各种场合多次提到公平贸易。例如,面对美国对中国的贸易逆差,特朗普指出要公平贸易,并认为公平贸易比自由贸易更可取。面对美国、加拿大、墨西哥组成的北美自由贸易区及NAFTA,特朗普指出,为了公平贸易必须重谈NAFTA。

面对中美知识产权的问题，特朗普认为，中国窃取了美国的知识产权，并提出拒绝不公平贸易。2018年6月，美国宣布对加拿大、欧盟和墨西哥进口的钢、铝加征关税，理由也是美国需要公平贸易。很明显，特朗普所说的公平贸易并不是真正的公平贸易，特朗普认为，有损美国利益的行为均有悖于公平贸易，实际上，特朗普强调的所谓公平贸易就是美国优先，并以此为借口，在全球推行贸易保护。

GATT和WTO将公平贸易确定为一项非常重要的基本原则，这个基本原则的含义是指基于对各成员方不同经济发展程度的考虑，要求各贸易经营者不得采取不公正的贸易手段进行国际贸易竞争或扭曲国际贸易市场竞争秩序。不同时期的公平贸易涵盖的内容是不同的，最早提出的贸易救济就是因倾销补贴或由于进口激增，对国内相关产业带来了巨大冲击等所造成的一些不公平行为而采取了诸如反倾销、反补贴和保障性措施等。现在，关于知识产权、劳工标准、反垄断甚至国有企业行为等也越来越多地被纳入公平贸易的范畴。公平贸易本身是为了实现不同发展程度贸易主体的公平，有助于国家之间贸易关系的正常发展，但现实当中，公平贸易在一定程度上却成为某些国家扭曲和设置特殊和差别待遇的借口，成为这些国家实施贸易保护的重要理由。

本章小结

本章介绍了主要的贸易保护理论，其中，最佳关税论从静态角度出发，认为在大国情形下，征收关税可以改善本国的贸易条件，只要贸易条件效应能抵消关税的征收成本，征收关税就能改善本国的福利。最佳关税的条件为征收关税的边际收益等于边际成本。幼稚产业理论则从动态角度提出了保护具有潜在优势的新兴产业的观点，但这种保护只能是暂时的，并介绍了判定幼稚产业的四个标准：穆勒标准、巴斯塔布尔标准、坎普标准和小岛清标准。凯恩斯主义的贸易保护观点是将贸易政策与宏观经济政策联系在一起，把贸易政策作为实现总需求政策目标的一种选择。战略性贸易政策实质上是在政府干预和寡头垄断的市场结构下争夺有限的垄断租金。贸易政策的政治经济学是通过实证分析方法指出利益集团的院外活动会直接影响政策的制定以及保护水平的高低。国家安全论认为，自由贸易会增加本国对其他国家的经济依赖性，这种情况可能会危及国家安全，国家应对重要的战略物资的进出口进行限制。保护公平竞争论以一种受害者的姿态提出进行贸易保护，近年来成为许多西方国家特别是美国用来进行贸易保护的一个重要依据。

复习思考题

1. 最佳关税收入的来源有哪些？最佳关税应如何确定？
2. 阐述幼稚产业的几种判定标准并进行评价。
3. 简述幼稚产业保护理论对发展中国家经济发展的意义。
4. 试论述战略性贸易政策，并说明其推行条件。
5. 如何理解贸易政策的政治经济学？
6. 试运用有关贸易保护理论分析中美之间出现的贸易摩擦。

第九章　贸易政策的实践

从实践来看，各国在不同时期对待国际贸易的态度和做法往往是不同的，甚至截然相反，即使在同一时期，不同国家的政府采取的贸易政策也有很大的区别。各国贸易政策不论具体内容和形式如何变化，都可以归结为自由贸易政策和保护贸易政策两种类型。一国究竟采取自由贸易政策还是保护贸易政策，通常取决于一国的经济发展水平、国内各种利益集团力量的对比、经济发展战略以及国际经济环境等因素。为了对贸易政策有更加全面的认识，本章专门对处于不同经济发展水平的国家在不同时期的贸易政策进行考察。由于各国制定贸易政策总是倾向于本国利益，这就必然引起国际的贸易纠纷，阻碍世界贸易和世界经济的健康发展。因此，要真正实现互惠互利，就必须加强贸易政策的国际协调，制定各国都能遵守的国际贸易准则，1995 年成立的世界贸易组织及其前身关贸总协定就是为适应这种需要而产生的。

第一节　发达国家贸易政策的演变

发达国家的贸易政策在经济发展的不同阶段有明显的不同，资本主义萌芽时期是以政府干预为主的重商主义，限入奖出是其保护贸易政策的主要手段。18 世纪末开始了贸易自由化运动，当垄断代替了自由竞争后各发达国家又转向了保护贸易政策。"二战"后，西方发达国家的贸易政策开始趋于复杂化，表现为自由贸易与保护贸易相融合的混合体。20 世纪 50 年代到 70 年代初期，自由贸易是主流。70 年代中期后，新贸易保护主义兴起，贸易政策呈现新的特点。

一、发达国家的自由贸易政策

虽然自由贸易政策对各国都有利，但在现实中，绝对的自由贸易从来就没有真正实行过，只是在历史上某些阶段，一些发达国家曾对国际贸易持一种相对开明的态度。发达国家自由贸易政策实践中最有影响的是早期英国推行的自由贸易政策和"二战"后在关贸总定框架下推行的贸易自由化。

(一) 英国早期的自由贸易政策

从工业革命以后的历史看，发达国家自由贸易政策的实施开始于英国。当时，英国完成了一场手工业向机器大工业的生产过渡,工业生产迅猛发展,成为世界的工业制造中心和商品贸易中心。在这种情况下,原来实行的保护贸易政策越来越不适应经济和贸易发展的需要,为此,英国新兴的资产阶级强烈要求废除重商主义时期的保护贸易措施,推行自由竞争和自由贸易政策。英国推行的自由贸易政策措施主要包括以下几个方面。

(1) 逐渐降低关税税率,减少应税商品数目。在重商主义时期,英国有关关税的法令多达千件以上。为此,英国政府从 1825 年开始简化税法,实行新的税率制度。与此同时,关税税率大大降低,进口纳税的商品数目也大大减少,从 1841 年的 1 163 种减少到 1882 年的 20 种。

(2) 取消外贸经营特权。1831 年和 1834 年,英国政府先后废止了东印度公司对印度和中国贸易的垄断权,将贸易经营权范围扩大到一般涉外公司。

(3) 废除《谷物法》。《谷物法》是英国政府于 1815 年颁布的旨在限制或禁止谷物进口的法律。从 1838 年开始,英国国内掀起了声势浩大的反谷物法运动。1846 年,议会通过了废除《谷物法》的议案,并于 1849 年生效,从而取得了 19 世纪自由贸易进程中最伟大的胜利。

(4) 废除《航海法》。《航海法》是英国为限制外国航运业竞争和垄断殖民地航运事业而制定的政策,从 1824 年逐步废除,至 1854 年,英国的沿海贸易和殖民地全部向其他国家开放。

(5) 放松对殖民地的贸易限制。在 18 世纪,英国对殖民地的航运享有特权,殖民地的货物输入英国享受特惠关税待遇。在大机器工业建成后,英国对殖民地逐步采取了自由放任的态度,他们不仅可以对任何国家输出或输入商品,而且可以与外国签订贸易协定,建立直接的贸易关系。

(6) 与外国签订有自由贸易倾向的贸易条约。例如,1860 年,英国与法国签订了《科伯登》条约。根据条约规定,英国对法国葡萄酒和烧酒的进口予以减税待遇,并承诺不禁止煤炭的出口,法国则保证对从英国进口的一些制成品征收不超过商品价格 30% 的关税。

专栏 9-1

英国的《谷物法》及其废除

英国的《谷物法》是在谷物(主要包括小麦、大麦、黑麦和燕麦)充足和低价时期,为了生产者的利益,企图控制谷物贸易的议会法规。禁止或不鼓励进口的法规可以追溯到 15 世纪,但在 1663 年的一个法令中它才生效。出口补贴开始于 14 世纪,并且依照 1689 年制定的一个法令而变得更系统了。1750 年以前,似乎还没有经济学论文专门对这个课题进行研究。在 19 世纪,这样的法规才引起人们争论,这主要是因为人口的增长,特别是城市的发展,以及由于 1795 年的食品短缺和托马斯·罗伯特·马尔萨斯(Thomas Robert Malthus)1798 年发布的文章,引起了人们对食品供应的关心,特别是 1815 年的《谷物法》,其目的在于通过禁止进口,直到国内价格达到一定水平(对小麦来说,达到每夸脱 80 先令)的方法,以鼓励国内生产,但《谷物法》却成为代表消费者利益的激进分子和中产阶级制造商以及出口商的猛烈攻击的目标。实际上,没有人对 1815 年的《谷物法》满意。在某一个特殊的价格水平上,进口从全面禁止到全面开放的突然转变是不稳定的,而且没有保证供应,因为当上述价格达到了指定的时间(通常是10月或11月),发出短缺信号,但波罗的海航路可能已经冰封了,使得在这个季节的其余时间无法得到便宜的外国进口谷物。为了对付这些问题,在1828年,英国政府采用了一种可调节的税率,在1842年降低了税率,并在7年后最终放弃了这种关税。在这期间,1846年发生的一场重要的政治危机,使罗伯特·皮尔(Robert Peel)爵士的第二届政府垮台,且基本上分裂了保守党。从19世纪30年代中期开始,《谷物法》不再对谷物贸易制造很大的实际困难,但《谷物法》的废除标志着自由贸易理论在英国的最终胜利,并且迅速获得了象征性的价值。《谷物法》的废除没有(像大家希望的那样)导致小麦价格的下跌,但减少了每年进口量的波动。

资料来源:《新帕尔格雷夫经济学大辞典》第一卷. 北京:经济科学出版社,1996:725.

(二)"二战"后的贸易自由化

"二战"后,美国在世界经济中占据了绝对的主导地位,为了营造一个有利于各国经济发展的良好环境,发达国家在美国的带动下逐步放宽和取消贸易限制以推动自由贸易发展,这一做法主要在GATT和WTO的多边贸易体制框架内进行。战后的贸易自由化主要表现在以下两个方面。

1. 关税水平大幅度下降

1948年生效的关贸总协定组织完成了八轮多边贸易谈判,各国大幅度削减了关税税率,放宽了贸易限制。发达国家的平均关税水平从战后初期的40%左右下降到5%以下,发展中国家则从更高水平下降到13%左右。发达国家还以普惠制、洛美协定等方式,向发展中国家提供单方面的贸易优惠。其中,普惠制是广大发展中国家经过长期斗争,于1968年在联合国贸易与发展会议上通过的一项决议。在该决议中,发达国家承诺从发展中国家或地区输入商品,尤其是输入制成品和半制成品时给予普遍的、非歧视的和非互惠的优惠关税待遇。洛美协定则是欧洲经济共同体(现欧盟)与非洲、加勒比及太平洋地区的发展中国家于1975年、1979年、1986年和1990年分别签订的有关协定。根据这些协定的规定,欧洲经济共同体对来自三个地区或国家的全部工业品和大多数农产品提供关税进口的待遇。

2. 非关税壁垒减少

"二战"后初期,发达国家对许多商品进口实行严格的进口限额、进口许可证和外汇管理等措施,以保护国内经济。随着经济的恢复和发展,发达国家在不同程度上放宽了进口数量的限制。例如,到20世纪60年代初,参加关贸总协定的经济合作与发展组织成员国之间的进口数量的限制已取消了90%,欧洲经济共同体成员国之间则取消了工业品进口数量的限制。与此同时,西方发达国家还在不同程度上放宽或解除了外汇管制,恢复了货币自由兑换,实行了外汇自由化。

二、发达国家的保护贸易政策

与自由贸易政策的实践相比,保护贸易政策的推行更为久远。发达国家的贸易保护政策大体可分为三种情况:发达国家早期的贸易保护政策、"二战"后的新贸易保护主义和管理贸易政策。

(一) 早期的保护贸易政策

18世纪中期到19世纪后期的资本主义自由竞争阶段，英国推动的自由贸易政策处于主导地位，但这一时期工业还处于起步阶段的美国和德国实行的是保护贸易政策，以扶持本国幼稚工业的发展。建国后至1933年，美国主要实行的贸易政策是高筑关税壁垒，1874年美国通过的第一个关税法案中，其进口关税的平均水平为50%，尽管在此后某些年关税水平有所降低，但到1930年，美国的平均关税水平竟然高达53.2%。在欧洲，面对英国廉价产品的竞争，法国、德国等相继采取了贸易保护政策。发达国家传统的贸易保护一般都是一种临时性的政策措施。当发生经济衰退或经济危机时，各国为了保证本国市场不受外部冲击，会采取贸易保护政策，将大部分进口产品拒之门外。各国采取这种"以邻为壑"的政策，往往导致贸易战的爆发，这一点在1929—1933年的大危机中表现得尤为突出。

(二) "二战"后的新贸易保护主义

"二战"结束至20世纪70年代初，在第三次科技革命及国家垄断资本主义等多种因素的推动下，西方国家的经济很快得到了恢复，并进入了高速发展的时期。与此相应，贸易自由化思潮复兴，贸易保护主义则得到一定程度的抑制。但进入20世纪70年代以后，西方国家普遍出现了较为严重的经济"滞胀"局面，即经济增长缓慢，通货膨胀率和失业率居高不下。在此情形下，为了增加国内需求，刺激经济增长，西方各国又普遍推行了保护贸易的政策。由于战后的贸易保护主义出现了一系列新的特点，故被称为"新贸易保护主义"，新贸易保护主义呈现出以下特点。

(1) "逆全球化"背景下贸易保护主义的实施方式更为多元，关税壁垒与非关税壁垒通常被综合使用。由于"二战"后关税受到GATT的制约，以提高关税水平来实现贸易保护已较为少见，但以美国发起中美贸易摩擦为代表的新一轮贸易争端却是关税壁垒与非关税壁垒的综合利用。美国以知识产权保护、"不公正且不公平"行为等为由发起301调查，并于2018年到2019年间，多次分批向来自中国的特定进口产品加征关税，中国也对原产于美国的大豆、汽车、化工品等产品加征关税作为对等回应。这反映出部分发达国家会根据与不同国家的政治经济关系，综合采用关税壁垒与非关税壁垒等措施，对某些特定的国家进行报复，以达到某种政治经济目的。

(2) 对商品实施保护的范围从传统产品和农产品扩大到高新技术产品和劳务部门。新一轮贸易保护主义背景下，贸易保护的对象也发生了深刻变化，受保护程度较深的产品不仅有纺织品、鞋、化工产品、钢铁、汽车、食品和家用电器等，还进一步发展到航空航天、信息和通信技术、机器人和机械、医药等新兴行业。另外，在服务贸易领域，很多国家也在签证申请、投资条例、收入汇回等方面采取了保护性限制措施。

(3) 国际贸易规则遭到破坏，贸易保护主义的扩散效应显著增强。2008年国际金融危机以来，随着贸易单边主义的蔓延，部分发达国家通过扰乱国际贸易规则来避免国际机构对自身的制裁。例如，美国通过阻碍WTO新法官的任命，导致WTO上诉机构于2019年年底陷入停摆危机，而该机构是世界贸易组织争端解决机制最为重要的一环。不仅如此，美国以所谓国家安全条款为由阻挠WTO新一轮改革，也极大延缓了多边主义框架下的贸易自由化进程。同时，伴随贸易自由化受阻，贸易保护主义的扩散效应显著增强，中美贸易摩擦给两国的经济发展造成了巨大冲击,也明显拖累了全球经济复苏和贸易发展。自中美贸易摩擦以来,受美国贸易保护主义政策强化的影响,2019 年中美之间的双边关税比 2018 年年初高出约 15 个百分点,严重制约了双边贸易的发展。

(4)从国家贸易壁垒转向区域性贸易壁垒。区域经济一体化是"二战"后世界经济的一个重要发展趋势,近年来日益呈现出区域化、碎片化趋势。目前世界上多数国家都已不同程度地加入了某个或某几个区域经济一体化组织。这些一体化组织具有排他性,即在对内加强贸易自由化的同时,又联合起来一致对外,排挤和打击组织以外的竞争者。在此情况下,区域性的贸易壁垒正在逐渐取代国家性的贸易壁垒,在新贸易保护主义的潮流中发挥着越来越大的作用。

新贸易保护主义的兴起和推行,虽然在缓和西方国家的国内经济危机、减少财政赤字、平衡国际收支及抑制通货膨胀等方面起到了一定的作用,但是给广大消费者和其他国家乃至整个世界经济造成了严重的负面影响。新贸易保护主义提高了贸易保护程度,延缓了贸易自由化进程,扭曲了贸易流向,妨碍了世界资源的合理配置,增加了商品价格上涨的压力,损害了消费者的利益,加剧了发展中国家贸易条件的恶化,导致贸易摩擦增多,影响世界经济全球化的发展。

(三)管理贸易政策

自 20 世纪 70 年代以来,在新贸易保护主义的基础上,产生了协调管理贸易(Managed Trade),即"有组织的自由贸易"。它是以协调为中心,以政府干预为主导,以磋商谈判为轴心,对本国进出口贸易和全球贸易关系进行干预、协调和管理的一种国际贸易体制。因此,管理贸易既有别于纯粹的自由贸易政策,同时也不同于完全的贸易保护主义,其主要目的是既争取本国对外贸易的有效发展,又在一定程度上兼顾他国利益,达成双方或多方均能接受的贸易折中方案,以限制贸易战及其破坏程度,共同担负起维护国际经贸关系相对稳定和发展的责任。管理贸易政策的主要表现如下。

1. 各发达国家加强了贸易立法,使贸易保护主义向合法化和制度化发展

一些发达国家管理对外贸易的法律已由过去单行的法律,发展成为以外贸法为中心,与其他方面国内法相配套的法律体系,这在美国表现得最为明显。1974 年美国国会通过的《贸易改革法》,是一部自由贸易条款与限制性条款相混合的立法,它首次确定了各种关税壁垒,如例外条款、反倾销、反补贴条款等在法律上的地位,并在"301 条款"中授权美国总统对给美国出口施予不公平待遇的国家进行报复。1979 年通过的《贸易协定》则增加了反倾销、反补贴专章,并将与多边贸易谈判有关的政府采购协定付诸实施,还规定了司法审查及其程序。1984 年通过的《贸易与关税法》重点修改了 1974 年《贸易改革法》中的某些条款,如普惠制的延长与取消,降低劳务贸易、高技术产品和直接投资壁垒的国际协定等。而 1988 年通过的《综合贸易法》作为美国新贸易保护主义形成的法律标志,除了保留上述贸易立法中有关非关税限制条款外,还从多方面强化了保护主义措施,如制定了有名的"超级 301 条款"和"特别 301 条款",前者要求政府对公平贸易做得不好的国家进行谈判或报复,后者则要求政府对保护美国知识产权做得不够好的国家进行谈判或报复。应该注意的是,这些贸易立法还强化了贸易保护机构,如进一步扩大美国国际贸易委员会的权限并加强美国贸易代表授权,完善贸易保护程序,使贸易立法的贯彻有了组织上和程序上的保证。

2. 双边、区域多边贸易协调日益加强，并与国际多边贸易协调体制交织

由于 GATT 到 WTO 所构建的国际多边贸易协调体制的影响力已受到严重削弱，各国更多地借助双边贸易谈判，实行"公平贸易"政策。例如，美国克林顿总统上台执政后，就曾明确指出，美国要实行真正的公平贸易，就应坚持三项原则：①在欢迎广泛的产品和贸易伙伴进入美国市场的同时，也应该让美国商品全面进入外国市场；②在欢迎外国在美企业中进行投资的同时，也应该让美国商品全面进入外国市场；③在欢迎外国公司在美国设公司的同时，也应要求它们交纳与美国公司相同的所得税。在双边贸易协调日益加强的同时，区域集团内部的多边协调管理也随着贸易区域集团化的发展得到了进一步强化。

3. 跨国公司逐渐成为管理贸易的主体

管理贸易融政治与经济于一体，运用贸易、金融方面的技术，综合开展各种有形和无形的国际贸易，以获取最大的和长远的经济效益，而最能适应这种管理贸易的是在世界经济中占主导地位的跨国公司。目前，全球许多高科技、高层次、大规模的贸易与投资活动都是以跨国公司为主体进行的，它们垄断了全球货物贸易额的 90% 左右。因此，各国都通过跨国公司的跨国经营活动，来贯彻其对外投资贸易的战略和政策，跨国公司已成为各国争夺国际市场和获取管理贸易利益的主要力量。

管理贸易政策产生于 20 世纪 70 年代以来新贸易保护主义日益严重的背景之下，适应了发达国家既要遵循自由贸易原则，又要实行一定的贸易保护的现实需要，因此在一定程度上避免了极端形式的贸易冲突，减缓了各国之间的贸易摩擦。但是管理贸易体制毕竟包含了保护贸易的诸多措施和因素，尤其是它使贸易保护主义制度化和法律化，同时，国际多边贸易关系也在向双边和区域内多边协调关系方向发展，这就为西方发达国家加大贸易保护力度提供了更大的可能性和合法性。从这个意义上来说，管理贸易政策又是进一步引发新的贸易争端的重要制度因素。

第二节　发展中国家的经济发展战略与贸易政策

大多数发展中国家在"二战"后才摆脱殖民体系取得政治独立，独立后的发展中国家普遍认识到，经济独立是政治独立的根本保证。发展中国家在谋求经济发展的过程中，都把实现大规模工业化作为首要目标，国际经济学界一般把发展中国家围绕工业化而采取的经济发展战略和贸易政策分为两大类：进口替代发展战略和出口导向发展战略，二者具有相继性、替代性和互补性的内在联系。

一、进口替代发展战略与保护贸易政策

（一）进口替代发展战略的含义及阶段

进口替代（Import Substitution）发展战略又被称为内向型经济发展战略，是指通过发展本国的工业，实现用本国生产的产品逐步代替进口满足国内需求，以节约外汇、积累经济发展所需资金的战略。从实践来看，拉丁美洲（拉美）国家实行此种战略的时间较长，从 20 世纪 50 年代初期起，进口替代工业化战略即在拉美国家普遍推行，此后一直延续到 20

世纪70年代中期，有的国家在20世纪80年代仍继续推行。东亚国家和地区在20世纪50年代初至20世纪60年代初、东南亚国家在20世纪50年代中期至20世纪70年代初主要实施过这种战略。非洲国家独立后，在实施初级产品出口战略的同时，也推行了进口替代的发展战略，但主要是发展以本国原料为主的加工工业和日用品生产。

进口替代发展战略可大体分为两个阶段。第一阶段，建立和发展一般消费品工业，以取代这类消费品的进口，这类消费品主要有纺织品、加工食品、日用消费品、收音机、手表、自行车等。第二阶段，从一般消费品的生产转向本国工业需要的资本品、中间产品及耐用消费品的生产，以取代这类工业品的进口，如机械、钢铁、各种工业原材料与设备等。一般情况下，发展中国家比较容易进入第一阶段的进口替代，且成功的把握也比较大。而进入第二阶段的进口替代需要发展中国家有一定的工业基础。自20世纪40年代以后，基本上所有较大的发展中国家，如阿根廷、巴西、智利、哥伦比亚、埃及、印度、韩国、墨西哥均采取了由关税保护作支柱，辅之以进口数量限制和外汇管制为政策基础的进口替代发展战略。进口替代一般从轻纺工业开始，随后发展到部分重工业领域。有的国家还制定外资投资法，吸引外国资本对某些替代工业的投资，有的则设立国营机构，直接参与对外贸易，以加强进口替代发展战略的作用。

(二)进口替代发展战略的理论依据

进口替代发展战略的理论依据是由两位来自发展中国家的经济学家普雷维什和辛格提出的"普雷维什-辛格假说"。20世纪60年代中期，阿根廷经济学家普雷维什指出，传统的比较优势理论并不适合发展中国家，基于比较优势的贸易利益更多表现为静态利益，而在规模经济等动态利益中则较少体现，所以对发展中国家作用不大，甚至会带来不利的后果。在国际贸易中，发展中国家的贸易条件较差，且将继续恶化，甚至会出现贫困化增长的情形。普雷维什更进一步将整个世界分为两类国家，一类是处于"中心"地位的经济发达国家，另一类是处于"边缘"地位的发展中国家。边缘国家是中心国家经济上的附属，为中心国家的经济增长服务。中心国家通过不等价交换，剥削边缘国家的利益，使发展中国家本身难以发展。因此，发展中国家应摆脱这种不合理的国际分工体系，走独立自主的发展经济的道路。此后亚非拉许多发展中国家都在不同程度上实行了进口替代发展战略。

采取进口替代发展战略的另一个理由是一些发展中国家存在二元经济结构。所谓二元经济结构，是指在一个发展中国家内，相对现代的资本密集且工资水平较高的工业部门与非常穷困的传统农业部门并存，即整个经济可以区分为两个发展水平显著不同的经济结构。正因如此，发展中国家的企业家希望在政府的保护下，排除来自先进国家的竞争，独占本国市场。同时，整个国家经济发展水平的落后，又需要本国的工业部门带动国民经济的发展。

(三)配合进口替代发展战略实施的政策措施

发展中国家实施进口替代发展战略常常需要贸易保护政策予以配合，贸易保护是进口替代发展战略的核心工具，具体的政策措施包括以下3个方面。

(1)加强进口限制，实行较高的关税壁垒和非关税壁垒。其主要目的是避免外国工业品的竞争，保护国内工业的发展。

(2)外汇管制。其目的是将有限的外汇资源集中用于本国的进口替代部门。

(3)本币汇率高估。其目的是使进口替代部门获得发展所必需的技术和设备，降低其使用进口投入的生产成本。由于大多数发展中国家转向进口替代时，出口的主要是初级产品，初级产品的国际市场需求不稳定，价格波动幅度大，本币汇率高估还可以避免国际市场对国内市场的冲击和导致国内通货膨胀，避免国际收支不平衡。

（四）进口替代发展战略的实施效果

进口替代发展战略的实施效果一直是学者们争论的一个大问题，从实践来看，以保护贸易为政策基础的进口替代发展战略，对于一些发展中国家或地区的经济发展起到了一定积极作用，主要表现在：第一，进口替代发展战略下的保护贸易政策是防御性的，通过抵御外国产品的竞争，发展国内生产代替进口产品，保护了本国民族工业的建立与发展，使单一畸形的经济结构有了改变。第二，进口替代战略有助于改善本国落后的技术结构，尤其是高级进口替代有助于产业结构向高级阶段发展，在条件成熟时，完成高级进口替代的国家很容易转向出口导向发展战略，迅速促进国民经济的发展。当前实施出口导向的新兴工业化国家或地区，大多先经历过进口替代过程，进口替代为它们打下了必要的工业基础。进口替代发展战略有力地促进了拉美国家商品经济的发展。随着进口替代工业化的扩展，到20世纪50年代中期，拉美全地区的制造业产值开始超过农业；到20世纪60年代，拉美国家的生产能力已基本达到了满足本地居民消费需求的水平；到20世纪70年代中期，一般的生产资料也自给有余，巴西、墨西哥、阿根廷等国开始向世界其他地区出口电动机械、交通运输工具、电气器材及电子通信设备等重要的制造业产品。1975年，在发展中国家制造业总产值中拉丁美洲超过了一半，约占56%，处于领先地位。由于工业的发展，拉美地区的经济在20世纪80年代以前得到了迅速增长，1950—1980年的30年间，拉美地区国内生产总值年均增长率达5.6%，这一数值不仅高于发展中国家的平均值，而且高于发达国家的平均增长率。

进口替代发展战略的实施也给发展中国家带来了一系列问题和进一步发展的困难。主要表现为以下几点：第一，进口替代是一种内向型的经济战略。它主要依靠内需来带动经济的发展，而经过一段时期的经济恢复和发展之后，发展中国家的国内市场特别是轻工业品的消费基本都已接近饱和状态，要进一步发展经济已经相当困难。不仅如此，经济增长速度已呈现下降的趋势，如整个拉美地区1980—1989年的国内生产总值年均增长率仅有1.1%，这一时期被称为"失去的10年"。第二，进口替代发展战略着眼于当前需要的日用消费品的生产，生产和出口的产品大多是附加值较低的农产品、水产品和矿产品等初级产品，这些产品对自然条件敏感性大，生产和出口增长率一般都较低，换汇能力也很有限，加上需要进口大量的原材料和机器设备，因此极易导致国际收支的严重失衡。第三，进口替代的本意之一是节省外汇，却大大增加了国内资源的机会成本，如在阿根廷生产拖拉机可以节约外汇，但每节约1美元外汇却要以价值7美元的国内资源为代价。第四，进口替代发展战略要求采取高度的贸易保护政策，在短期内，这些措施有利于国内相关部门免遭外来商品的冲击，得到正常发展，但是从长期和根本上来说，却削弱了这些企业的国际竞争力，妨碍了它们改进生产技术、提高经营水平、增强自身适应能力的步伐，从而使事关企业生存的关键因素——劳动生产率无法得到大幅度的提高和根本性的改观。因此，一些学者认为，进口替代发展战略的核心问题是它违背了比较利益原则，通过人为的干预将资源或生产要素转向自己比较劣势的部门或产业，因而经济发展的速度不但不会加快，反而会减慢。

二、出口导向发展战略与自由贸易政策

(一)出口导向发展战略的含义及类型

从20世纪60年代起,拉美、南欧、东欧一些发展中国家和地区开始陆续采取出口导向发展战略,发展成为"新兴工业化经济",尤其是亚洲新兴工业化国家和地区的成功,使这一战略受到普遍重视。出口导向(Export Oriented)发展战略又被称为外向型的经济发展战略,是指发展中国家通过促进本国产品的出口、积累发展资金,发展经济的战略。出口导向发展战略以进口替代为基础,是进口替代发展到一定阶段的合理结果,它是一个国家经济发展的开放性特征。

出口导向发展战略分为两个不同的层次和类型:一是初级产品出口导向发展战略或初级导向发展战略,是指发展中国家利用本国的自然资源优势发展产品的出口,带动经济增长的战略。在经济发展初期,发展中国家多采用此战略。二是次级产品出口导向发展战略,是指利用发展中国家某种生产要素优势,特别是利用廉价劳动力优势,生产价格相对低廉的制成品并出口,以获取经济发展的资金。我们在讨论出口导向发展战略时,更注重的是次级产品出口导向发展战略,次级产品出口导向发展战略对发展中国家的经济发展有多方面的积极作用。第一,它可以克服国内市场狭小的缺陷。因为制成品出口的扩张是无限的,发展中国家可以利用规模经济优势发展经济,这对于许多既贫穷又弱小的发展中国家尤为重要。第二,从比较利益理论看,出口导向可获得资源有效配置的经济效果。这种效果能将本国的资源优势充分发挥出来,最大限度地利用资源,有助于经济的迅速发展。第三,出口导向也有助于一国经济逐步实现工业化。因为在经济发展初期,发展劳动密集型产业可以节约资金,避免在工业化初期就投入大量资金发展重工业可能造成的资源配置的扭曲。第四,出口导向将产生一系列的产业间相关效应,进而带动整个经济的发展。第五,发展劳动密集型产业,还有利于创造较多的就业机会,从而能较快地提高国民的收入水平,进而提高消费水平。消费水平的提高又反过来促进耐用消费品和其他产品生产的发展,从而有助于本国某些工业部门实现适度的经济规模。

(二)配合出口导向发展战略实施的政策措施

采取出口导向发展战略的国家和地区需要外部市场,往往大进大出,所以需要相对稳定和便利的市场环境,为配合出口导向发展战略而实施的贸易政策被称为出口导向政策,主要表现为相对自由的贸易政策。与进口替代政策相比,出口导向政策保护的范围要小一些,保护措施也相对宽松些,主要措施包括较低的进口关税和非关税壁垒、广泛使用出口补贴和其他出口鼓励措施、放松外汇管制并通过货币贬值促进出口。

(三)出口导向发展战略的实施效果

出口导向发展战略的成功在20世纪70年代令人瞩目,一些发展中国家或地区,特别是一些新兴工业化国家或地区通过实施出口导向发展战略加速了工业化进程,极大地促进了经济增长。由于关税降低,进口限制放宽,经济的开放度增加,有利于国内产业参与国际竞争,充分发挥比较优势,提高质量和效率,促进产业技术进步;适当的汇率政策和出口补贴等鼓励出口的措施,扩大了出口,增加了外汇收入,改善了国际收支,增强了引进外资和先进技术及设备的能力,促进了本国的工业化,而且出口带动相关产业的扩张,提

高了就业和收入水平。被称为亚洲"四小龙"的韩国、新加坡、中国香港和中国台湾以及南美的巴西堪称出口导向发展战略成功的楷模。

然而，出口导向发展战略也并非只有利而无害，其最主要的局限是对国际市场的依赖性较强，尤其对出口依赖度高的小国，这种战略有一定的脆弱性，国际市场的风险会影响国内经济的稳定。以出口为导向的经济发展战略也使亚洲新兴工业化国家和地区的经济运行对世界经济，尤其是对美国和日本等少数发达资本主义国家的经济产生了严重的依赖性。在"二战"后的经济发展过程中，美国作为头号资本主义经济大国，吸纳了亚洲新兴工业化国家和地区输出的大量商品。1965—1982年，韩国、中国台湾和中国香港对美国市场的占有率由13.1%上升到49.6%，其中电气和机械类产品的市场占有率由5.9%上升到8.6%。与此同时，日本则是亚洲新兴工业化国家和地区所需生产及资本密集型中间材料的最大供给者。由于这些原因，外部环境的变化对亚洲"四小龙"发展外向型经济产生了相当大的影响。当发达国家经济景气，需求旺盛，推动出口增加时，这些国家和地区的经济便随之跃升，而一旦发达国家经济陷入萧条困境，需求锐减，进口萎缩，这些国家和地区则会随之走向衰落。

专栏9-2

亚洲"四小龙"与出口导向发展战略

众所周知，亚洲"四小龙"主要是通过以出口为导向的经济发展战略实现对外开放的。可以说，没有出口导向的经济发展战略，也就没有亚洲"四小龙"的今天。但是，对于众多的发展中国家来说，出口导向并非唯一的战略选择。第一，从理论上来说，出口导向的经济发展战略与另一种相对应的发展战略，即进口替代发展战略之间并无实质上的对立，而是具有一定的内在联系。通过出口产业的增长带动相关产业以及整个国民经济的增长，可以同时对国内市场进行一定程度的保护和促进进口替代产业的成长。同样，进口替代也并不必然地排斥出口导向，因为出口的增长可以增加收入和提高购买力，从而有助于扩大国内市场规模，促进新的产品市场的出现，降低劳动成本，使本国产品同进口产品相比具有较强的竞争力。因此，出口导向和进口替代两种战略之间实际上是一种相继性、替代性和互补性的关系，二者同时并存是完全可能的。第二，从亚洲"四小龙"的实践来看，虽然各个时期选择的战略侧重点有所不同，但是出口导向发展战略与进口替代发展战略之间并非泾渭分明，而是互相交叉。例如，在20世纪50年代实施进口替代时期，亚洲"四小龙"（其中主要是韩国、中国台湾和新加坡）仍采取了一定措施来刺激部分产品的出口；进入20世纪60年代转而实施出口导向发展战略之后，一方面促使劳动密集型工业面向出口，另一方面则对资本密集型工业实行部分的进口替代；20世纪70年代在加速劳动密集型产品和资本密集型产品出口的同时，又对资本和技术密集型产业采取了进口替代的保护性措施。因此，进口替代和出口导向两种战略都对亚洲"四小龙"的经济增长作出了贡献，只是不同时期两者的贡献程度不同而已。第三，从世界范围内的经济实践来看，根据一些西方学者的实证研究和比较分析，在不同国家出口导向和进口替代对经济增长的影响表现出了一种不甚明确和确定的关系。例如，1950—1973年，在日本、韩国、中国台湾、以色列、挪威和南斯拉夫等国家或地区，出口导向对经济增长的贡献要大于进口替代的贡献。相反，在另外一些国家，如哥伦比亚、土耳其和墨西哥等，进口替代的贡献则超过了出口导向的贡献。退一步说，即使出口导向是一国经济发展的最佳战略选择，也是需要有一定外在条件支持。

美国学者W.克莱因曾作过一项研究，他认为，在出口导向发展战略的历史上，亚洲"四小龙"是极个别的特例，因为他们在1976年的实际出口水平是他们在正常情况下所应具有的出口水平（即通过横向比较得出的理论值）的4.4倍，而其他发展中国家的出口水平则比理论值低50%以上。这就是说，其他发展中国家若要赶上亚洲"四小龙"的出口水平，则要使自己的出口水平增加10倍左右，而这将使发展中国家向7个主要发达国家出口的制成品增加到20世纪80年代末90年代初的7.5倍，使他们在7个主要发达国家制成品进口中的份额从16.7%上升到60%左右，其中仅在美国的份额就要从27%上升到75%左右。这显然会遭到发达国家的强烈反对和限制，因而是不现实的。正是在这种意义上，世界银行在一份研究东南亚各国"经济奇迹"的报告中写道："促进出口政策……不仅是他们干预政策中最成功的选择也是其他发展中国家最可采用的。但这一战略不得不适应今天的时代。发展中国家再也不希望，在保护他们的幼稚工业不受进口商品破坏的同时，又能为出口提供补贴而又不会招致工业国家的报复。这意味着他们将不得不另寻他路来刺激出口，如出口信贷或给出口商的特别贸易优先权。"而美国学者罗宾·布罗德（Robin Broad）和约翰·卡拉那格（John Kalanag）则直接以"新兴工业化国家不会再有了"为题，表述他们对出口导向发展战略因受国际环境影响而难再行成功的看法。

资料来源：赵春明．亚太地区经济发展多元化研究［M］．北京：北京师范大学出版社，1995：292-295.

第三节　国际贸易体系

国际贸易体系是调整各国之间经济贸易关系的组织和制度。1994年以前，多边贸易体制是建立在GATT框架下的，1995年1月1日WTO建立，这是"二战"后GATT建立以来世界贸易体制最大规模的改革，也是贸易政策国际协调的重大发展。

一、关贸总协定

(一)关贸总协定的产生

关贸总协定（The General Agreement on Tariff and Trade，GATT）是调整各国关税与贸易关系的多边国际协定。在世界贸易组织正式运行之前，GATT是协调、处理国家间关税与贸易政策的主要多边协定。由于GATT的签订背景，以及它多年运行的特点，它成为带有制度性和组织性的多边贸易协定。

"二战"后，美国积极推动建立"国际贸易组织"，以重建国际贸易秩序。1945年12月6日，美国政府单方面提出《扩大世界贸易和增加就业的建议》，主张在这个建议的基础上制定国际贸易组织宪章。美国在提出这些建议的同时，照会各国政府，提出召开世界贸易和就业会议。1947年10月，美、英、中、法等23个国家在哈瓦那举行的联合国贸易和就业会议上，各国在美国提出的方案基础上进行了贸易谈判，审议并通过了《国际贸易组织宪章》（又称《哈瓦那宪章》），经过讨论，一个由23个国家代表签字的《国际贸易组织宪章》产生了。由于"二战"刚刚结束，大多数国家希望尽快排除战争时的贸易障碍，早一点实施关税谈判的成果，纠正20世纪30年代初遗留下来的贸易保护措施，因此，在联合国贸易与就业会议期间，美国联合英国、法国、比利时、荷兰、卢森堡、澳大利亚、加拿大等8国的代表在日内瓦进行了关税减让谈判，并将此内容的贯彻与《国际贸易组织宪章》今后的执行相联系，签订一个临时性协议——《关税与贸易总协定临时适用议定书》，同意从1948年1月1日起实施关贸总协定的条款。1948年又有中国等15个国家签署该议定书，这23个国家成为关贸总协定的创始缔约方。因此，最初的关贸总协定是临时性或过渡性的协议，只有《国际贸易组织宪章》才是建立国际贸易组织的基石。但是，由于各国针对《国际贸易组织宪章》草案提出了许多修正案，特别是增加了管理对外投资的条款，所以美国等某些国家认为该宪章与其国内立法存在差异和干预了国内立法，特别是美国国会认为《国际贸易组织宪章》中的一些规定与美国国内立法有矛盾，不符合美国的利益。因此，在美国国内形成了反对该宪章的强大力量，美国国会没有批准《国际贸易组织宪章》。在美国影响下，签字国中只有个别国家批准了《国际贸易组织宪章》，建立国际贸易组织的计划随之夭折。此后，关贸总协定一直以临时适用的多边协定形式存在，关贸总协定从1948年1月1日开始实施，到1995年1月1日世界贸易组织正式运行，共存续了47年。

（二）关贸总协定的基本原则

关贸总协定以贸易自由化为基本目标，其宗旨是通过彼此削减关税及其他贸易壁垒，消除国际贸易上的歧视待遇，以充分利用世界资源，扩大商品生产和交换，保证充分就业，增加实际收入和有效需求，提高生活水平。因此，关贸总协定主要包括8个方面的原则，即自由贸易原则、非歧视原则、关税减让原则、一般禁止数量限制原则、公平贸易原则、自我保护原则、透明度原则和磋商调解原则。

(1) 关贸总协定的内容处处体现着以市场经济为基础开展自由贸易的原则。它规定，关贸总协定的缔约方应该是市场经济国家，并以市场经济的竞争为基础控制自由贸易。

(2) 非歧视原则是关贸总协定的重要原则。它规定缔约方之间的贸易要平等互惠，避免歧视和差别待遇，它主要包括最惠国待遇和国民待遇两个方面的内容。

(3) 关税减让原则主要是：①关税保护原则。关贸总协定规定，缔约方只能用关税作为保护国内工业的唯一手段，而不能用关税以外的其他办法。②关税减让原则。关贸总协定规定，在确定关税作为唯一手段的基础上，各缔约方要逐步降低本国的关税水平。③关税稳定原则。关贸总协定规定，在各国制定了关税水平以后，不能借故重新提高关税。

(4) 就一般禁止数量限制而言，关贸总协定反对以关税以外的办法保护本国经济。但它只是一般的原则，实际上也有例外。关贸总协定从实际出发，也允许某些国家采取关税以外的贸易保护措施。

(5) 关于公平贸易原则，关贸总协定提倡缔约方之间进行公平、平等和互惠的贸易，反对不公平贸易或人为地干预贸易，改变自由竞争的基本格局，因此关贸总协定反对倾销和补贴。

(6) 在自我保护原则方面，关贸总协定指出，各国如果因为加入关贸总协定、执行关贸总协定的各项条款和原则而给他们造成了损失,他们可以实施自我保护。这主要指3种情况:①保护幼稚产业。关贸总协定允许发展中国家对某些幼稚产业实施保护,以有利于其经济的发展。②保障条款。关贸总协定规定,当一缔约方承担了总协定的义务而导致某一产品进口激增时,受到严重伤害或威胁的国内同类产品的生产者,可以要求政府采取紧急措施,撤消或修改已承诺的进口减让。③利用关贸总协定中规定的各种例外条款。这些条款包括国际收支平衡例外、关税同盟和自由贸易区例外、安全例外等。

(7)关于透明度原则,关贸总协定要求,各国凡是应公布的贸易条例,应该提前予以公布,以使各国政府和贸易商知悉。

(8)关于磋商调解原则,关贸总协定规定,一旦缔约方之间发生贸易争端,首先要在总协定规定的范围内由当事国双方进行磋商,如果磋商不能解决问题,交由专门的工作组解决并向关贸总协定理事会报告。如果理事会作出的决定有一方拒绝执行,理事会可以授权另一方实行报复。

(三)关贸总协定的多边贸易谈判

1947—1994年,关贸总协定共进行了八轮多边贸易谈判,从谈判所要解决的主要问题来看可以分为三个阶段:以关税减让为主的谈判、以非关税壁垒谈判为主的阶段和一揽子解决多边贸易体制根本性问题的谈判。

1. 以关税减让谈判为主的阶段

关贸总协定的前六轮谈判是以关税减让为主的谈判。

第一轮多边贸易谈判于1947年4月至10月在瑞士日内瓦举行。23个缔约方在7个月的谈判中,就123项双边关税减让达成协议,关税水平平均降低35%。在双边基础上达成的关税减让,无条件地、自动地适用全体缔约方。这轮谈判虽然在关贸总协定草签和生效之前举行,但人们仍习惯视其为关贸总协定第一轮多边贸易谈判。

第二轮多边贸易谈判于1949年4月至10月在法国安纳西举行,这轮谈判除在原23个缔约方之间进行外,又与丹麦、多米尼加、芬兰、希腊、海地、意大利、利比里亚、尼加拉瓜、瑞典和乌拉圭等10个国家进行了加入谈判。这轮谈判总计达成147项关税减让协议,关税水平平均降低35%。

第三轮多边贸易谈判于1950年9月至1951年4月在英国托奎举行,有38个国家参加,达成关税减让协议150项,使占进口总值11.7%的商品平均降低关税26%。

第四轮谈判于1956年1月至5月在日内瓦进行,共有26个国家参加。美国国会认为,从前几轮谈判的结果看,美国的关税减让幅度明显大于其他缔约方,因此对美国政府代表团的谈判权限进行了限制。在这轮谈判中,英国的关税减让幅度最大。这轮谈判使关税水平平均下降15%。

第五轮关税减让谈判于1960年9月至1962年7月在日内瓦举行,共有45个国家参加。这轮谈判由美国副国务卿道格拉斯·狄龙倡议,后称为"狄龙回合"。谈判分两个阶段:前一阶段从1960年9月至12月,着重就欧洲共同体建立所引出的关税同盟等问题与有关缔约方进行了谈判。后一阶段于1961年1月开始,就缔约方进一步减让关税举行谈判。这轮谈判使关税水平平均降低20%,但农产品和一些敏感性产品被排除在协议之外。

欧洲共同体六国统一对外关税也达成减让，关税水平平均降低 6.5%。

第六轮多边贸易谈判于 1964 年 5 月至 1967 年 6 月在日内瓦举行，共有 54 个缔约方参加，这轮谈判又称"肯尼迪回合"。美国提出缔约方各自减让关税 50% 的建议，而欧洲共同体则提出"削平"方案，即高关税缔约方多减，低关税缔约方少减，以缩小关税水平差距。这轮谈判使关税水平平均降低 35%，首次涉及非关税壁垒问题。

2. 以非关税壁垒谈判为主的阶段

第七轮多边贸易谈判是以非关税壁垒谈判为主的谈判，这轮谈判于 1973 年 9 月至 1979 年 4 月在日内瓦举行。因发动这轮谈判的贸易部长会议在日本东京举行，故称"东京回合"。"东京回合"共有 73 个缔约方和 29 个非缔约方参加，启动这轮谈判的背景是，"肯尼迪回合"结束后，总体关税水平大幅度下降，但非关税贸易壁垒彰显。这轮谈判历时 5 年多，取得的主要成果有：①开始实行按既定公式削减关税，关税越高，减让幅度越大。从 1980 年起的 8 年内，关税削减幅度为 33%，减税范围除工业品外，还包括部分农产品。这轮谈判最终关税减让和约束涉及 3 000 多亿美元贸易额。②产生了只对签字方生效的一系列非关税措施协议（通常称"东京回合"守则），包括补贴与反补贴措施、技术性贸易壁垒、进口许可程序、政府采购、海关估价、反倾销、牛肉协议、国际奶制品协议、民用航空器贸易协议等。③通过了对发展中缔约方的授权条款，允许发达国家缔约方给予发展中国家缔约方普遍优惠制待遇，发展中国家缔约方可以在实施非关税措施协议方面享有差别和优惠待遇，发展中国家缔约方之间可以签订区域性或全球性贸易协议，相互减免关税，减少或取消非关税措施，而不必给予非协议参加方这种待遇。

3. 一揽子解决多边贸易体制根本性问题的阶段

关贸总协定第八轮多边贸易谈判是一揽子解决多边贸易体制根本性问题的谈判阶段。进入 20 世纪 80 年代，以政府补贴、双边数量限制、市场瓜分等非关税措施为特征的贸易保护主义重新抬头，20 世纪 80 年代初曾出现世界贸易额下降现象。为了遏制贸易保护主义，避免全面的贸易战，力争建立一个更加开放、持久的多边贸易体制，美国、欧盟、日本等共同倡导发起了关贸总协定第八轮多边贸易谈判。这轮多边贸易谈判从 1986 年 9 月开始启动，到 1994 年 4 月签署最终协议，共历时 8 年。这是关贸总协定的最后一轮谈判。因发动这轮谈判的贸易部长会议在乌拉圭埃斯特角城举行，故称"乌拉圭回合"。参加这轮谈判的国家，最初为 103 个，到 1993 年年底谈判结束时有 117 个。

"乌拉圭回合"的谈判内容包括传统议题和新议题。传统议题涉及关税、非关税措施、热带产品、自然资源产品、纺织品服装、农产品、保障条款、补贴和反补贴措施、争端解决等。新议题涉及服务贸易、与贸易有关的投资措施、与贸易有关的知识产权等。"乌拉圭回合"原定于 1990 年 12 月在布鲁塞尔贸易委员会的部长会议上结束，在部长会议之前，许多领域都有明显的进展，但是未能结束。经过多方努力，"乌拉圭回合"的最后文件于 1993 年 12 月 15 日草签，这些文件经各国通过后，于 1994 年 4 月正式签署。"乌拉圭回合"经过 8 年谈判，取得了一系列重大成果：多边贸易体制的法律框架更加明确，争端解决机制更加有效与可靠；关税进一步降低，达成内容更广泛的货物贸易市场开放协议，改善了市场准入条件；就服务贸易和与贸易有关的知识产权达成协议；在农产品和纺织品服装贸易方面，加强了多边纪律约束；成立世界贸易组织，取代临时性的关贸总协定。

虽然关贸总协定在执行过程中遇到了许多困难，但是，在它组织下，从1947年到1994年的47年时间里所取得的成就十分显著。8轮多边贸易谈判，对形成一个比较自由的国际贸易环境作出了巨大贡献。由于关贸总协定在很大程度上符合世界大多数国家的经济利益，而且这种利益大于由此带来的损失，因此它的吸引力越来越大，以至于关贸总协定的缔约方从开始的23个增加到1994年年底的128个。

在近半个世纪中，GATT仍旧是一个临时性的协议，其基本法律条文与1948年大体一样。到了20世纪80年代，GATT明显与世界贸易的现实不相关了。20世纪70年代和80年代初的一系列经济衰退，使各国政府采取了其他形式的保护措施，多边贸易体制存在的漏洞被滥用，贸易自由化的努力收效甚微。与此同时，世界经济全球化正在发展，GATT规则未涉及的服务贸易成为越来越多国家的主要利益，国际投资不断扩大，与40多年前相比，世界贸易变得更加复杂和重要，GATT已力不从心，甚至连其组织机构及争端解决机制都令人担忧，这些变化损害了GATT的可靠性和有效性。该体系需要进行全面的改革，这就产生了"乌拉圭回合"，并最终导致了世界贸易组织的建立。

二、世界贸易组织

(一) 世界贸易组织的产生

世界贸易组织(World Trade Organization，WTO)建立于1995年1月1日，其机构设在日内瓦，最高权力机构是部长级会议，现有成员164个(截至2016年7月)。世界贸易组织是约束各成员之间贸易规范和贸易政策的国际贸易组织。世界贸易组织的各种协定是国际贸易制度运行和各成员贸易政策制定的法律基础。它继承了关贸总协定的主要原则，但比关贸总协定的约束范围更广，是一个真正意义上的国际贸易组织。

1986年"乌拉圭回合"启动时，谈判议题没有涉及建立世界贸易组织问题，只设立了一个关于完善关贸总协定体制职能的谈判小组。在新议题的谈判中，涉及服务贸易和与贸易有关的知识产权等非货物贸易问题。这些重大议题的谈判结果，很难在关贸总协定的框架内实施，创立一个正式的国际贸易组织的必要性日益突显。因此，欧洲共同体于1990年年初首先提出建立一个多边贸易组织的倡议，这个倡议后来得到美国、加拿大等国的支持。1990年12月，布鲁塞尔贸易部长会议同意就建立多边贸易组织进行协商。经过一年的紧张谈判，1991年12月形成了一份关于建立多边贸易组织协定的草案。当时任关贸总协定总干事的阿瑟·邓克尔(Arthur Dunkel)将该草案和其他议题的案文汇总，形成"邓克尔最后案文(草案)"。这一案文成为进一步谈判的基础。1993年12月，根据美国的提议，把"多边贸易组织"改为"世界贸易组织"。1994年4月15日，"乌拉圭回合"参加方在摩洛哥马拉喀什通过了《建立世界贸易组织马拉喀什协定》，简称《建立世界贸易组织协定》。该协定规定，任何国家或在处理其对外贸易关系等事项方面拥有完全自主权的单独关税区，都可以加入世界贸易组织。

(二) 世界贸易组织的宗旨和职能

世界贸易组织继承了关贸总协定的宗旨，并增加了扩大服务贸易、可持续发展的目标等内容。世界贸易组织的职能主要包括以下几个。

（1）负责多边贸易协议的实施、管理和运作，促进世界贸易组织目标的实现，同时为诸边贸易协议的实施、管理和运作提供框架。

（2）为各成员就多边贸易关系进行谈判和贸易部长会议提供场所，并提供实施谈判结果的框架。

（3）通过争端解决机制，解决成员间可能产生的贸易争端。

（4）运用贸易政策审议机制，定期审议成员的贸易政策及其对多边贸易体制运行所产生的影响。

（5）通过与其他国际经济组织（国际货币基金组织、世界银行及其附属机构等）的合作和政策协调，实现全球经济决策的更大一致性。

（6）对发展中国家和最不发达国家提供技术援助及培训。

（三）世界贸易组织的基本原则

世界贸易组织的基本原则贯穿于世界贸易组织的各个协定和协议中，构成了多边贸易体制的基础。这些基本原则包括非歧视原则、透明度原则、自由贸易原则、公平竞争原则和鼓励发展与改革原则。

1. 非歧视原则

非歧视原则在关贸总协定中已作了明确的规定，即贯彻最惠国待遇原则和国民待遇原则。在世界贸易组织的基本原则中重新明确了这一原则的重要意义，而且使这一原则的适用范围更广。它不仅适用于成员方之间的货物贸易，还适用于服务贸易和与贸易有关的知识产权问题。最惠国待遇是指，某一成员方在货物贸易、服务贸易和知识产权领域给予任何其他国家（无论是否是世界贸易组织成员）的优惠待遇，立即和无条件地给予其他各成员方。在国际贸易中，最惠国待遇的实质是保证市场竞争机会均等。国民待遇是指，对其他成员方的产品、服务或服务提供者及知识产权所有者和持有者所提供的待遇，不低于本国同类产品、服务或服务提供者及知识产权所有者和持有者所享有的待遇。在国民待遇问题上，世界贸易组织重申，这种非歧视原则也有例外，如它不适用于世界贸易组织的非成员国，也不适用于对那些实行不公平贸易政策的国家采取报复行动的国家。

2. 透明度原则

为保证贸易环境的稳定性和可预见性，世界贸易组织除了要求成员方遵守有关市场开放等具体承诺外，还要求成员方的各项贸易措施（包括有关法律、法规、政策及司法判决和行政裁决等）保持透明。透明度原则是指，成员方应公布所制定和实施的贸易措施及其变化情况（如修改、增补或废除等），不公布的不得实施，同时还应将这些贸易措施及其变化情况通知世界贸易组织。成员方所参加的有关影响国际贸易政策的国际协定，也在公布和通知之列。

3. 自由贸易原则

世界贸易组织倡导并致力于推动贸易自由化，要求成员方尽可能地取消不必要的贸易限制，开放市场，为货物和服务在国际的流动提供便利。在世界贸易组织的框架下，自由贸易原则是指，通过多边贸易谈判，实质性削减关税和减少其他贸易壁垒，扩大成员方之间的货物和服务贸易。世界贸易组织允许各成员方采取渐进的方法实现贸易自由化，发展中国家可能需要的时间相对要长一些。

4. 公平竞争原则

公平竞争原则是指成员方应避免采取扭曲市场竞争的措施，纠正不公平贸易行为，在货物贸易、服务贸易和与贸易有关的知识产权领域，创造和维护公开、公平、公正的市场环境。世界贸易组织是建立在市场经济基础上的多边贸易体制，公平竞争是市场经济顺利运行的重要保障，因而世界贸易组织反对倾销、补贴及政府的歧视性采购等，公平竞争原则体现于世界贸易组织的各项协定和协议中。

5. 鼓励发展与改革原则

鼓励发展与改革原则以帮助和促进发展中国家的经济迅速发展为目的，针对发展中国家和经济接轨国家而制定，是给予这些国家的特殊优惠待遇，如允许发展中国家在一定范围内实施进口数量限制或是提高关税的"政府对经济发展援助"条款，仅要求发达国家单方面承担义务而发展中国家无偿享有某些特定优惠的"贸易和发展条款"，以及确立了发达国家给予发展中国家和转型国家更长的过渡期待遇和普惠制待遇的合法性。

（四）世界贸易组织与关贸总协定的联系与区别

关贸总协定在世界贸易组织建立之前，起到了维持国际贸易秩序的作用。1995年1月1日，世界贸易组织正式取代关贸总协定发挥其国际贸易组织的作用，是关贸总协定的继续，二者之间有内在的历史继承性。世界贸易组织继承了关贸总协定的合理内核，包括其宗旨、职能、基本原则及规则等。关贸总协定有关条款，是世界贸易组织《1994年关税与贸易总协定》的重要组成部分，仍然是规范各成员方之间货物贸易关系的准则。但世界贸易组织与关贸总协定之间也存在本质的区别，这些区别主要表现在以下几个方面。

1. 机构性质不同

关贸总协定以"临时适用"的多边贸易协议形式存在，从未得到成员方立法机构的批准，因此不具有法人地位；世界贸易组织是永久性的具有法人地位的国际组织。

2. 管辖范围不同

关贸总协定只处理货物贸易问题；世界贸易组织不仅要处理货物贸易问题，还要处理服务贸易和与贸易有关的知识产权问题，其协调与监督的范围远大于关贸总协定。世界贸易组织和国际货币基金组织、世界银行成为维护世界经济运行的三大支柱。

3. 争端解决机制的运转速度不同

关贸总协定的争端解决机制遵循协商一致的原则，对争端解决没有规定时间表；世界贸易组织的争端解决机制遵循反向协商一致的原则，裁决具有自动执行的效力，同时明确了争端解决和裁决实施的时间表。因此，世界贸易组织争端裁决的实施更容易得到保证，争端解决机制的效率更高。

专栏 9-3

WTO 面临的主要挑战与改革

一、WTO 面临的主要挑战

(1) 西方贸易大国操纵多边贸易体制的决策进程。

(2) 经济全球化和多边贸易进程受阻，多边贸易谈判停滞不前。2008 年金融危机以后，部分发达经济体贸易保护主义抬头，尤其是特朗普政府上台以来，在全球范围内挑起了贸易战，严重破坏了 WTO 以规则为基础的国际贸易秩序。

(3) 由于多边贸易谈判停滞不前，各国转向了区域主义，区域主义的发展反过来又对多边贸易体制构成了挑战。目前，各国之间缔结自由贸易区盛行。自由贸易区有一个别号为 WTO+，因为现在全球 164 个 WTO 成员，几乎每一个自贸协定里都少不了这些成员的影子，这些自贸协定或多或少都对多边贸易体制产生了冲击。

(4) 由于某些发展中国家经济的快速发展以及当前多边谈判协议议题涉及更多发展中国家和发达国家比较敏感的利益问题，如何有效地协调发达国家和发展中国家的关系，成为 WTO 面临的一个巨大挑战。

(5) 由于美国政府阻挠上诉机构大法官的遴选任命工作，使 WTO 上诉机构陷入了瘫痪，严重影响了 WTO 争端解决机制的有效运行。

(6) 随着现代科技的进步和世界经济的发展，诸多新出现的议题、新的规则在 WTO 的多边贸易体制中还没有涉及，无法管辖，如国有企业、劳工标准、环境、知识产权、投资的问题等，因此需要进行新的规则的制定，这个也是 WTO 面临的一个更大的挑战。

二、WTO 改革的主要内容

面对如此多的挑战，WTO 改革已成为多边贸易体制最重要的问题之一，受到了广泛的关注，一些国家提出了 WTO 改革方案。2017 年 7 月，美国向 WTO 递交了透明度改革的提案，WTO 改革被正式提上议程。此后，欧盟、日本、加拿大、中国等成员国分别提出了各自的改革建议。综合上述各国提出的 WTO 改革议案，主要聚焦于以下几个方面。

(1) 完善 WTO 的争端解决机制。一方面，到 2019 年年底，上述机构大法官只剩一位，低于审理案件所需的法官数量的最低要求，机构已经瘫痪。另一方面，上述法庭审理案件的效率非常低，审理期限常常被无限制延长，这使 WTO 争端解决机制的有效性大打折扣。

(2) 重振 WTO 的谈判职能。WTO 多哈回合谈判从 2001 年启动以来一直难有进展，直到 2013 年才达成巴黎一揽子协定，之后又陷入了停滞。因此，重振 WTO 的谈判职能已成为各方重要的诉求之一。

(3) 加强 WTO 的贸易政策监督，提高透明度。现有的贸易政策审议机制缺乏强制的约束力，不能有效减少贸易争端的隐患，导致审议机制形同虚设。欧盟的 WTO 现代化方案和加拿大发起的 13 国 WTO 改革联合公报都提出了要增加 WTO 透明度，完善监督和审议贸易政策的诉求。

(4) 发达国家和发展中国家的利益协调问题。发达国家表示了对发展中国家在 WTO

体系中享有优惠政策的不满，同时还提出了在技术转让、知识产权保护等方面对发展中国家行为的不满，要求部分发展中国家放弃自认的发展中国家的地位。之后，在美国的压力下，从2019年3月开始，少数发展中国家出现了分化，巴西、韩国、新加坡等相继宣布将放弃特殊与差别待遇，但是大多数发展中国家仍然坚持原有立场，包括中国、印度等大国。

(5) WTO的改革要有前瞻性，要关注很多前沿问题。随着当前科技和世界经济的快速发展，包括数字经济、服务经济、知识产权保护、强制的技术转让、投资问题等相关议题还没有被纳入WTO的框架当中，远远不能满足当前国际经济和贸易发展的需要。因此，WTO的改革不仅要讨论传统的货物贸易，还要有前瞻性的眼光，要讨论新的领域和新的规则。虽然大多数国家都在以上需要改革的方面达成了一定的共识，但就如何改革还存在较多的不同观点，这也导致WTO改革并不是一帆风顺的。

三、WTO改革面临的主要困难

(1) 实质性内容的改革面临多种困难。从目前WTO改革提出的各种方案来看，框架性的改革议题通常比较容易达成，但是，一旦具体到细致的措施，就会存在各种不同的诉求和声音，较难达成一致。少数国家参与的提案更容易协调，一旦扩展到更多的国家以及多边的情形，就会陷入僵持。

(2) 美国对WTO改革的诉求不容易满足。WTO改革的动力之一就是要将美国拉回多边贸易体系中，但美国的诉求是希望重建一个有利于美国贸易利益的多边贸易体系，协调美国和其他成员的分歧并不容易。

(3) 当前的改革提案更多考虑了发达国家的利益和诉求，难以推广到多边改革的提案，很容易演变成一个少数发达国家参与的富国俱乐部。同时，当前的改革提案基本没有触及WTO多边贸易体系的核心内容，也没有提出推动贸易自由化发展的有效措施，仅仅是在一些具有共识的改革内容和条款上提出了一些初步的方案，改革的路程还很遥远。

(4) 发达国家和发展中国家的诉求差异不容易协调。目前WTO改革主要由发达国家主导，发展中国家参与较少，未来两者之间的诉求融合是一个难题。发达国家要求调整发达国家和发展中国家的差别待遇，这可能会导致发展中国家的反对，而且发展中国家的发展水平也参差不齐，对WTO的期待及需求都会有差别，这就进一步造成了发达国家和发展中国家的谈判和博弈不容易达成一致。

资料来源：中国大学慕课。

本章小结

发达国家的贸易政策在经济发展的不同阶段明显不同，资本主义萌芽时期是以政府干预为主的重商主义，限入奖出是其保护贸易政策的主要手段，18世纪末开始了贸易自由化运动，当垄断代替了自由竞争后，各发达国家又转向了保护贸易政策。"二战"后，表现为自由贸易与保护贸易相融合的混合体，20世纪50年代到70年代初期，自由贸易是主流，20世纪70年代中期后，新贸易保护主义兴起，在此基础上产生了以协调为中心、以政府干预为主导、以磋商谈判为核心的协商管理的贸易政策。发展中国家的贸易政策与其经济发展战略联系在一起，发展中国家围绕工业化采取的经济发展战略和贸易政策分为两大类：进口替代发展战略和出口导向发展战略，二者具有相继性、替代性和互补性的内在联系。

1994年以前，多边贸易体制建立在关贸总协定框架下，1995年1月1日建立的世界贸易组织成为国际贸易领域最大的国际经济组织，涉及当今国际贸易中的货物、服务、知识产权及投资等各个领域，世界贸易组织近年来面临诸多挑战和困难。

复习思考题

1. "二战"后美国既是贸易自由化的倡导者，又是贸易保护主义的主要发源地，请分析这一现象。
2. 结合我国实际情况，分析出口导向发展战略对规模较大的发展中国家是否适用。
3. 试述与进口替代发展战略和出口导向发展战略相配合的贸易政策的特点。
4. 简述世界贸易组织的宗旨、职能和基本原则。
5. 试述关贸总协定和世界贸易组织的联系和区别。

第十章 国际区域经济一体化

20世纪50年代以来,伴随着经济全球化,国际区域经济一体化成为引人瞩目的新现象,形成了世界经济中经济全球化和国际区域经济一体化并存的局面。20世纪80年代末期以来,随着经济全球化的加速发展和国际局势的缓和,国际区域经济一体化再现快速发展的态势,新的区域经济一体化组织大量涌现,遍及全球各大洲、各地区。国际区域经济一体化的发展对世界经济和政治格局产生了巨大的影响,本章着重介绍国际区域经济一体化的主要组织形式及有关区域经济相关理论,并介绍世界主要国际区域经济一体化组织的发展状况。

第一节 国际区域经济一体化的内涵及类型

一、国际区域经济一体化的内涵

经济一体化的概念最初指企业间的联合,随着国际区域经济一体化实践的发展,众多学者对此进行了理论探讨。《新帕尔格雷夫经济学大辞典》对经济一体化的描述是:"在日常用语中,一体化被定义为把各个部分结为一个整体。在经济文献里,经济一体化这个术语却没有明确的含义"[1]。事实上,对于国际区域经济一体化,学术界至今也没有一个统一的标准定义。1950年之前,"经济一体化"(Economic Integration)还只是在欧洲个别场合偶然使用。"二战"结束前后,有学者提出通过统一消除欧洲战争祸根,维护欧洲和平。20世纪50年代初,欧洲国家在酝酿"欧洲煤钢共同体"时就使用了经济一体化一词,认为实现经济一体化是实现欧洲统一的基础,于是一些经济学家开始了经济一体化的理论研究。

1958年1月,欧洲经济共同体正式启动,从此经济一体化从理论变成了现实的实践活动。美国学者贝拉·巴拉萨(Bela Balassa)给出的定义是,我们建议将经济一体化定义为既是一个过程,又是一种状态。就过程而言,它包括采取种种措施消除各国经济单位之间的歧视;就状态而言,它表现为各国间各种形式的差别的消失。巴拉萨对经济一体化的定义在经济学界得到了广泛认可,巴拉萨因此成为《新帕尔格雷夫经济学大辞典》"经济一体

---

[1] 约翰·伊特韦尔,等. 新帕尔格雷夫经济学大辞典(第二卷)[M]. 北京:经济科学出版社,1992:45.

化"词条的撰写者。荷兰经济学家丁伯根（Tinbergen）从要素的流动性和政府机构间的关系入手，对经济一体化作了进一步的分析，从积极一体化与消极一体化两个角度进行阐释，他特别强调经济一体化中国家层面的作用。仅以消除成员商品及要素流动障碍为目的的一体化被称为消极一体化，而政府通过创新制度框架以加强自由市场力量的一体化才是积极一体化，因此一体化组织必须建立超国家的机构。后来的学者约翰·平德（John Pinder）对丁伯根的界定作了进一步的解释，约翰·平德赞同丁伯根的基本观点，但同时认为超国家机构不是必须要建立的，主要目标可以通过一体化组织集体决策来实现。

总的来说，国际区域经济一体化的含义随国际区域经济一体化实践的发展不断被修正。20世纪90年代以来国际区域经济一体化出现了许多新特征，国际区域经济一体化的定义也越来越宽泛，很难用一个统一的标准来界定。综合中外学者的表述，结合国际区域经济一体化的新发展，本书对其作如下界定：国际区域经济一体化是指两个以上的国家或经济体之间，在一个由政府授权组成的并具有超国家性质的共同机构协调下，通过制定统一的对内、对外经济政策，消除成员之间贸易乃至经济发展的障碍，实现区域内互惠互利和协调发展，最终形成一个经济乃至政治都高度协调统一的有机体的过程。

二、国际区域经济一体化的类型

学者们在国际区域经济一体化组织类型的划分标准上并不完全一致，但都是依据国际区域经济一体化组织成员让渡主权的程度以及实践中经济一体化发展的广度和深度进行划分，最常见的几种划分方法如表10.1所示：

表10.1 经济学家对国际区域经济一体化划分的类型

经济学家	林德特	巴拉萨	萨尔瓦多	李普西	阿格拉
类型数量	4	5	5	6	6
类型	自由贸易区 关税同盟 共同市场 全面的经济联盟	自由贸易区 关税同盟 共同市场 经济联盟 完全经济一体化	特惠贸易协定 自由贸易区 关税同盟 共同市场 经济联盟	特惠关税制度 自由贸易区 关税同盟 共同市场 经济联盟 完全经济一体化	单一商品的经济一体化 自由贸易区 关税同盟 共同市场 全面经济联盟 完全政治一体化
出处	《国际经济学》 第11版 2001年	《经济一体化理论》 1961年	《国际经济学》 第8版 2004年	《国际一体化：经济联盟》（论文） 1968年	《欧洲共同体经济学》 1980年

从表10.1可知，自由贸易区、关税同盟和共同市场是所有学者都认可的类型，国内学者大多采纳了巴拉萨和李普西的分类方法，二者的区别仅在于特惠关税制度是否算一个基本类型。综合表中5位学者的观点，本书将国际区域经济一体化归纳为6种类型：特惠贸易协定、自由贸易区、关税同盟、共同市场、经济联盟和完全经济一体化。随着关税作用的不断降低和服务贸易的迅速发展，关税同盟的地位将不断降低甚至消失。因此，未来国际区域经济一体化的组织形态可能演变成为特惠贸易协定、自由贸易区、共同市场、经济联盟和完全的经济一体化。下面介绍以上6种类型的内涵和特征。

(一)特惠贸易协定

特惠贸易协定(Preferential Trade Arrangements，PTA)是指区域内的成员国通过协定或缔结条约，对部分或全部的商品规定特别的关税优惠。这种一体化形式只是部分减免关税，而不是全部免除关税，它是经济一体化最松散的形式。例如，20世纪90年代以前东盟和中国加入的亚太贸易协定是特惠贸易协定。

(二)自由贸易区

自由贸易区(Free Trade Area，FTA)是指国家或经济体之间通过达成协议，相互取消关税与非关税壁垒而形成的区域贸易一体化组织。自由贸易区尤其是双边自由贸易区以其主动性、灵活性和广泛性等优点成为目前区域经济合作的主要方式，目前签订的经济一体化组织中，自由贸易区是最主要的类型。

自由贸易区的特点是：区域内商品可以自由流动，真正实现了成员国间商品的自由贸易；成员经济体之间没有共同的对外关税；实行严格的原产地原则，以避免贸易偏转现象的发生。所谓贸易偏转，是指来自非成员国的产品从对自由贸易区外国家关税较低的成员国进入自由贸易区市场后，再进入关税水平较高的成员国，从而造成高关税成员国的对外贸易政策失效的情形。自由贸易区不仅要求各国继续在边境检察进口货物，而且还需要制定一套详尽完备的原产地原则，以确定某种商品是否符合免税进口的条件，由此造成的沉重的日常文件工作负担成了自由贸易的很大障碍，还经常由此引发成员之间的摩擦和争端，美国和加拿大在执行原产地原则时就时有争端。

近年来随着自由贸易区的迅速发展，其内容涵盖的领域不断扩展和深化，贸易自由化对象除货物贸易外，还涉及服务贸易、投资以及与投资相关的知识产权保护等领域，甚至包括环境、反恐和劳工标准等内容。自由贸易区的广度在扩展，这种广义的自贸协定被称为经济合作协定(Economic Partnership Agreement，EPA)。曾经由美国主导的跨太平洋伙伴关系协定(Trans-Pacific Partnership Agreement，TPP)即是典型的EPA，日本以EPA作为自己实施自由贸易区战略的主要目标，因此，EPA可能是未来区域贸易协定的发展方向。

(三)关税同盟

关税同盟(Customs Union，CU)是指国家或经济体之间通过达成协议，相互取消关税和与关税具有同等效力的其他限制措施，并建立共同对外关税或其他统一限制措施的经济一体化组织。欧洲共同体最早于1968年7月建成六国关税同盟，后又于1977年实现九国关税同盟，1992年建成十二国关税同盟。关税同盟的成员国商品在相互取消进口关税实现自由贸易的同时建立了共同的对外关税，即成员国将关税的制定权让渡给了经济一体化组织，成员间不再需要附加原产地原则。关税同盟对成员的约束力比自由贸易区更强。但随着成员之间关税的取消，各成员国的市场完全暴露在了其他成员国厂商的竞争之下，为了保护本国的某些产业，各成员国纷纷采取更加隐蔽的非关税壁垒措施，因此关税同盟有"鼓励"成员国增加非关税壁垒的倾向。

(四)共同市场

共同市场(Common Market，CM)是指两个或两个以上的国家或经济体通过达成某种协议，不仅实现商品自由流动和建立共同对外关税，同时还实现人员、服务和资本自由流动的国际区域经济一体化组织。共同市场的约束力比关税同盟更强，共同市场的成员国让渡

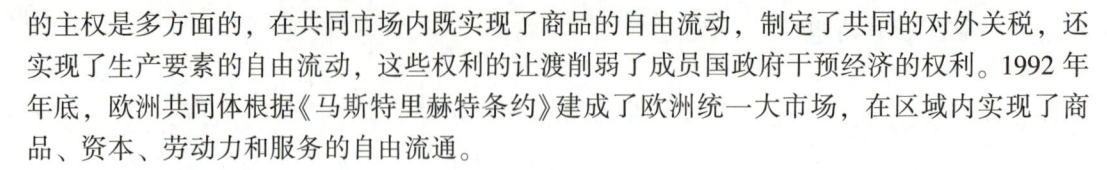

的主权是多方面的，在共同市场内既实现了商品的自由流动，制定了共同的对外关税，还实现了生产要素的自由流动，这些权利的让渡削弱了成员国政府干预经济的权利。1992年年底，欧洲共同体根据《马斯特里赫特条约》建成了欧洲统一大市场，在区域内实现了商品、资本、劳动力和服务的自由流通。

(五) 经济联盟

经济联盟(Economic Union，EU)是比共同市场更高一个层次的一体化组织，它要求成员国在共同市场的基础上进一步实现经济政策的协调或统一，一体化范围从商品交换扩展到生产、分配乃至整个国民经济领域。经济联盟的成员国不仅让渡了建立共同市场所需让渡的权利，更重要的是成员国让渡了使用宏观经济政策干预本国经济运行的权利，而且还让渡了干预内部经济的财政政策和货币政策以保持内部平衡的权利，经济联盟由一个超国家的权威机构将成员国的经济组成一个整体，欧盟是目前最典型的经济联盟。从现实来看，众多的成员在短期内把各自的经济政策及社会政策高度统一起来很难做到，因此，目前还没有真正意义上的经济联盟，欧盟也只是在部分成员国间建立了欧元区，财政政策仍由各成员国政府掌握，这种财政政策和货币政策分离的矛盾，导致欧盟运行过程中出现了一系列困境，如主权债务危机、英国脱欧等，这些困境都难以在短期内找到迅速而有效的应对措施。

(六) 完全经济一体化

完全经济一体化(Perfectly Economic Integration，PEI)是经济一体化的最后阶段，它除了具有经济联盟的特点外，各成员国之间要消除商品、资本、人员等自由流通的全部人为障碍，实现经济各个方面完全的统一，这种一体化已经从经济联盟扩展到了政治联盟。目前，欧盟正在向此目标努力，统一的欧洲一直是欧洲人的梦想。

第二节 关税同盟理论

对国际区域经济一体化理论最早进行系统研究的是美国经济学家维纳(Viner)，维纳从"贸易创造"和"贸易转移"两个方面阐述了关税同盟的静态效应，之后不断有学者对关税同盟理论进行完善，并在静态经济效应的基础上进一步探索了国际区域经济一体化的动态效应，并认为关税同盟的动态效应远远超过其静态效应。在关于国际区域经济一体化的各种理论中，只有关税同盟理论得到较为严密系统的阐述和发展，关税同盟理论被认为是国际区域经济一体化理论的基石。

一、关税同盟的静态效应

维纳对关税同盟的贸易创造效应和贸易转移效应进行了最初的分析，之后学者的研究都以这两种效应为基础，贸易创造和贸易转移由此成为评价参加经济一体化组织收益及成本的重要指标。一般认为，相对于全世界实现自由贸易的帕累托最优状况而言，关税同盟在一定区域内实现自由贸易是一种"次优"选择。维纳1950年出版的《关税同盟问题》一书中改变了人们的这一传统认识，他指出，关税同盟既可以带来贸易创造(Trade Creation)效应，增加成员国福利，同时也产生贸易转移(Trade Diversion)效应，从而造成福利减少的损失。贸易创造是指成员国之间相互取消关税和非关税壁垒所带来的贸易规模的扩大和福利水平的提高。由于从成员国进口的产品比本国成本低，本国就可以把更多的资源转移到生产成本较低的产品，资源得到了更合理的配置和利用，因而就获得了利益的增加，同时由于取消关税，本国消费者可以享受较低的价格也会带来福利的增加。贸易转移是指由于关税同盟是对内自由和对外保护，建立关税同盟后，成员国之间相互取消关税并建立起共同的对外关税所带来的相互贸易就取代了与低价非成员国的贸易，从而造成贸易方向的改变和参加国福利的损失。贸易转移降低了资源配置效率，世界净福利也因此减少。一个关税同盟的成员福利是否净增加取决于贸易创造和贸易转移效果的比较。

后来，彼得·林德特(Peter Lindert)和查尔斯·P. 金德尔伯格(Charle P. Kindleberger)分别在他们的《国际经济学》中设计出了一个简单的模型来分析贸易创造和贸易转移效应。此外，詹姆斯·爱德华·米德(James Edward Meade)、简·丁伯根(Jan Tinbergen)、李普西(R. G. Lipsey)、兰卡斯特(K. Lancaster)、理查德·库珀(Richard N. Cooper)、马塞尔(Massell)等学者对关税同盟理论的完善也作出了贡献。下面我们用图 10.1 来说明这两种效应。

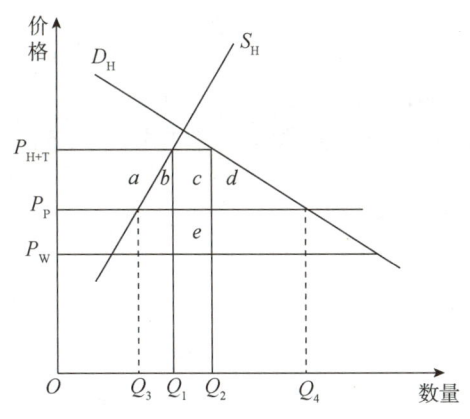

图 10.1 贸易创造和贸易转移

在图 10.1 中，假设有 H 和 P 两个国家，S_H 表示 H 国的供给曲线，D_H 表示 H 国的需求曲线，图中 P_P 表示 P 国的生产成本，P_{H+T} 是 H 国征收关税后的国内价格，P_W 是自由贸易下的世界市场价格，$P_W<P_P$。在关税同盟建立之前，P 国国内的价格 P_P 高于世界市场的价格 P_W，因此 H 国不会从 P 国进口而是以 P_W 的价格从其他国家进口，并征收从量税 T，关税由国内消费者承担，于是 H 国国内市场价格为 P_{H+T}，此价格下的国内供给量为 OQ_1，国内消费量为 OQ_2，供给小于需求，将从 P 国之外的其他国家进口 Q_1Q_2。

假设 H 国和 P 国建立了关税同盟，根据关税同盟的含义可知，两国将相互取消关税并制定共同的对外关税，H 国不再对来自 P 国的进口商品征收关税，P 国产品在 H 国的销售价格为 P_P，从非成员国进口的商品仍然征收从量税 T。此时，P 国产品在 H 国的销售价格 P_P 低于 P 国之外的其他国家在 H 国的销售价格 P_{H+T}，于是，H 国不再从原来低价的其他国家进口，全部变成从 P 国进口。在价格为 P_P 时，H 国的产量减少至 OQ_3。Q_3Q_1 是 H 国生产被从 P 国进口替代的部分，此为生产效应，H 国的生产者福利减少了 a。在 P_P 价格下 H 国的消费增加至 OQ_4，增加的 Q_2Q_4 部分为消费效应，消费者剩余因此增加了 $a+b+c+d$。在 H 国和 P 国组成关税同盟前，$c+e$ 为政府的关税收入，组成关税同盟后，由于不再征收关税，H 国政府失去了这部分关税收入，其中的 c 转移给了本国的消费者，e 成为贸易转移的损失。

综合来看，关税同盟给 H 国带来的净福利效应为 $(a+b+c+d)-a-(c+e)=(b+d)-e$。$(b+d)$ 为贸易创造效应带来的福利增加，$-e$ 为贸易转移效应，是资源配置扭曲带来的损失。关税同盟对 H 国净福利的影响取决于贸易创造和贸易转移的比较，即 $(b+d)$ 和 e 的大小的比较。

此外，关税同盟的静态福利效应还受以下因素的影响：第一，如果进口国不是与高成本的生产国而是与低成本的生产国建立关税同盟，如图 10.1 中 H 国不是与 P 国而是与低价的第三国建立关税同盟，它仍然会从低成本的第三国进口产品，此时就只存在贸易创造，而贸易转移的损失不存在。第二，即使进口国与高成本生产国建立关税同盟，但如果它们的对外共同关税比较低，使低成本生产国商品征税后的价格仍然低于其他成员国的价格，那么贸易转移效果也能避免。第三，非成员国提供的自由贸易价格越低，贸易转移的效果越大；如果从成员国进口商品的价格越低，那么贸易创造的效果越大；贸易创造效果的大小则取决于进口国供给弹性和需求弹性的大小。

从实践来看，受政府重点扶持的行业（如受共同农业政策保护的欧共体农业）和关税较高的行业是国际区域经济一体化组织建立后贸易转移最明显的两个领域。1958 年 1 月 1 日生效的《罗马条约》第九条明文规定共同体应以关税同盟为基础，从此国际区域经济一体化理论走进了西欧经济合作的实践。

二、关税同盟的动态效应

贸易创造和贸易转移效应只是一种静态效应的考察，关税同盟理论的最大缺陷就是忽视了关税同盟建立后所产生的动态效应，而在长期实践中，组成关税同盟还有一些重要的动态效果。金德尔伯格和林德特指出关税同盟的动态效应主要有市场扩大导致的规模经济效应、激化竞争效应、刺激投资增加效应和优化资源配置效应等。在所有这些动态效应中，规模经济效应是关键。经济学家艾尔·阿格拉说：如果离开了规模经济，则（关税同盟成员国）长期受益便是为期十分漫长的事情，而且不能用传统的经济学概念来解释。有时，这种动态效应在某种意义上远比其静态效应更重要，英国 1973 年加入欧共体就是因为这些动态效应。一些以实践为依据的研究表明，这些动态效应比静态效应高 5 至 6 倍。

第一，规模经济效应。 关税同盟的建立为成员国间产品的相互出口创造了条件，特别是成员国市场变成统一的市场，突破了单个国内市场的限制，市场范围的迅速扩大促进了企业生产的发展，使有竞争优势的企业达到规模经济效果，从而降低了成本，提高了企业的生产效率，增强了对非成员国同类企业的竞争能力。在比较优势原则的作用下，成员国之间很有可能通过产品专业化分工，实现专业化产品生产的规模经济，从而提高资源配置效率。

第二，激化竞争效应。 组成关税同盟前，许多部门形成了国内的垄断，获取着超额垄断利润。垄断者和寡头在贸易壁垒的保护下已经变得懒惰和不思进取。组成关税同盟后各国市场相互开放，企业面临着来自其他成员国同类企业的竞争，各国企业为在竞争中获得有利地位，会不断采用新技术，增加研发投入，改善经营管理，降低成本，在同盟内部形成竞争,从而提高经济效率,促进技术进步。《罗马条约》第85条第1款写道:"凡足以影响各成员国之间的贸易和以阻止、限制或破坏共同市场内部竞争为目的或产生此项后果的一切企业间的协定,一切企业联合组织的决定和一切联合行动,应被认为是与共同市场(这里"共向市场"就是指"经济共同体")相抵触的,并应予以禁止"。[①]

第三,刺激投资增加效应。这种效应可分为刺激同盟内投资效应和吸引同盟外投资效应两种形式。生产成本高的成员国企业会把工厂转移到生产成本低的成员国,以提高产品竞争力。同时,非成员国为抵消关税同盟建立的对非成员国产品歧视而产生的不利影响,有可能将生产设施转到同盟内的一些国家,以绕过统一的关税和非关税壁垒,这就是所谓的"关税工厂"。美国公司于1955年和1986年两次大规模向欧洲投资,就是不愿被迅速发展的欧共体市场排除在外。北美自由贸易区启动后,许多亚洲国家的对华投资转移到墨西哥也是基于同样的原因。刺激投资增加效应必然加深成员国之间的分工和专业化程度。

第四,优化资源配置效应。就一个关税同盟内部来说,由于关税和非关税壁垒的消除,市场趋于统一,在其范围内的劳动力和资本的自由流动,可以提高其经济资源的利用率。

关税同盟的建立也可能产生某些负面影响:关税同盟的建立可能促成新的垄断的形成,除非不断吸纳新成员,这种新垄断就会成为技术进步的障碍;资本向投资环境较好的地区流动,还可能出现地区经济发展不平衡,这就需要成员国政府及一体化组织用政策加以引导。

专栏10-1

加入欧盟使英国获益了吗

1973年是英国的生活水平发生变化的一年。农产品的价格急剧上涨,家庭在一日三餐上的花费增加。农产品价格的上涨并非偶然,而是由于政府的一项决策:英国不再从它原来的殖民地——澳大利亚购买廉价的农产品,相反却增加了自己的农业产出,并向价格更昂贵的欧洲邻居购买农产品。英国为什么作出这样的决策?其收益能够抵消损失吗?

英国与澳大利亚的贸易关系是从大英帝国沿袭下来的,澳大利亚作为英国的殖民地,一直向它的宗主国供应食品,销往英国的产品占1950年澳大利亚出口总量的1/3。但在1973年,这种贸易传统被打破了。英国与它的邻邦签署了一项加入欧盟的协议。虽然英国国内普遍认为此举是正确的,却不得不接受随之而来的经济后果。

澳大利亚的农民遭受了巨大打击,他们与英国的传统贸易几乎在一夜之间就画上了句号。加入欧共体后,英国不得不遵守欧盟的共同农业政策,这些政策给欧盟外的农产品生产者统一设置了贸易壁垒。关税和配额提高了非欧共体成员国的农产品在英国的销售价格,因此,澳大利亚在英国市场的优先进入权宣告终结。英国与成本更高的其他欧洲生产者进行贸易,而澳大利亚则被淘汰出局。加入欧盟后,英国从澳大利亚进口的牛肉降低了75%以上,来自澳大利亚的80万吨小麦进口也几乎立即被封杀。

---

① 丁斗. 东亚地区的次区域经济合作[M]. 北京:北京大学出版社,2001:11-12.

英国消费者为这一变化付出了高昂的代价。加入欧盟之前，由于澳大利亚的牛肉、小麦和其他农产品的生产效率很高，价格也相当便宜，因此英国是整个欧洲食品支出最低的国家。而加入欧盟后，由于欧洲进口的农产品价格昂贵，英国不仅食品价格平均上涨了25%，总通货膨胀率也上升了3%~4%。简单地说，因为英国的农产品贸易从低成本生产国转移到高成本生产国，购买农产品不得不花费更多的支出，消费者因而承受了损失。

但这个故事也有另外一面。随着英国加入欧盟并取消对欧洲其他国家进口产品的关税和配额，来自欧洲的工业制成品大幅度上升。欧洲贸易伙伴提供的低价进口产品取代了英国生产的高价产品，因此提高了英国的福利。

评价英国加入欧盟究竟是好还是坏变成了一个经验问题。工业制成品的贸易创造增加的福利能否抵消农产品的贸易转移减少的福利？围绕这一问题的大量经验研究，得出的结论是：农业发生了大规模的贸易转移，而制造业则发生了大规模的贸易创造。贸易转移和贸易创造的总体效应仍然是一个存在争论的问题。

2016年6月23日，英国举行全民公投，就英国是否应该继续留在欧盟还是脱离欧盟进行抉择，脱欧派胜出，英国成为首个脱离欧盟的国家。

资料来源：张梅. 国际贸易理论与实务[M]. 北京：中国铁道出版社，2010：135.

第三节 新区域主义

新区域主义出现于20世纪80年代中后期，在国际区域经济一体化的实践中，非传统收益的作用越来越大，忽略非传统收益已无法对新一轮区域贸易协定的产生和发展作出客观全面的解释。于是，国内外的学者开始从新的视角来探讨新一轮区域经济合作的成因及影响，提出了国际区域经济一体化非传统收益理论或新区域主义。新区域主义弥补了传统收益理论忽视制度因素的缺陷，侧重于对国家参与国际区域经济一体化的动机和原因的研究，研究范围涉及经济、政治、国际关系甚至人权、民主、环境等广泛领域，为研究区域经济合作提供了新的范式和角度。新区域主义的主要内容主要包括以下六个方面。

(一) 保持政策的连贯性

费尔南德斯与波特斯指出，区域一体化协定有助于保持成员国政策的连贯性，从而提高政府的信誉。在现实中，政府掌握制定政策的权力，但其政策常常会因某些因素的诱导而发生改变，这些诱导因素或是某些利益集团的压力，或是政治家的利己动机，或是政府实行相机抉择政策。政府也经常难以严格约束自己不去保护一个行业，但政策的不连贯既会损害政府的信誉，也可能给私人部门造成损失。而加入区域经济合作组织对政府是一种强有力的外部约束力，能够提高政府政策的连贯性和可信性。

区域贸易协定主要通过两个方面对政府的政策行为进行约束：一是惩罚机制，区域贸易协定一般都要求成员遵守共同规则，违反规则的国家会受到其他成员国的报复与惩罚，从而蒙受损失。从这个意义上来说，区域贸易协定在一定程度上起到了维持成员国政策稳

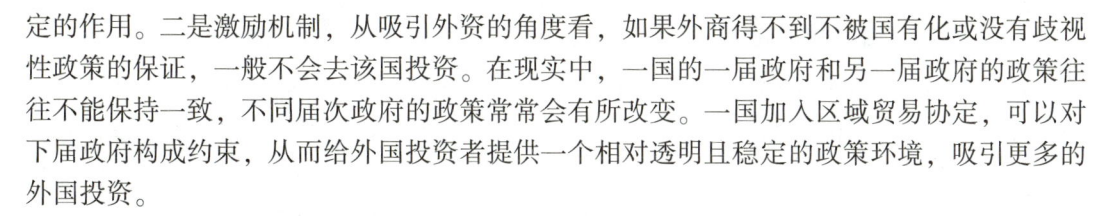

定的作用。二是激励机制，从吸引外资的角度看，如果外商得不到不被国有化或没有歧视性政策的保证，一般不会去该国投资。在现实中，一国的一届政府和另一届政府的政策往往不能保持一致，不同届次政府的政策常常会有所改变。一国加入区域贸易协定，可以对下届政府构成约束，从而给外国投资者提供一个相对透明且稳定的政策环境，吸引更多的外国投资。

(二) 发信号

区域贸易协定的另一个潜在收益是向外部世界发信号。国家间签署区域贸易协定最重要的往往是加入了区域一体化组织这件事本身，成为区域一体化组织成员国本身就对区域外国家发出了自己具备了加入条件的信号，或是一国是保守主义立场还是自由主义立场的信号，或是关于政府间友好关系的信号，或是经济发展状况或发展决心的信号等。由于一国政府掌握的关于本国政策偏好、本国与他国关系以及本国经济状况等信息明显多于其他国家，即存在着信息不对称，特别是当区域外国家对某国政府是否会坚持改革、是否会履行其自由化承诺等方面的态度存有疑虑时，如果此时该国付出较多努力加入了一个区域一体化组织，该国政府的决心和诚意的信号就发出来了，这种信号是可信的。

(三) 提供保险

提供保险效应是区域贸易协定的另一个重要非传统收益，这一点尤其适用于解释大国与小国之间建立的经济一体化协定。约翰·沃利(John Whalley)认为，小国为获得进入大国市场的保证，它们在缔结区域贸易协定的过程中，往往会对大国作出更多的让步，即对大国作出单方面支付，小国因此获得了享受大国市场的优惠政策和吸引外资等收益。而大国在自由贸易协定达成后也失去了向小国实施报复的能力，这种安排避免了整体性贸易战爆发的危险，还可以防止大国对小国强加的其他贸易壁垒。这种自由贸易协定因此也被称为保险安排。例如，奥地利、芬兰和瑞典之所以以欧盟预算净贡献者的身份加入欧盟，是因为作为欧盟的成员国利益会更有保障。北美自由贸易协定(NAFTA)也被认为是这类区域贸易协定的典型。国内学者在从新区域主义视角考察国际区域经济一体化的非传统收益时，提出了发展中国家之间的区域一体化协定不具有提供保险效应的观点，理由是发展中国家的出口市场主要是发达国家，一旦发达国家实施贸易保护措施，发展中国家不能相互提供出口市场。

(四) 提高讨价还价能力

国家间签订区域贸易协定的另一项重要收益是增强它们在国际经济事务中的讨价还价能力，包括增强与成员国的讨价还价能力和对区域外第三方的讨价还价能力。在WTO框架下的多边贸易谈判中，这种讨价还价能力的增强表现为对国际经济规则影响力的提高。在世界贸易中，一国进口规模的大小决定了其对国际经济规则制定时的影响力，而区域贸易协定最直接的影响之一就是市场规模扩大效应，国际区域经济一体化组织在制定国际经济未来"游戏规则"中掌握着更大的发言权。对于中小国家来说，其单个国家的声音一般不会受到重视，但其呼声可以通过一体化组织在全球范围的谈判中得到重视和放大；大国通过推进国际区域经济一体化进程，不仅可以获得区域合作的内部收益，而且可以增加与区域外国家贸易谈判的筹码进而获得制定国际经济规则的主导权，美国签订区域贸易协定的主要目的就是以此为筹码迫使其他国家回到WTO的谈判桌上来。

(五)建立协调一致的机制

建立协调一致的机制是对区域一体化的政治经济学的理解。虽然加入区域一体化协定通常能使一国经济整体上获益、总福利提高,但对一国不同利益集团的影响是不同的,甚至相反。从贸易自由化中获益的人范围广且带有不确定性,且获益的效应有时间的滞后性,不能及时显现出来。而贸易自由化带来的损失却是即时且显著的,遭受损失的产业部门也是明确的。这种状况就使反对贸易自由化的人比较集中且容易协调一致,支持贸易自由化的人则比较分散且难以协调,而国际区域经济一体化组织可以在支持贸易自由化的人之间建立起协调一致的机制,使从贸易自由化中获益的人能够集中起来协调行动,从而克服或减少自由贸易的分散与不确定带来的不利影响。

(六)改善成员国安全

国际区域经济一体化的一个重要外部效应是有利于成员国安全的改善,这一效应具体表现在三个方面:第一,消除内部分裂或内战等国内安全威胁。例如,欧盟与地中海国家签订自由贸易协定的动机之一,是基于对阿尔及利亚的宗教激进组织及与之相关的国内混乱扩散的担忧,埃及政府一直对宗教激进组织的扩散很担心。第二,消除各相邻国家之间的安全隐患。1958年启动欧洲经济共同体的初衷是想消除战争威胁和苏联共产主义的威胁。近年来国际区域经济一体化在消除非传统安全领域威胁方面的作用得到强化,美国于2003年5月提出了在10年内与中东地区国家建立自由贸易区的倡议,以此推动中东地区的经济和民主,进而在制度框架下从根源上铲除恐怖主义。第三,应对第三国的安全威胁。例如,中东欧国家申请加入欧盟的部分原因是出于对俄罗斯威胁的担忧。"南部非洲发展协调会议"的召开,是为了建立反对南非共和国的统一战线。

第四节 国际区域经济一体化的实践

最早的国际区域经济一体化组织可追溯到1241年成立的普鲁士各城邦之间的"汉撒同盟",现代的国际区域经济一体化组织是"二战"后逐渐兴起的。随着"二战"后世界经济的迅速发展,许多小国意识到只靠自己的力量很难在世界经济中有所作为,于是一些国家便组织起来,成立了各种各样的经济一体化组织。20世纪80年代中后期以来,伴随着经济全球化的深入发展,新一轮国际区域经济一体化浪潮兴起。下面介绍世界主要经济一体化组织的发展情况。

一、欧盟

欧盟是欧洲联盟(European Union,EU)的简称,总部设在比利时首都布鲁塞尔,其前身是欧洲经济共同体(European Economic Community,EEC),是目前发展最成熟的国际区域经济一体化组织,现有27个成员国。

1951年1月,法国、意大利、荷兰、比利时、卢森堡、联邦德国六国在巴黎签署条约,宣布成立欧洲煤钢共同体,以集中管理六国的煤炭和钢铁资源。通过促进成员国间煤钢自由贸易和对非成员国实行贸易保护,欧洲煤钢共同体使这两个受到战争打击的工业恢复了活力,正是这种成功推进了范围更广、程度更深的欧洲经济共同体的建立。1957年3月25日,六国在意大利首都罗马又签订《建立欧洲经济共同体条约》和《建立欧洲原子能共同体条约》,通称《罗马条约》,该条约于1958年1月1日正式生效。欧洲经济共同体当时建立的目标是:经过十年过渡,建成关税同盟。欧洲经济共同体的长期目标是建立经济和政治联盟。1967年7月1日,欧洲经济共同体、欧洲原子能共同体、欧洲煤钢共同体的主要机构合并,统称"欧共体"。1973年1月1日,英国、丹麦、爱尔兰加入欧共体,1981年,希腊成为欧共体的第十个成员国。1986年,西班牙和葡萄牙加入。1995年1月1日又接纳了奥地利、芬兰和瑞典三国。至此,欧共体共有15个成员国,成为一个从地理上把地中海国家和斯堪的纳维亚国家连为一体,包括欧洲主要工业国家的一体化组织。

  欧共体在实现一体化的过程中经历了许多曲折,付出了很大的努力。1958年,欧共体建成了自由贸易区,取消了工业品的贸易限制。在这一过程中,1958—1968年,其工业贸易值几乎增加了5倍。1968年7月,它已初步建成了关税同盟,比计划提前一年半。到1970年,它已成为比较成熟的关税同盟,具有共同的对外关税体系。1960—1970年,欧共体内部在交通设备、机械、化学药品、燃料上的贸易创造效果非常明显;而在农产品、原材料上主要表现为贸易转移。但据估计,贸易创造的效果比贸易转移的效果高出2%~15%。同时,欧共体也获得了关税同盟的动态效应,它促进了成员国之间的对外贸易,1958—1970年,成员国间的贸易额占共同体贸易总额的比重从34%增加到50%以上。此外,它也有利于促进欧共体国家的国际分工和生产专业化,带来了规模经济,促进投资增长,提高了成员国产品在国际市场上的竞争力,加深了成员国之间彼此的依赖和影响,有利于提高西欧在世界经济中的地位。1979年,欧共体经过多年的酝酿,建立了欧洲货币体系,实现成员国相互保持可调整的钉住汇率制度,建立共同干预基金和储备基金,对外则采取联合浮动汇率制度,从而使其经济一体化的程度向前迈进了一步。

  1985年3月,欧共体在布鲁塞尔召开欧洲理事会,集中讨论了在1992年建成欧洲单一内部市场的行动,1986年2月欧共体各国签订了《单一欧洲法案》,作为《罗马条约》的补充,该法案于1987年7月生效。1993年1月1日,欧洲统一大市场如期启动,取消了所有成员国之间产品、服务和资源(包括劳动力)自由流动的限制。1991年12月,欧共体12国首脑集会于荷兰的马斯特里赫特,决定修改原来的《罗马条约》。修改后的条约明确提出,将欧洲共同体向前推进,经过一段时间的过渡,建立欧洲经济货币联盟和政治联盟。1992年2月7日,成员国签订了一系列的条约,简称《马斯特里赫特条约》。该条约由两部分组成,一是《经济和货币联盟条约》,另一个是《政治联盟条约》。《经济和货币联盟条约》的基本目标是:经过三个阶段的过渡,经济上成员国之间要实现统一的财政和货币政策,建立统一的欧洲货币"欧元",建立欧洲联盟的中央银行。条约规定,最迟于1999年1月1日在欧洲共同体内部发行统一货币,实行共同的对外与安全政策,扩大欧洲议会的权力,扩大多数表决的范围等。《马斯特里赫特条约》使欧洲共同体不再仅仅是经济组织,而是走向政治、经济和社会的全面联合。1993年11月,德国立法机构最后一个批准了《马斯特里赫特条约》。从1994年1月1日起,人们习惯上把欧洲共同体改称为"欧洲联盟",即"欧盟"。1997年6月17日,欧盟签署《阿姆斯特丹条约》,它标志着欧盟的政治联盟启动。

1998年5月2日至3日，欧盟在布鲁塞尔举行了首脑会议，确定了首批实施单一货币的11个国家，即德国、法国、意大利、荷兰、比利时、卢森堡、西班牙、葡萄牙、奥地利、芬兰、爱尔兰。1999年1月1日起，在11个国家开始正式使用欧元，这些国家的货币政策从此统一交由设在德国法兰克福的欧洲中央银行负责。2000年6月，欧盟在葡萄牙北部城市费拉举行的首脑会议批准希腊加入欧元区。2002年1月1日，开始发行欧元的硬币和纸币，并把各成员国原来流通的纸币和硬币兑换成欧元的纸币和硬币，2002年7月1日，涉及所有业务和所有机构的转换过程已全部完成，欧元成为欧洲货币联盟范围内唯一的法定货币。2006年7月11日，欧盟财政部长理事会正式批准斯洛文尼亚在2007年1月1日加入欧元区，这是欧元区的首次扩大。2008年1月1日，塞浦路斯、马耳他加入了欧元区。2009年1月1日，斯洛伐克成为欧元区第16个成员国。2011年1月1日，爱沙尼亚加入欧元区，2014年1月1日拉脱维亚加入欧元区，成为欧元区第18个成员。

欧盟还致力于"东扩"和"南下"战略，2004年5月1日，欧盟正式吸收塞浦路斯、匈牙利、捷克、爱沙尼亚、拉脱维亚、立陶宛、马耳他、波兰、斯洛伐克和斯洛文尼亚10个中东欧新成员。2007年1月1日，罗马尼亚和保加利亚正式成为欧盟成员国，这是欧盟历史上第六次扩大。2013年7月1日，克罗地亚正式成为欧盟第28个成员国。2012年，欧盟获得诺贝尔和平奖。2016年6月23日英国举行全民公投，就英国是否继续留在欧盟还是脱离欧盟进行抉择，脱欧派胜出，英国成为首个脱离欧盟的国家，2020年1月31日，英国正式离开欧盟，结束其47年的欧盟成员国身份，欧盟成员国从28个变成27个。

二、北美自由贸易区

北美自由贸易区（North American Free Trade Area，NAFTA）是最典型的发达国家与发展中国家之间的经济一体化组织，成员包括美国、加拿大和墨西哥，由两个属于七国集团的发达国家和一个典型的发展中国家组成，它们之间在政治、经济、文化等方面差距很大。北美自由贸易区是在美加自由贸易区的基础上发展而来的。

1985年9月，由加拿大总理提出，美国政府支持，建立了双边自由贸易协定。双方经过三年多的谈判，于1988年1月2日签署了《美加自由贸易协定》，该协定于1989年1月1日生效。该协定的主要内容是，经过10年的过渡，取消两国一切进出口产品的关税，逐步减少贸易壁垒，同时在投资方面实现自由化。《美加自由贸易协定》名义上是一个贸易协定，实际上包括进出口和投资、农产品及银行经营业务等多方面的内容，是一个综合协定。该协定签署后，加拿大成为美国的最大贸易伙伴国，每年两国间的贸易达1 500亿美元（75%免税）。条约签订后，加拿大的经济增长速度加快了5%，美国加快1%，在两国的边境还创造出了成千上万个就业机会。

1990年，美国与墨西哥开始探索建立双边自由贸易协定后，美国、加拿大、墨西哥三国认识到订立一个三边协定更为有利，三国领导人于1991年在多伦多举行第一次会议，决定建立美加墨自由贸易区，经过一系列谈判，1992年8月12日，三国正式签订了《北美自由贸易协定》，1993年7月，又签订了建立北美自由贸易区的补充协定，1993年11月，三国议会正式批准了该协定，协定于1994年1月1日正式生效实施。协定明确规定，经过15年的过渡，三国相互取消关税，实现商品和服务的自由流动。这一目标分三个阶段实施，第一阶段，首先在所列的9 000多种产品中立即取消约50%的关税；第二阶段，

15%以上的产品关税将在5年内取消；第三阶段，剩余关税在第6～15年内取消。为防止来自第三国的转口贸易，三国详细开列了原产地原则的标准，规定在多数产品中，只有全部价值62.5%的产品价值在其成员国生产时，才属于原产地产品。

北美自由贸易区开创了发达国家与发展中国家成立国际区域经济一体化组织的先例。无论是综合经济实力、科技实力，还是市场规模，北美自由贸易区在当时都超过了欧共体。它对美洲经济的发展、资金的注入、就业的增加、人民生活水平的提高都产生了很大的积极作用，对世界经济格局的形成也产生了重大深远的影响。1993年美国还发动了美洲初创计划，其目标是建立西半球的自由贸易区。

特朗普当选美国总统后，提出重新谈判NAFTA，美国、墨西哥和加拿大三个成员国于2017年展开了重新谈判，经过一年多的时间，于2018年11月30日签署了新的《美墨加协定》（USMCA），也称"北美自由贸易协议2.0"。相比NAFTA，新的《美墨加协定》的变化主要有四点：第一，引入与汽车行业相关的两项规定。该协议规定，为避免关税，75%的汽车零部件必须产自北美，与此前规定的62.5%的比例相比有所提高。该协议还要求到2023年，40%～45%的汽车生产必须出自平均小时工资超过16美元的工人。可以说，《美墨加协定》的汽车条款较之《北美自由贸易协定》是一种倒退。第二，在农业领域的让步，尤其是加拿大同意向美国奶农开放3.5%的乳制品市场，美国能获取的市场总值约为7 000万美元。第三，争端解决机制变化，这也是最引人关注的一点。美国和加拿大同意放弃东道国争端解决方案，该方案因未对损害健康或环境的企业实施限制而被许多人诟病。第四，引入了日落条款。美国最初要求引入一项规定，即以终止协定为默认选项，每5年对新协定进行一次续签。这种做法无疑会削弱协定的价值，因为协定的不确定性将对企业预期带来严重影响，加拿大也不同意这样的要求。因此，美国作出了让步，但也签订了一个不那么严格的条款：必须每16年对《美墨加协定》进行一次续签。《美墨加协定》还包含其他许多条款，如加强对工人的保护、数字经济、知识产权保护等，评估这些条款还需要时间。在新的《美墨加协定》第32章中罕见地引入了针对"非市场经济国家"的极具排他性的"毒丸条款"。

> **专栏10-2**
>
> ### 《美墨加协定》中的"毒丸条款"
>
> 被称为"毒丸条款"的《与非市场经济国家的自由贸易协定》是《美墨加协定》第32章第10条，一共包括8项具体内容。条款规定，若美国、墨西哥、加拿大三国中任意一方与"非市场经济国家"签署自由贸易协定，则其他协议伙伴有权在6个月后退出《美墨加协定》，并以新的双边协议取而代之。
>
> "毒丸条款"首次在双边和区域贸易协定中加入了非此即彼的排他性选择。这种排他性不以增进区域内的贸易便利和贸易公平为目的，而是增加与第三国之间的贸易壁垒，违背了国际公法不干涉第三国权利与义务的基本原则。
>
> 从本质上看，"毒丸条款"通过赋予美国对其他缔约方签署协定的审查权和否决权，将"俱乐部"的准入门槛直接与美国国内立法挂钩，从而限制了缔约国和第三国在自由贸易协定领域的谈判权。美国显然将在《美墨加协定》中加入"毒丸条款"作为一个开始，有了这一先例，此条款就可以在其他贸易协定中复制。

> 条款中所谓"非市场经济国家"的指向非常明显。在2018年10月6日接受路透社采访时，美国商务部长罗斯毫不避讳地将《美墨加协定》中新增的这一条款称为"可能会被复制的毒丸"。"毒丸条款"的具体内容并不复杂，其本质也没有跳出对所谓"市场经济地位"区别对待的旧手段，美国在经贸领域一直对"非市场经济国家"实施特殊规则。但是，在贸易协定中引入类似歧视性、排他性条款的行为的确罕见。
>
> "毒丸条款"对中国的直接影响较为有限，美国在短期内复制和推广"毒丸条款"有一定难度；从中长期视角出发，在全球经济不确定性持续增加的背景下，"毒丸条款"的最终影响取决于中美双方在全球、区域、双边多个层面的博弈结果。作为美国的战略对手，中国理应重视其中出现的新变化，尤其需要从中长期视角出发，未雨绸缪，警惕和预防"毒丸条款"在美国其他贸易协定中的复制和扩散。
>
> 资料来源：商务部官方网站。

三、亚太经合组织—开放的国际区域经济一体化

亚太经合组织（Asia-Pacific Economic Cooperation，APEC）是开放的国际区域经济一体化的一种新型的形式。开放性是指这类经济一体化没有专门的组织机构和机制化的贸易安排，成员间的所有优惠性措施或安排也适用于非成员经济体。这一点与传统的国际区域经济一体化组织的排他性有本质的差别。开放的国际区域经济一体化实际上反映了经济全球化对国际区域经济一体化的一种积极影响。

随着欧洲经济一体化的不断深入及北美自由贸易区的形成，亚太地区的有识之士提出了许多构想。而这一地区的经济活力强，地域辽阔，经济差距也很大，在这种情况下，亚太地区要走向何处，要组织一个什么样的经济一体化组织，也成了举世关注的问题。现在，这一地区比较定型且已开始进行官方活动的组织是亚太经合组织。亚太经合组织是1989年11月在澳大利亚、日本、韩国三国的倡导下成立的，当时的成员有美国、加拿大、澳大利亚、新西兰、日本、韩国和东盟6国，共12个国家，现已有成员21个，其中发达国家5个，发展中国家16个。中国于1991年加入亚太经合组织。该组织是成员间经济差距最大的国际区域经济一体化组织。

刚成立的亚太经合组织类似于一个经济论坛。1993年，亚太经合组织发生了重要的变化。根据亚太经合组织的规定，这次亚太经合组织部长级会议在美国西雅图召开。当时美国提出，在召开部长级会议之后，召开成员经济体的非正式首脑会议。在成员经济体第一次首脑会议上，形成了亚太经合组织的基本目标，即在该地区实现贸易和投资的自由化，并确定这种自由化是非排他性的。1994年，亚太经合组织部长级会议和非正式首脑会议在印度尼西亚茂物召开，在这次会议上，成员经济体一致同意，规定实现贸易和投资自由化的时间表。各国最后商定，亚太经合组织中发达的成员经济体最迟在2010年实现贸易投资自由化，发展中成员经济体最迟在2020年实现贸易投资自由化。1995年亚太经合组织会议的重要进展是，成员经济体一致同意将加强相互经济技术合作作为该组织的另一个重要支柱。因此，亚太经合组织有两大支柱，一是贸易投资自由化，二是经济技术合作。1996年亚太经合组织会议上成员经济体商定，成员经济体的贸易投资自由化从1997年1月1日开始启动。

亚太经合组织成立之初,关于亚太经合组织的性质和模式曾有很大的争论,争论的焦点集中在亚太经合组织是否应成为制度性和排他性的组织。除日本外的发达国家成员希望亚太经合组织成为类似欧盟性质的排他性、制度性的组织,以抗衡欧盟。美国希望将亚太经合组织制度化以更好地打开亚太其他国家,尤其是东亚国家或地区的市场,并在区域框架下解决它与东亚国家之间的贸易摩擦。但日本和东盟对此表示反对,他们一方面担心制度化后受美国等发达国家的制约,另一方面是欧盟和日本长期以来走的是外向型经济道路,出口增长曾经是或现在仍是这些国家经济增长的"发动机",所以他们不希望亚太经合组织成为排他性的区域贸易组织,担心这样做会损害其对外贸易的发展和在全球市场上的竞争力。经过近三年的争论,最终亚太经合组织成员达成共识,开放的地区主义成为亚太经合组织的一面旗帜。

作为亚太地区规模最大、成员最多的区域合作形式,APEC经过二十多年的发展,目前已走到了关键性的十字路口。作为非制度化的合作形式,APEC一直缺乏内驱发展动力,内部涌现出了众多自由贸易区,出现了"意大利面条碗"现象。回顾二十多年发展历程,APEC从20世纪90年代初期大力推动贸易投资的自由化和便利化,到中期"先期自愿部门自由化"计划的失败,再到1997年亚洲金融危机的救援不利,以及2010年"茂物目标"第一阶段目标的实现不尽如人意,甚至沦为了"清谈馆",APEC的发展势头每况愈下。在影响APEC发展的各种变量中,大国之间的博弈具有关键性的作用,美国借助TPP重返亚太尤为值得注意,它将深刻改变和重塑亚太地区地缘政治经济格局。从最近几届APEC峰会来看,与美国重返亚太相关的讨论正在进入APEC的议题,预示着APEC未来发展将出现新的变化趋势。

专栏 10-3

中国的自由贸易区战略及实施情况

改革开放以来,在如何参与国际分工与合作的问题上,我国一直将政策的重心放在GTAA/WTO身上,目的是希望早日恢复关贸总协定缔约国地位及加入WTO,以此加快国内经济体制由计划经济向市场经济过渡,提高国家经济的竞争力,不断将本国经济融入全球经济一体化体系中去。进入21世纪以后,面对全球FTA的浪潮,我国为改善对外贸易环境,避免在经济全球化和区域化的浪潮中被边缘化,逐步认识到建设自由贸易区的重要性。

2002年党的十六大报告明确提出,要"适应经济全球化和加入世贸组织的新形势,在更大范围、更广领域和更高层次上参与国际经济技术合作和竞争,利用国际和国内两个市场,优化资源配置,拓宽发展空间,以开放促改革促发展"。2007年党的"十七大"报告又进一步指出,"拓展对外开放广度和深度,提高开放型经济水平。坚持对外开放的基本国策,把'引进来'和'走出去'更好结合起来,扩大开放领域,优化开放结构,提高开放质量,完善内外联动、互利共赢、安全高效的开放型经济体系,形成经济全球化条件下参与国际经济合作和竞争新优势"。并明确提出"实施自由贸易区战略,加强双边多边经贸合作。"(这个提法无论是在党的文件还是政府文件里都是第一次)这意味着党和政府已经把正式参与区域经济合作与发展FTA上升到了国家战略层面,从而对我国的FTA建设进程产生了重要推动作用。前国家总理温家宝在

2009年的政府工作报告中也指出，"要加快实施自由贸易区战略"，表明我国将以更积极的态度在更大范围内推进自由贸易区进程。2014年中共中央总书记习近平进一步强调，站在新的历史起点上，实现"两个一百年"奋斗目标、实现中华民族伟大复兴的中国梦，必须适应经济全球化新趋势、准确判断国际形势新变化、深刻把握国内改革发展新要求，以更加积极有为的行动，推进更高水平的对外开放，加快实施自由贸易区战略，加快构建开放型经济新体制，以对外开放的主动赢得经济发展的主动、赢得国际竞争的主动。可见，加快自由贸易区建设、推进区域经济合作，已经成为我国加入WTO后，以开放促改革、促发展的新平台和新方式。

2015年12月17日，国务院印发《关于加快实施自由贸易区战略的若干意见》，对加快自贸区建设做出三个层次的规划：一是加快构建周边自贸区，力争和所有与中国毗邻的国家和地区建立自贸区；二是积极推进"一带一路"自贸区，同"一带一路"沿线国家商建自贸区，形成"一带一路"大市场；三是逐步形成全球自贸区网络。

截至2022年4月，中国已经签署协议并实施的自由贸易区有21个。2021年9月，中国申请加入CPTPP，许多人将其评价为中国的二次入世。

此外，中国还于2001年5月23日加入了《曼谷协定》，《曼谷协定》于2005年11月更名为亚太贸易协定（the Asia-Pacific Trade Agreement，APTA），亚太贸易协定属于特惠贸易协定，是比自由贸易区更低层次的国际区域经济一体化组织。

资料来源：商务部官方网站。

本章小结

国际区域经济一体化是国家或经济体之间为了实现共赢的经济或战略目标，通过签订协议实现成员间互惠互利，减少或取消贸易壁垒乃至协调或统一经济政策的制度性或非制度性安排。根据经济一体化的程度，国际区域经济一体化分为六种基本类型，即特惠贸易协定、自由贸易区、关税同盟、共同市场、经济联盟和完全经济一体化。自由贸易区尤其是双边自由贸易区以其主动性、灵活性和广泛性等优点，成为目前区域经济合作的主要方式。

关税同盟的静态效应包括贸易创造与贸易转移。贸易创造提高了同盟内资源的利用效率，进而增加关税同盟的专业化水平和福利。贸易转移使生产从具有比较优势的地区转移出去，从而使成员国福利减少。关税同盟除了有静态的效应之外，还有扩大经济规模、加剧竞争、刺激投资、优化资源配置等方面的动态效应。新区域主义对国际区域经济一体化的分析从传统的经济收益扩展到政治、安全、全球战略格局甚至人权、民主、环境及跨国社会等领域，认为经济一体化的非传统收益包括保持政策的连贯性、发信号、提高讨价还价能力、提供保险、改善成员国安全、建立协调一致的机制六个方面。

欧盟是目前发展程度最高的国际区域经济一体化组织，北美自由贸易区是最典型的发达国家与发展中国家之间的经济一体化组织，APEC作为开放的国际区域经济一体化的一种新形式，目前正处在发展的十字路口。北美自由贸易区是在美加自由贸易区的基础上延伸发展的，是最典型的发达国家与发展中国家之间的经济一体化组织。特朗普当选美国总统后，提出重新谈判北美自由贸易区，美国、墨西哥和加拿大三个成员国经过一年多的谈判，于 2018 年 11 月 30 日签署了新的《美墨加协定》。

复习思考题

1. 国际区域经济一体化有几种主要类型？它们的区别是什么？
2. 关税同盟的静态效应和动态效应是什么？
3. 分析欧盟和北美自由贸易区的静态效应和动态效应。
4. 讨论亚太区域经济合作的现状和前景。
5. 何为"毒丸条款"？如何消解"毒丸条款"可能对中国造成的负面影响？
5. 2007 年我国就将自由贸易区建设上升到国家战略的高度，谈谈对我国参与自由贸易区建设的看法。

第十一章 国际要素流动与跨国公司

国际要素流动是指劳动力、资本、技术等要素在国与国之间的转移。和商品的国际流动一样，要素的国际流动也是国际分工的重要组成部分，且随着国际分工的发展，其地位日益突出。在前面各章的探讨中都有一个基本的假定前提，即生产要素不能在国家间流动。但事实上，除土地之类的自然资源外，劳动力、资本、技术等生产要素的国际流动经常发生，它与国际商品贸易之间存在着某种相互替代关系。例如，一个资本相对充裕和劳动力相对稀缺的国家，可以通过输出资本密集型产品和输入劳动密集型产品来实现资源的有效利用并增加国民福利，也可以通过资本输出和接受外来劳动力来达到同样的目的。然而，国际贸易和生产要素的流动对所参与的国家的经济影响差别很大，本章我们将探讨这两类要素国际流动的若干基本原理。另外，由于跨国公司是劳动力、资本、技术国际流动的重要载体，本章也对跨国公司及其相关理论进行论述。

第一节 资本的国际流动

一、资本国际流动的类型

国际资本流动是指资本从一个国家或地区转移到另一个国家或地区的一种国际经济活动，以获得比国内更高的经济收益。国际资本流动的形式多种多样，最早的形式是贸易逆差国向顺差国的移动。"二战"后，国际投资成为国际资本流动的主要形式，并对国际贸易产生了极其深远的影响。国际投资的类型从不同角度可划分为不同类型。

（一）按资本流动的方向，国际资本流动可分为资本输出和资本输入两个方面

资本输出是指资本从国内流向国外，如本国投资者在国外投资设厂、购买外国债券等。资本输入是指资本从国外流入国内，如外国投资者在本国投资设厂、本国在国外发行债券或举借贷款等。

（二）按投资时间的长短，国际投资可分为长期投资和短期投资

长期投资是指投资期限在一年以上的投资，而短期投资则是指投资期限在一年以下的投资。

(三)按投资方式，国际投资可分为直接投资和间接投资

国际直接投资，又称对外直接投资，它是指投资者投资国外的工商企业，直接参与或控制企业的经营管理活动而获取利润的一种投资方式。相对于间接投资，它有两个主要的特征：一是它以谋取企业的经营管理权为核心，投资者通过投资而拥有股份，不单纯是为了资产的经营，而是为了掌握企业的经营管理权，通过经营获得利润；二是它不仅仅是资本的投入，还包括专门技术、生产设备、管理方法以及销售技巧等的国际转移，是经营资源的综合投入。

国际间接投资包括国际证券投资和国际借贷资本输出，其特点是投资者不直接参与使用这些资本的企业的经营管理。国际证券投资是指投资者在国际证券市场上购买外国企业和政府发行的中长期债券，或在股票市场上购买上市外国企业股票的一种投资活动。证券投资者的主要目的是获得稳定的债息、股息和证券买卖的差价收入。国际借贷资本输出是以贷款或出口信贷的形式，把资本借给外国企业和政府。国际借贷资本输出虽然和国际证券投资一样不直接参与企业的经营管理，主要是为了获得利息收入，但其间又有不少区别，如风险的承担者，在国际证券投资中是投资者，而在国际借贷资本输出中是借款者。国际借贷资本输出的具体方式有政府贷款、国际金融机构贷款、国际金融市场贷款和中长期出口信贷。

本节讨论的国际资本流动限于国际间接投资。对这种形式的资本流动，其基本运行机制可以从边际生产力的差异中获得解释，这一点与商品流动的发生机制是一致的。除了由边际生产力所决定的报酬差异以外，分散风险也是理解资本流动的一个重要因素。资本流动的结果可以在提供资本边际产量的同时，提高和改善世界的产出水平和福利水平，并在严格的理论假设下，起到替代商品流动的作用。

二、资本国际流动的动因分析

当今世界经济存在大量的资本国际流动，而促进其流动的原因是多方面的，下面介绍一些常见的原因，这些原因可以单独存在，也可能同时并存。

(1)追求利润最大化的投资动机。追求高额利润，或以追求利润最大化为目标，这是资本国际流动的根本动机，是资本的天然属性，当在国外投资比在国内投资更有利可图时，资本必然流向国外。

(2)为了寻求巨大且迅速增长的市场而进行国际投资。企业可以通过对外直接投资在过去没有出口市场的东道国开辟新市场，而当企业在对出口市场的开辟进行到某种程度之后，通过对外直接投资在当地进行生产和销售有利于保护和扩大原有市场。

(3)企业为了寻求廉价和稳定的资源供应对外进行直接投资。这类投资一是寻求自然资源，如开发和利用国外石油、矿藏以及林业、水产等资源，美国海外直接投资中占比较大的就是对石油行业的投资。二是寻求劳动力资源，利用国外廉价劳动力以降低企业的成本，特别是对于生产过程是劳动密集型的企业，东道国相对富余的劳动力会吸引其直接投资。

(4)为了避开东道国的关税以及非关税壁垒而直接投资东道国。如果贸易限制使国外企业难以在东道国市场上进行产品的销售，企业就可以通过向进口国或第三国直接投资，在进口国当地生产或在第三国生产再出口到进口国，以避开进口国的贸易限制和其他贸易

障碍。

（5）对外投资是分散风险的有效手段。企业为了减少在进行对外投资的过程中面临的种种风险，如经济风险、政治风险，主要采用多样化投资方式来分散或减少风险。例如，企业通过对外直接投资在世界各地建立子公司，将投资分散于不同的国家和产业，并尽量避免到政治风险大的国家投资，以便安全稳妥地获得较高的利润。

（6）为了吸引外来投资，加速经济的发展，东道国会向投资方提供各种优惠政策。优惠政策往往可以减少直接投资企业的投资风险，降低其投资成本，使其获得高额利润。因此，东道国的优惠政策一般对外国直接投资有着强烈的吸引力。

（7）在环境日益恶化的今天，有些高污染行业也会通过对外投资将污染转移至其他国家。环境污染是威胁人类生存和经济发展的世界性问题，一些发达资本主义国家迫于日益严重的环境污染问题，严格限制企业在国内从事易造成污染的产品生产，从而使企业通过对外直接投资，将污染产业向国外转移。这也是化工、石油和煤炭、冶金、造纸四大高污染行业在对外直接投资中所占比重相当高的原因。

总的来说，投资者关注的是把资源配置到不同的经济体中而获得的总体利益，除了因资金使用而获得的利息收益之外，直接投资者往往还可以获得管理费及其他各种收入。资本国际流动的具体原因也跟不同的行业、不同的时期以及不同投资者有关。

三、资本国际流动的经济效应分析

国际资本流动能够改善国际的资源配置状况，其流向主要是从资本丰裕的国家或地区流向资本稀缺的国家或地区，从而提高资本的回报率，使资本得到最有效的利用，使资本输出国和输入国都获得收益。

下面通过图 11.1 来说明国际资本流动的经济效应。为了分析资本流动的经济效应，在此假定没有商品贸易。在图 11.1 中，横轴代表资本的数量，纵轴代表资本的边际产品价值。假设只有两个国家 A 国和 B 国，资本总量为 OO'，其中 A 国资本存量为 OA，B 国资本存量为 $O'A$。$VMPK_1$ 和 $VMPK_2$ 两直线是不同水平的投资下 A 国与 B 国的资本边际产品价值线。在完全竞争条件下，资本边际产品价值等于资本的报酬或收益。

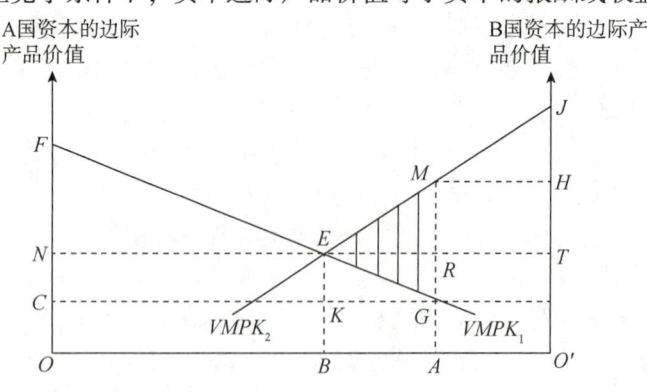

图 11.1　国际资本流动的经济效应

在资本发生国际流动之前，A 国将其全部资本 OA 都投资于本国，可获得 $OFGA$ 的总产出收益（A 国资本边际产品价值线下的区域），其中 $OCGA$ 部分是 A 国资本所有者的投资带来的收益，其余的 CFG 部分是其他要素投入（如劳动力和土地）带来的收益。同样，B

国将其全部资本 $O'A$ 投入国内,获得的总产出是 $O'JMA$,其中 $O'HMA$ 部分是 B 国资本所有者的投资带来的收益,其余的 HJM 部分则是其他要素投入带来的收益。

如果假设资本可以在国际流动。由于 B 国的资本报酬率($O'H$)比 A 国的资本报酬率 OC 要高,于是有 AB 量的资本从 A 国流入 B 国,使两国的资本报酬率在 E 点达到均衡,即 $BE=ON=O'T$。此时 A 国的国内产出为 $OFEB$,加上对外投资的总报酬 $ABER$,则 A 国的总收益为 $OFERA$,其中 ERG 部分是对外投资增加的净收益。由于国际资本的自由流动,A 国资本的总报酬增加到 $ONRA$,而其他要素的总报酬下降到 NFE。B 国输入 AB 量的资本后,使其资本收益率由 $O'H$ 减少到 $O'T$,B 国的国内总产出由 $O'JMA$ 增长到 $O'JEB$,增长了 $ABEM$,其中 $ABER$ 是外国投资者所得,剩下的 ERM 是 B 国总产出的净增长部分,国内资本所有者的总报酬从 $O'HMA$ 下降为 $O'TRA$,而其他要素的总报酬则从 HJM 上升到 TJE。

从整个世界角度看,资本流动的结果,使世界总产出从 $OFGA+O'JMA$ 增加到 $OFEB+O'JEB$,净增长了 $ERG+ERM=EGM$(图中阴影部分)。因而,国际资本流动增加了国际资源配置的效率,从而使世界总产出和净福利水平增加。如果两国中任何一国资本的边际产品价值线比另一国的陡峭,那么它就可以从国际资本流动中获得更大的利益。

三、国际资本流动的其他影响

国际资本流动对资本输入国和输出国的影响是多方面的,它不仅对世界净产出及其分配产生影响,而且还对有关国家的国际收支平衡、税收收入,甚至宏观经济的制定产生较大影响。

(一)对要素收入的影响

资本输出国来说,总资本报酬和平均资本报酬都获得了增长,而其他要素总报酬和其他要素的平均报酬却都降低了。因此,当输出国在衡量对外投资整体收益时,在资本和其他生产要素之间却存在着国内收入的重新再分配问题。

(二)对国际收支的影响

国际资本流动会对资本输出国和输入国的国际收支产生影响。当输出国发生对外投资时,其对外支付增加,可能会使该国的国际收支出现逆差,输入国则会由于资本的流入而改善国际收支状况。但是,输出国最初的资本转移和对外激增的支付活动对国际收支所带来的影响也有可能被输出国资本品、零部件和其他产品的大量出口,以及随后引发的利润汇回带来的收入抵消。而当外商投资企业开始盈利后,就会持续地从输入国汇出利润,长期下去则会形成本国外汇的持久性支出,造成本国国际收支的恶化。因此,资本的流动对国际收支的短期作用在输出国是负的,在输入国是正的。但是,资本跨国流动对于输出国和输入国的长期作用却难以断定。

(三)对税收的影响

税率差异是影响资本流动的一个重要因素,由于国家间的税率不同,导致资本从税率较高的国家流向税率较低的国家,而资本的流出会使资本输出国的税基和所得税收入相应减少。

(四) 对技术地位和经济独立性的影响

资本输出国而言，资本的大量输出可能影响输出国的技术领先地位。资本输出的同时，会把先进的技术装备和管理方法带入输入国，增加了潜在的竞争对手，进而影响输出国的技术领先地位。而对资本输入国来说，大量外资的涌入会挤占当地企业的市场份额，会渗透到该国国民经济的重要部门，有可能会损害该国经济发展的独立自主性。另外，过度的利用外资，会造成对资本输出国的依赖，也会影响该国对经济的控制能力和执行独立经济政策的能力。

专栏 11-1

"一带一路"对沿线国家的影响

"一带一路"(The Belt and Road，B&R)，全称是"丝绸之路经济带和21世纪海上丝绸之路"，是中国政府于2013年开始倡议并主导的跨国经济带。该经济带涵盖了历史上丝绸之路和海上丝绸之路行经的中国、中亚、北亚、西亚、印度洋沿岸、地中海沿岸的国家和地区。"一带一路"强调各国的平等参与、包容普惠，主张携手应对世界经济面临的挑战，开创发展新机遇，谋求发展新动力，拓展发展新空间，共同朝着人类命运共同体方向迈进。本着这样的原则与理念，"一带一路"创立了亚投行、新开发银行、丝路基金等新型国际机制，构建了多形式、多渠道的交流合作平台，促进了沿线国家资金的融通。

"一带一路"加强了东道国基础设施建设并推动了产业结构优化升级。2014年，广西盛隆冶金有限公司与北部湾港务集团合作，在马来西亚关丹产业园创建年产350万吨的钢铁项目，并于2018年实现全线投产。该项目是中国企业对技术和人才进行输出，最终实现合作共赢的重要举措。巴基斯坦的很多基础设施，正是因为有中巴经济走廊才完成建设。此外，中远海运在希腊比雷埃夫斯港的投资非常成功。希腊自古以来就是连接东西、沟通南北的重要十字路口，希腊根据这些特点制定了建设重要国际物流中转枢纽的战略，在"一带一路"的大框架下，希腊在能源、交通、国际旅游领域的潜在优势正在转化为发展新动能，希腊产业结构优化升级的步伐也加快了。

"一带一路"为东道国带来就业机会。我国对外直接投资对"一带一路"沿线国家的就业数量、就业质量、就业结构和就业收入产生了巨大影响。2019年，我国对"一带一路"共建国家投资150亿美元，占我国对外总投资的13.6%，在沿线国家建立了近百个经贸合作区，为东道国增加了20多万个就业岗位。沿线国家来华留学生人数持续上升，2016年达20.8万，占全球在华留学生的比例高达46%。2019年，排名前十的留学生生源国家依次为韩国、美国、泰国、印度、俄罗斯、巴基斯坦、日本、哈萨克斯坦、印度尼西亚和法国，其中沿线国家占主体，成为来华留学发力点，"一带一路"对提升沿线东道国潜在劳动力的人力资本国际化发挥了重要作用。跨国投资规模的扩大促进了沿线国家的工业化进程，增强了工业部门对就业的吸纳效应。对于工资水平较低的沿线国家，"一带一路"投资使当地实际工资上升的空间变得更大，同时也增加了工资弹性。

资料来源：赵春明，等. 国际贸易[M]. 4版. 北京：高等教育出版社，2021.

第二节　劳动力的国际流动

一、劳动力国际流动概况

劳动力的国际流动是一种复杂的社会现象，它是多种原因作用的结果，既有经济方面的原因，也有非经济方面的原因。19 世纪及更早以前的国际移民往往是为了逃避政治、宗教上的迫害。当今社会，当某个国家的政治制度发生重大变动时，也可能会出现较大规模的国际移民流动。对大多数劳动力的国际流动而言，特别是"二战"后的劳动力国际流动，主要是为了改善自身经济状况。一般来说，劳动力的国际流动低于资本。

（一）影响劳动力国际流动的因素

一般情况下，劳动力的国际流动总是从低收入国家和地区流向高收入国家和地区，从经济发展水平较低的国家和地区流向经济发展水平较高的国家和地区，从经济萧条的国家和地区流向经济繁荣的国家和地区。归纳起来，影响劳动力国际流动的因素主要有以下两方面：

1. 工资水平的国际差异

工资水平的国际差异指相同质量的劳动力在不同国家的收入不同。因此，劳动者为了追求更高的劳动报酬，总是从较低劳动报酬的国家和地区流向较高劳动报酬的国家和地区。一般来说，影响工资水平差异的原因主要有：①劳动生产率的差异，即劳动力在相等劳动时间内的产出量不同；②劳动力的供求差异，当一国劳动力供给大于需求时，该国的工资水平较低；而当一国劳动力供不应求时，其工资水平较高。各国劳动力的供求差异对工资水平起决定作用。

2. 劳动力供求数量与结构的不平衡

每个国家在不同的经济发展阶段对劳动力都有一定的数量和结构上的需求。一般来说，在经济发展比较快的国家和地区，会出现劳动力供给不足和结构性短缺问题，而经济发展较慢的国家和地区则会出现劳动力的相对过剩。工资水平较高的国家和地区的企业为了降低生产成本，倾向于雇用工资要求较低的外来劳动力，同时，工资水平较低的国家和地区的劳动者为了获得更多的收入也愿意向高工资国家和地区转移。随着科技进步的加速发展，劳动力的技术结构越来越复杂，各种劳动力的供求关系也会更加不平衡。在发达国家和地区，白领工人和中产阶级的比重不断上升，蓝领工人的比重不断缩小，而发展中国家的情况则正好与此相反。因此，在发达国家和地区与发展中国家和地区之间就会出现结构性相互调剂的劳动力国际流动。

（二）劳动力国际流动的风险与成本

1. 劳动力国际流动的风险

劳动者准备出国寻求就业机会时，首先要考虑的是能否在国外找到工作，或者说能否顺利找到一份理想的工作。因此，劳动力国际流动所面临的风险是影响劳动力流动的一个重要因素。除此之外，因生活环境不适应、种族歧视、文化冲突等造成的精神损伤，也是劳动力国际流动时需考虑的风险因素。

2. 劳动力国际流动的成本

劳动力国际流动同其他投资一样，都会考虑成本与收益，所以流动成本也是影响劳动力国际流动的一个重要因素。劳动力国际流动的成本主要包括交通费用、中介费用、寻找新工作过程中损失的工资和其他机会成本等。随着劳动力流动成本的增加，劳动力的预期收益下降，移居欲望减弱，一旦成本高到超过其支付能力或得不偿失时，劳动力国际流动的计划将趋于终止。

二、劳动力国际流动的经济效应分析

劳动力国际流动对流入国和流出国劳动力市场的供求都会产生影响，进而影响流入国和流出国的经济发展。假设劳动力可以在国际自由流动，其流向是从劳动力丰富的国家和地区流向劳动力稀缺的国家和地区，从而使劳动力所获报酬提高，促使劳动力得到最有效的利用，使劳动力输出国和输入国都获得收益。下面通过图 11.2 进行说明。

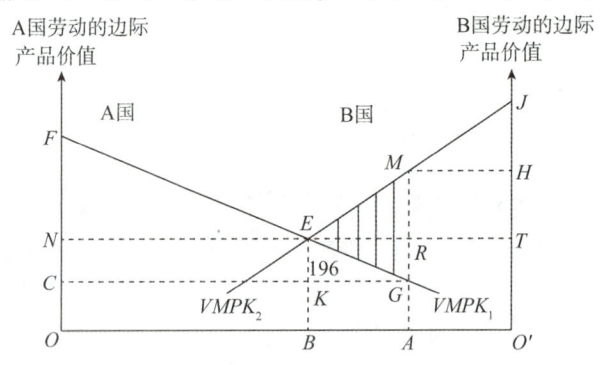

图 11.2 劳动力国际流动及其经济效应

在劳动力国际流动之前，A 国的劳动力存量为 OA，工资水平为 OC，国内总产出为 $OFGA$。B 国的劳动力存量为 $O'A$，工资水平为 $O'H$，总产出为 $O'JMA$。假设劳动力可以在国际自由流动，由于 B 国的工资率 $O'H$ 高于 A 国的工资率 OC，则会有 BA 量的劳动从 A 国流动到 B 国，从而使两国的工资水平在 BE 处达到均衡。因此 A 国的工资升高，而 B 国的工资下降。另外，A 国的总产出从 $OFGA$ 下降到 $OFEB$，而 B 国则从 $O'JMA$ 上升到 $O'JEB$。由于 B 国总产出的增加大于 A 国总产出的减少，世界产出净增加了 EGM（图中阴影部分）。需要注意的是，对于 A 国（劳动力流出国）的劳动力与 B 国的非劳动力资源都会进行国民收入的再分配，A 国可能会收到移民汇回的侨汇。此外，若 BA 数量的劳动力在移出前，在 A 国已经处于失业状态，那么，A 国无论是否有劳动力流出，其工资率均为 ON，总产出为 $OFEB$。劳动力国际流动使世界产出的净增额为 $ABEM$（所有产出增加均发生在 B 国）。

在劳动力供给为 OA 时，A 国的真实工资率为 OC，总产出为 $OFGA$。在劳动力供给为 $O'A$ 时，B 国的真实工资率为 $O'H$，总产出为 $O'JEB$。从 A 国移出的 BA 规模的劳动力流入 B 国，使得两国的工资率在 BE 处相等，这使得 A 国的总产出减少到 $OFEB$，B 国的总产出增加到 $O'JEB$，世界总产出净增额为图中阴影 EGM 部分的面积。

三、劳动力国际流动的其他影响

劳动力国际流动除对劳动力市场的供求产生影响外，还能形成广泛的外部经济效应和社会效应。劳动力的跨国流动对财政收支的影响一直是一个颇有争议的问题，也是各国制定移民政策和劳动力政策时的一个重要参考因素。移居者摆脱了其来源国的种种税收，但在其移入国又面临种种新的税收；移居者从享受一国的公共服务转而享受另一国的公共服务。对于移居者本身，因移居所获得公共服务减去税后收入所获得的净利益尚难以得出现成的结论，但对于输出国和输入国来讲，一些公共财政方面的影响是显而易见的。

第一，对劳动力输出国财政收入的影响。对于劳动力输出国来说，劳动力的流出会减少本国的财政收入，而移居者所造成的未来各项税收损失很可能超过因移居而减轻的公共服务方面的负担。从福利经济学意义上看，许多公共支出项目具有真正的"公共性"，每个人都可以享用。因此，尽管因移居而使享用者总人数减少，但并不意味着其他享用者享受这类公共服务的程度有所提高。此外，由于发展中国家移居出去的劳动力有相当一部分是受教育水平较高，处于青壮年阶段的年轻人，政府在他们移民之前承担了社会公共服务的支出，却不能得到相应的回报，因而劳动力的移出造成了政府财政收入上的损失。针对这种情况，巴格瓦蒂等经济学家提出了一种防御性的政策反应：向移居国外者征税，以补偿政府财政上的部分损失，其数额应至少相当于移居者应承担的公共服务费用，只要这种税收补偿了已经花费在移居者移民前所享受的公共投入，它就是一项合理的建议。

第二，对劳动力输入国财政收入的影响。对劳动力输入国来说，从表面上看，外国人迁移到本国，就可以享受该国的社会公共服务，使享受公共支出的社会福利的人数增加，因而会增加移民输入国的财政支出负担，这也是许多人反对外国移民的理由。但有关资料表明，入境移民所支付的税收，一般大于因其移入而使其他纳税人增加的负担。其原因在于入境移民往往大多数是中青年，且受过某种程度的教育和训练，他们正处于一生中纳税的高峰期，他们对该国税收的贡献要远远大于他们给公共设施造成的额外支出。由此可见，入境移民作为一个整体，很可能会通过纳税途径给劳动力输入国带来净收益。

第三，对资本积累的影响。劳动力国际流动能通过其收入再分配效应和收入的转移对有关国家的资本存量产生影响。从劳动力输入国来看，劳动力的流入可以促进输入国的资本积累。首先，因为劳动力的流入能够压低本国工人的工资，形成收入在工资与利润之间的再分配，提高资本所有者的利润率，而资本家的储蓄倾向高于工人，则增加的利润可能成为资本的重要来源。其次，劳动力流入满足了生产规模扩张的需要，规模经济利益可以进一步保证资本积累的能力。最后，劳动力输入的好处还在于输入国不必为所追加使用的劳动力支付培养费用，这种利益特别显著地表现在外国专业人才的流入上。流入的移民具有较高的专业技术水平，并且有进一步提高的趋势。有关研究表明，从"二战"后到20世纪70年代，美国引进的外国专家超过20万人，仅节约教育投资和相关开支就达200亿美元以上。输入国无代价获取的人力资本流量成为其资本积累的有效渠道之一。

从劳动力输出国来看，人们普遍关注的是人才外流给该国造成的损失。但是，我们应当看到，伴随着劳动力的国际流动，会同时出现一个从劳动力输入国到输出国的收入流，外流劳动力源源不断的汇款，使劳动力输出国获得了宝贵的外汇收入，成为该国国内资本积累的又一重要途径，尤其是对于广大发展中国家来说，这部分收入具有特殊意义。发展中国家的海外侨汇虽然有很大一部分被用于生活消费，但它对国家资本积累和经济增长的贡献也是不容低估的。例如，印度的劳务汇款在20世纪80年代中期占国内资本积累的7%，韩国侨汇的增长占国内总值增长0.24%。海外汇款收入在不同程度上都促进了劳动力输出国的国内消费和投资。

从外部性利益成本来看，劳动力国际流动的外在利益或成本比较复杂，主要有以下两点。第一，知识和技术的传播所带来的利益。移民的入境往往带来知识和技能，而且其中许多知识和技能具有经济价值，他们所产生的经济利益并非仅仅被雇主获得，而且会向全社会扩散，所产生的外部效应往往远大于他们所创造的直接经济利益。第二，社会摩擦所带来的成本。移民的迁入也会引起某些社会问题。随着移民入境，如果不同文化背景的移民不能很好地融入他们所移居的社会，就容易造成社会摩擦；移民潜入所带来的就业竞争加剧，对移民的偏见和歧视等还容易造成种族矛盾的激化。这些都是劳动力国际流动中不可低估的负面外部效应。

专栏11-2

劳动力国际流动与人才流失

从世界范围看，除美国、西欧一些国家和地区外，人才流失问题在多数国家都不同程度地存在，对人才流失的担忧和恐慌在全球不断蔓延。

非洲是人才流失的重灾区。世界银行的一项研究表明，由于非洲国家的经济危机，每年大约有2.3万名合格的学术研究人员从非洲流失，以寻求较好的工作条件，仅美国就雇用了大约1.2万名尼日利亚的科研人员。

拉美国家紧邻美国和加拿大，在移民方面可谓"近水楼台先得月"，根据人口普查数据，从20世纪60年代到90年代，拉美进入美国的移民无论是专业人员还是普通劳动力，数量都很庞大，总量从100万人跃升至850万人。流向美国的大量移民，有许多是高技术人员，他们当中相当一部分有研究生学历。调查显示，在拉美技术移民的14个主要目的地中，美国占13个。

亚洲人才流失在速度和数量上堪称世界之最。据美国移民局统计，美国每年发放的H-1B签证中，大部分科技人员来自亚太地区，印度占44%，中国占9%，菲律宾占5%，其中，印度人才流失最为严重，据印度信息技术部估计，印度各个技术院校和工程学院每年大约培养10万名工程师，其中5万至6万人流向美国。20世纪90年代，亚洲人占加拿大入境移民的一半以上，占美国的1/3~4/5，占澳大利亚的1/2~4/5。进入21世纪增加速度更快。

资料来源：李建中. 人才流失：恐慌漫及全世界[J]. 中国人才，2002(11).

国际移民是当前国际社会交流互动的一个重要体现，既是全球化的结果，同时也推动了全球化的深度发展。近年来，世界经济复苏动能不足，全球化发展遭遇挫折，一些国家的移民政策纷纷收紧，但全球移民数量仍处于增长状态，这也说明了全球化趋势的不可逆转。应当看到，经济增长的不均衡性、全球人口增长与分布的不平衡性，以及由此所带来的劳动力与资源供需等方面的矛盾，使人口跨境流动成为一种调配资源的重要手段。

2019年，全球国际移民数量接近2.72亿人，相当于印度尼西亚的总人口。据估计，全球移民数量占世界人口的3.5%，这意味着全球绝大多数人(96.5%)居住在他们出生的国家。在所有国际移民中，52%的国际移民为男性，48%为女性，74%的国际移民处于工作年龄(20~64岁)。

从国际移民来源国和目的地国来看,印度继续成为国际移民的最大来源国。印度居住于国外的移民人数最多,达1 750万人。其次是墨西哥和中国,分别为1 180万人和1 070万人。最大的移民目的地国仍是美国。最大的移民通道往往是从发展中国家到更发达的经济体,全球10大移民接收国接纳了近一半的全球移民,如美国、法国、俄罗斯、阿拉伯联合酋长国(阿联酋)和沙特阿拉伯(沙特),其中,美国作为拥有经济、教育等绝对优势的超级大国,接收了5 100万移民,占移民总数约19%;德国和沙特各接收1 300万人,俄罗斯1 200万人,英国1 000万人,阿联酋900万人,法国、加拿大和澳大利亚各约800万人,意大利600万人。根据SEVP(学生和交流访问者项目)公布的最新统计的美国留学生数据,2019年,共有152万名持F-1、M-1签证的留学生,以及53万名持J-1签证的交流访问学者在美国学习。在152万名留学生中,有47.4万名来自中国,中国留学生人数占美国总留学生人数的三分之一。在从幼儿园到高中的K-12教育系统中,全美共有约7.8万名小留学生,这其中有超过47%的小留学生来自中国,人数超过3.6万。

第三节 对外直接投资与跨国公司

对外直接投资是资本国际流动的重要形式,跨国公司是通过对外直接投资发展起来的一种国际性企业实体。"二战"后,随着各国跨国公司对外直接投资的迅速发展,各种有关跨国公司的理论迅速发展,国际直接投资理论主要探讨跨国公司对外直接投资的动因、条件及区位选择等问题。垄断优势理论、内部化理论、国际生产折衷理论和边际产业扩张理论是比较有影响的跨国公司直接投资理论。

一、垄断优势理论

垄断优势理论又称特定优势理论,被认为是西方跨国公司理论的基础和主流,由美国学者斯蒂芬·海默(Stephen Hymer)在其1960年撰写的博士论文《本国公司的国际性经营:一种对外直接投资的研究》中首先提出。海默的导师金德尔伯格在后来的著述中对海默的理论进行了阐述和补充,使之成为系统、独立的研究跨国公司与对外直接投资最早和最有影响力的理论。因此,一些文献中将他们的研究称为海-金传统(Hymer-Kindleberger Tradition),即垄断优势理论。

垄断优势理论的核心内容是"市场不完全"与"垄断优势"。传统的国际资本流动理论认为,企业面对的海外市场是完全竞争的,即市场参与者所面对的市场条件均等,且无任何因素阻碍正常的市场运作。完全竞争市场所具备的条件是:有众多的卖者与买者,其中任何人都无法影响某种商品市场价格的涨跌;所有企业供应的同一商品均是同质的,相互间没有差别;各种生产要素都在市场无障碍地自由流动;市场信息通畅,消费者、生产者和要素拥有者对市场状况和可能发生的变动有充分的认识。海默则认为,对市场的这种描述是不正确的,"完全竞争"只是一种理论研究上的假定,现实中并不常见,普遍存在的是不完全竞争市场,即受企业实力、垄断产品差异等因素影响和干预的市场。市场不完全体现在以下4个方面。

(1)商品市场不完全,即商品的特异化、商标、特殊的市场技能以及价格联盟等。

(2) 要素市场不完全，表现为获得资本的难易程度不同以及技术水平差异等。

(3) 规模经济引起的市场不完全，即企业由于大幅度增加产量而获得规模收益递增。

(4) 政府干预形成的市场不完全，如关税、税收、利率与汇率等政策。

海默认为，市场不完全是企业对外直接投资的基础，因为在完全竞争市场条件下，企业不具备支配市场的力量，它们生产同样的产品，获得同样的生产要素，因此对外直接投资不会给企业带来任何特别利益。而在市场不完全条件下，企业则有可能在国内获得垄断优势，并通过对外直接投资在国外生产并加以利用。在此基础上，海默认为当企业处在不完全竞争市场中时，对外直接投资的动因是为了充分利用自己具备的"独占性生产要素"，即垄断优势，这种垄断优势足以抵消跨国竞争和国外经营所面对的种种不利，使企业处于有利地位。企业凭借其拥有的垄断优势排斥东道国企业的竞争，维持垄断高价，导致不完全竞争和寡占的市场格局，这是企业进行对外直接投资的主要原因。

关于垄断优势的构成，海默和其他学者，如金德尔伯格以及后来的约翰逊(H. G. Johnson)、卡夫斯(R. E. Caves)、曼斯菲尔德(E. Mansfield)等人进行了充分的论述，大致可归纳为以下几个方面。

(1) 对某种技术的垄断。广义上使用技术既包括生产过程中实际运用的具体技术，也包括诸如知识、信息、诀窍等以无形资产形式存在的技术。所有这些都是跨国公司特有优势的重要来源。

(2) 产业组织形式的寡占特点。跨国公司的行业分布情况表明，国际直接投资与行业集中程度有密切的关系。因为规模经济对通过研究与开发而获得技术上的优势有十分重要的作用。同时，在对已经获得的优势的维持和保护方面，由规模因素而形成的垄断也十分重要。

(3) 企业家才能或管理能力的"过剩"。管理能力的"过剩"是推动企业不断扩大其规模并进而发展为跨国公司的重要动力源泉。

(4) 获取廉价原材料和资金的渠道。如果跨国公司获得了原材料或矿山的特权，那么它就成了企业特有优势。这种优势的产生基于这样一个基本事实：一般说来，一个已经建立市场购销体系的企业，比一个在工业国没有市场渠道的当地企业，可能会从开发外国原材料中获取更多的利润。与获取原材料同样重要的是进入资本市场的能力。

此外，跨国公司优势的来源还受到其母国经济环境的影响。因为企业的特有优势是在特定的环境下形成的，一个企业的对外投资活动很大程度上受其国内经验的影响。这些优势后来被邓宁总结为"所有权优势"，并成为其国际生产折衷理论的重要组成部分之一。

垄断优势理论突破了传统国际资本流动理论的束缚，指出对外直接投资以不完全竞争为前提，是一种企业寡头垄断和市场集中相联系的现象。西方学者普遍认为，垄断优势理论奠定了当代跨国公司与对外直接投资理论研究的基础，并对以后的各种理论产生了深远的影响。但垄断优势理论的不足之处在于它缺乏普遍意义，由于研究参考的是20世纪60年代初对西欧大量投资的美国跨国公司的统计资料，其对美国跨国公司对外直接投资的动因有很好的解释力，却无法解释20世纪60年代后日益增多的发展中国家跨国公司的对外直接投资，因为发展中国家的企业并不比发达国家有更强的垄断优势。而且，该理论偏重于静态研究，忽略了时间因素和区位因素在对外直接投资中的动态作用。

二、内部化理论

内部化理论（The Theory of Internalization）于 20 世纪 70 年代中期由英国里丁大学的彼德·巴克莱（Peter J. Buckley）和马克·卡森（Mark C. Casson）提出，并由美国的汉纳特（Hennart）、瑞典的伦德格（Lundgern）、加拿大的艾伦·鲁格曼（Alan M. Rugma）等加以发展。内部化是指变市场上的竞价买卖关系为企业内部的有组织的交换关系，即以企业的内部市场代替外部市场，从而解决由于市场不完整而带来的不确定性和损失。

内部化理论的基本假设前提是：①企业在不完全市场竞争中从事生产经营活动的目的是追求利润最大化；②中间产品市场的不完全，使企业通过对外直接投资，在组织内部创造市场，以克服外部市场的缺陷；③跨国公司是跨越国界的市场内部化过程的产物。

内部化理论的主要观点可概括如下：由于市场的不完全，若将企业所拥有的科技和营销知识等中间产品通过外部市场来组织交易，则难以保证厂商实现利润最大化目标；若企业建立内部市场，可利用企业管理手段协调企业内部资源的配置，避免市场不完全对企业经营效率的影响。企业对外直接投资的实质是基于所有权之上的企业管理与控制权的扩张，而不是资本的转移。其结果是用企业内部的管理机制代替外部市场机制，以便降低交易成本，实现跨国经营的内部化优势。

内部化理论认为，内部化过程的决定因素主要包括：①行业特定因素，主要是指产品性质、外部市场结构以及规模经济；②地区特定因素，包括地理位置、文化差别以及社会心理等引起的交易成本；③国别特定因素，包括东道国政府政治、法律、经济等方面政策对跨国公司的影响；④企业特定因素，主要是指企业组织结构、协调功能、管理能力等因素对市场交易的影响。上述 4 组因素中，行业特定因素对市场内部化的影响最重要。当一个行业的产品具有多阶段生产特点时，如果中间产品的供需通过外部市场进行，则供需双方关系既不稳定，也难以协调，企业有必要通过建立内部市场保证中间产品的供需。企业特定因素中的组织管理能力也直接影响市场内部化的效率，因为市场交易内部化也需要成本。只有组织能力强、管理水平高的企业才有能力使内部化的成本低于外部市场交易的成本，也只有这样，市场内部化才有意义。

内部化理论发展了科斯的交易成本学说，将对外直接投资的前提条件归因于市场失效，而企业通过对外直接投资则可以实现内部化，并以此降低交易成本，在更大范围内改善企业的运营绩效，从而提高企业的竞争力。内部化理论将对外直接投资上升到企业制度变革与创新的高度，其理论框架更具综合性。

三、国际生产折衷理论

国际生产折衷理论（The Eclectic Theory of International Production），又称"国际生产综合理论"，由英国经济学家约翰·哈里·邓宁（John Harry Dunning）于 1976 年提出。他指出，通过企业对外直接投资所能利用的是所有权优势、内部化优势和区位优势，只有当企业同时具备这三种优势时，才完全具备对外直接投资的条件。按照邓宁的解释，跨国公司对外直接投资的具体形态和发展程度取决于三方面优势的整合结果。

（一）所有权优势

若外国企业想在另一国家进行生产，与当地企业竞争，必须拥有所有权优势（又称企业优势、垄断优势、竞争优势等），而且这些优势足以补偿国外生产经营的附加成本。

（二）内部化优势

企业对其优势进行跨国转移时，必须考虑内部组织和外部市场两种转移途径，只有前者带来的经济利益大于后者时，对外直接投资才可能发生。

（三）区位优势

企业把在母国生产的中间产品从空间上转移到别国，并与该国的生产要素或其他中间产品结合后，能够获得最佳利益时，才会在国外进行投资和生产。

以上三种优势共同决定了一个企业的对外直接投资行为。其中，所有权优势是基础，如果企业不具备这种优势，就缺乏对外直接投资的基础。企业如果只有所有权优势而缺乏后两种优势，它也可以通过许可证安排的方式获利。如果企业只有前两种优势而没有区位优势，它可以通过在国内投资生产，然后进行商品出口来获利。所以，区位优势是企业进行跨国直接投资的充分条件。只有同时具备这三种优势，企业才会进行对外直接投资。这三种优势的结合，不仅使企业的对外直接投资成为可能，而且决定对外直接投资的部门结构和地区结构。

国际生产折衷理论对跨国公司的运作有指导作用，它促使企业领导层形成更全面的决策思想，用整体观念去考察与所有权优势、内部化优势和区位优势相联系的各种因素，以及其他诸多因素之间的相互作用，从而减少企业决策上的失误。

四、边际产业扩张理论

20世纪60年代，随着日本经济的高速发展，其国际地位日益提高，与美国、西欧共同构成国际直接投资的"大三角"格局。然而，由美国跨国公司对外直接投资的资料而提炼的理论无法解释日本跨国公司的对外直接投资行为。于是，日本一桥大学教授小岛清根据日本国情，在1987年发表的著作《对外贸易论》中提出了对外直接投资理论——边际产业扩张理论。小岛清分析美国和日本对外投资情况后认为，美国企业的对外直接投资从本国具有比较优势的行业开始，其目的是垄断东道国当地市场，其做法是在海外设立子公司，把生产基地转移到国外，从而减少母公司的出口，对本国经济产生了不利影响，违背了比较优势，属于"贸易替代型"对外直接投资，同时也不利于东道国经济的发展。而日本企业对外直接投资则从不具有比较优势的所谓边际产业开始，即日本跨国公司的对外直接投资大多集中于那些已失去或即将失去比较优势的传统工业部门，属于"贸易创造型"投资。这些传统行业虽然不具备垄断优势，但很容易在海外找到生产要素与技术水平相适应的投资地点，获得的收益远远高于国内投资，而他们拥有的技术在东道国当地具有较强的适用性，有利于东道国建立比较优势产业，增加就业和出口，发展经济。因此，小岛清认为境外直接投资应从本国（投资国）已经处于或即将处于比较劣势的产业（边际产业）依次进行，这些边际产业正好也是投资东道国具有比较优势或潜在比较优势的产业，而且两国可以在对外直接投资及其产生的贸易中互补并获得更大的收益。

该理论否定了垄断优势因素在境外直接投资中的决定作用，强调运用与东道国生产力水平相适应的标准化技术来拓展国外市场。应该肯定，小岛清的理论比较符合日本20世纪60年代至70年代境外直接投资的实践，反映了这个后起的经济大国寻找最佳对外发展途径的愿望。但是，该理论无法解释日本20世纪80年代以来许多大型企业纷纷加入境外直接投资行列，越来越与美国方式趋同的现象。此外，该理论仅以日本的境外直接投资为研究对象，不能盲目用于指导发展中国家对外直接投资的实践。

本章小结

从改善世界范围内资源配置效率的角度看，生产要素的国际流动与商品流动的功能是相同的，它们最终都有利于实现要素价格均等化这一资源配置最优化的标准。在三种基本要素中，土地不存在跨地域流动的可能性，流动性最强的一种要素就是资本。资本流动包括间接投资和直接投资两类。资本流动的结果将通过资本存量的调整使各国的资本边际生产力趋于均等，从而提高世界资源的利用率，增加世界的总产量和各国的福利。国际资本流动还会对有关国家的国际收支平衡、税收甚至宏观经济政策的制定产生比较大的影响。

劳动力的国际流动是一个比较复杂的社会经济现象，"二战"后的劳动力国际流动，主要是为了追逐更高的劳动报酬，改善自身经济状况。综合起来看，影响劳动力国际流动的因素主要有以下几点：工资水平的国际差异、劳动力的供求数量与结构的不平衡以及劳动力国际流动的风险与成本。此外，劳动力的国际流动对流入国劳动力市场的供求产生了影响，进而会影响该国经济的发展。此外，劳动力的国际流动还能形成广泛的外部经济效应和社会效应，而这些问题是各国普遍关注的焦点。

"二战"后，以跨国公司为代表的国际直接投资发展迅猛。有代表性的理论主要有垄断优势理论、内部化理论、国际生产折衷理论和边际产业扩张理论。垄断优势理论强调，跨国公司具有的并为保持其特有的垄断优势是其向国外进行直接投资的重要因素。内部化理论则强调，产品市场，特别是中间产品市场的不完全性，以及由此引起的信息不对称，促使企业在开拓海外市场时更倾向于选择直接投资的方式。国际生产折衷理论强调，跨国公司将自身的所有权优势、内部化优势和区位优势有机结合起来是其选择直接投资的重要原因。边际产业扩张理论以日本跨国公司的对外直接投资实践为基础，否定了垄断优势因素在境外直接投资中的决定作用，强调运用与东道国生产力水平相适应的标准化技术来拓展国外市场。

复习思考题

1. 生产要素的国际流动替代国际商品贸易的意义有哪些？
2. 什么是国际直接投资？在国际它通常通过什么样的组织机构来实现？
3. 画图分析资本国际流动、劳动力国际流动的经济效应。
4. 影响资本国际流动的因素有哪些？
5. 影响劳动力国际流动的因素有哪些？
6. 简述垄断优势理论、内部化理论以及国际生产折衷理论的主要内容。
7. 简述边际产业扩张理论的基本观点，并对其进行评价。

第十二章 汇率与外汇市场

现实中，由于各国的货币不同，并且只能在本国国内流通，因此在国际经济交易中，就产生了伴随商品和劳务交换而引发的货币汇兑问题。随着国际贸易的持续发展及经济全球化趋势的日益明显，外汇、汇率和外汇市场成了理论研究和实际操作的重要内容。本章主要介绍外汇市场和汇率的基本知识，包括外汇和汇率的基本概念、外汇市场概况、外汇市场上的即期和远期外汇交易以及汇率制度等内容。

第一节 外汇与汇率

一、外汇

随着各国间交往的扩大，国际经济、政治、文化等方面的往来所产生的债权债务关系便产生了，这种债权债务关系最终需要结算或清偿。而这种清偿与国内企业之间的清偿不同，它必须通过银行把本国货币换成外国货币，或把外国货币换成本国货币，这就产生了国际的货币兑换以及兑换的比率问题。正如法国学者盖伊丹·皮诺(Gaetan Pirou)所说，国际主义的贸易与国家主义的货币共存产生了外汇。

(一)外汇的概念

外汇(Foreign Exchange)这一概念有动态和静态两种表述形式。从动态的角度来看，外汇是国际汇兑的简称，是指将一个国家的货币兑换成另一个国家的货币，清偿国际债权债务关系的行为。在这一意义上，外汇的概念等同于国际结算。最初的外汇概念就是指它的动态含义。但现在人们提到外汇时，更多是指它的静态含义。外汇的静态含义又可分为广义和狭义两种。广义的静态外汇泛指一切以外国货币表示的资产，如外国货币(包括纸币、铸币等)、外币有价证券(包括政府公债、国库券、公司债券、股票等)、外币支付凭证(包括票据、银行存款凭证、邮政储蓄凭证等)。在这一意义上，外汇的概念等同于外币资产。

国际货币基金组织把外汇定义为：外汇是货币当局(中央银行、货币机构、外汇平准基金及财政部)以银行存款、财政部库券、长短期政府债券等形式所保有的，在国际收支逆差时可以使用的债权。

我国于2008年8月修正颁布的《中华人民共和国外汇管理条例》规定，外汇是以外币表示的可以用作国际清偿的支付手段和资产，包括：①外币现钞，如纸币、铸币；②外币支付凭证或支付工具，如票据、银行存款凭证、银行卡等；③外币有价证券，如债券、股票；④特别提款权；⑤其他外汇资产。

狭义的静态外汇是指以外国货币表示的可用于进行国际结算的支付手段。根据这一概念，只有存放在国外银行的外币资金以及将对银行存款的索取权具体化了的外币票据，才构成外汇。具体来看，外汇主要包括以外币表示的银行汇票、支票、银行存款等。人们通常所说的外汇就是指这一狭义概念。外汇具有国际性、可偿性和可兑换性等特点。

但在复杂的经济生活中，外汇并不限于外币资产，而是延伸到专用于国际结算的本币资产。我国曾存在过的"外汇人民币"，欧洲金融市场上的"欧洲美元"和"欧洲英镑"，对英美来说也是外汇。黄金的集中储备也被视为外汇。现代经济生活中的外汇，主要是以外币表示的债权债务证明。现代经济是由债权债务网络全面覆盖的经济，即任何货币都体现债权债务关系，任何货币支付无不反映债权债务的消长、转移，就一国和地区来说是这样，就国际经济关系来说也是如此。

（二）外汇的种类

按照不同的标准，可以把外汇分成不同的种类。

（1）根据外汇能否自由兑换，外汇可分为自由外汇和记账外汇。自由外汇是指无须货币发行国批准，就能在市场上自由买卖、自由兑换或自由用于对第三国支付的外汇货币。货币的可兑换性是自由外汇的最基本的特征，目前世界上可自由兑换的货币有50多种，如美元、日元、英镑、港元等。记账外汇也称协定外汇，是指签有清算协定的两国或多国之间由于进出口贸易引起的债权债务关系不用现汇逐笔结算，而是通过当事国的中央银行账户相互冲销所使用的外汇。记账外汇不能用于对第三国支付，也不能兑换成其他国家货币，它是只用于支付从对方国家进口的货币。

（2）根据外汇的来源和用途，外汇可分为贸易外汇和非贸易外汇。贸易外汇是指通过出口有形商品取得的外汇。非贸易外汇是指通过出口无形商品而取得的外汇。

（3）根据外汇的形态，外汇可分为现汇和外币现钞。现汇主要是指以支票、汇款、托收等国际结算方式取得并形成的银行存款。现汇主要由国外汇入，或是由境外携入、寄入的外币票据，经银行收妥后存入。现汇是外汇的主体。外币现钞通常指外币的钞票和硬币或以钞票、硬币存入银行所生成的存款。现钞主要由个人境外携入。在银行业务中，银行买入现汇和现钞的价格不同。国家在外汇管理上一般对现钞更严格。

二、汇率

外汇既然是一种资产，就可以和其他商品一样进行买卖，外汇的买卖使外汇像普通商品一样有了价值。商品买卖是以货币购买商品，而货币买卖却是以货币购买货币。

（一）汇率的概念

汇率（Foreign Exchange Rate）是指以一国货币表示的另一国货币的价格，或把一国货币折算成另一国货币的比率，也称汇价、外汇牌价或外汇行市。例如，1美元=6.235 5人民币，就表示1美元的价格值6.235 5人民币，或者说，1人民币的价格等于0.160 3美元。

(二)汇率的标价方法

汇率标价方法有两种：直接标价法(Direct Quotation System)和间接标价法(Indirect Quotation System)。

1. 直接标价法

直接标价法是以一定单位的外国货币为标准，折算成若干单位的本国货币来表示的汇率。也就是说，在直接标价法下，汇率是以本国货币表示的单位外国货币的价格，即应付标价法。一定单位的外国货币折算成本国货币的数额越大，说明外国货币币值上升，或本国货币币值下降，称为外币升值或本币贬值。除英、美、欧元区国家外大多数国家采用直接标价法。

在直接标价法下，本币币值的上升或下跌的方向与汇率值的增加或减少的方向相反，外币币值的上升或下跌的方向与汇率值的增加或减少的方向相同。例如，我国人民币市场汇率为：

月初：USD 1 = CNY 6.201 4

月末：USD 1 = CNY 6.210 0

这一汇率反映的是美元升值，人民币贬值。

2. 间接标价法

间接标价法是指以一定单位的本币为标准，折算成若干单位的外国货币来表示汇率。也就是说，在间接标价法下，以外国货币表示本国货币的价格，即应收标价法。在间接标价法下，一定单位的本国货币折算的外国货币数量增多，说明外币贬值或本币升值。英、美以及欧元区等国对外采用间接标价法。

在间接标价法下，本币币值的上升或下跌的方向与汇率值的增加或减少的方向相同，外币币值的上升或下跌的方向与汇率值的增加或减少的方向相反。例如，伦敦外汇市场汇率为：

月初：GBP 1 = USD 1.811 5

月末：GBP 1 = USD 1.801 0

这一汇率反映的是美元币值上升，英镑币值下跌。

(三)汇率的种类

1. 买入汇率、卖出汇率和中间汇率

从银行买卖外汇的角度进行划分，汇率可分为买入汇率(Purchasing Rate or Bid Rate)、卖出汇率(Selling Rate or Offer Rate)和中间汇率(Mid Point)。买入汇率是银行买进外汇时使用的汇率，又称买入价；卖出汇率是银行卖出外汇时使用的汇率，又称卖出价；银行买入汇率与卖出汇率的平均值称为中间汇率，也称中间价。

2. 基本汇率和套算汇率

从制定汇率方法的角度，汇率可分为基本汇率(Basic Rate)和套算汇率(Cross Rate)。基本汇率是指本国货币与本国的关键货币之间的汇率，所谓关键货币，是指本国在国际收支中使用最多、外汇储备中所占比例最大，同时又是可自由兑换、被国际社会普遍接受的货币。套算汇率是本国货币与本国的非关键货币之间通过基本汇率套算得出的汇率。

> **专栏 12-1**

> **套算汇率的计算**
>
> 假定 1 美元的人民币买入价为 6.826 5 元，卖出价为 6.829 8 元；同时，1 美元的瑞士法郎买入价为 1.027 6 瑞士法郎，卖出价为 1.031 8 瑞士法郎。瑞士法郎和人民币的套算汇率为：
>
> 瑞士法郎的人民币买入价为 6.826 5/1.031 8 = 6.616 1 元
>
> 瑞士法郎的人民币卖出价为 6.829 8/1.027 6 = 6.646 4 元

3. 即期汇率和远期汇率

从外汇买卖交割期限的角度，汇率可分为即期汇率（Spot Exchange Rate）和远期汇率（Forward Exchange Rate）。即期汇率是指买卖外汇的双方在成交的当天或第二个交易日进行交割时所使用的汇率。远期汇率是指买卖双方成交后签订外汇交易合同，按约定的未来的某一时间进行交割所使用的汇率。买卖远期外汇的期限一般有 1、3、6、9、12 个月等。远期汇率与即期汇率之间的差额有三种情况：如果远期汇率高于即期汇率，则称远期升水；如果远期汇率低于即期汇率，则称远期贴水；如果远期汇率等于即期汇率，则称远期平价。

4. 名义汇率、实际汇率和有效汇率

从经济研究的角度，汇率可分为名义汇率（Nominal Exchange Rate）、实际汇率（Real Exchange Rate）和有效汇率（Effective Exchange Rate）。

名义汇率是指外币的本币价格。官方公布的汇率或在市场上通行的、没有剔除通货膨胀因素的汇率都是名义汇率。

实际汇率是对名义汇率进行物价因素调整之后的汇率，或者看作是在名义汇率基础上剔除通货膨胀因素的汇率，它反映了不同货币实际价值的对比。

名义汇率和实际汇率只反映了本国货币与另一国货币两种货币价值的对比，属于双边汇率。有效汇率则反映了本国货币与多种外国货币价值的综合对比，属于多边汇率。有效汇率是指本国货币相对于其他多种货币双边汇率的加权平均数。权重选择的基本标准是一国与其他国家双边贸易量的大小，贸易量较大，则相应的双边汇率权重也较大。有效汇率反映的是一国货币汇率在国际贸易中的总体竞争力和总体波动幅度。

第二节 外汇市场

国际的一切经济往来都必然伴随着货币的清偿和支付，而要实现国际清偿和支付，就要进行国际的货币兑换或外汇买卖。外汇市场就是为了满足各种货币的兑换或买卖的需要而产生的，其实质是一种货币商品的交换市场，市场上买卖的是不同国家的货币。

一、外汇市场的定义及分类

外汇市场是指进行外汇买卖的交易场所或网络，是由外汇供给者、外汇需求者及买卖

外汇的中介机构所构成的买卖外汇的交易系统。

在外汇市场上，外汇的买卖有两种类型：一种是本币与外币之间的相互买卖，即需要外汇者按汇率用本币购买外汇，持有外汇者按汇率卖出外汇换回本币；二是不同币种的外汇（指可自由兑换的）之间的相互买卖。外汇市场根据不同的标准可分为不同的类型。

按组织形式不同，外汇市场可以划分为具体市场和抽象市场。具体市场也称有形市场，即有固定交易场所的市场，外汇交易者于每个营业日规定的营业时间集中在交易所进行交易。由于这种方式只流行于德、法、荷、意等欧洲大陆国家，故被称为大陆体制。抽象市场也称无形市场，这种市场没有规定的场所和统一的营业时间，买卖双方不是面对面地进行交易，所有交易都是通过电话、电报、电传及其他通信工具进行。英国、美国、加拿大、瑞士等国家的外汇市场均采取这种形式，因此这种形式被称为英美体制，它是目前外汇市场的主要组织形式。

按经营范围不同，外汇市场可以划分为国内市场和国际市场。国内市场的外汇交易仅限于国内银行彼此之间或国内银行与国内居民之间，不允许国外银行或其他机构参与，当地的中央银行管制较严，在市场上使用的货币仅限于本币与少数几种货币。国际市场的特点是各国银行或企业按规定均可参与外汇交易，而且交易的货币种类较多，交易规模大，市场网络的辐射面广。纽约、伦敦、东京、法兰克福、新加坡等外汇市场均属于国际外汇市场。

按外汇买卖双方的性质不同，外汇市场可以划分为外汇批发市场和外汇零售市场。外汇批发市场特指银行同业之间的外汇交易市场。外汇零售市场指银行同一般客户之间的外汇交易市场。

二、外汇市场的主要参与者

（一）外汇银行

外汇银行又称外汇指定银行，是指经过本国中央银行批准，可以经营外汇业务的商业银行或其他金融机构。外汇银行是外汇市场的主体，可以分为三种类型：专营或兼营外汇业务的本国商业银行、在本国的外国商业银行的分支机构、其他经营外汇买卖业务的本国金融机构。

外汇银行在外汇市场上既可以代客户进行外汇买卖，以对客户提供尽可能全面的服务并从中获利；也可以利用自身的外汇资金或银行信用在外汇市场上直接进行买卖，其主要目的是调整本身的外汇头寸或进行外汇投机买卖，使外汇资产保持在合理的水平或赚取投机的利润收入。

（二）外汇经纪人

外汇经纪人是指为外汇交易双方介绍交易以获得佣金的中间商人，其主要任务是利用所掌握的外汇市场各种行情和与银行的密切关系，向外汇买卖双方提供信息，以促进外汇交易的顺利进行。外汇经纪人一般分为三类：①一般经纪人，既充当外汇交易的中介，又亲自参与外汇买卖以赚取利润的人；②跑街经纪人，本身不参与外汇买卖，只充当中介赚取佣金的经纪人；③经纪公司，指那些资本实力比较雄厚，既充当商业银行外汇买卖的中介，又从事外汇买卖业务的公司。

(三)中央银行

中央银行是一个行使金融管理和监督职能的专门机构。各国中央银行时常出于调节外汇市场供求关系维持汇率相对稳定等目的，参与外汇市场的交易活动，即中央银行在市场外汇短缺时大量抛售外汇，外汇过多时大量买入外汇，从而使本币汇率不致发生过于剧烈的波动，中央银行这种外汇交易活动也称外汇干预。在经济全球化的背景下，国与国之间的经济关系日益密切和复杂化，因此，中央银行在干预外汇市场时往往要同其他国家的中央银行联手合作。尽管中央银行的交易次数不多，量也不大，但对外汇市场的影响却非常大。所以中央银行不仅是外汇市场的参与者，也是实际的操纵者。

(四)进出口商及其他外汇供求者

进出口商从事进出口贸易活动，是外汇市场上外汇主要的和实际的供给者和需求者。出口商出口后要把外汇收入卖出，进口商则要为进口支付购买外汇，这些都要在外汇市场上进行。其他的外汇供求者是指银行、进出口商之外的客户，主要是由保险费、运费、旅费、留学费、赠款、外国有价证券买卖、外债本息收付、政府及民间私人贷款以及由其他原因引起的外汇供给者和需求者。

三、外汇市场的功能

(一)国际清算

国际经济交易的结果需要债务人向债权人进行支付，若债务人以债务国货币支付，则债权人需要在外汇市场上兑换成债权国货币；若债权人只接受债权国货币，则债务人需要先将债务国货币在外汇市场上兑换成债权国货币再进行支付。由此可见，国际支付是通过外汇市场实现的。例如，美国波音公司将价值1 000万美元的飞机出售给一家英国公司，这笔交易的结果是需要英国公司向美国的波音公司进行支付。美国波音公司收到英镑，并出售英镑换取美元。或者波音公司只接受美元，就需要英国公司在市场上用英镑换取美元。无论是哪种支付方式，这笔国际交易最终会产生英镑的供给和对美元的需求。

进入外汇市场兑换货币的公司和个人并不直接进行外汇交易，而是委托银行进行兑换。之后，这些银行之间通过专业的外汇经纪人买卖各种货币。因此，波音公司可取得英国公司的英镑汇票，并向一家美国银行贴现，这家银行将这张英镑汇票再卖给另一家需要用美元兑换英镑的银行。这样，美国银行收到美元支票账款，就抵偿了贴现给波音公司的美元。

(二)套期保值

在国际贸易中，进出口商自进出口合同签订到货款清算之间要间隔一段时间。在这段时间内，由于外汇市场上汇率的易变性，外币的债务人和债权人都要承担一定的风险，当然也有可能获利。例如，计价货币汇率下降会使收款人遭到损失，而计价货币汇率上升则使付款人蒙受损失。一家美国公司从英国买了10万英镑的货物，三个月后用英镑付款。假设即期汇率为1英镑=2美元，现在这10万英镑值20万美元。如果三个月后，市场汇率为1英镑=2.1美元，美国公司就需要用21万美元才能兑换成10万英镑进行支付，需要多付1万美元。无论是出口商还是进口商，他们都想规避汇率风险。这时，他们就需要对这些货币资产进行套期保值。所谓套期保值，就是通过买进或卖出等值的远期外汇，轧平外汇头寸来实现保值的一种外汇业务。常用的方法是出口商(收款人)卖出远期外汇，进口商(付款人)则买入远期外汇，从而规避因汇率波动可能带来的风险。

(三) 投机

外汇投机与套期保值相反，套期者希望规避汇率的风险，而外汇投机是根据对汇率变动的预期，有意保持某种外汇的多头或空头，希望从汇率变动中赚取利润的行为。一般来说，外汇投机利润具有不确定性，如果投机者准确预测了汇率走势，他便能盈利；否则，便会亏损。例如，假设英镑三个月远期汇率为1英镑=2.02美元，某投机商预期三个月以后英镑汇率将会下跌，他预计三个月后即期汇率为1英镑=1.98美元，于是该投机商卖出三个月远期英镑。三个月后，如果这一预测准确，投机商在即期市场中以1英镑=1.98美元的价格买入英镑，再马上用于远期市场交割，合约价格为1英镑=2.02美元。这样，投机者每英镑能赚4美分。若三个月后，即期汇率为1英镑=2.00美元，则赚2美分。若三个月后即期汇率为1英镑=2.02美元，则投机商不赔不赚。而如果三个月后即期汇率比签订合约时的远期汇率还要高，则投机商就会亏损。外汇投机除了刚才介绍的远期交易投机外，还有套汇和套利的行为，但投机多数是在远期市场且原理相似。

四、世界主要外汇市场

目前，世界上大约有30多个国际性的外汇市场，其中比较重要的有伦敦外汇市场、纽约外汇市场、苏黎世外汇市场、巴黎外汇市场、东京外汇市场、新加坡外汇市场和中国香港外汇市场等。这些外汇市场各具特色，联系紧密，在营业时间上又相互衔接，构成了一个庞大、统一的世界外汇市场体系。伦敦等西欧的外汇市场每日营业时间和中国香港、新加坡等市场的尾市衔接，其开盘价格参考中国香港、新加坡外汇市场的价格。几个小时以后，纽约外汇市场便开业了。伦敦外汇市场和纽约外汇市场同时营业的几个小时是一天中外汇交易的最高峰。东京外汇市场又在美国最后一个外汇市场——旧金山外汇市场闭市前一个小时开始营业。这样就形成了全球性的、24小时不间断的外汇交易。

(一) 伦敦外汇市场

伦敦外汇市场是世界上出现最早，也是目前最大的外汇市场。从地理位置上看，伦敦居于世界时区适中位置，外汇市场在一天的营业时间里和世界其他重要外汇市场都能衔接上，由此确定了伦敦外汇市场的重要地位。伦敦外汇市场由经营外汇业务的银行及美国、日本等国银行的分行、外汇经纪人和一般金融商号构成。伦敦外汇市场有250多家外汇银行，大多数外汇买卖通过外汇经纪人进行。伦敦外汇市场上的外汇经纪商在"二战"前多达40家，1951年外汇市场重新开放时，由于英格兰银行的坚持，外汇经纪商减少到9家，这9家外汇经纪商成了今日伦敦外汇市场的主要角色，由他们组成的外汇经纪人协会支配了伦敦外汇市场。伦敦外汇市场上的外汇交易主要是现汇交易和远期交易，1982年起经营外汇期货交易，外汇标价采用间接标价法。

(二) 纽约外汇市场

纽约外汇市场是"二战"后随着美国经济实力增强，美元取代英镑成为世界最主要的货币而发展起来的，它是目前世界上最重要的外汇市场之一，是仅次于伦敦外汇市场的世界第二大外汇市场。由于美国对经营外汇业务没有限制，政府也不指定专门的外汇银行，因此几乎所有的美国银行和金融机构都可以经营外币业务。在纽约外汇市场上，外汇交易分为三个层次：银行和客户之间的交易、本国银行之间的交易以及本国银行与外国银行之间的交易。其中银行之间的交易有相当一部分是通过经纪人进行的。纽约外汇市场有8家经纪商，其业务不受任何监督，对其安排的交易不承担任何经济责任。

纽约外汇市场上的交易量很大，但和进出口贸易相关的外汇交易量却很小，这是因为，在美国的进出口中大多用美元计价结算，出口商得到的是美元，进口商支付的也是美元。不仅美国如此，世界商品贸易的70%都以美元计价支付。世界各国的美元买卖，最终都必须在美国，主要是在美国纽约的商业银行账户上办理收付、划拨和清算。"二战"后，美元成为国际支付中使用最为广泛的货币，各国银行都持有美元并用于国际结算，因此他们大多数在美国开立账户。这样，外国银行将买入的美元存入在美国银行的账户，出售美元等于将美元存款从他们的美国银行账户上划拨到买主的账上。

（三）东京外汇市场

东京外汇市场是在20世纪50年代末发展起来的。历史上，日本是一个外汇管制严格的国家，20世纪50年代以后才逐渐放松。1964年，日本加入国际货币基金组织，日元成为可兑换货币，东京外汇市场原则上不再实行外汇管制，外汇交易也逐步走向自由化。20世纪70年代下半期以来，日元国际化取得了极大进展。1980年，日本政府废除了旧的外汇法，颁布执行新的外汇法，放宽了银行经营外汇业务的限制，因而东京外汇市场迅速发展，成为仅次于伦敦和纽约外汇市场的世界第三大外汇市场。但限于日元在国际经济中的地位，东京外汇市场的规模远不如伦敦和纽约外汇市场。东京外汇市场受地理位置的限制，与其他主要的外汇市场基本隔绝，同纽约外汇市场根本不交叉，同欧洲外汇市场也只有在每个交易日的最后一两个小时有交叉。由于同其他外汇市场不能同时交易，东京外汇市场上的交易规模难以有大的扩展。

虽然日本大力推进日元国际化，但日元至今仍未成为真正意义上的可自由兑换货币，日本政府对东京外汇市场的外汇管制仍未彻底解除。在东京外汇市场上交易的外汇币种较为单一，绝大多数是美元的交易，其他货币交易较少。据统计，东京外汇市场的外汇交易量90%以上是美元与日元之间的交易。此外，日本是一个典型的出口加工国家，东京外汇市场受进出口贸易收支的影响较大，使东京外汇市场的外汇交易带有明显的季节性。

（四）中国香港外汇市场

中国香港外汇市场是20世纪70年代后发展起来的国际性外汇市场。1973年以前，香港实际上有两个外汇市场，一个是法定的外汇市场，参加者是外汇指定银行，汇率以法定平价为基础，波动幅度有限；另一个是自由外汇市场，由非指定银行和一些证券商组成，汇率完全由外汇的供求决定，和法定市场的差异很大。1972年年底，香港取消了外汇管制，两个市场合二为一。1974年11月，港元开始实行浮动汇率。之后，中国香港外汇市场以较快的速度发展。进入20世纪80年代，港元对美元汇率曾一度下跌，为了稳定经济金融秩序，香港当局于1983年10月开始实施港元联系汇率制度，港元与美元挂钩，1美元=7.8港元。这种汇率制度有力推动了中国香港外汇市场的发展。

同伦敦、纽约的外汇市场一样，中国香港外汇市场是无形市场，它没有固定的交易所和正式组织，而是由从事外汇交易的银行、其他金融机构和外汇经纪人组成，通过电话、传真、电脑联网等通信工具联系起来的交易网络。主要从事外汇交易的银行有100多家，属于汇丰银行集团、美资银行、日资银行、中银集团等。20 世纪 70 年代以前，中国香港外汇市场的业务以港币和英镑的兑换为主，随着中国香港市场的国际化以及港币与英镑脱钩而与美元挂钩，美元逐渐取代英镑成为市场上交易的主要外币。中国香港外汇市场上的交易主要分为两类，一类是港币同外币的兑换，其中以同美元的兑换为主，因为香港的对外贸易多以美元计价结算。另一类是美元对其他外币的交易，由于香港没有中央银行，控制货币汇率的手段除主要由汇丰银行利用外汇基金直接干预市场外，还依靠利率杠杆调节。其方法是中国香港银行利率随同美国各大银行优惠利率升降，从而保证联系汇率的稳定，这种干预方法使得中国香港外汇市场上的汇率风险转为利率风险。

第三节 固定汇率制度和浮动汇率制度

货币汇率及其变动对一国经济的各方面都会产生不同程度的影响，如果没有必要的制度约束，各国在确定本国汇率时，都会只从本国利益出发，趋利避害，损害别国利益，进而引发货币战、贸易战，不利于世界经济和贸易的发展。为了维护各国的共同利益，促进国际贸易和国际金融的持续发展，有必要在世界范围内对汇率的变动作出一些合理的规定，形成各国共同遵守的汇率制度，即国际汇率制度。国际汇率制度反映了国际交易结算的需要和世界经济稳定发展的需要，同时与国际政治经济格局的变化密切相关。

汇率制度是指一国货币当局对本国货币汇率变动的基本方式所作出的规定。按照汇率变动幅度的大小，汇率制度可分为固定汇率制度（Fixed Exchange Rate Regime）和浮动汇率制度（Floating Exchange Rate Regime）。

一、固定汇率制度

固定汇率制度不是汇率固定不变，在固定汇率制度下，各国货币当局首先对本币规定一个金平价，然后根据本币与其他货币之间的金平价之比来确定本币的中心汇率，本币的市场汇率只能围绕中心汇率作小幅波动。国际金本位制度下和布雷顿森林体系下实行的就是固定汇率制度。在固定汇率制度下，一国政府为维持固定汇率通常需要干预外汇市场。固定汇率制度分为完全的固定汇率制度和可调整的固定汇率制度两种类型。

国际金本位制度下实行的是完全的固定汇率制度。在国际金本位制度下，每一种货币都规定其单位货币的法定含金量；各种货币之间的汇率由它们各自货币含金量之比（即铸币平价）决定；市场上各国货币之间汇率的变动，以黄金在各国之间运送的费用（即黄金输送点）为波动的界线。在国际金本位制度下，汇率的波动是自动的而不是人为调整的。由于黄金可以在各国之间自由地输出输入，因此，办理国际结算的方式就有两种：当汇率对自己有利时，使用外汇汇票来结算；当汇率的波动幅度大于黄金输送的成本时，采用直接运送黄金的办法。由于运送黄金的费用同所输送的黄金价值相比很小，因此市场汇率的波动幅度就比较小。

在布雷顿森林体系下实行的是可调整的固定汇率制度。它是"二战"结束前夕，以美国为首的各国为了规范国际金融秩序而建立起来的。根据这一制度，各国要规定自己货币的含金量，美元与黄金直接挂钩，各国货币直接与美元挂钩而间接与黄金挂钩。为此，各国承认美国1934年1月规定的美元含金量为0.888 671克，及35美元等于1盎司黄金的黄金官价，美国承担各国政府或中央银行随时以美元按黄金官价向美国兑换黄金的义务。各国根据本国货币与美元的含金量确定它们与美元的汇率，特殊情况下可不规定含金量，只确定与美元的汇率，各国货币对美元的汇率一般只能在法定汇价的上下1%内波动。各国政府有义务对外汇市场进行干预，以保证汇率的波动幅度不超过这一范围。只有在成员国的国际收支发生根本性的不平衡时，才能调整其货币平价，调整的幅度一般不超过10%。一旦有了新的平价，各国仍要履行维持固定汇率制度的义务。相对于国际金本位制度下的完全固定汇率而言，可调整的固定汇率制度有了一定的灵活性。

二、浮动汇率制度

1973年布雷顿森林体系崩溃后，世界各主要工业国家开始实行浮动汇率制度。在浮动汇率制度下，一国货币当局不再规定金平价，因而也不再有本币对其他货币的中心汇率，本币汇率随外汇市场的供求状况自行浮动，货币当局没有维持本币汇率在一定范围内波动的义务。

浮动汇率制度按照不同的标准，又可以分为以下几类。

以货币当局是否干预本币汇率为标准，浮动汇率制度可分为自由浮动和管理浮动。自由浮动，又称"清洁浮动"，是指一个国家货币的汇率完全由外汇市场的供求关系决定，货币当局不采取任何干预本币汇率的措施。但完全自由浮动只是一种理论假设，现实中，没有一个国家采用真正意义上的完全自由浮动汇率。管理浮动，又称"肮脏浮动"，是指一国货币当局对外汇市场采取一定的干预措施，使汇率朝着有利于本国的方向浮动。目前，世界上实行浮动汇率制度的国家大都属于有管理的浮动汇率制度。

以汇率的浮动形式为标准，浮动汇率制度可分为独立浮动和联合浮动。独立浮动是指一国货币对其他任何货币的汇率都根据外汇市场的供求关系进行浮动。目前美国、日本、澳大利亚、加拿大和少数发展中国家实行独立浮动汇率制度。联合浮动是指在一个利益集团内部，各成员国货币之间保持固定汇率，而对集团外国家的货币统一实行共同浮动。欧元诞生之前欧盟各成员国实行的就是联合浮动汇率制度。

此外，国际货币基金组织按照实际分类法将世界各国或地区实行的汇率制度具体分为以下8种形式。

(1) 无独立法定货币的汇率制度。实行这种制度的国家是以其他国家的货币作为法定货币，通常没有本国货币，最多也只是发行一些本国硬币作为补充。采取这种汇率制度意味着放弃了国内货币政策的独立性。

(2) 货币局制度。实行这种汇率制度就是用明确的法律形式规定本币和某一特定外币之间以固定比率进行兑换。货币发行量必须依据外汇资金多少来定，并由外汇资产作为其全额保证。

(3) 其他传统的固定钉住汇率制度。采取这种汇率制度的国家将本币与另一种货币或一篮子货币保持固定兑换比率。一篮子货币通常由主要的经贸伙伴的货币构成，其汇率权重与双边贸易、服务的交易额及资金流量有关。

(4) 水平带内的钉住汇率制度。这种汇率制度是指本币汇率围绕所钉住的中心汇率有至少±1%的波动区间，或者最高和最低汇率之间的波动幅度超过2%。

(5) 爬行钉住。爬行钉住是指本币与外币保持一定的平价关系，但是货币当局根据一系列经济指标频繁地小幅度调整平价。

（6）爬行带。这种汇率制度是指本币汇率围绕中心汇率有一个至少±1%的波动区间，或者最高和最低汇率之间的波动幅度超过2%，同时本币所钉住的中心汇率根据所选择的经济指标作周期性调整。

（7）不事先确定汇率路径的管理浮动。在这种汇率制度中，货币当局不带特定汇率走向和目标去干预汇率，采取汇率干预行动的参考指标很广泛，可以是国际收支状况、外汇储备、平行市场的发展等。汇率干预的方式可以是直接的，也可以是间接的。

（8）独立浮动。这种汇率制度是指一国货币对其他货币的汇率根据外汇市场的供求关系进行浮动。

三、固定汇率制度和浮动汇率制度的优缺点

固定汇率制度和浮动汇率制度孰优孰劣尚无定论。不同的汇率制度在面对国际资本流动对本国经济产生影响时表现不同。一般而言，选择浮动汇率制度时，主要由市场力量来控制资本的跨国流动；而选择固定汇率时，则需要政府来控制资本的跨国流动。"三元悖论"理论认为，货币政策独立、汇率稳定和资本自由流动三个目标不可能同时达到，只能同时达到两个。事实上各国也只能选择其中对自己有利的两个目标。

（一）固定汇率制度的优点和缺点

实行固定汇率制度的优点是：①汇率波动的不确定性将降低；②汇率可以看作一个名义锚，促进物价水平和通货膨胀预期的稳定。

实行固定汇率制度的缺点：①容易导致本币币值高估，削弱本国出口商品竞争力，引起难以维系的长期经常项目收支失衡；②僵化的汇率安排可能被认为是暗含的汇率担保，从而鼓励短期资本流入和没有套期保值的对外借债，损害本地金融体系的健康。

在固定汇率制度下，一国必须要么牺牲本国货币政策的独立性，要么限制资本的自由流动，否则易引发货币和金融危机。如1992—1993年的欧洲汇率机制危机、1994年的墨西哥比索危机、1997年的亚洲金融危机、1998年的俄罗斯卢布危机，这些发生危机的国家都采用了固定汇率制度，同时又不同程度地放宽了对资本项目的管制。

（二）浮动汇率制度的优点和缺点

实行浮动汇率制度的优点是：①浮动汇率制度可以保证货币政策的独立性；②浮动的汇率可以帮助减缓外部的冲击；③干预减少，汇率将由市场决定，更具有透明性；④不需要维持巨额的外汇储备。

实行浮动汇率制度的缺点是：①在浮动汇率制度下，汇率往往会出现大幅度波动，可能不利于贸易和投资；②由于汇率自由浮动，人们就可能进行投机活动；③浮动汇率制度对一国宏观经济管理能力、金融市场的发展等方面提出了更高的要求。现实中，并不是每一个国家都能满足这些要求。

要在浮动汇率制度和固定汇率制度之间找到一个平衡点，比较好的选择是实行有管理的浮动汇率制度，实行这种汇率制度可以依靠三种工具：一是货币政策工具，二是中央银行对外汇市场的对冲性干预，三是一定程度的资本管制。这种制度既可以保持货币政策的独立性，又能使汇率具有一定的灵活性，以应对内、外部的冲击，同时还可有选择地放开部分资本账户，使资本流动处于可控状态。目前我国实行的就是有管理的浮动汇率制度。

> 专栏 12-2

国际货币基金组织按照实际分类法对各国(地区)汇率制度分类如表 12.1 所示。

表 12.1 国际货币基金组织按照实际分类法对各国(地区)汇率制度分类

汇率制度	国家或地区
无独立法定货币的汇率制度	厄瓜多尔、萨尔瓦多、马绍尔群岛、密克罗尼西亚、帕劳、巴拿马、东帝汶、黑山、圣马力诺、基里巴斯
货币局制度	安提瓜和巴布达、吉布提、多米尼加、格林纳达、中国香港、圣基茨和尼维斯、圣卢西亚、圣文森特和格林纳丁斯群岛、波斯尼亚和黑塞哥维纳、保加利亚、爱沙尼亚、立陶宛、文莱
其他传统的固定钉住汇率制度	安哥拉、阿根廷、阿鲁巴岛、巴哈马、巴林、孟加拉国、巴巴多斯、白俄罗斯、伯利兹、厄立特里亚、圭亚那、洪都拉斯、约旦、哈萨克斯坦、黎巴嫩、马拉维、马尔代夫、蒙古、荷属安地列斯群岛、阿曼、卡塔尔、卢旺达、沙特阿拉伯、塞舌尔、塞拉利昂、所罗门群岛、斯里兰卡、苏里南、塔吉克斯坦、特立尼达和多巴哥、土库曼斯坦、阿拉伯联合酋长国、委内瑞拉、越南、也门、津巴布韦、贝宁、布基纳法索、喀麦隆、佛得角、中非、乍得、科摩罗群岛、刚果共和国、科特迪瓦、克罗地亚、丹麦、赤道几内亚、加蓬、几内亚比绍、拉脱维亚、马其顿、马里、尼日尔、塞内加尔、多哥、斐济、科威特、利比亚、摩洛哥、俄罗斯、萨摩亚群岛、突尼斯、不丹、莱索托、纳米比亚、尼泊尔、斯威士兰
水平带内的钉住汇率制度	斯洛伐克、叙利亚、汤加
爬行钉住	玻利维亚、中国、埃塞俄比亚、伊拉克、尼加拉瓜、乌兹别克斯坦、博茨瓦纳、伊朗
爬行带	哥斯达黎加、阿塞拜疆
不事先确定汇率路径的管理浮动	柬埔寨、吉尔吉斯斯坦、老挝、利比里亚、毛里塔尼亚、毛里求斯、缅甸、乌克兰、阿尔及利亚、新加坡、瓦努阿图、阿富汗、布隆迪、冈比亚、格鲁吉亚、几内亚、海地、牙买加、肯尼亚、马达加斯加、摩尔多瓦、莫桑比克、尼日利亚、巴布亚新几内亚、圣多美和普林西比、苏丹、坦桑尼亚、乌干达、亚美尼亚、哥伦比亚、加纳、危地马拉、印度尼西亚、秘鲁、罗马尼亚、塞尔维亚、泰国、乌拉圭、多米尼加、埃及、印度、马来西亚、巴基斯坦、巴拉圭
独立浮动	赞比亚、阿尔巴尼亚、澳大利亚、奥地利、比利时、巴西、加拿大、智利、塞浦路斯、捷克、芬兰、法国、德国、希腊、匈牙利、冰岛、爱尔兰、以色列、意大利、韩国、卢森堡、马耳他、墨西哥、荷兰、新西兰、挪威、菲律宾、波兰、葡萄牙、斯洛文尼亚、南非、西班牙、瑞典、土耳其、英国、刚果民主共和国、日本、索马里、瑞士、美国

资料来源:国际货币基金组织网站。

本章小结

　　一般而言，外汇是指以外币表示的、可用于进行国际结算的支付手段。而汇率则是以一国货币表示的另一国货币的价格，或把一国货币折算成另一国货币的比率。汇率标价方法有直接标价法和间接标价法，按不同的标准汇率可分为不同的种类。外汇市场是进行外汇买卖的交易场所或网络，是外汇供给者、外汇需求者以及买卖外汇的中介机构所构成的买卖外汇的交易系统。外汇市场主要有国际清算、套期保值和投机三种功能。目前世界上大约有30多个国际性的外汇市场，伦敦、纽约、东京、中国香港外汇市场是典型代表。汇率制度是指一国货币当局对本国货币汇率变动的基本方式所作出的规定。按照汇率变动幅度的大小，汇率制度可分为固定汇率制度和浮动汇率制度。

　　国际汇率制度反映了国际交易结算的需要和世界经济稳定发展的需要，同时与国际政治经济格局的变化密切相关。固定汇率制度和浮动汇率制度孰优孰劣尚无定论。不同的汇率制度在面对国际资本流动对本国经济产生影响的时候表现不同。一般而言，选择浮动汇率制度时，主要由市场力量来控制资本的跨国流动；而选择固定汇率制度时，则需要政府来控制资本的跨国流动。

复习思考题

1. 解释外汇和汇率的概念。
2. 汇率的标价方法有哪些？根据不同的划分标准，汇率可以分为哪些种类？
3. 外汇市场的参与者各起什么作用？其主要功能是什么？
4. 远期外汇市场上的套期保值和投机有何区别？
5. 固定汇率制度和浮动汇率制度的含义是什么？它们各自有哪些优缺点？

第十三章　国际收支

在现实中，由于社会生产的发展和国际交通的发达，各国间的经济、政治、文化等方面的交往日益密切，因此就会产生国际的债权债务关系。这种国际债权债务关系必须在一定时期内结算，债权国应收入货币，了结其对外债权，债务国应支付货币，清偿其对外债务。这就涉及国际的货币收支问题。国际收支表示一个国家在一定时期的对外经济交往的综合情况，它是一国掌握其对外经济交往的分析工具。每个国家都有自己的国际收支状况，不同的收支项目对一国经济的意义不同，各国都希望保持有利于自己的国际收支，因此各国对自己的国际收支都很重视。

第一节　国际收支和国际收支平衡表概述

一、国际收支概述

国际收支(Balance of Payments)是指在一定时期内(通常为1年)一国居民与世界其他国家居民之间的全部经济交易的系统纪录。它有狭义与广义两个层面的含义，狭义的国际收支是指一个国家或地区在一定时期内，由于经济、文化等各种对外交往而发生的，必须立即结清的外汇收入与支出。广义的国际收支是指一个国家或者地区内居民与非居民之间发生的所有经济活动的货币价值之和。进行国际收支统计的主要目的是使政府当局了解本国的国际债权债务地位，从而为制定对外经济政策提供信息和依据。

国际收支这一概念的内涵十分丰富，我们在把握时应注意以下几个方面。

(1)国际收支是一个流量概念。当人们提及国际收支时，总是需要指明属于哪一段时期，这一报告期可以是1年、1个月、1季度等，完全根据分析的需要和资料来源来确定。各国通常以1年为报告期。若不弄清国际收支概念的流量内涵，就容易与国际借贷混淆，国际借贷是指一定时点上一国居民对外资产和对外负债的汇总，是一个存量概念。

(2)国际收支所反映的内容是国际经济交易。国际收支定义中的"经济交易"(Economic Transfer)是指经济价值在不同经济活动者之间的转移，它包括实际转移(Real Transfer)和金融转移(Financial Transfer)两类。实际转移是指经济物品和经济服务在不同经济活动者之间的转移；金融转移是指金融资产的转移，包括新的金融资产的创造和现存金融资产的注销。同时，经济交易既包括双边转移(Bilateral Transfer)，也包括单边转移(Unilateral Transfer)。双边转移是指经济价值的转移者会从受让者那里得到相应的经济价值作为补偿；单边转移是指经济价值的转移者不能从受让者那里得到经济价值的补偿。

（3）一国国际收支所记载的经济交易必须是在该国居民与非居民之间发生的。判断一项经济交易是否应包括在国际收支的范围内，所依据的不是双方的国籍，而是依据交易双方是否有一方是该国居民。居民是指一个国家（地区）的经济领土内具有经济利益的经济单位，居民既可以是自然人，也可以是政府机构和法人。对于一个经济体来说，它的居民单位主要是由两大类机构单位组成：家庭和组成家庭的个人；法定的实体和社会团体，如公司和准公司、非营利机构和该经济体中的政府。具体来说，一个国家（地区）的居民包括以下几类。

①个人居民：长期居住在本国的自然人；移民属于其工作所在国的居民；逗留时间超过一年的留学生、旅游者属于所在国的居民。

②企业居民：在一国境内注册登记的企业即为该国居民。

③非营利私人团体居民属于所在国居民。

④政府居民：各级政府都属于所属国居民。

联合国、国际货币基金组织、世界银行以及其他国际性组织不属于任何国家的居民。

二、国际收支平衡表

现实中一国居民在一定时期内从事的国际经济交易是大量的、多种多样的，为了对本国国际收支状况及其变化有一个系统的了解，必须对这些交易信息进行收集、整理，并编制成国际收支平衡表。国际收支平衡表不仅系统记录了一国已经发生的国际交易情况，它也是分析国际经济关系变化及评价国际经济政策效果的有力工具。因此，世界各国都非常重视国际收支平衡表的编制工作。

国际收支平衡表也称国际收支账户，是以复式记账法系统记录一国居民在一定时期（通常为1年）内所从事的全部国际经济交易的统计表格。

在记录一国的国际交易时，使用复式记账法，这意味着每笔国际交易都被等额地记录两次，一次记入借方，一次记入贷方，这是因为通常每笔交易都有两个方面，我们卖东西就能收钱，我们买东西就得付款。记入借方的国际收支称借方项目，用"－"号来表示；记入贷方的国际收支称贷方项目，用"＋"号来表示。商品与劳务的出口，从外国接受的单方面转移支付和资本流入记入贷方，因为它们涉及从外国接受款项。另一方面，商品与劳务的进口，对外国的单方面转移支付和资本流出都记入借方，因为它们涉及向外国付款。

资本流入可以有两种形式，一种是外国持有的本国资产的增加，另一种是本国在外国的资产的减少。资本流出本国在外国的资产增加，另一种是外国在本国的资产减少。

总之，涉及外国居民向本国居民付款的交易应记入贷方项目。反过来，凡是涉及本国居民向外国居民付款的交易应记入借方项目。而且，贷方项目总和与借方项目总和原则上必须一致。

第二节　国际收支平衡表的主要内容

国际收支是对一国所有国际经济交易的汇总记录，由于国际交易的内容和形式在不同的历史时期有不同的特点，因此，在世界经济发展的不同阶段，国际收支所包含的内容也不相同。20世纪50年代以前，国际资本流量不大，国际收支主要反映一国的对外贸易收支，即主要反映商品进出口。其后随着各国放松对资本流动的管制，资本国际流动迅速发展，当今国际交易的一半以上属于资本项目。

国际收支平衡表中包含的内容多，而且由于各国的编制要求不同，因此，各国自行编制的本国国际收支平衡表的项目内容各具特点。根据国际货币基金组织2008年12月发表的《国际收支手册》第六版，国际收支平衡表中的国际收支项目被分为四大项目：经常项目、资本项目、金融项目和净误差与遗漏项目。

一、经常项目

（一）商品和服务

1. 商品

（1）一般商品（General Merchandise）。一般商品是指居民与非居民之间发生所有权转变的商品，但不包括转口贸易商品、非货币黄金以及归入旅游、建筑和政府提供的商品和服务中的商品。

（2）转口贸易商品（Goods Under Merchanting）。转口贸易商品是指居民从非居民处购买进而又转售给其他非居民的商品。

（3）非货币黄金（Nonmonetary Gold）。非货币黄金包括所有官方作为储备资产持有的货币黄金之外的黄金。非货币黄金可以是金块、金条、金粉以及其他未加工的或半制成品的形式。但镶金的首饰、手表等则不属于非货币黄金，而属于一般商品。

2. 服务

服务（Services）项目的内容比较复杂，主要包括加工贸易服务，维修保养服务，运输，旅游，建筑，保险和养老金服务，金融服务，知识产权使用费，通信、计算机和信息服务，其他商业服务，个人、文化和娱乐服务，政府服务等方面的内容。

（1）加工贸易服务（Manufacturing Services on Physical Inputs Owned by Others）。在加工贸易服务中，加工方不拥有原材料投入和制成品的所有权，只是对原材料投入进行加工、装配、包装、加贴标签。加工方收取的加工费计入该项目，加工费也包括加工方采购原材料的成本。

（2）维修保养服务（Maintenance and Repair Services）。该项目包括居民对非居民所拥有的商品或者非居民对居民所拥有的商品提供的维修保养服务。对船舶、飞机及其他运输设备的维修保养计入该项目，但运输设备的保洁服务、建筑的维修保养以及计算机的维修保养则分属于运输服务、建筑服务和计算机服务，不包含在该项目中。

（3）运输（Transportation）。运输项目包括居民与非居民之间相互提供的货运和客运服务，以及其他支持性和辅助性服务，邮政和快递服务也包括在内。

（4）旅游（Travel）。旅游项目包括旅游者在其他国家和地区旅游期间出于商业目的和个人使用目的在当地获得的商品和服务。不管滞留的时间长短，留学生和国外就医者购买的商品和服务都包含在该项目中，但军事和使馆人员的开支则属于政府服务项目。

（5）建筑（Construction）。建筑项目包括居民和非居民之间相互提供的建筑和安装活动，建筑项目的管理也包括在内。

（6）保险和养老金服务（Insurance and Pension Services）。保险和养老金服务是指居民与非居民之间相互提供的人身保险、财产保险、货运保险、再保险以及养老金服务。

（7）金融服务（Financial Services）。金融服务是指居民与非居民之间进行的金融中介服务和辅助性服务，不包括与保险和养老金有关的服务，这些服务通常由银行或其他金融机构提供，该项目包括存贷款、信用证、信用卡、金融租赁相关的佣金和费用、福费廷等服务，也包括金融咨询、金融资产管理、并购、风险评估、信用评级以及信托服务等。

（8）知识产权使用费（Charges for the use of Intellectual Property）。知识产权使用费是指居民和非居民因使用知识产权而发生的费用，包括使用商标、版权、专利、工序设计等知识产权和经过授权许可而复制或分销书稿、计算机软件、电影胶片、唱片及相关权利而发生的费用。

（9）通信、计算机和信息服务（Telecommunications, Computer, and Information Services）。通信、计算机和信息服务是指居民与非居民之间发生的通过电话、电报、电传、卫星、电邮等传输的声音、图像、数据及其他信息的通信服务，与计算机硬件和软件相关的服务和数据处理服务，向媒体提供新闻、照片、封面文章等新闻机构服务等。

（10）其他商业服务（Other Business Services）。其他商业服务是指居民与非居民之间相互提供的研发服务、专业和管理咨询服务、技术性服务以及与贸易有关的商业服务等。

（11）个人、文化和娱乐服务（Personal, Cultural, and Recreational Services）。个人、文化和娱乐服务包括视听及相关服务、健康服务、教育服务以及如与图书馆、展览馆及其他文体活动相关的个人、文化和娱乐服务。

（12）政府服务（Government Goods and Services）。政府服务包括所有与政府部门（诸如使馆、领事馆、军事基地及相关人员）及国际组织有关的，不能列入上述其他项目的服务。

（二）主要收益

主要收益账户（Primary Income Account）记录居民与非居民之间主要收益的状况，具体包括以下内容：

1. 雇员报酬

雇员报酬（Compensation of Employees）是指居民和非居民之间雇用劳动力获取的现金或类似现金形式的工资、薪金和其他利得。

2. 投资收益

投资收益（Investment Income）包括直接投资、证券投资、其他投资以及储备资产投资所获取的利息和收益。

3. 其他主要收益

其他主要收益（Other Primary Income）包括租金、产品和生产的税收及补贴等。

（三）次要收益

次要收益账户（Secondary Income Account）记录居民与非居民之间的经常转移，包括收入和财富的税收、社会保障和福利、个人转让以及政府之间国际合作的转移支付等。该账户具体分为政府（General Government），金融公司、非金融公司、家庭以及服务家庭的非营利组织（Financial Corporations, Nonfinancial Corporations, Households, and NPISHs），养老金权益变化的调整（Adjustment for Change in Pension Entitlements）三个子账户。

二、资本项目

资本项目(Capital Account)记录居民和非居民之间非生产性和非金融性资产的转移以及资本转移。

(一)非生产性、非金融性资产的获取或放弃

非生产性、非金融性资产的获取或放弃(Gross Acquisitions/Disposals of Nonproduced Nonfinancial Assets)是指自然资源(土地、矿藏、森林、水等)、无形资产(作为经济资产的契约、租约、许可协议等)以及营销资产(商标、品牌、标志、域名等)的交易。

(二)资本转移

资本转移(Capital Transfers)包括债务豁免、(数额特别大的)非寿险索赔、固定资产投资的补贴、一次性无偿担保以及资本转移税等。

三、金融项目

金融项目(Financial Account)反映了居民与非居民之间金融资产和负债的变化,具体包括直接投资、证券投资、金融衍生品(官方储备除外)和员工股票期权、其他投资以及储备资产等账户。

(一)直接投资

直接投资(Direct Investment)是指直接投资者对直接投资企业施加一定程度控制、影响和管理的投资。直接投资交易可细分为直接投资者对直接投资企业的投资、直接投资企业对其直接或间接投资者的反向投资以及居民与非居民关联企业之间的投资等。

(二)证券投资

证券投资(Portfolio Investment)包括股票和债券、票据等债务凭证的交易。与直接投资不同,证券投资者对所投资企业不能施加控制,没有企业管理决策权。

(三)金融衍生品(官方储备除外)和员工股票期权

金融衍生品(官方储备除外)和员工股票期权[Financial Derivatives(other than reserves) and Employee Stock Options]记录除官方储备之外的金融衍生品(如远期合同、期权等)的交易。金融衍生品和员工股票期权以市场价格估值计入,若市场价格不可得,则使用其他合理估值方法(如期权定价模型和现值法)。

(四)其他投资

其他投资(Other Investment)是指不包含在其他金融项目中的股票、货币和存款、贷款(包括使用国际货币基金组织信用、从国际货币基金组织贷款)、贸易信贷、特别提款权的分配(特别提款权的持有归入储备资产)以及其他可收支项目。

(五)储备资产

储备资产(Reserve Assets)是指一国货币当局所拥有的可用于平衡国际收支、干预外汇市场或其他用途(如维护人们对货币和经济的信心)的资产,包括货币黄金、特别提款权、

在国际货币基金组织中的储备头寸以及其他外汇资产(如现金、存款、证券、金融衍生品和债权等)。

四、净误差与遗漏项目

按照复式记账原则,国际收支平衡表的借贷双方的净差额应等于零,但在实际中并非如此。其原因主要有:①编制国际收支平衡表的原始资料来自各个方面,在这些原始资料上,当事人因各种原因,故意改变、伪造或压低某些项目的数字,从而造成资料失实或收集资料不齐;②由于某些交易项目属于跨年度性,统计口径不一致;③短期资本的国际移动,由于其投机性非常强,流入流出异常迅速,且为了逃避外汇管制和其他官方限制,常采取隐蔽形式,逃避正常的收付渠道出入国境,很难得到其真实资料。

由于上述原因,官方统计所得到的经常项目、资本项目和金融项目间实际上并不能真正达到平衡,这导致国际收支平衡表的借方与贷方之间出现差额。为了解决这一问题,各国就人为地设立了一个平衡项目——净误差与遗漏(Net Errors and Omissions)项目,以抵补前面所有项目借方与贷方之间的差额,从而使借贷双方最终达到平衡。当官方统计结果中借方大于贷方时,两者之间的差额就记入净误差与遗漏项目的贷方,前面加"+"号;当官方统计结果中贷方大于借方时,两者之间的差额就记入净误差与遗漏项目的借方,前面加"−"号。

一国的国际收支平衡表,反映该国一定时期对外资金流量与流向的变动,这种变动不仅受本国政治、经济等因素的影响,而且要受国际上及其他国家各种因素的影响。另外,一国的国际收支状况能决定其未来的宏观经济政策走向,这种变动不仅会影响本国,而且也会影响相关国家。通过对本国国际收支状况和相关国家国际收支状况的分析,才能找到造成国际收支不平衡的具体原因,从而为一个国家制定内外经济政策提供依据。

> **专栏 13-1**
>
> **国际收支手册**
>
> 国际货币基金组织(IMF)于 1948 年首次颁布了《国际收支手册》(*Balance of Payments Manual*),后于 1950 年、1961 年、1977 年和 1993 年修改了手册,不断补充了新的内容。此前,国际货币基金组织各成员国大都采用国际货币基金组织 1977 年第四版、1993 年第五版的国际收支概念和分类,并按其分类和要求修改和充实本国的国际收支统计体系。编制和提供国际收支平衡表已成为国际货币基金组织成员国的一项义务,并成为参与其他国际经济组织活动的一项重要内容。国际货币基金组织发布的《国际收支手册》是世界各国编制国际收支平衡表的指导性框架,也是分析判断各国国际经济地位的基本参考数据。
>
> 2008 年 12 月,国际货币基金组织公布了最新版的《国际收支手册(第六版)》,它扩展、充实了《国际收支手册(第五版)》的相关内容,对货物与服务贸易收支部分子项目进行了调整,更加突出对国际投资和国际金融交易的记录,这将对包括中国在内的世界各国编制《国际收支平衡表》,以及相应的贸易、投资统计数据产生重要影响。
>
> 资料来源:国际货币基金组织官方网站。

第三节　国际收支的平衡、失衡及影响

从国际收支记账的角度看，一国国际收支的贷方和借方总是平衡的，然而在现实中，各国国际收支的不平衡则是普遍的现象。这种不平衡有多方面原因，一国国际收支不平衡对经济有重要的影响。

一、国际收支平衡问题

由于采用复式记账法，国际收支平衡表上借贷双方总额总是相等的。既然如此，为何还会出现所谓的国际收支恶化、国际收支失衡等问题呢？为解决这一疑问，我们需要将国际收支项目分成自发交易项目和调整交易项目。

自发交易项目的交易活动体现各经济主体或居民个人的意志，不代表哪一个国家或政府的意志，不以政府的意志为转移，因而具有自发性和分散性的特点。通常，经常项目、资本项目和金融项目中除去官方储备外的其他项目所代表的交易活动都属于自发交易项目。

调整交易项目又称补偿项目、事后项目，是指中央银行或货币当局出于调整国际收支差额、维持国际收支平衡、维持货币汇率稳定的目的而进行的各种交易。它是在自发交易项目出现差额时，由政府出面，动用本国的黄金、外汇等官方储备，或通过中央银行、国际金融机构借入资金，弥补自发性交易带来的收支差额。这种交易活动体现了一国政府的意志，具有集中性和被动性等特点。净误差与遗漏项目也是调整项目，它可以使国际收支平衡表最终在账面上达到平衡。

由此可见，国际收支平衡表的平衡与国际收支的平衡是两个不同的概念，一国国际收支平衡表的平衡并不意味着该国国际收支的平衡，国际收支的账面平衡是通过调整项目来实现的，真正能够反映国际收支状况的是自发交易项目，通常意义上的国际收支状况实际上是指自发交易项目收支的平衡与失衡。

二、国际收支不平衡的类型

导致一个国家国际收支失衡的因素很多，根据这些不同的原因，国际收支不平衡可分为以下几种不同的类型。

(一) 周期性不平衡

在社会化大生产条件下，只要生产资料被不同的所有者所占有，那么，各所有者主体对自身利益的追求将导致经济的周期性波动，形成所谓的经济周期或商业周期。在经济周期的不同阶段，个人的收入和企业的收入都会发生相应变化，企业生产也会发生变化，从而导致社会总供给和总需求的变化，最终导致一国的国际收支不平衡。在经济衰退阶段，居民收入会减少，有效需求下降，进口减少，在出口量不变的情况下，可能会出现国际收支的顺差；相反，在经济高涨阶段，居民收入上升，有效需求增加，进口需求增加，同时部分出口品转为内销，由此可能引起国际收支逆差。这种由经济的周期性变化而造成的国际

收支不平衡，称为周期性不平衡。在各国经济联系日益密切的今天，主要工业国家爆发危机后，会像感冒一样迅速传播，其结果是一国发生支付危机会牵连一系列国家。

（二）结构性不平衡

结构性不平衡是因国内生产结构的变动不能适应世界市场的变化而发生的国际收支不平衡。这种失衡往往是长期性的，通常认为，结构性不平衡在发展中国家更为明显。因为大多数发展中国家的出口以初级产品为主，进口则以制成品为主，初级产品在国际市场上的需求弹性较低，而进口的制成品在国内的需求弹性却比较高，所以发展中国家的出口难以大幅度提高。近年来国际市场上初级产品的价格增长缓慢，有的甚至持续下降，而制成品的价格却大幅度上升，从而导致发展中国家贸易条件恶化，出现结构性的国际收支不平衡。

（三）价格性不平衡

价格性不平衡指由通货膨胀或通货紧缩引起的国际收支不平衡。一国在一定的汇率水平下，由于通货膨胀的原因，物价普遍上升，高于其他国家，这必然导致出口竞争力下降，从而出口下降，进口增加，使国际收支发生逆差；相反，由于通货紧缩，商品的成本和物价水平比其他国家相对降低，则有利于出口，抑制进口，这使得国际收支出现顺差。这就是价格性不平衡。

（四）收入性不平衡

收入性不平衡指经济条件的变化引起国民收入的变化，由此造成的国际收支不平衡。引起国民收入发生变化的原因很多，可能是经济周期，也可能是经济增长速度，也可能是国家的经济政策、国民收入的变化。一国国民收入的增加，将导致一国贸易支出和非贸易支出的增加；国民收入减少，则贸易支出和非贸易支出都会减少。

另外，还有偶发性不平衡和季节性不平衡。偶发性不平衡是由偶然原因造成的国际收支不平衡，如自然灾害、战争等。季节性不平衡则是因季节的不同而造成的国际收支不平衡。例如，某国以生产农产品为主，当出现农产品淡季时，国际收支就可能出现不平衡。

三、国际收支不平衡对一国经济的影响

在开放的经济中，国际收支平衡是整个宏观经济均衡的重要组成部分。宏观经济的均衡决定了其对外经济的均衡发展，而国际收支的平衡与否对整个宏观经济的均衡发展也有深刻的影响。

国际收支的平衡状况首先会对外汇市场上外汇的供求关系产生直接的影响，进而影响国内的总供给和总需求。从货币供求的角度看，国际收支记录的外币收付实际上是外汇供求的变化过程。因此，原则上讲，国际收支的经常项目、资本项目和金融项目贷方所记录的是以外币标价的国际交易，它表现为外币的供给。同样，它们的借方项目所记录的交易表现为对外币的需求。所以说，国际外汇的供求最终由各国的国际收支差额决定。当一国国际收支为顺差时，外汇的供给大于对外汇的需求；当国际收支为逆差时，外汇的供给小于对外汇的需求。外汇供求这种此消彼长的关系决定了汇率的升降，从而影响该国商品的进出口和国内总需求。

本章小结

国际收支是指一定时期内一个经济体(通常指一个国家或地区)与世界其他经济体之间发生的各项经济活动的货币价值之和。国际收支表示一个国家在一定时期的对外经济交往的综合情况,是一国掌握其对外经济交往全貌的分析工具。每个国家都希望保持有利于自己的国际收支,因此各国对自己的国际收支都很重视。进行国际收支统计的主要目的是使政府当局了解本国的国际债权债务地位,从而为制定对外经济政策提供信息。

国际收支平衡表也称国际收支账户,是以复式记账法系统记录一国居民在一定时期(通常为1年)内所从事的全部国际经济交易的统计表格。国际收支平衡表中凡是涉及外国居民向本国居民付款的交易应记入贷方项目,凡是涉及本国居民向外国居民付款的交易应记入借方项目,且贷方项目总和与借方项目总和原则上必须一致。根据《国际收支手册》第六版,将国际收支平衡表中的国际收支项目分为以下四大项目:经常项目、资本项目、金融项目和净误差与遗漏项目。通过对本国和相关国家的国际收支状况的分析,才能找到造成国际收支不平衡的具体原因,从而为一个国家制定内外经济政策提供依据。

从国际收支记账的角度看,一国国际收支的贷方和借方总是平衡的,然而在现实中,各国国际收支的不平衡则是普遍的现象。导致一个国家国际收支失衡的因素很多,根据这些不同的原因,国际收支不平衡可分为周期性不平衡、结构性不平衡、收入性不平衡、价格性不平衡,另外,还有偶发性不平衡和季节性不平衡等。在开放的经济中,国际收支平衡是整个宏观经济均衡的重要组成部分。国际收支的平衡状况首先会对外汇市场上外汇的供求关系产生直接的影响,进而影响国内的总供给和总需求。

复习思考题

1. 简述国际收支的内涵,为什么要研究国际收支?
2. 简述国际收支平衡表的内容。
3. 国际收支平衡表的平衡与国际收支的平衡有什么不同?
4. 国际收支不平衡有哪些类型?并简述其原因。
5. 国际收支平衡表中借贷双方的净差额应该等于零,但在实际中并非如此,请阐述其原因。

第十四章　汇率决定理论

汇率决定理论研究汇率受什么因素决定和影响，是国际金融理论的核心内容之一。在现实世界中，汇率波动频繁，影响其变动的因素是多方面的，有经济因素、政治因素、心理因素等，有时它还受突发事件及新闻报道的强烈影响。从理论来看，有关汇率决定的理论较多，随着世界经济的发展和国际货币体制的变迁，汇率决定理论也在不断发展。本章着重介绍一些有代表性的汇率决定理论。

第一节　铸币平价理论

铸币平价理论盛行于19世纪中期到20世纪初期，是金本位制度下（更确切地说是金铸币本位制度下）的汇率决定理论。在历史上，曾有过三种形式的金本位制度：金铸币本位制度、金块本位制度、金汇兑本位制度，其中金铸币本位制度是最典型的形式。就狭义来说，金本位制即指金铸币本位制度。

金铸币本位制度是以黄金为本位货币的货币制度，在此货币制度下，黄金被用来规定货币能代表的价值，各国均规定了单位货币含有的黄金的重量和成色，即含金量。每个国家货币的含金量是确定的，各国可以以此价格买卖对应数量的黄金。在金铸币本位制度下，两国货币之间的比价，即汇率，由两国单位货币的含金量之比决定，这一含金量之比被称为铸币平价，两国货币间的汇率由铸币平价决定。例如，在20世纪初，1英镑的含金量为113.001 6格令，1美元的含金量为23.22格令，则英镑和美元的铸币平价为：

1英镑的含金量/1美元的含金量 = 113.001 6格令/23.22格令 = 4.866 6

即英镑对美元的汇率为£1 = $4.866 6。但是，铸币平价只是决定汇率的基础，正如市场价格要背离价值一样，市场上的实际外汇行市也会因外汇供求情况发生波动，但波动幅度非常小，而且总会围绕铸币平价上下波动，以黄金输送点为限。这是因为在金铸币本位制度下，办理国际结算有两种方式：采用汇票结算和直接输出入黄金结算，一般情况下人们较多采用汇票方式，但若因汇率变动使汇票使用较为不利时，就采用直接输出入黄金的办法结算。这样，在两国之间运送黄金的各项费用，包括包装费、运费、保险费、检验费和运送期间所损失的利息等，就成为实际汇率波动的范围，即以黄金输送点为限。所以，黄金输送点是市场实际汇率波动的上下限，一般是在铸币平价之上加上或减去单位黄金的运送费用，包括黄金输出点和黄金输入点。

黄金输出点＝铸币平价＋运送单位黄金的各项费用

黄金输入点＝铸币平价－运送单位黄金的各项费用

在金铸币本位制度下，汇率波动的界限严格限制在黄金输送点之内，汇率比较稳定。"一战"爆发后，金铸币本位制度瓦解，各国在纸币流通的前提下，相继实行了金块本位制度和金汇兑本位制度，虽然仍规定以黄金为本位货币，但只规定单位货币的含金量，而不铸造金币，实行银行券流通。在这两种货币制度下，两国货币的汇率由纸币所代表的含金量之比决定，称为法定平价，汇率由法定平价决定，并围绕法定平价上下波动，波动幅度由政府规定和维护。政府通过外汇平准基金来保持汇率的稳定，当汇率超过规定的上限时，政府将在外汇市场上抛售外汇，反之则买入外汇。这需要强大的政府经济实力为基础。但在"一战"刚刚结束时，大多数国家不具备这一条件，这就直接导致了两种货币制度的不稳定性。1929—1933 年世界性经济危机爆发后，金本位制度也走到了尽头，各国纷纷实行了纸币流通制度，一般纸币的金平价由政府通过法令规定，以此作为汇率确定的基础。然而，由于此时纸币不能自由兑换黄金，货币的发行也不受黄金储量的限制，各国往往过量发行货币，使纸币的金平价同它表示的实际黄金量背离，这导致由法定金平价决定的汇率失去意义。

第二节　购买力平价理论

购买力平价理论(The Theory of Purchasing Power Parity)，又简称"PPP 理论"，是关于汇率决定的最具影响力的理论之一，也是在对各国进行宏观经济比较时应用最为广泛的一种汇率理论。跟铸币平价理论从货币含金量角度解释汇率决定不同，这一理论从货币的购买力角度来研究两国货币汇率决定问题。该理论的代表人物是瑞典的经济学家卡尔古斯塔夫·卡塞尔(Karl Gustav Cassel)，他在 1922 年出版的《1914 年以后的货币与外汇理论》一书中对购买力平价理论进行了系统的论述。

一、购买力平价理论的主要内容

购买力平价有两种形式，即绝对购买力平价和相对购买力平价。绝对购买力平价是卡塞尔在创立这一理论初期提出的，指两国货币的比价取决于两个国家的货币购买力之比，说明的是某一时点汇率决定的基础。相对购买力平价是在考虑了通货膨胀的情况下，指出了汇率在一段时期内变化的趋势和原因。购买力平价理论认为，长期均衡汇率，即无政府调节的自动实现国际收支平衡的汇率水平，由购买力平价决定，而自由浮动汇率条件下的短期均衡汇率将趋于长期均衡汇率水平。

（一）绝对购买力平价

卡塞尔认为，人们对外国货币的需求是因为它可以购买外国的商品和劳务，外国人需要他国货币也是因为用它可以购买他国的商品和劳务。因此，本国货币与外国货币的交换，就等同于本国购买力与外国购买力的交换。所以，用本国货币表示的外国货币的价格即汇率，取决于两种货币的购买力之比。由于购买力实际上是一般物价水平的倒数，因此两国之间的货币汇率最终可由两国物价水平之比表示：

$$E = P_A/P_B$$

其中，E 为购买力平价决定的汇率水平，指 1 单位 B 国货币以 A 国货币表示的价格，实际上就是两国的相对物价水平；P_A 为 A 国的一般物价水平；P_B 为 B 国的一般物价水平。

绝对购买力平价成立的一个重要前提是一价定律。一价定律指在假定没有运输费用和贸易壁垒的完全竞争市场上，同一种商品在世界各地以同一种货币表示的价格应该是相等的。但在开放条件下，由于各国使用的货币不同，一价定律还可以表述为同一种商品在不同国家以不同货币表示的价格，经过汇率 E 的折算之后，也应该是相等的。用公式表示为：$P_A = E \cdot P_B$，即 A 国某种商品的价格 P_A，经过汇率 E 的折算与 B 国同类商品的价格 P_B 相等。这就是说，如果美元对英镑的汇率为 2 美元兑换 1 英镑，那么同一种商品在美国卖 10 美元的话，在英国应该卖 5 英镑。不然，就会出现从美国买进到英国卖出或从英国买进到美国卖出的商品套购行为，伴随套购活动的进行，两国的价格差异最终消失。如果两国之间每种商品都满足一价定律，而且各种商品所占的权数也相同，我们就能得到一个两国物价水平和汇率之间的关系式，即绝对购买力平价表达式：$E = P_A/P_B$。

可见，绝对购买力平价表达式可以由一价定律推导而来，但二者是相关又不相同的两个概念。第一，绝对购买力平价以汇率为分析对象，而一价定律考察的是价格；第二，绝对购买力平价涉及一般物价水平，一价定律仅就一种商品的价格而言。从这个意义上来说，绝对购买力平价的适用条件不像一价定律那样严格。例如，绝对购买力平价不要求完全取消贸易壁垒，只要各国对进出口的限制程度相同即可；绝对购买力平价也不要求一国所有商品的价格都与外国相同，只要在某种商品上的偏差与另一种商品上的偏差能够相抵消就行。

(二) 相对购买力平价

"一战"结束后，由于各国在战争期间滥发银行券，通货膨胀及物价上涨，正是在此背景下，卡塞尔对绝对购买力平价进行了修正，提出了相对购买力平价。他认为，汇率应该反映两国物价水平的相对变化。当两种货币都发生通货膨胀时，通货膨胀会在不同程度上降低两国货币的购买力。因此，它们的名义汇率等于其过去的汇率乘以两国通货膨胀率之积，即相对购买力平价表明，在一定时期内，汇率的变动要与同一时期内两国物价水平的相对变动成比例。如果用 P'_A 和 P_{A0} 分别表示 A 国即期和基期的物价水平，P'_B 和 P_B 分别表示 B 国即期和基期的物价水平，E_1 和 E_0 分别表示即期和基期的汇率水平，相对购买力平价就可以表示为：

$$E_1 = \frac{P'_A/P_A}{P'_B/P_B} \times E_0$$

或者表示为：

$$\frac{E_1}{E_0} = \frac{P'_A/P_A}{P'_B/P_B}$$

如果已知基期汇率，那么一定时期之后的即期汇率就可以从两国相对价格指数的变化中推算出来。

例如，假定美元对英镑的基期汇率为 E_0 = \$2/£1，现在英国的物价指数从 100 上升到 200，美国的物价指数从 100 上升到 400，那么美元对英镑的即期汇率应为：

$$E_1 = [(400/100)/(200/100)] \times 2 = 4$$

即4美元兑换1英镑。可见，相对价格指数翻了一番，汇率也跟着翻了一番。

总而言之，卡塞尔在一定程度上把一国货币的对内价值（物价水平）和对外价值（汇率）联系起来，其理论较合理地体现了汇率所代表的两国货币价值的对比关系，因此具有广泛的适用性。就购买力平价的两种形式而言，二者本质上没有太大的区别，都强调现实汇率的变化将最终趋于两国价格所决定的均衡水平，但绝对购买力平价是购买力平价理论最直接的表述形式，而相对购买力平价则在此基础上具体阐述了汇率随价格变动的趋势。在统计上，各国的价格水平通常以指数形式表示，因此，相对购买力平价比绝对购买力平价更具操作性。所以，在实际应用中，绝对购买力平价多用于理论模型的分析，用于实践和统计验证的多为相对购买力平价。

二、对购买力平价理论的评价

购买力平价理论自产生以来，无论是在理论上还是在实践上都产生了广泛的国际影响，这使它成为最重要的汇率理论之一。但有关该理论的争论学术界一直都没有停止。其合理之处和不同如下。

(1)购买力平价理论认为两国货币的购买力可以决定两国货币汇率，这一理论从货币的基本功能价值尺度职能、流通手段职能到货币的交换这一个过程来论述汇率的决定，简单易懂。购买力平价理论决定了汇率的长期趋势，不考虑短期内影响汇率波动的各种短期因素。因此，购买力平价为长期汇率走势的预测提供了一个较好的方法。

(2)购买力平价理论是在"一战"爆发后，金本位制度崩溃、浮动汇率制度产生、世界范围通货膨胀盛行这一背景下提出的，不仅为当时实行浮动汇率制度的国家恢复汇率稳定提供了理论依据，其研究结果也为后人进行新的研究和探讨奠定了基础。

(3)该理论有可能在两国贸易关系新建或恢复时，提供一个可参考的均衡汇率。

(4)它是西方国家最重要的传统汇率决定理论之一，为金本位制度崩溃后各种货币定值和比较提供了共同的基础。

购买力平价理论也存在明显不足：

(1)过分强调物价对汇率的决定作用。从汇率实际变动的情况来看，物价仅是影响汇率决定的因素之一，除此之外还有很多因素，如资本移动、生产成本、贸易条件、政局变化、战争与其他偶发事件等都能对汇率的决定产生很大影响。

(2)该理论在计算具体汇率时存在许多困难，主要表现在物价指数的选择上，它是以参加国际交换的贸易商品物价为指标，还是以国内全部商品的价格，即一般物价为指标，很难确定。

(3)绝对购买力平价理论赖以存在的前提之一"一价定律"失去意义，如运费、关税、商品不完全流动、产业结构变动以及技术进步等都会引起国内价格的变化，从而使一价定律与现实状况不符。

(4)相对购买力平价理论中基期的选择存在问题。卡塞尔认为，基期应为一个正常的时期，或市场汇率处在长期均衡水平的时期。恰当选择一个基期年份是保证以后一系列计算结果准确的必要前提，但在现实中要确定这样一个时期并不是一件容易的事。

(5)购买力平价理论是一种静态或比较静态分析，并没有对物价如何影响汇率的传导机制进行具体分析。

三、对购买力平价理论的验证

针对购买力平价的有效性,西方学者进行了大量的统计检验工作。通过检验,特别是通过相对购买力平价的检验表明,相对购买力平价理论在长期及纯粹货币扰动(如由货币迅速膨胀引起的高速通货膨胀时期)的情况下,能够给出相对满意的均衡汇率的近似估计。但是在短期,或是经济发生结构变化时,这一理论就不灵了。弗兰克尔(Frenkel)提供的20世纪20年代的经验证据,克拉维斯(Kravis)、利普西(Lipsey)、麦金农(McKinnon)等提供的20世纪50年代至70年代的经验证据,都证明了购买力平价理论在长期相当有效。但弗兰克尔(Frenkel)又发现在20世纪70年代特别是20世纪70年代后半期购买力平价理论是失效的,利维奇(Levich)和多恩巴施奇(Dornbusch)也发现20世纪80年代,该理论也是失效的。库格勒(Kugler)和伦茨(Lenz)进行了更近的研究,从1977至1989年,他们发现购买力平价理论在长期内对英镑(英国)、里拉(意大利)、克朗(挪威)、先令(奥地利)、埃斯库多(葡萄牙)、比塞塔(西班牙)是有效的,而对美元(美国)、加拿大元(加拿大)、法郎(比利时)及克朗(丹麦)是无效的,对法郎(瑞士)、法郎(法国)、日元(日本)、荷兰盾及克朗(瑞典)的结论不明确。

总结西方理论的各种验证结果,可以得出以下结论:购买力平价理论在短期内失效,在长期内比较有效;在通货膨胀严重时期,特别是在出现恶性通货膨胀的情况下,效果较为显著;对部分国家有效。

总之,购买力平价理论在汇率决定理论中有非常重要的地位,但这一理论也存在明显的不足和局限性,因此,学者们对汇率决定理论又进行了其他有意义的探索。

专栏 14-1

巨无霸价格与一价定律

根据绝对购买力平价理论,如果汇率等于美国与其他国家物价水平之比,那么某一特定产品(如麦当劳的巨无霸汉堡)在世界各地的价格都应该与美国一样。然而,从表 14.1 的第三列数据我们可以看到,巨无霸的美元价格在各国差异很大。2014 年 7 月 23 日,挪威的巨无霸最贵(7.76 美元),印度的最便宜(1.75 美元),而美国的巨无霸售价为 4.80 美元。

表中第四列测度了美元相对于各种货币的隐含的购买力平价,这是使巨无霸的价格在各个国家与在美国相等的汇率。例如,在欧元区巨无霸的价格为 3.68 欧元,这意味着美元对欧元的隐含汇率为 1.304 3(在表 14.1 中四舍五入为 1.30),从而使巨无霸的价格在两国都等于 4.80 美元(3.68 欧元×1.304 3 美元/欧元=4.80 美元)。因此,实际为 1.35 的汇率使欧元相对于美元被高估了约 3.5%[(1.35-1.304 3)/1.35=3.5%]。

2014 年 7 月 23 日,挪威的巨无霸售价为 7.76 美元,美国的巨无霸售价为 4.80 美元,因此挪威克朗相对于美元被高估了约 62%。从表中数据还可以计算得出,瑞士法郎被高估了约 43%,巴西里尔被高估了约 22%,英镑被高估了约 3%。相对于美元,土耳其里拉被低估了约 8%、日元被低估了约 24%、人民币被低估了约 43%、印度卢比被低估了约 64%。因此,如果美国人从表 14.1 中选择出游目的地,那么挪威将是消费最高的国家,而印度则是消费最低的国家。

表 14.1　巨无霸价格与汇率　　2014 年 7 月 23 日

国家	巨无霸美元价格 当地货币	巨无霸美元价格 美元	隐含的美元购买力平价[a]	实际汇率：2014 年 7 月 23 日	当地货币相对于美元高估(+)或低估(-)百分比/%
美国[b]	4.80 美元	4.80	1.00	1.00	0.00
澳大利亚	5.10 澳元	4.81	1.06	1.06	0.40
巴西	13.00 里尔	5.86	2.71	2.22	22.11
英国[c]	2.89 英镑	4.93	1.67	1.69	2.71
加拿大	5.64 加元	5.25	1.18	1.07	9.51
中国[d]	16.9 元	2.73	3.52	6.20	-43.14
欧元区[e]	3.68 欧元	4.95	1.30	1.35	3.50
印度	105 卢比	1.75	21.90	60.09	-63.56
日本	370 日元	3.64	77.16	101.53	-24.00
墨西哥	42 比索	3.25	8.76	12.93	-32.27
挪威	48 克朗	7.76	10.01	6.19	61.79
俄罗斯	89 卢布	2.55	18.56	34.84	-46.72
南非	24.50 兰特	2.33	5.11	10.51	-51.41
瑞士	6.16 瑞士法郎	6.83	1.28	0.90	42.86
土耳其	9.25 里拉	4.42	1.93	2.09	-7.75

[a] 购买力平价：美国的价格除以当地价格；[b] 美国 4 个城市的平均价格；[c] 每英镑兑换美元价；[d] 中国 5 个城市的平均价格；[e] 欧元区的加权平均价格。

资料来源：多米尼克·萨尔瓦多. 国际经济学[M]. 12 版. 刘炳圻，译. 北京：清华大学出版社，2019：351-352.

第三节　汇率决定的资产市场分析法

　　资产市场理论产生于 20 世纪 70 年代，该理论的特点是将商品市场、货币市场和证券市场结合起来进行分析，在分析过程中摒弃了传统汇率理论的流量分析、局部均衡分析，代之以存量分析、一般均衡分析，强调金融资产市场的存量均衡对汇率的决定作用。该理论产生于两大时代背景下：其一，1973 年布雷顿森林体系的彻底崩溃，导致国际货币制度由固定汇率制走向浮动汇率制，汇率的易变性成为显著特点；其二，从 20 世纪 60 年代后期开始，大规模的国际资本流动成为国际经济中较为显著的经济现象，国际资本流动已脱离实物经济和国际贸易而独立运动，并对汇率产生巨大的影响。在这种背景下，汇率决定的资产市场理论迅速崛起，逐渐成为占据主导地位的汇率理论。

资产市场理论有两个分支，分别是汇率决定的货币分析法和资产组合平衡分析法，它们的区别主要是两者的资本替代性假设不同，前者假定本国债券同国外债券有充分可替代性，而后者假定本国债券同国外债券不具有充分可替代性。

一、货币分析法

货币分析法强调货币市场在汇率决定过程中的作用，有两种分析模型，一个是弹性价格货币模型，另一个是黏性价格货币模型。

(一) 弹性价格货币模型

弹性价格货币模型是现代汇率理论中最早建立也是最基础的汇率决定模型，主要代表人物有弗兰克尔(J. Frenkel)、穆莎(M. Mussa)、考瑞(P. Kouri)、比尔森(J. Bilson)等人。它是在1975年瑞典斯德哥尔摩附近召开的关于"浮动汇率与稳定政策"的国际研讨会上被提出来的。这一模型提出，汇率由各国货币供给与需求的存量均衡决定。当两国货币的存量同人们愿意持有的量相一致时，两国货币的汇率可达到均衡。该理论的基本研究方法是把货币数量论与购买力平价理论相结合，分析汇率决定和变动的主要原因。

货币主义者认为，从长期看，货币供给(货币增长率)决定了一国物价水平(通货膨胀率)。而根据购买力平价理论，两国物价水平又会影响两国货币的汇率，所以，从根本上说，两国货币供给影响了两国货币的汇率。

假设本国和外国的货币需求函数为

$$M_d = kPY \tag{14.1}$$

$$M_d^* = k^* P^* Y^* \tag{14.2}$$

上述两式中，M_d、P、Y 分别代表本国货币需求、国内价格、产出或实际收入；带 * 的为相应的外国变量；k、k^* 均为常数。当两国的货币市场均衡时，货币需求与货币供给相等：

$$M_s = M_d \tag{14.3}$$

$$M_s^* = M_d^* \tag{14.4}$$

将式(14.3)、式(14.4)分别代入式(14.1)、式(14.2)，可得到每个国家价格水平的表达式，分别为：

$$P = M_s/(kY) \tag{14.5}$$

$$P^* = M_s^*/(k^* Y^*) \tag{14.6}$$

将式(14.5)、式(14.6)再代入购买力平价公式，得

$$E = \frac{P}{P^*} = \frac{M_s}{M_s^*} \times \frac{K^*}{K} \times \frac{Y^*}{Y} \tag{14.7}$$

式(14.7)表明了货币分析法的基本思想，即汇率由货币市场的存量均衡决定，即汇率取决于两国名义货币供给量和实际国民收入等因素，两国上述经济变量的相对变动是构成汇率波动的重要原因。但货币主义者认为，长期来看，一国将达到充分就业状态，因此实际收入水平是不变的，这样，货币相对供给量将对汇率有决定作用。根据这一模型，一国货币的相对持续增长将导致该国通货贬值；而通货的升值则是由于相对不充足的货币供给造成的。换句话说，比其他国家通货膨胀压力大的国家，将会出现通货贬值，而相对于其他国家具有较低通货膨胀的国家，将会出现通货升值。

美元在20世纪70年代的贬值和同时发生在民主德国马克的升值，正好验证了此理论

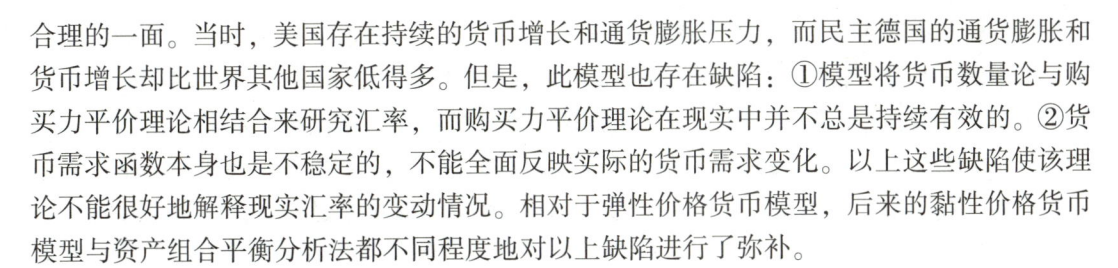

合理的一面。当时，美国存在持续的货币增长和通货膨胀压力，而民主德国的通货膨胀和货币增长却比世界其他国家低得多。但是，此模型也存在缺陷：①模型将货币数量论与购买力平价理论相结合来研究汇率，而购买力平价理论在现实中并不总是持续有效的。②货币需求函数本身也是不稳定的，不能全面反映实际的货币需求变化。以上这些缺陷使该理论不能很好地解释现实汇率的变动情况。相对于弹性价格货币模型，后来的黏性价格货币模型与资产组合平衡分析法都不同程度地对以上缺陷进行了弥补。

（二）黏性价格货币模型

黏性价格货币模型是在弹性价格货币模型的基础上发展起来的，主要解决购买力平价短期内失效的问题。1976 年，美国麻省理工学院教授鲁迪格·多恩布什（R. Dornbusch）在《预期与汇率动态》一文中首先提出了汇率超调这一思想。因此，人们把黏性价格货币模型也称为汇率超调模型。其后，弗兰克尔（J. Frankel）、布依特（W. Buiter）和米勒（M. Miller）等人的研究进一步发展这一思想。

1. 黏性价格货币模型的基本思想

长期来看，黏性价格货币模型与弹性价格货币模型是相同的，即如果一国货币供给增加 10%，由于价格灵活可变，所以商品市场上物价会上涨 10%，根据购买力平价，本国货币贬值 10%。但是，短期来看，黏性价格货币模型则放弃了价格完全灵活可变的假设，而是采用凯恩斯主义价格黏性的假设。由于假定价格是黏性的，商品市场上贸易流量的调整比金融资产的存量调整要慢得多，且少得多，因此与弹性价格货币模型表现出较大的区别，这使它能够从汇率超调的角度为汇率的短期易变性提供另一种解释。

黏性价格货币模型的基本思想是：当货币市场失衡时，由于短期商品价格具有黏性，而资产市场反应极为灵敏，则货币市场失衡就完全由资产市场来承受。货币市场失衡使得利率立即发生调整，在资本在国际可以自由流动的情况下，利率的变动会立即引起大量的套利活动，从而使汇率在短期变动幅度超过长期均衡水平，即出现超调的特征，这便是短期内汇率容易波动的原因。可以说，黏性价格货币模型弥补了弹性价格货币模型在短期分析方面的不足。

2. 黏性价格货币模型图形分析

黏性价格货币模型描述的是一个小型开放经济，假定国外物价水平与国际利率水平是固定的；国内商品市场价格黏性，资产市场是瞬时结清的；资本具有充分的国际流动性，足以维持无抛补利率平价的成立。

下面通过图 14.1 对汇率超调的全过程进行分析，横轴表示时间 t，纵轴分别表示货币供应量（M）、汇率（e）、价格水平（P）和利率（i）。假设长期均衡汇率为 e_0，由购买力平价决定；初始时刻国内经济处于充分就业状态；国内外利率相等，均为 i_1。

如图 14.1 所示，初始状态国内货币供给为 M_1，对应的国内价格、利率、汇率分别为 P_1、i_1、e_1。假设在 t_1 时刻一国货币当局决定增发 10% 的货币，由 M_1 提高到 M_2。在短期内，由于价格黏性的存在，商品市场不能立即调整，价格在 t_1 时刻仍为 P_1，这样货币市场上就存在货币供给大于货币需求的状况，这必然带来利率的下降，利率在 t_1 时刻由 i_1 下降到 i_2，因此，在短期内，货币市场实际是通过国内利率水平下降而出清的。伴随着利率下降，就会引起短期内大量资金迅速外流的套利活动，由此汇率迅速上升，本币迅速贬值，汇率由 e_1 上升到 e_2，超过货币供给量增加后的长期购买力平价汇率 e_0 的水平，此为汇率超调，即由于国内利率下降导致本币贬值幅度超过长期均衡汇率的水平，这是因为实际部门（如贸易部门）的调整是随着时间变化逐渐发生的，汇率调整的主要压力会在非常短的时间内在金融市场中出现。正是由于均衡水平要在金融市场中迅速重新建立，因此汇率一定会超过其长期均衡水平。长期来看，作为一国通货贬值的结果，一方面，货币贬值带来对国内商品的过度需求，推动物价上涨，货币需求增加，利率回升；另一方面，该国出口开始增加，进口开始下降，汇率开始回落，本币开始升值。最终，随着时间的推移，商品市场价格达到长期均衡值 P_0，即国内物价上升 10%；利率恢复到原来水平 i_1，货币市场重新达到均衡；汇率也从 e_2 回落到长期均衡水平 e_0（贬值 10%），至此经济重新恢复均衡。

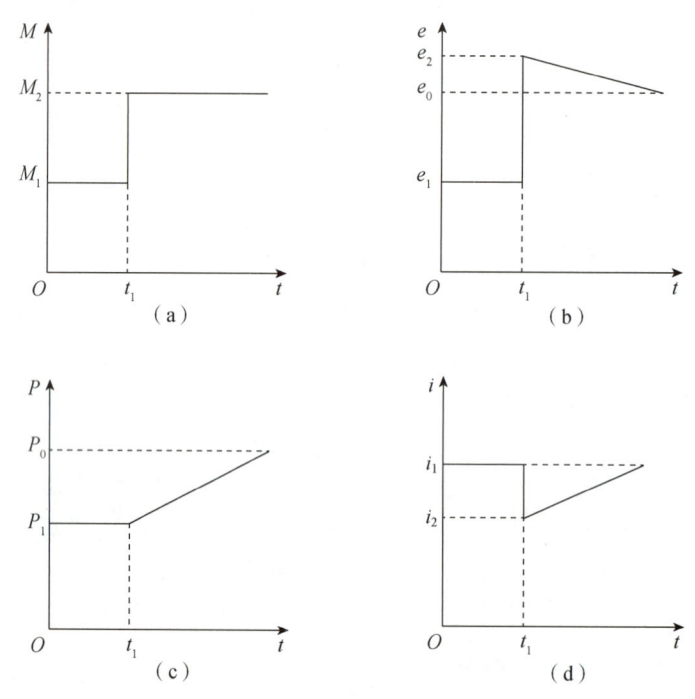

图 14.1 汇率超调的过程

3. 黏性价格货币模型的评价

多恩布什的贡献主要在于总结了现实中的汇率超调现象，并在理论上首次进行阐述。该理论强调了资产市场在短期汇率决定中的重要作用，货币市场的失衡总会造成汇率的超调，而商品市场只是在长期才会对汇率产生实质性的影响。多恩布什还认为，汇率在短期内不仅会偏离绝对购买力平价，而且会偏离相对购买力平价。在汇率从短期均衡向长期均衡的过渡过程中，国内价格水平在上升，而汇率在下降，本币在升值，这一论断对我们分析购买力平价理论和理解现实汇率的波动有一定的意义。另外，黏性价格货币模型还说明，汇率的波动与国际货币存量或货币政策的变化有很大关系，并且汇率较货币政策具有更强的不稳定性。但是黏性价格货币模型也存在不足之处：①它将汇率的波动完全归因于货币市场的失衡，否认商品市场的实际冲击对汇率的影响，有失偏颇；②它假定国内外资产具有完全的替代性。而事实上，由于存在交易成本，以及赋税待遇和风险的不同，各国资产之间的替代性还远远没有达到可视为一种资产的程度。

二、资产组合平衡分析法

货币分析法有一定合理性，但它仍不能解释1973年以来主要货币的汇率变动情况。货币分析法过分强调货币的作用，低估了其他金融资产对汇率的重要作用，特别是长期作用。而且，该理论还假定国内外的金融资产，如债券等具有完全的替代性，而实际情况并非如此。国内外资产存在不完全的替代因素，如政治风险、税赋差别等。从这一情况出发，西方汇率理论有了进一步的发展，资产组合平衡理论因而产生。20世纪70年代中后期，布朗森(Branson)在托宾(Tobin)的货币模型的基础上，首先建立了资产组合平衡模型。之后，艾伦(Allen)、凯南(Kenen)、博耶尔(Boyer)等人又进行了深入研究，形成了多种形式的资产组合理论。这一理论的特点是强调财富和资产结构平衡在汇率决定过程中的作用，提出并论述了一些被其他理论所忽视的方面，因而在20世纪80年代以来引起了国际学术界较大的兴趣。

资产组合平衡分析法假定国内外的资产不具有完全的替代性，主张从"收益—风险"的角度分析国内外资产市场的失衡对汇率的影响。在资产组合平衡模型中，国际金融市场的一体化和各国资产之间的高度替代性，使个人和企业持有的金融资产不仅包括国内货币，还包括国内债券以及以外币表示的国外债券。为了追求利润最大化，个人和企业会根据其对风险和收益的权衡，选择最大满意度的资产组合。而汇率正是在每个国家平衡其全部金融资产总供求的过程中决定的，如果各国对金融资产的结构达到了满意的状态，金融资产的总量就会稳定下来，此时市场上的汇率就是均衡汇率。

一旦利率、货币供给量以及居民愿意持有的资产种类等发生变化，居民原有的资产组合就会失衡，进而引起各国资产之间的替换，促使资本在国际的流动。国际的资产替换和资本流动，又势必影响外汇供求，导致汇率的变动。例如，当本国利率上升时，在人们所希望保持的资产结构组合中，本国债券所占的比例就会增加，而本国货币和外国债券所占的比例则会下降，汇率水平下降(本币升值)；当货币供给量增加时，投资者持有的货币存量上升，为了使资产组合重新达到平衡，投资者将增加本币债券和外币债券的购买，从而抬高本币债券的价格，使国内利率下降，汇率水平提高。

资产组合平衡模型在现代汇率研究领域占有重要地位。该理论一方面承认经常项目失衡对汇率的影响，另一方面也承认货币市场失衡对汇率的影响，这在很大程度上摆脱了传统汇率理论和货币分析法的片面性，具有积极意义，它提出的假定更加贴近现实。但该理论也存在明显的问题：①在论述经常项目失衡对汇率的影响时，只注意到资产组合变化所产生的作用，而忽略了商品和劳务流量变化所产生的作用；②尽管该理论认为，各种金融资产的实际收益对财富持有人来说很重要，但它忽视了汇率的今后变动趋势对资产实际收益的影响，即未考虑汇率的预期因素；③它的实践性较差。在西方国家中，有关本国居民所持有外国金融资产的数量及其构成的一般资料较少，难以统计，这使该理论的实证研究存在很大困难，因而也使这一理论在实际应用中受到极大的限制。

> 专栏 14-2

探寻人民币均衡汇率

自 2005 年 7 月汇率制度改革以来，人民币对美元的中间价已经升值 24%，实际有效汇率升值 29%，人民币对美元汇率频创新高，引发市场对人民币汇率的争论。

短期而言，影响汇率波动的因素比较复杂，主要包括国际资本流动和政治因素。根据利率平价理论，由于套利，两国之间利率差异等于两国货币远期汇率之差，这意味着未来低利率国家的货币会升值，目前在人民币汇率市场比较吻合。一年期人民币兑美元远期汇率隐含人民币将贬值 2.4%，而一年期中美国债利差为 2.7%。

政治因素也是不可忽视的重要因素，包括货币当局的干预和国际施压。货币当局会对汇率进行适度管理，以使汇率在合意的区间波动。一般情况下，可以将人民币中间价看作是中央银行认为的合意汇率，而即期汇率由市场行为形成，当然也不排除中央银行间接或直接干预即期汇率。

汇率的长期趋势由经济基本面决定。巴拉萨－萨缪尔森假说认为可贸易品部门劳动生产率增速高的国家，实际汇率将升值，其重要推论是经济增速高的国家，常常伴随实际汇率的升值。考察日本、韩国、中国等与美国人均 GDP 增长率之差与实际汇率变动的关系，可发现长期趋势一致。以中国为例，2006—2008 年，中美两国人均 GDP 增速差为 23%，其间，人民币兑美元名义汇率升值 13%，考虑物价因素后，实际汇率升值 17%。

贸易余额则反映了汇率偏离均衡汇率的程度，可以用贸易余额占 GDP 的比重来判断汇率的偏离程度。一个国家的贸易余额有国际分工的结构性因素，但不可否认，汇率也会对贸易余额产生重要影响，这也是 20 世纪 80 年代美国借口贸易顺差压日元升值在前、2003 年开始压人民币升值在后的原因。从货物和服务净出口占我国 GDP 的比重来看，从 2007 年 8.8% 的高位降至 2011 年 2.6% 的低位，这意味着，与 2007 年相比，人民币更接近均衡汇率。

均衡汇率会随基本面变化而动态调整，其具体的位置可以通过跟踪具体的指标了解汇率的变动和大致合理的区间。前瞻地看，由于欧美货币政策宽松，热钱流动规模更加庞大，人民币汇率波动将更加频繁，未来即期汇率相对中间价的波动幅度也将相应作出调整。

资料来源：中国证券报。

第四节 汇率理论发展的新趋势

汇率理论一直是国际经济学理论和实证研究中非常活跃的领域，处于不断发展和完善的状态。20 世纪 70 年代布雷顿森林体系崩溃后，汇率水平持续波动成为外汇市场的常态，而传统的汇率理论往往不能对汇率的易变性和波动性作出令人满意的解释。所以，为了更好地解释现实的汇率问题，学者们不断进行新的理论探索，概括来说，汇率理论发展的新趋势主要体现在以下几个方面。

一、突破传统理论的分析框架，引入新的解释变量

传统汇率理论往往将研究的重心放在均衡汇率的决定上，而一些新的汇率理论则转向了汇率决定过程和波动本身，通过对传统汇率理论的前提假定和条件进行修正、扩充和完善，引入预期、信息等基本经济因素之外的变量，对汇率决定过程和波动进行深入研究。例如，有效市场假说(Efficient Markets Hypothesis，EMH)就对传统汇率理论中假定的"外汇市场是有效率的"这一前提条件进行了深入分析，区分了弱式有效市场(Weak form Efficiency Market)、半强式有效市场(Semi-strong form Efficiency Market)和强式有效市场(Strong form Efficiency Market)三种类型，指出在短期内，由于市场上充斥着各种各样的封闭信息，汇率不能充分反映所有信息，因而外汇市场是无效率的；而在长期，由于信息的传递和扩散，汇率将逐步反映能够获得的所有信息，因此外汇市场接近有效市场，而在有效市场条件下，汇率的变化很可能遵循随机游走(Random Walk)过程。"新闻"模型(News Model)则进一步对信息在汇率变化中的作用进行了深入探讨，指出汇率的变动大部分是由未预期到的信息("新闻")引起的，"新闻"的不可预期性导致了汇率的不可预期性和易变性。这些理论虽然存在一些争论，尚待进一步完善，但都对现实中汇率的波动具有一定的解释力。

二、新的汇率理论更加重视对外汇市场微观结构和行为的分析

除了像传统汇率理论进行基本宏观经济因素分析之外，新的汇率理论更注重通过研究外汇市场结构、外汇市场交易量、外汇市场竞价等微观因素和外汇市场参与者的实际行为来解释和预测汇率的变动。例如，外汇市场微观结构理论认为，汇率波动的直接原因主要不在于宏观经济层面，而是取决于掌握不同信息或对信息有不同理解的外汇交易者在特定交易系统下相互博弈的结果。这一理论从三个微观层面进行分析：(私有)信息、(市场参与者的)异质性、交易系统。该理论强调在非有效的外汇市场上，来自知情交易者订单指令流和出自市商的买卖差价这两个关键的微观金融指标才是传递和反映私有信息的唯一工具，这些信息汇集在外汇市场的交易过程中，是主导汇率和外汇交易量变化的决定因素。外汇市场行为均衡分析理论主要探讨了市场信息不对称和交易者行为的异质性(即风险偏好)等因素对交易者的汇率预期产生的影响，进而导致市场均衡状态发生变化并造成汇率过度波动的传导机制。

三、新的汇率理论大量引入新的分析工具和方法

与传统汇率理论往往使用单一方程的简化形式进行分析不同，新的汇率理论越来越多地采用联立方程模型进行研究，可以更好地反映各种变量之间的相互影响，提高对汇率变动的解释力。一些新的汇率理论通过引入自然科学中的混沌模型(Chaos Model)来模拟、解释和预测汇率走势；有的运用实验经济学方法来探讨在信息不对称条件下汇率的决定和最优交易机制的设计问题；而国际金融政治经济学理论则利用政治经济学分析方法，将汇率波动问题与汇率制度、汇率政策联系起来，认为汇率关系到各国的经济利益，各国政府都从本国利益出发选择对本国有利的汇率制度并制定相应的汇率政策，这一行为不管是单独进行还是国与国之间合作进行，都有可能直接影响外汇市场对汇率形成的预期，从而影响汇率的波动。

本章小结

在金本位制度下，两国货币之间的比价，即汇率，由两国单位货币的含金量之比决定，这一含金量之比被称为铸币平价。黄金输送点是市场实际汇率波动的上下限，一般是在铸币平价之上加上或减去单位黄金的运送费用，包括黄金输出点和黄金输入点。从表现形式上看，购买力平价有两种形式，即绝对购买力平价和相对购买力平价。绝对购买力平价是卡塞尔在创立这一理论初期提出的，指两国货币的比价决定于两个国家的货币购买力之比，说明的是某一时点上汇率决定的基础；而相对购买力平价是在考虑了通货膨胀的情况下，指出了汇率在一段时期内变化的趋势和原因。资产市场理论是20世纪70年代产生的汇率决定理论，包括货币分析法和资产组合平衡分析法。货币分析法又有两种分析模型，一个是弹性价格货币模型，另一个是黏性价格货币模型，也称汇率超调模型，它第一次从经济系统内部解释了汇率的易变性。资产组合平衡模型假定国内外的资产不具有完全的替代性，主张从"收益—风险"的角度来分析国内外资产市场的失衡对汇率的影响，强调财富和资产结构平衡在汇率决定过程中的作用。20世纪70年代布雷顿森林体系崩溃后，汇率水平持续波动成为外汇市场的常态。而传统的汇率理论往往不能对汇率的易变性和波动性作出令人满意的解释。汇率理论出现了新的发展趋势，主要体现为，突破传统理论的分析框架，引入新的解释变量；更加重视对外汇市场微观结构和行为的分析；大量引入新的分析工具和方法。

复习思考题

1. 阐述购买力平价理论的主要内容及评价。
2. 假设A国的年通货膨胀率为8%，而B国为4%。根据相对购买力平价判断，两国货币的汇率将如何变化？
3. 解释汇率超调概念并描述其动态调整过程。
4. 试利用资产组合平衡法分析资产供给总量增加对汇率和利率的影响。
5. 简述汇率理论研究的新趋势。
6. 请用汇率决定理论分析2005年以来人民币相对于美元升值的原因。

第十五章　国际收支调整理论

国际收支平衡是开放经济条件下一国宏观经济均衡的重要组成部分。不论国际收支赤字还是盈余，它们的持续存在都会通过各种传递机制对国内经济产生或大或小的不利影响，妨碍内部经济均衡目标的实现。一般来说，国际收支赤字会造成国内经济萎缩，就业不足，造成国际储备枯竭，故各国都非常重视。而国际收支盈余对一国的压力则相对轻一些。因此，调整国际收支失衡的任务大都由逆差国承担。但从长期看，各国都采取措施才是有效之法。西方学者对国际收支的分析主要集中于一国国际收支的决定和保持国际收支平衡的适当政策。从重商主义时期到现在，国际收支理论随着经济形势的变化和经济思想的更替不断发展。本章我们介绍主要的国际收支调整理论。

第一节　价格-铸币流动机制

早在15世纪，重商主义者就提出了"贸易差额论"，他们认为贵金属金银是财富的唯一形态，外部顺差是财富的源泉。为了保护这一顺差，他们极力主张政府实行贸易保护政策。重商主义的理论成为国际收支理论的起点。18世纪中期，大卫·休谟（David Hume）在其著作《论贸易平衡》中将物价与货币供给联系起来，并结合货币数量论和国际的货币流动，提出了著名的价格-铸币流动机制（Price-coinage Flow Mechanism），这是一种国际收支的自动调节机制。在金本位制下，只要出现国际收支不均衡，经济系统就会自发地调整到不均衡消除。休谟是英国古典政治经济学的主要代表人物之一，他生活的年代正是英国资本主义迅速发展的时期，工业资本家逐步取得了统治地位，放弃重商主义的贸易保护政策，采取自由贸易措施成了当时英国资产阶级关心的主要问题。正是在这样的背景下，休谟的国际收支自动调节理论应运而生。

一、价格-铸币流动机制的基本观点

在金本位制下，黄金是各国的储备资产，也是纸币发行的后盾，甚至其本身就是流通货币的一种形式。因此，货币和国际储备是同一回事。国际收支差额和该国货币供应量的关系就是下面的简单恒等式，即：

$$TB = \Delta R = \Delta M$$

式中，TB 表示贸易收支差额；ΔR 表示本国的国际储备；ΔM 表示本国的货币供应增加量。

它意味着，本国货币供应量的增长只取决于贸易收支或国际收支的差额。因此，货币供应量的增长率只取决于贸易收支或国际收支，即

$$\Delta M/M = \Delta R/M$$

因此，贸易收支差额计量的是该国货币供应增减的数量。同时，在世界黄金供应量保持不变的情况下，一国货币供应量的增减变动也是其他国家货币供应量的相反变动。

金本位制下的价格-铸币流动机制是通过货币或贵金属的流出流入自动调节贸易收支的机制，其基本的运行路径是：当一国发生国际收支逆差时，要用黄金支付差额，导致黄金流出本国，国际储备减少，从而减少本国的货币供应量。货币供应量的减少使国内物价水平下降，提高了本国产品的国际竞争力，从而扩大了出口，抑制了进口，使本国的国际收支得到改善。当一国发生国际收支顺差时，黄金就会流入，本国的国际储备就会增加，进而货币供应量增加，在本国实际生产商品保持不变的条件下，货币供应量的增加意味着物价水平的上升，物价水平的上升削弱了本国产品在国内外市场上的竞争力，从而使出口减少，进口增加，贸易收支顺差会得到扭转，甚至变成逆差。贸易收支逆差会重新造成黄金流出、物价水平下降、出口增加、进口减少、贸易收支改善的循环。只有在贸易收支平衡的情况下，黄金的流动才会停止，而这种平衡本身就是在动态中实现的。在金本位制下，上述过程是一个自动循环或自我调节的过程。

二、价格-铸币流动机制包含的假设条件

价格-铸币流动机制包含了以下几个方面的假设。

(1) 假设国际货币制度实行固定汇率制度，因而才会有最初的贸易收支逆差，而导致黄金等国家储备的减少。

(2) 该机制的重要前提是贸易的自由化、黄金的自由输出输入和银行券或纸币的发行受黄金准备数量的限制。正是在这样的条件下，一国进出口的变化才直接表示为黄金的流出流入，一国的货币供应量消极地适应贸易收支的逆差和顺差的增减变动。没有这一前提，自动平衡难以实现。

(3) 价格-铸币流动机制的理论基础是货币数量论。货币数量论认为，一国的价格水平决定于该国的货币供应量，用公式表示为：

$$MV = PQ$$

式中，M代表一个国家的货币供应量；V代表货币的流通速度；P为物价水平；Q为物质产品产量。一般而言，V和Q的水平相对稳定，这就意味着，物价水平完全取决于该国货币供应量的变化，即M的变化会直接导致P同比例地变化。

(4) 该机制实际包含着这样的假定：一国物价水平的变化有明显的限制进口、鼓励出口作用。

(5) 假定没有资本流动，贸易收支就是国际收支。

休谟所提出的价格-铸币流动机制是金本位制下的贸易收支自动调节机制。实际上，这种调节机制不仅适用于金本位制，还适用于其他的固定汇率制度，甚至适用于可调整的钉住汇率制度。在可调整的固定汇率制度下，一般而言，货币当局需要将汇率维持在一个较小的波动幅度内，以有利于正常经济活动的开展。

第二节　国际收支调整的弹性论

一、弹性论的产生及假设条件

弹性论（Elasticity Approach）产生于20世纪30年代，是比较早的国际收支调整理论。由于金本位制崩溃，各国纷纷实行竞争性的货币贬值，以期扩大出口，从而导致汇率变动异常频繁。这种汇率的剧烈波动究竟对会国际收支带来什么样的影响，引起了经济学家们的关注。弹性论是由英国经济学家阿尔弗雷德·马歇尔（Alfred Marshall）首先提出来的，后经过丹尼斯·霍尔姆·罗伯逊（Dennis Holme Robertson）、劳埃德·梅茨勒（L. A. Metzler）和哈伯勒等人的探索和完善，现已发展成为国际收支调整的理论基础。

国际收支调整的弹性论以马歇尔的微观经济学和局部均衡为基础，强调在收入水平不变的情况下，运用汇率与价格的变化对经常项目失衡进行调节。由于这一调整机制与进出口商品的供给弹性和需求弹性密切相关，因此被称为弹性论。弹性论建立在以下假设条件基础上。

（1）国内总体价格水平保持不变，即汇率变动不会发生通货膨胀和通货紧缩现象。

（2）汇率调整由货币管理当局决定，汇率制度可以是固定汇率制度，也可以是可调整的钉住汇率制或有管理的浮动汇率制，但不是自由浮动汇率制。

（3）汇率变动或调整将影响进出口商品的价格。

（4）不存在国际资本流动，国际收支等于贸易收支。

在这些假设条件下，弹性论探讨汇率变动对国际收支的影响效果。

二、货币贬值对贸易收支的影响

考察汇率变动对国际收支的影响，实际上就是考察汇率变动对出口总值和进口总值的影响，出口总值等于出口价格乘以出口数量，进口总值等于进口价格乘以进口数量。以货币贬值为例进行分析，本国货币贬值对经常项目收支有价格效应和贸易量效应两种效应，价格效应是汇率变动最直接、最主要的效应，本币贬值将改变本国商品和外国商品之间的相对价格。在国内价格不变的情况下，本国货币贬值意味着本国出口商品以他国货币表示的价格下降。在国外商品国内价格不变的情况下，本国货币贬值同时也意味着进口商品以本国货币表示的价格上升。贸易量效应即出口价格的下降会导致本国出口的增加，进口价格的上涨会导致进口的减少。

价格效应和贸易量效应结合在一起，引起经常项目收支的变化。在这种情况下，一般认为货币贬值会有利于一国商品的出口，并限制一国商品的进口，从而会使该国的贸易收支得到改善。但实际上，这并不一定正确，因为在不同的供给弹性和需求弹性条件下，货币贬值有截然不同的结果。

由于我们假定没有国际的资本流动，国际收支等于贸易收支，因此以本币表示的经常项目差额可以表示成如下形式：

$$TB = P \cdot X - E \cdot P^* \cdot M \tag{15.1}$$

式中，TB 表示贸易差额；P 表示国内价格水平；X 表示本国出口量；E 表示汇率（以本币表示的外币价格）；P^* 表示外国价格水平；M 表示本国的进口量。

汇率变化通过改变本国出口商品与进口商品的价格而影响进出口贸易量，结果使贸易差额 TB 得到调整。下面以本币贬值为例来进行具体分析。

当本币贬值时，在国外价格不变的假设条件下，以本币表示的进口价格将上升，但由于进口量受本国对进口产品的需求弹性的影响，在不同弹性条件下，进口量 M 的减少幅度将有所不同。例如，当进口需求弹性大于 1 时，进口数量减少的幅度就会大于进口价格上涨的幅度，进口支出将减少，从而有利于贸易收支的改善；当进口需求弹性小于 1 时，则进口数量减少的幅度小于进口价格上涨的幅度，进口支出将增加，从而使贸易收支恶化。

从一国的出口来看，当本币贬值时，虽然以本币表示的出口商品价格不变，但换算成外币后在国外的销售价格会下降，所以出口商品的数量可能要增加。同样，在不同的出口需求弹性条件下，出口量 X 的变化也有所不同。例如，出口需求弹性等于零时，不管出口价格怎样变化，出口量都不会改变，但由于本币贬值已造成了以外币表示的出口价格的下降，因而出口收入会下降；而当出口需求弹性大于零时，本币贬值后，出口量将增加，以本币表示的出口收入将增加。

综上所述，当本国货币贬值时，贸易差额 TB 的变动是不确定的，它的变动由进出口商品的供求弹性决定。一般来说，供给弹性对贸易收支的影响具有不确定性，而需求弹性对贸易收支的影响较大，当本国货币贬值时，若进出口商品的需求弹性大，经常项目收支能明显改善；若进出口商品的需求弹性小或无弹性，贸易收支不但不能改善，反而会恶化。因此，货币贬值能否改善贸易收支主要取决于需求弹性的大小。

三、货币贬值对国际收支的影响：马歇尔-勒纳条件

通过前面的分析我们已经了解，一国的货币贬值能否改善其贸易收支，与该国进出口商品的需求弹性和供给弹性密切相关。马歇尔-勒纳条件就是从量上描述这一关系的基本理论。一般情况下，需求弹性越大，货币贬值对贸易收支的调节效果越好，越有利于贸易收支的改善。当需求弹性无穷大时，一国的货币贬值不仅能够消除逆差，还可以使该国从逆差变为顺差。相反，当需求无弹性时，一国的货币贬值不仅不能改善贸易收支，反而使贸易收支恶化。尽管进出口的供给弹性对贸易收支也有影响，但其影响的方向具有不确定性。一般而言，只要满足马歇尔-勒纳条件，一国的货币贬值就可以改善贸易收支。

（一）马歇尔-勒纳条件的主要观点

马歇尔-勒纳条件由英国经济学家马歇尔和阿巴·勒纳（Abba Ptachya Lerner）首先推导出来，这个条件说明的是在供给弹性无穷大的条件下，本币贬值能够改善贸易收支的进出口需求弹性条件。

对式(15.1)两边的汇率 E 求导，则可判断货币贬值对贸易收支差额的影响效果。求导后的表达式为：

$$dTB/dE = P \cdot dX/dE - E \cdot P^* \cdot dM/dE - P^* \cdot M \tag{15.2}$$

由于假设国内外价格不变，因此货币贬值后，以外币表示的出口价格（$P_X = P/E$）变动率就等于汇率的变动率，但符号相反；同样，以本币表示的进口价格（$P_M = E \cdot P^*$）变动率也等于汇率的变动率且变动方向相同。令 dx、dm 分别表示出口价格需求弹性与进口需求价格弹性，则 dx、dm 可以分别表示为：

$$dx = \frac{dX/X}{dPx/Px} = \frac{dX/X}{dE/E}$$

$$dm = \frac{dM/M}{dPm/Pm} = \frac{dM/M}{dE/E}$$

由上述两式可得：

$$dX = -dx\frac{dE}{E}X$$

$$dM = -dm\frac{dE}{E}M$$

将上述两式带入式（15.2），得到：

$$\frac{dTB}{dE} = -dx\frac{P}{E}X - dmP^*M - P^*M$$

上式两边同时除以 P^*M 得到：

$$\frac{dTB}{dE} \times \frac{1}{P^*M} = -dx\frac{PX}{EP^*M} - dm - 1$$

假设货币贬值前，贸易收支是平衡的，即 $PX = EP^*M$，则上式可简化为：

$$\frac{dTB}{dE} \times \frac{1}{P^*M} = -dx - dm - 1$$

如果上述表达式的右边大于零，则 dTB/dE>0，即货币贬值可以改善贸易收支，这一条件就是马歇尔－勒纳条件。由于 dx、dm 都取负值，则马歇尔－勒纳条件可表示为：

$$|dx + dm| > 1$$

马歇尔－勒纳条件是在假定供给弹性无穷大时，只要一国出口和进口商品的需求弹性之和的绝对值大于1，那么，该国的货币贬值一定能改善贸易收支，进而改善国际收支。

（二）现实世界中的弹性

在现实世界中，汇率变动或调整能否改善贸易收支是经济学家们一直感兴趣的问题，但学者们的结论并不一致。20世纪20年代，以马歇尔为代表的经济学家们深信需求弹性足够大时，货币贬值一定能改善贸易收支。马歇尔在其《货币、信用与商业》一书中，首先提出了这一论点，但并没有对此进行实证。20世纪40年代，一些经济学家用计量经济学测算了国际贸易中的需求价格弹性，结果估计值很低，由此推论货币贬值往往会使贸易收支恶化，因此，当时经济学界普遍流行着"弹性悲观论"。

20世纪40年代需求弹性之所以偏低，主要是由于学者们使用的是三四十年代的数据，当时的经济形势使许多国家采取了贸易管制措施，因此商品的进出口与贸易收支间的正常关系被人为阻断。到20世纪60年代，经济学家们根据50年代的数据估计进出口弹性时，结果是需求弹性较高，由此"弹性悲观论"被"弹性乐观论"取代。由此可见，一国进出口需求弹性的大小不仅决定于产品需求本身，还受当时贸易环境的影响。

四、货币贬值的 J 曲线效应

一般来说，大部分经济政策都有其政策时滞，本币贬值政策的效用也存在时滞问题。货币贬值的时滞效应是指，当一国的货币当局采取使本币贬值的调整政策后，相关实际部门贸易量的调整不会同步进行，而是需要一个过程，从而在本国汇率变动的瞬间到实际部门进出口量的调整，与随之而来的国际收支均衡的恢复之间产生一个时间上的延滞。现实中，一国货币贬值后，进出口价格变动到贸易量增减变化的作用完全释放出来，大约需要 3～4 年的时间。20 世纪 60 年代以后，学者们在考察进出口的需求弹性时比较充分地考虑到了贸易对汇率变化反应的时滞。

(一) J 曲线效应的图形分析

贸易收支变动对汇率变动作出反应的过程或变动的轨迹，被经济学家们概括为"J 曲线"，即当一国货币贬值后，贸易收支呈现出初期贸易收支恶化，然后逐步改善，最后贬值效果消失的情形，如图 15.1 所示。

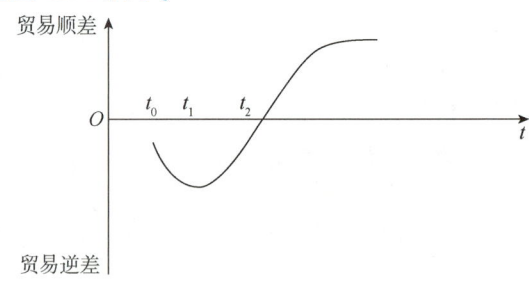

图 15.1 货币贬值的"J 曲线"

因该曲线的形状类似英文大写字母 J，呈先降后升的趋势，故名"J 曲线"。

(二) "J 曲线"的成因

"J 曲线"由货币贬值政策的一系列时滞造成。由于货币贬值汇率上升可以相对降低本国商品在外国市场上的价格，因而在国际贸易中，本币对外贬值经常被当作一种加强本国出口商品的竞争地位，扩大出口，改善国际收支状况的手段。然而，在通常情况下，一国的货币贬值并不会立即引起贸易收入增加，因为从货币贬值到贸易收支状况改善之间，存在以下几种时滞。

(1) 货币贬值后，本国出口商品新价格的信息不能立即为需求方所了解，即存在认识时滞。

(2) 供求双方都需要一定时间判断价格变化的重要性，即存在决策时滞。

(3) 供给方国内对商品和劳务的供应不能立即增加，即存在生产时滞。

(4) 供给方和需求方都需要一段时间处理以前的存货，即存在取代时滞。

(5) 把商品和劳务运到国际市场需要一段时间，即存在着交货时滞。

由于这些时滞的存在，因此在货币贬值初期，由于出口价格降低但出口数量没能同步增加，因而总的出口收入降低，国际收支状况进一步恶化。经过一段时间，本币贬值引起的出口价格降低使出口数量大幅度上升，国际收支状况逐步改善，达到货币贬值的效果。

专栏 15-1

国际贸易中估计的价格弹性

表 15.1 列出了 14 个工业国家商品和服务进出口的估计冲击、短期及长期弹性绝对值的估计值。正如冲击弹性所显示的,在 6 个月的调整期或非常短的期间,外汇市场似乎是不稳定的,从而证实了"J 曲线"效应。在 1 年的调整期,短期弹性显示大多数国家勉强满足了马歇尔-勒纳条件。在长期(即很多年时间)调整期,最大的 7 个工业国家进出口弹性之和的未加权平均数是 1.92,较小的工业国家的该值为 2.07,所有 14 个国家的该值为 2.00,这表示外汇的供求曲线相对富有弹性。

表 15.1 制成品进出口价格弹性的估计值　　　　　　　单位:亿美元

国家	进口 冲击	进口 短期	进口 长期	出口 冲击	出口 短期	出口 长期
美国	—	1.06	1.06	0.18	0.48	1.67
日本	0.16	0.72	0.97	0.59	1.01	1.61
德国	0.57	0.77	0.77	—	—	1.41
英国	0.60	0.75	0.75	—	—	0.31
法国	—	0.49	0.60	0.20	0.48	1.25
意大利	0.94	0.94	0.94	—	0.56	0.64
加拿大	0.72	0.72	0.72	0.08	0.40	0.71
奥地利	0.03	0.36	0.80	0.39	0.71	1.37
比利时	—	—	0.70	0.18	0.59	1.55
丹麦	0.55	0.93	1.14	0.82	1.13	1.13
荷兰	0.71	1.22	1.22	0.24	0.49	0.89
挪威	—	0.01	0.71	0.74	1.49	
瑞典	—	—	0.94	0.27	0.73	1.59
瑞士	0.25	0.25	0.25	0.28	0.42	0.73

资料来源:J. R. Artcis and M. D KniEllt. *Issues in the Assessment of Erchange Rates of Industrial Counrries.* Occasional Paper 29(Washington D. C.:International Monetary Fund,July 1984),Tahle 4,p. 26.

五、对弹性论的评价

通过上面的分析可知,价格弹性反映了世界市场的一些实际情况,有一定的参考价值。

第一,弹性论明确提出改变汇率对改善一国对外贸易的作用是有条件的,不能绝对定义汇率下降就一定可以改善一国的对外贸易,从而改善一国的国际收支。

第二,在一定条件下,货币贬值可以起到刺激出口、限制进口的作用。

第三,弹性论虽然是20世纪30年代提出的,但它是在浮动汇率的背景下产生的,因而有一定的科学价值和实践意义。

但弹性论也有很大的缺陷,主要如下。

第一,弹性论以收入不变和非贸易商品价格固定为前提,只考虑汇率变动对进出口价格的影响,其他一切条件都是不变的。这种假设显然不合理,实际上,货币贬值的影响很广,因为进出口市场的变化会引起连锁反应,从而对整个经济产生影响。例如,本币贬值必然会导致国内价格上涨,从而使国内生产成本提高,出口竞争力下降。这其中有诸多原因,而最主要的有两方面因素。一方面,随着本币的贬值,那些必须依赖进口的中间品与最终品的价格会上升,前者将直接增加依靠进口中间品来生产的厂商的生产成本,后者则会造成工资上升,从而使所有厂商的成本趋于提高。另一方面,货币贬值促成出口增加,并促使相关资源向贸易部门转移,从而减少非贸易品生产部门的可用资源,导致非贸易品供给量的下降与价格的上升,进而对社会一般物价水平产生强大的上升推动力。基于这两个方面的原因,一个国家实施货币贬值政策时,其国内价格要想保持不变是困难的,通常情况是国内价格不仅很快会发生变化,还极有可能发生一定程度的通货膨胀。如果采取货币贬值的政策后随之而来的是国内价格上升,甚至出现较为严重的通货膨胀,那么通过货币贬值所带来的名义货币贬值会被因国内价格提高导致的实际汇率的下降所抵消。最终结果可能只是国内价格提高,国际收支得不到预期的改善。

第二,弹性论研究的仅仅是贸易收支问题,而忽视了在当前国际收支中规模巨大的劳务进出口与国际的资本流动,这是非常片面和远离实际的。

第三,假定贸易商品的供给有完全弹性。在两次世界大战期间,这个假定有一定的道理,但从战后初期各国供应不足的情况来看,它不符合实际情况,从生产初级产品的各国情形来看,供给弹性也是有限的。

第四,弹性分析法是一种静态分析,忽视了汇率变动的"时滞"问题。

总的来讲,货币贬值在一定条件下可以改善贸易收支,却不能从根本上解决国际收支问题。正是针对弹性论的缺陷,20世纪50年代,西方经济学者以凯恩斯的理论为基础,提出了一种新的国际收支理论,即国际收支调整的吸收论。

第三节 国际收支调整的吸收论

吸收论(Absorption Approach)又称收入论或收入分析法,是西德尼·亚历山大(Sidney Alexander)在西方经济学界关于弹性论的激烈争论中系统提出来的,其理论基础是凯恩斯的收入支出决定理论,这一分析方法实际上就是凯恩斯的乘数理论与弹性论的结合。

亚历山大认为,弹性论对货币贬值减缩贸易收支差额的作用看得过于简单。弹性论只强调了贬值的相对价格效应,而忽视了贬值的收入效应。一国若想通过贬值来改善它的贸易收支状况,必须满足以下条件:要么贬值可以带来本国收入的增加,要么贬值使本国的实际支出(即吸收)减少。否则,贬值就只会造成通货膨胀或其他经济问题。

一、吸收论的假定条件

为了简化分析过程,吸收论需要作以下几点假设。

（1）各种商品的价格保持不变，我们只是从需求变动造成的收入变动的角度，阐述其对贸易收支，进而对国际收支的影响。

（2）经济中现存的供给与需求的均衡低于充分就业水平的均衡。它意味着产出水平可以在价格变化的前提下，通过调整需求水平来提高或降低。

（3）货币供应量只根据商品交易中所需要的货币量加以调整。因此，货币供应量的变动不会导致商品价格的变动，只会根据产出量的增减变动或货币需求的增减变动来调整货币供应量。

二、吸收论的主要内容

（一）吸收论公式的推导

吸收论从凯恩斯的国民收入均衡公式出发，研究调整支出对稳定一国收入的作用。在开放经济条件下，亚历山大通过以下关系式将贸易收支与国民收入和支出联系起来：

$$Y = C + I + G + (X - M) \tag{15.3}$$

式中，Y 表示一国的国民收入水平；C 表示该国的消费需求水平；I 表示私人投资水平；G 表示政府支出水平；X 表示出口；M 表示进口。其中 $(C + I + G)$ 表示国内的吸收或需求水平，$(X - M)$ 表示贸易收支差额。我们令 $A = C + I + G$，$TB = X - M$，则上式可以改写成：

$$Y = A + TB \text{ 或 } TB = Y - A \tag{15.4}$$

式（15.4）就是吸收论的表达公式。由上述内容可知，$TB = Y - A$ 只是一个会计等式，只不过亚历山大赋予了它逻辑上的因果联系，认为等式左边 TB 为果，右边 $(Y - A)$ 为因，因此国际收支平衡的条件就是 $Y = A$，即国民收入等于国民总吸收。国际收支盈余是吸收相对于收入不足的表现，而赤字则是吸收相对过大的表现。因此，要改善国际收支，最终无非要通过两条途径：增加收入和减少支出，即相对于吸收提高收入。因此，一国国际收支失衡最终要通过国民收入或国民吸收加以调整。在调节吸收的过程中，主要是对国内需求进行调整，增加或减少国内吸收，或通过调整国民收入，增加或减少收入量。

（二）贬值的收入效应和吸收效应

亚历山大又进一步分析了贬值本身对国际收支的影响。根据式（15.4）可以得到：

$$dTB = dY - dA \tag{15.5}$$

他将吸收的变化分为两部分，一部分是"引致支出"效应所产生的变化，这一部分是收入变动的结果，可记作 adY，其中 a 表示边际吸收倾向，它等于边际消费倾向和边际投资倾向之和。第二个部分是除收入变动之外其他因素的变动对吸收的直接影响或直接效应，记作 dA_d。即：

$$dA = adY + dA_d \tag{15.6}$$

代入式（15.5）可得出：

$$dTB = (1 - a)dY - dA_d \tag{15.7}$$

由上式可知，贬值对贸易差额的影响包括两部分，即贬值的收入效应 $(1 - a)dY$ 及贬值的直接吸收效应 dA_d，只有当 $(1 - a)dY > dA_d$ 时，贸易收支才能得到改善。下面我们分别考察贬值的收入效应和吸收效应。

1. 贬值的收入效应分析

就贬值的收入效应而言，贬值通过闲置资本效应和贸易条件效应两方面对收入产生影响。

首先是闲置资本效应。在生产要素充分利用之前，贬值可以刺激国内外居民对本国产品的需求，并通过波及性的影响使国民收入水平提高。但随着国民收入的增加，国内消费、投资也会增加，因此贬值对贸易收支是正是负决定于 $(1-a)$。如果 $a>1$，则国内吸收的增加大于国内收入的增加，贸易收支会恶化；如果 $a<1$，国内吸收的增加小于国民收入的增加，此时贸易收支会改善；如果 $a=1$，国内吸收增加等于国民收入的增加，新增国民收入完全被国内吸收，贸易收支保持不变。

其次是贸易条件效应。一般而言，贬值会使贸易条件恶化，从而使国民收入下降，国内吸收也会随之下降，其净影响也取决于 $(1-a)$。当 $a>1$ 时，国内吸收的下降大于国民收入的下降，此时贸易收支得到改善；当 $a<1$ 时，国内吸收的下降小于国民收入的下降，贸易收支会恶化；当 $a=1$ 时，国内吸收的下降等于国民收入的下降，贸易收支保持不变。

由于闲置资本效应与贸易条件效应具有相互冲抵的作用，因此，贬值对 $(1-a)dY$ 的实际效果是模糊的，这取决于两个效应的大小对比。最后，从需求的角度来看，当一国进出口需求弹性满足马歇尔-勒纳条件时，贬值将导致本国国民收入的增加，从而改善国际收支状况。此外，若一国采取贬值政策的同时放松保护性或限制性的贸易政策，原有的资源配置扭曲得以降低，此时的贬值将会增加国民收入，改善国际收支。

2. 贬值的直接吸收效应

亚历山大把贬值的直接吸收效应分为以下四种。

第一，货币余额效应。假定货币供给不变，货币持有者总是将自己实际资产的一部分以货币形式持有，这样，随着货币贬值推动物价上涨，居民所持有的货币余额减少，居民为使自己持有的货币额保持不变，他们一方面会出售自己原有的资产，这样使货币的需求上升，利率随着上升，投资下降；另一方面会减少消费支出。这两个方面的共同作用将使国内的吸收水平下降。

第二，收入再分配效应。货币贬值后物价上涨，但工资水平受劳资合同的限定而不能立即提高，所以，虽然工人的名义工资不变，但实际工资下降了，一部分收入将从工薪阶层转移到利润收入者。由于利润收入比工资收入具有更高的边际储蓄倾向，这会使全社会的吸收水平下降，进而改善国际收支。在一个实行累进税制的国家里，贬值带来的名义收入增加将使纳税人升入更高的纳税等级，全体纳税人的可支配收入下降。如果政府同时实行紧缩的财政政策，会使全社会的吸收水平下降，那么，国际收支将因此而改善。

第三，货币幻觉效应。当货币贬值、物价上涨时，人们的收入水平有可能随之成比例地提高，但人们总是更多地注意物价而不是注意货币收入。因而减少了货币的支出，其结果是使国内的吸收下降。

第四，其他的各种直接吸收效应。其他直接吸收效应有的对改善贸易收支有利，有的则不利。例如，物价上升的预期导致吸收的增加，而至少在短期内不利于外贸差额的改善。如果投资大量来自国外，那么，本国货币在贬值后会比在贬值前进口减少，其他进口品也是如此。

三、对吸收论的评价

根据前面的分析，货币贬值只有在它能增加产量（收入）或减少吸收（支出）时，才是有效的。一般来说，贬值一定要通过货币政策和财政政策的配合来压缩国内需求，把资源从国内吸收中释放出来转向出口部门，这样才能有效改善国际收支，保持内部和外部的平衡，所以吸收论具有强烈的政策配合含义。伴随贬值所采取的经济政策，在非充分就业时，应以膨胀为主，尽量扩充生产；在充分就业时，则应压低国内吸收，以减少逆差。所以，吸收论偏重于国内吸收水平而不是相对价格水平，这是它与弹性论不同的地方。此外，吸收论是建立在一般均衡的基础上的，将国际收支的决定和变动和整个宏观经济状况结合起来分析，摆脱了弹性论机械地就进出口论进出口的分析局限。

吸收论也存在很大的局限，主要表现在以下方面。

第一，吸收论建立在国民收入核算会计恒等式的基础上，但并没有对收入和吸收为因，贸易收支为果的观点提供令人信服的逻辑分析。实际上，收入与吸收固然会影响贸易收支，但贸易收支也会反过来影响收入和吸收。

第二，在贬值分析中，吸收论完全没有考虑相对价格在调整过程中的作用。事实上，本国货币贬值后，贸易品价格相对非贸易品上升，必然会导致资源的再分配。如果此时资源已接近充分利用，贸易收支的改善则主要靠减少吸收。但试想，若减少的主要不是进口支出，而是对非贸易品的支出，那么贸易收支又如何会得到改善呢？显然，贬值引起的贸易品相对价格上升在调整过程中的作用还是不可忽视，所需要的正是将从非贸易部门释放出来的这部分资源输导到增加出口品和进口替代品的生产上。

第三，吸收论是一个单一国家模型，在贸易分析中不涉及其他国家，所得出的结论无法完全令人信服。事实上，一国进出口数量的多少和价格的高低正是由本国和贸易伙伴国的出口供给和进口需求共同决定的。

第四，吸收论同弹性论一样，只以国际收支中的贸易账户为主要研究对象，而没有涉及国际资本流动。近年来，国际游资急剧增长，资本流动大量增加，资本账户在国际收支中的作用日益重要。吸收论还完全忽略了国内货币供应和信用创造等因素对国际收支的影响，这对国际收支理论来说是一个很大的缺陷。

第四节 国际收支调整的货币论

20世纪70年代，随着国际经济的发展，资本流动或金融资产贸易的重要性越来越明显，在国际收支的构成中，其重要性在某种意义上甚至超过了经常项目。正是在这种背景下，国际收支调整的货币论（Monetary Approach to Balance of Payments）成为国际收支理论中的主流。货币论强调国际收支的货币特征，它是一种古老又新兴的国际收支理论，大卫·休谟的"价格-铸币流动机制"是最早的国际收支货币论，现代的货币论是传统的货币理论在开放经济条件下的推广应用。货币论的主要代表人物有罗伯特·蒙代尔（Robert A. Mundell）、约翰逊和弗兰克尔等。

一、货币论的假设条件

货币论有3个基本经验假定：①在充分就业均衡状态下，一国货币需求是收入、价格和利率等变量的稳定函数，在长期内货币需求是稳定的；②贸易商品的价格是外生的（至少对小国来说如此），在长期内，一国价格水平接近世界市场水平；③货币供给不影响实物产量。

二、货币论的主要内容

货币论并不强调贬值的作用，而是强调货币政策的运用。在金融当局调节货币供给达到适当水平时，国际收支也趋于平衡。货币论认为，国际收支主要是一种货币现象，影响国际收支的根本因素是货币供应量，只要保持货币供给的增加与真实国民收入的增长相一致，就可保持国际收支的平衡与稳定。为了更好理解货币论的内容，我们首先建立一个简化的货币理论模型，假定一国的货币需求（M_d）是国民收入（Y）和利率（r）的稳定函数，P为物价水平，其货币需求方程为：

$$M_d/P = f(Y, r) \tag{15.8}$$

在开放经济中，一国的货币供给（M_s）包括两个部分：一部分是国内创造部分（D），这是通过银行体系所创造的信用；另一部分是来自国外的部分（R），这是经由国际收支所获得的盈余（国际储备），D加R被称为一个国家的基础货币或高能货币，m表示货币乘数。在现在的银行准备金制度下，商业银行每增加1单位D或R都将使该国货币供应量增加m单位。则：

$$M_s = m(D + R) \tag{15.9}$$

例如，如果某国一位出口商人收到外币付款，他会将该笔付款送到一家商业银行兑换成本国货币，并存入其银行账户。如果这家商业银行用不着外币，则会将外币送到中央银行去兑换成本币，于是中央银行积累了国际储备，而国际储备的积累会引起基础货币的扩张，并导致本国货币发行量增大。正是基于这一点，货币论将本国货币和外国货币都包括在一国货币供给中了。

假定最初的货币市场是均衡的，即$M_s = M_d$。这意味着，如果货币当局扩大国内信贷（即提高D），货币供给就会超过货币需求，为恢复货币市场均衡，R就要减少，即国内信贷扩张会导致国际储备减少，于是国际收支出现逆差；如果货币当局减少国内信贷（降低D），那么在货币需求不变的情况下，为了恢复货币市场均衡，R将上升，即国际储备增加，因而国际收支出现顺差。由此看来，任何来自货币市场的不均衡都完全反映在国际收支中。一国国际收支出现逆差，是因为其国内货币供给超过了货币需求，而一国国际收支出现顺差则是因为其国内货币供给低于货币需求。将货币市场与国际收支直接联系在一起，而不是单独考虑商品或金融市场变化的作用，这是货币论与国际收支其他调整理论的一个明显区别。

既然国际收支失衡的原因可归结于国内货币市场的不均衡，那么，恢复国际收支平衡的途径也就在于恢复国内货币市场的均衡。在固定汇率制度下，即使货币当局不采取任何措施，货币市场的不平衡也不可能长期存在，它可以通过货币供给的自动调整机制自行消除，即货币供给通过国际储备的流动来适应货币需求。国际收支调整的具体过程如下。

假定A国的国际收支最初处于均衡状态。这时，如果A国金融当局增加国内货币供应，势必导致国内商品、劳务和有价证券价格的上升。这一趋势将使其出口商品丧失竞争力，并促使 A 国居民把自己的钱少花在本国的商品和证券上，而多花在外国的商品和证券上。在固定汇率制度下，这意味着 A 国国际收支的恶化。从长期来看，B 国收到这部分 A 国货币的人，一定会把这部分货币交给本国的中央银行换回本国货币，然后 B 国中央银行再把它们提交给 A 国中央银行，而 A 国中央银行只能从本国的国际储备中支付这部分货币金额。国际储备的减少，必然会使 A 国中央银行收缩国内信用。A 国收缩国内信用的结果将会自动调整 A 国国际收支的逆差。相反，如果国内货币供给由于某种原因小于货币需求，那么国际收支会出现顺差，国际储备增加。在国内基础货币(D)不变的情况下，国际储备的增加会导致货币供给增加，国际储备的增加直至货币供给重新等于货币需求的时候才会停止，此时国际收支顺差消失。

以上我们讨论的是固定汇率下国际收支的决定和调节。如果一个小国实行浮动汇率，那么货币需求将通过汇率的变化来适应货币供给，因此国际收支失衡是通过汇率的变化来消除的。具体过程为：如果一国货币供给超过货币需求，那么国际收支出现逆差，国际收支逆差意味着外汇市场上外汇供给小于外汇需求，于是逆差国货币贬值。货币贬值又引起国内物价上涨，从而引起货币需求的增加。在货币市场趋于平衡的过程中，国际收支逆差逐渐缩小，直至消失。同样，如果国际收支出现顺差，那么顺差国的货币将升值，国内价格下降，货币需求也随之下降，直至货币市场恢复平衡，汇率变动才会停止。此时，国际收支顺差消失。

而在短期内，货币需求并不是稳定的。因此，货币供应量的变化一开始主要是影响货币流通速度，而不是收入与支出的水平。货币论还有一点困难，即在货币供给变动到全部国际收支变动的过程中，货币政策会首先影响国内需求，因而国内产量有可能发生变动。货币论突出了货币在国际收支调节过程中的作用，忽略了其他因素对国际收支的影响，具有片面性。最主要的是，货币论的重大缺陷在于它将国际经济关系中的因果关系颠倒了。它把货币因素看成是决定性的，而把收入水平、支出政策、贸易条件和其他实物因素看成是次要的，认为这些因素只有通过对货币供给与需求的影响发生作用。然而，实际上是商品流通引起货币流通，而不是货币流通决定商品流通。

三、对货币论的评价

国际收支调整的货币论是一种长期理论，主要贡献在于强调国际收支顺差或逆差将会引起货币存量的变化，从而影响一国的经济活动。它认为在相当长的时间内，货币需求函数是稳定的，货币存量与收入保持一定的比例关系。随着收入的增长，货币需求也增加，在没有货币存量的增加来适应这一需求时，国际收支倾向于顺差，这从历史资料来看有一定的合理性。虽然货币分析法已成为国际收支调整理论中的主流，但也有不少经济学家持不同意见，并提出以下质疑。

(1) 货币需求函数是否稳定，以及每个居民的财产中各类资产的比例是否固定不变，以至足以保证货币的流通速度永远不变。对于哪些变量应列入货币需求函数，也存在不同看法。

(2) 货币供给能否完全由货币当局从外部决定，抑或取决于一个国家经济活动水平的高低。

(3) 瓦尔拉斯定律认为所有市场上超额供求的总和等于零，这一理论能否适用于市场机制不同的国家。

(4) 如果国际收支的调整是自动进行的，为何现实中许多国家的政府常为国际收支问题感到不安。

本章小结

国际收支调整过程主要有两种机制：价格调节和收入调节。价格-铸币流动机制、国际收支弹性论、货币论都属于前一种调节机制；而国际收支调整的吸收论则属于后一种调节机制。金本位制下的价格-铸币流动机制是通过货币或贵金属的流出流入自动调节贸易收支的机制，只要出现国际收支不均衡，经济系统就会自发调整到不均衡消除。弹性论认为货币贬值可以提高外国商品相对国内商品的价格，贬值能否改善贸易收支取决于国际贸易的供求弹性。在各国国内价格不变的前提下，当一国的出口需求弹性和进口需求弹性满足马歇尔-勒纳条件时，贬值可以起到改善贸易收支的作用。但在贬值过程中，经常伴随着贸易收支差额先降后升的"J曲线"效应。

吸收论认为国际收支盈余是吸收相对收入不足的表现，而赤字则是吸收相对过大的表现。因此，要改善国际收支，最终无非要通过两条途径：增加收入和减少支出，或者说相对吸收提高收入。因此，一国国际收支失衡最终要通过国民收入或国民吸收加以调整。货币论认为一国国际收支出现逆差是因为国内货币供给超过了货币需求；而一国国际收支出现顺差是因为国内货币供给低于货币需求。在固定汇率下，国际收支失衡可通过货币供给的自动调整以适应货币需求这一过程进行恢复；在浮动汇率下，国际收支失衡可通过汇率变化来自动调整。

复习思考题

1. 阐述马歇尔-勒纳条件、"J曲线"效应。
2. 价格-铸币流动机制如何解释国际收支的调整过程？
3. 根据弹性论，货币贬值在什么情况下能明显改善贸易收支？
4. 解释"J曲线"效应的成因及政策含义，并结合实例加以说明。
5. 简要分析吸收论对贬值改善国际收支的机制。
6. 根据货币论的观点，货币贬值如何影响一国的国际收支？这种分析方法有何缺陷？

第十六章 开放经济条件下的宏观经济政策

市场的自动调节机制虽然有优点，但也存在严重的意想不到的负面影响，即市场会失灵。因此，政府根据经济运行的需求，采取适当的调整政策非常必要。与封闭经济条件相比，开放经济条件下的政府制定宏观经济政策需要考虑更多的因素，政策环境和政策目标更为复杂。政策的制定不仅受贸易伙伴国行为的影响，而且会影响贸易伙伴国的经济，即产生"溢出效应"。因此，国家间的宏观经济政策是互动的。经济越开放，溢出效应和互动性就越强，国家间的经济政策协调就成为国际经济生活中不可缺少的、经常性的行为。

第一节 开放经济条件下的内外平衡与政策搭配

一、开放经济条件下的宏观经济政策目标及政策工具

(一)宏观经济政策目标

在开放经济条件下，宏观经济政策的主要目标包括经济增长、充分就业、物价稳定和国际收支平衡四个方面。其中，经济增长更多地取决于一国的要素投入和技术进步等，是一国宏观经济政策的长期目标，而充分就业、物价稳定和国际收支平衡是一国宏观经济政策的短期目标。充分就业就是保持较高、稳定的就业水平，消除了非自愿失业的状态；物价稳定是保持一般物价水平的相对稳定，避免出现通货紧缩或通货膨胀；国际收支平衡是国际收支既无逆差，也无顺差的状态。三大短期目标又可以分为两大类：对内平衡目标和对外平衡目标。对内平衡目标指充分就业和物价稳定，对外平衡目标指国际收支平衡。在开放经济条件下，一国要使本国经济平稳运行，必须运用宏观经济政策同时实现对内和对外平衡。

(二)宏观经济政策工具

在开放经济条件下，一国为实现宏观经济政策目标可以采用的政策工具主要有支出改变政策、支出转换政策、直接控制等。

支出改变政策是指政府通过改变社会总支出对需求加以调节的一种需求管理政策，包括财政政策和货币政策。财政政策是指通过调整政府支出或税收，或者同时改变两者对经

济进行调控的经济政策。当政府扩大支出和或减少税收时，财政政策就是扩张性的，反之，财政政策是紧缩的。货币政策是中央银行通过调节货币供给和利率影响宏观经济活动的经济政策。如果国家增加货币供给，利率会下降，则货币政策是宽松的。反之，货币政策是紧缩的。当总需求大于总供给造成通货膨胀时，就要采取紧缩支出的政策，即紧缩的财政政策和货币政策；当总需求小于总供给造成失业时，就要采取扩张支出的政策，即扩张的财政政策和货币政策。

支出转换政策是一种通过改变汇率(货币贬值或升值)来调整支出方向的政策。货币贬值使国外产品对国内产品的相对价格提高，从而使需求转向国内产品，并刺激国内出口行业的发展，改善国际收支。但这也会使国内产值增长并引起进口增加，这将抵消一部分贸易收支的改善效果；货币升值则会引起相反的效果。货币升值使国内产品相对于国外产品的相对价格提高，从而使需求转向国外产品，并使国内出口行业减缩生产，这可用于调整国际收支的盈余；同时，这也将减少国内产值，相应减少进口，因此会抵消一部分货币升值对国际收支盈余的影响。

直接控制是指政府采用各种法律、法规、法令、行政、管制的手段直接对市场进行约束。在国际经济方面，表现为利用关税、非关税措施、外汇管制以及其他方式限制国际贸易和国际资本流动的做法。当其他政策失效时，采用行政手段直接进行干预，一般会产生较显著的效果。直接控制的目的也是要改变国内的需求结构，以实现对内对外经济的平衡。但直接控制一般会导致低效率，因为它们经常干扰市场机制的运行。例如，实行外汇管制，由于进口用汇、出口收汇、其他用汇等全部被控制，一般情况下国际收支可因此迅速改善，但是它所带来的损失也比较大，正常的国际经济交易可能受到干扰。因此，除非在十分困难的时期，否则一国一般不会采用该方法。此外，为了使直接控制有效，必须要有很好的国际合作关系，否则会招致报复，使政策失效。

(三) 丁伯根法则

面对多重目标和多种政策工具，政府必须选择合适的政策来实现它的每一个目标。根据荷兰经济学家丁伯根的理论，政府需要的有效政策工具的数目通常与独立目标的数目大体相同，或者说，要达到 n 个独立的经济目标，至少需要 n 种有效的政策工具，这就是丁伯根法则。根据丁伯根法则，如果政府要实现一个经济目标，至少需要一种有效的政策工具；要实现两个目标，至少需要两种有效的政策工具；依此类推。有时一个政策工具用于一个特别的目标时可能会帮助政府接近另一个目标，当然，它也可能更远地偏离另一个目标。例如，为削减国内失业率而采取扩张的财政政策可以减少国际收支的盈余，但它将增加赤字。

二、米德的政策搭配理论和蒙代尔的分配法则

(一) 米德的政策搭配理论和斯旺曲线

英国经济学家詹姆士·米德(James Meade，1977年诺贝尔经济学奖获得者)在其重要著作《国际经济政策理论》(第一卷)(1951年)中提出了内部平衡和外部平衡的概念，并专门探讨了一国同时实现内部平衡和外部平衡的政策选择和配合问题。假定在经济达到充分就业之前物价水平保持不变，同时贸易收支代表整个国际收支，不考虑资本流动的影响，则政府可以运用支出改变政策和支出转换政策的配合来实现内外同时平衡的目标。

一般来说，内外失衡有四种具体情形：失业和顺差、失业和逆差、通货膨胀和顺差、通货膨胀和逆差。当经济中存在失业和顺差时，可以通过扩张性支出改变政策，即扩张的财政、货币政策和本币升值的支出转换政策搭配解决内外失衡问题。一方面，扩张的财政、货币政策能扩大总支出，增加就业，减少失业，实现对内平衡；另一方面，本币升值可以减少出口、增加进口，从而消除顺差，实现对外平衡。当经济中存在通货膨胀和逆差时，可以通过紧缩的支出改变政策，即紧缩的财政、货币政策和本币贬值的支出转换政策搭配解决内外失衡问题。一方面，紧缩的财政、货币政策能减少总需求水平，降低通货膨胀，实现对内平衡；另一方面，本币贬值可以刺激出口、抑制进口，从而消除逆差，实现对外平衡。具体政策搭配如表16.1所示。

表16.1 米德的政策搭配

经济状况	支出改变政策	支出转换政策
失业和顺差	扩张性	本币升值
失业和逆差	扩张性	本币贬值
通货膨胀和顺差	紧缩性	本币升值
通货膨胀和逆差	紧缩性	本币贬值

米德提出的实现内外平衡的政策搭配组合可以用斯旺曲线分析。斯旺曲线因由澳大利亚经济学家特雷佛·斯旺(Trevor Swan)首创而得名。

在图16.1中，横轴 D 表示国内总支出或支出改变政策，包括消费、投资和政府支出等。纵轴 R 表示汇率或支出转换政策，汇率上升意味着本国货币贬值，反之则意味着本币升值。EE 曲线代表国内总支出和汇率的各种组合下的外部平衡曲线，该曲线向右上方倾斜，斜率为正。这是因为，扩张性支出改变政策使国内经济扩张，国内总支出增加，从而进口增加，为维持外部平衡，必须使汇率上升，本币贬值，从而刺激出口抑制进口。当汇率为 R_1 时，国内支出为 D_1，它们的交点 M 位于 EE 曲线之上，表示外部平衡；若汇率从 R_1 上升到 R_2，国内支出必然从 D_1 增加到 D_2，双方相交于 N 点，外部重新达到平衡。如果 D 增长过小，将导致国际收支顺差，如果增长过大，将导致国际收支逆差。所以，EE 曲线左上方的任意一点，都意味着国际收支存在顺差，EE 曲线右下方的任意一点，都意味着国际收支存在逆差。

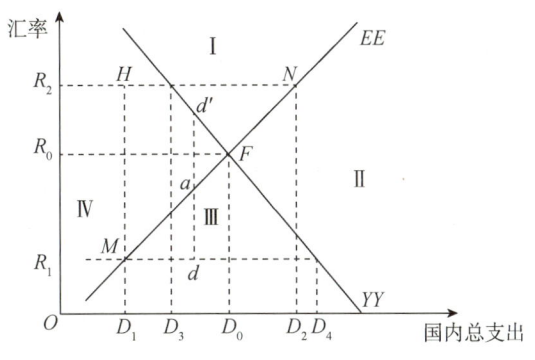

图16.1 斯旺曲线

YY 线代表国内总支出和汇率的各种组合下的内部平衡曲线。该曲线向右下方倾斜，斜率为负。这是因为，汇率下降，本币升值会导致出口减少，进口增加，为维持内部平衡，必然伴随着一个更大的国内消费，才不致使国内出现失业，所以必须增加国内总支出。汇率从 R_2 降低到 R_1，为保持内部平衡，国内支出必须由 D_3 增加到 D_4，如果国内支出不变或增长过小将导致失业，而增长过大超过 D_4，将导致通货膨胀。所以，YY 曲线右上方任意一点，都意味着国内出现了通货膨胀；YY 曲线左下方的任意一点，都意味着需求不足，存在失业。

只有在 EE 曲线和 YY 曲线的交点 F，对内与对外平衡才同时实现。而在这两条曲线之间，则形成四个处于内外失衡状态的区域：

区域Ⅰ　　外部顺差与内部通货膨胀
区域Ⅱ　　外部逆差与内部通货膨胀
区域Ⅲ　　外部逆差与内部失业
区域Ⅳ　　外部顺差与内部失业

从图形中可以确定，为了同时实现内外平衡，即达到 F 点，必须合理地配合使用支出改变和支出转换政策。例如，在 d 点，经济处于对外逆差与对内失业并存的失衡状态，为实现内外平衡，必须同时采取货币贬值和扩大支出的政策。如果仅采取货币贬值的政策，而未采取扩大支出的政策，虽可实现对外平衡（到达 a 点），但国内失业仍存在；若 R 进一步增长则可达到 d' 点，但外部又出现了顺差，仍不能同时达到内外部平衡；相反，若只采取扩大支出的政策，那么国内充分就业虽可实现，但国际收支逆差仍然存在。所以，必须配合使用支出改变和支出转换政策，才能实现内外同时平衡。

（二）米德冲突和蒙代尔的分配法则

1. 米德冲突

布雷顿森林体系下实行的是固定汇率制，一国难以使用支出转换政策，而只能使用支出改变政策实现内外平衡。在这种情况下，英国经济学家米德在1951年最早提出了固定汇率制下的内外冲突问题。他指出，在某些情况下，单独使用支出改变政策（财政政策和货币政策）追求经济的内外平衡，可能会导致一国内部平衡与外部平衡的冲突。这一冲突被称为"米德冲突"。例如，在失业和逆差并存的情况下，如果采取扩张性的财政政策和货币政策，虽然可以消除失业，实现内部平衡，但同时又会使总需求和总支出水平提高，增加进口，导致国际收支逆差进一步扩大。同样，当通货膨胀和顺差并存时，单纯的支出改变政策也会使政府陷入两难境地，因为扩张的或紧缩的政策在实现一个目标的同时又会使另一个目标恶化。

米德冲突是丁伯根法则的另一种表述形式，如果把财政政策和货币政策视为一种政策，即支出改变政策，那么一国使用一种政策工具实现两个目标，往往是行不通的。

2. 蒙代尔的分配法则

为解决米德冲突问题，经济学家们进行了大量的研究，以寻找新的政策工具或对政策工具新的运用方式为突破口做了大量努力。到20世纪60年代，美国哥伦比亚大学经济学教授罗伯特·蒙代尔（Robert A. Mundell）和其他几位经济学家在对需求政策两难困境进行了更深入的研究后提出了新的政策配合论。

蒙代尔等经济学家认为，在许多情况下，不同政策工具实际上掌握在不同的决策者手中。例如，货币政策隶属于中央银行的职权，财政政策由财政部门掌管，所以，财政政策和货币政策实际上是两种独立的政策工具而不是一种。而且，考虑到资本流动的影响，财政政策和货币政策对内部平衡和外部平衡的作用程度和方向有不同的影响。一般来说，财政政策通常对内部平衡的影响程度更大，且方向明确；而货币政策对外部平衡的影响更大，且方向明确。因此，可以将这两种经济政策作为两种独立的政策工具搭配使用，将平衡内部经济的任务交给财政政策，将平衡外部经济的任务交给货币政策，让每一种政策工具集中于一项任务，这样就可以同时实现内部和外部平衡，这就是"蒙代尔分配法则"，也称"有效市场分类法则"。关于一国经济内外失衡时的具体政策搭配如表 16.2 所示。

表 16.2 蒙代尔的政策搭配

经济状况	财政政策	货币政策
失业和顺差	扩张性	扩张性
失业和逆差	扩张性	紧缩性
通货膨胀和顺差	紧缩性	扩张性
通货膨胀和逆差	紧缩性	紧缩性

蒙代尔的政策配合理论还可以通过图 16.2 予以说明。

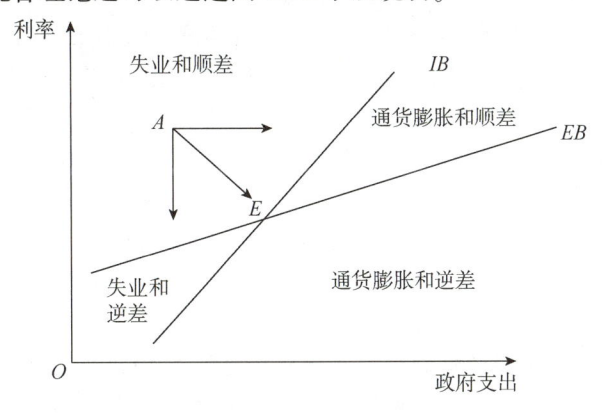

图 16.2 政策配合

图 16.2 中，横轴表示政府支出水平，代表财政政策的作用方向，从原点沿水平轴方向运动意味着扩张的财政政策；纵轴表示利率水平，代表货币政策的作用方向，从原点沿纵轴方向运动意味着紧缩的货币政策。IB 曲线表示导致内部平衡的各种财政和货币政策的组合，该曲线斜率为正，是因为扩张性的财政政策使国内支出增加，经济过热，此时必须采取紧缩性的货币政策，使利率上升，投资下降，总需求下降。如果货币政策过度紧缩，则会导致失业；如果货币政策紧缩力度不够，则会导致通货膨胀。所以，在 IB 曲线的右下方是通货膨胀，左上方是失业。EB 曲线表示导致外部平衡的各种财政和货币政策的组合，该曲线斜率也为正，是因为扩张性财政政策使国内支出增加，从而进口增加，经常项目恶化，此时必须采取紧缩性的货币政策，使利率上升，吸引更多资本流入，直到资本项目的顺差正好抵补经常项目的逆差，国际收支重新达到平衡。如果货币政策过度扩张，则会导致国际收支顺差；如果货币政策扩张力度不够，则会导致国际收支逆差。所以，在

EB 曲线的右下方是逆差，左上方是顺差。

EB 曲线比 *IB* 曲线平坦，是因为相对而言，利率对国际收支和外部平衡的影响更大，而且，资本流动对利率变动反应越敏感，*EB* 曲线相对于 *IB* 曲线就越平坦。*IB* 和 *EB* 曲线的交点 *E* 代表一个国家实现了内外部的同时平衡。*IB* 和 *EB* 曲线的交叉确定了内外失衡的四个区域。政府可以通过财政政策和货币政策的不同组合来实现内外同时平衡。例如，在 *A* 点，即存在失业和顺差时，一个国家可以通过扩张的财政政策和扩张的货币政策组合，使经济趋向 *E* 点，实现经济的内外平衡。

专栏 16-1

我国财政政策与货币政策的配合

我国在不同时期根据经济发展的实际情况，灵活运用财政政策和货币政策对经济运行进行调节。20 世纪 90 年代初，我国经济中出现了较严重的通货膨胀，为抑制通货膨胀，从 1993—1997 年，我国实施了适度从紧的财政政策和适度从紧的货币政策，从而使过高的通货膨胀率得到了有效控制，经济成功实现了"软着陆"。而 1997 年东南亚金融危机爆发后，由于受世界经济不景气的影响，我国经济运行中又出现了通货紧缩的局面。为了应对亚洲金融危机的冲击，治理通货紧缩趋势，刺激有效需求拉动经济增长，我国于 1998—2004 年连续实施了 7 年积极的财政政策和稳健的货币政策。这一政策组合对于抵御亚洲金融危机的冲击、化解国民经济运行周期低迷阶段的种种压力、保持经济社会平稳发展发挥了重要作用。但是，随着积极财政政策作用的发挥，我国宏观经济形势在 2004 年发生了重大变化，经济持续高速增长重新带来了经济过热的通货膨胀风险，这表明我国利用积极财政政策抑制通货紧缩趋势、拉动经济增长的任务已经完成。因此，根据经济形势的新变化和宏观调控的新需要，我国在 2004 年 5 月又及时将积极的财政政策调整为稳健的财政政策，与稳健的货币政策进行配合，以缓和经济偏热带来的通货膨胀压力。之后，在 2007 年 12 月召开的中央经济工作会议上，我国又将实行了 10 年之久的"稳健的货币政策"调整为"从紧的货币政策"，以防止经济增长由偏快转为过热，防止价格由结构性上涨演变为明显的通货膨胀。而 2008 年下半年开始，我国经济受次贷危机影响日益明显，为应对国际、国内经济出现的新形势，防止经济增速大幅下滑，通过扩大内需来拉动经济增长，我国在 2008 年 11 月又将"稳健的财政政策"调整为"积极的财政政策"，将"从紧的货币政策"调整为"适度宽松的货币政策"。积极的财政政策和适度宽松的货币政策的实施取得了明显成效，对于我国经济企稳回升、保持平稳较快发展发挥了重要作用。2011 年，面对国内经济进一步企稳回升、全球流动性泛滥、国内通货膨胀预期居高不下的局面，我国又及时将货币政策由"适度宽松"调整为"稳健"，以便促进经济的可持续发展。

资料来源：李坤望. 国际经济学[M]. 4 版. 北京：高等教育出版社，2017：291.

第二节　开放经济条件下的宏观经济模型

在不同的汇率制度下，宏观经济政策的效果不同。本节我们将建立一个包括国际收支在内的开放经济条件下的宏观经济模型 IS-LM-BP 模型，以分析宏观经济政策的效果。IS-LM-BP 模型是在 IS-LM 模型的基础上加入一条国际收支平衡线，即 BP 曲线后的修正模型。

一、国际收支平衡线——BP 曲线

BP 曲线，即国际收支平衡线，表示一国达到外部平衡时，利率和收入的各种组合点的轨迹。从总差额角度来看，一国国际收支达到平衡是指官方结算差额为零，即经常项目收支差额与资本项目收支差额之和为零（忽略净误差与遗漏项目），用公式表示：

$$BP = (X - M) + (AX - AM) = 0 \text{ 或 } M - X = AX - AM$$

式中，BP 表示国际收支差额；X 表示经常项目出口额；M 表示经常项目进口额；AX 表示资本金融项目的资本流入额；AM 表示资本流出额；M − X 表示净进口；AX − AM 表示净资本流入。

一般认为，M 是本国国民收入的递增函数，即 $M = M(\overset{+}{Y})$；X 取决于外国的国民收入，是外生变量；AX 是本国利率的递增函数，即 $AX = AX(\overset{+}{i})$；AM 是本国利率的递减函数，即 $AM = AM(\overset{-}{i})$。

所以，国际收支平衡可以表示为 $M(\overset{+}{Y}) - X = AX(\overset{+}{i}) - AM(\overset{-}{i})$，即净进口等于净资本流入时，国际收支达到平衡。根据上式，我们可以得到满足国际收支平衡的各种可能的 i 与 Y 的组合，这些 i 与 Y 组合的轨迹就称为国际收支平衡线，即 BP 曲线。BP 曲线的图形推导如图 16.3 所示。

图 16.3（a）表示净进口与国民收入的函数关系，斜率为正，表示净进口与收入同方向变化；图 16.3（b）表示当净进口=净资本流入时，国际收支平衡；图 16.3（c）表示净资本流入与利率的函数关系，斜率为正，表示净资本流入与利率同方向变化；根据图 16.3（a）、图 16.3（b）、图 16.3（c）即可推导出图 16.3（d）的国际收支平衡线，即 BP 曲线。

由图 16.3（d）可知，BP 曲线由一系列 Y 和 i 组合点的轨迹形成，而且，每一个 Y 和 i 的组合点都能使国际收支达到平衡，即 BP 曲线上的每一点都是使国际收支平衡的点。反过来，任何不在 BP 曲线上的点都是使国际收支失衡的点。具体而言，在 BP 曲线左上方的点都表示国际收支顺差，在 BP 曲线右下方的点都表示国际收支逆差。

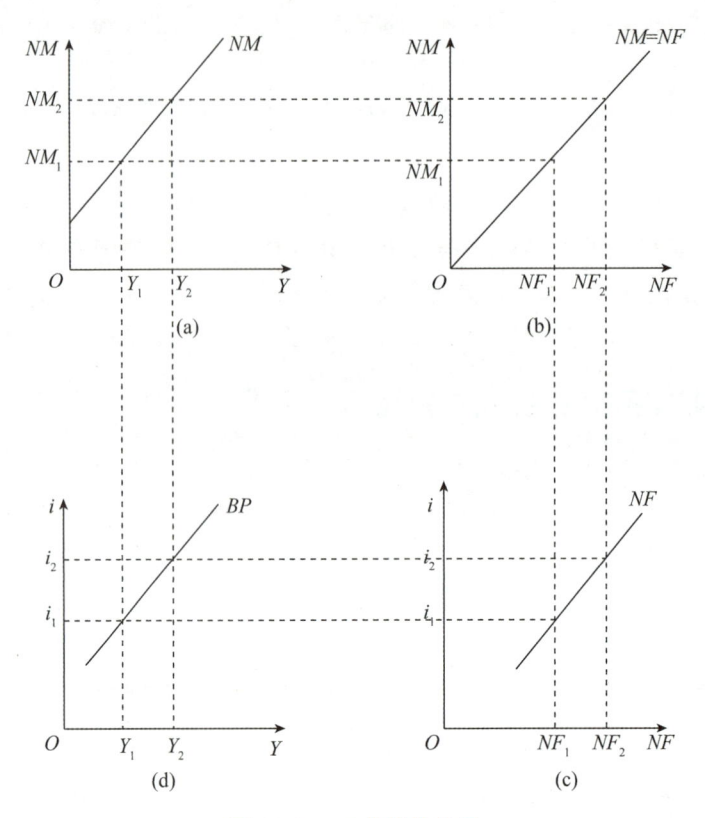

图 16.3　BP 曲线的推导

一般而言，BP 曲线是一条向右上方倾斜的线，斜率为正，表示利率与收入同方向发生变动。这是因为收入水平越高，进口就越多，经常项目就会恶化，此时，要使国际收支保持平衡，必须使利率上升，吸引更多的资本流入，以抵补经常项目的恶化。

BP 曲线的斜率主要取决于资本流动对国内利率变动的弹性大小。如果资本流动对利率变动的弹性越大，即资本流动对利率变动越敏感，BP 曲线就越平坦；反之，BP 曲线就越陡峭。在极端情况下，如果资本流动对国内利率变动的弹性为零，即资本完全不流动的情况下，BP 曲线就是一条位于某一收入水平上的垂线；反之，如果资本流动对国内利率变动具有完全弹性，即资本完全自由流动的情况下，BP 曲线就是一条位于国际均衡利率水平上的水平线。

这里 BP 曲线的推导基于汇率不变的假设前提，所以，BP 曲线没有发生移动。如果汇率发生变动，BP 曲线也会随之发生移动。具体而言，汇率上升，本币贬值会使 BP 曲线向右下方移动，这是因为贬值使该国的经常项目改善，此时必须降低利率，减少资本流入，使资本项目的逆差与经常项目的顺差完全相抵时，国际收支才会重新达到平衡。反之，汇率下降，本币升值会使 BP 曲线向左上方移动。

二、IS-LM-BP 模型

现在将 BP 曲线加入 IS-LM 模型中，形成一个开放经济条件下的宏观经济模型 IS-LM-BP 模型，如图 16.4 所示。

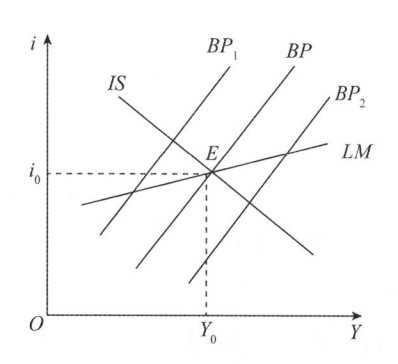

图 16.4　*BP* 曲线比 *LM* 曲线陡峭

在图 16.4 中，当 *IS* 曲线、*LM* 曲线和 *BP* 曲线恰好相交于 *E* 点时，说明产品市场、货币市场和国际收支同时达到均衡，此时确定了均衡的利率 i_0 和均衡的国民收入 Y_0，但此时的均衡国民收入不一定是充分就业的国民收入，所以，在 *E* 点只实现了外部平衡，还没有实现内部平衡。在下一节中，我们将讨论如何通过采取相应的宏观经济政策来实现内外同时平衡。需要指出的是，*BP* 曲线不一定正好通过 *IS*、*LM* 曲线的交点，如果 *BP* 曲线位于 *IS*、*LM* 曲线交点的左边，说明产品市场和货币市场达到均衡的同时，存在国际收支逆差；如果 *BP* 曲线位于 *IS*、*LM* 曲线交点的右边，说明产品市场和货币市场达到均衡的同时，存在国际收支顺差。

BP 曲线和 *LM* 曲线都代表收入和利率同方向发生变化，但二者位置的高低取决于资本流动对国内利率变动的敏感程度。如果资本流动对国内利率变动不太敏感，资本流动程度较低，则 *BP* 曲线比 *LM* 曲线更陡峭（图 16.4）；如果资本流动对国内利率变动较为敏感，资本流动程度较高，则 *BP* 曲线比 *LM* 曲线更平坦，如图 16.5 所示。

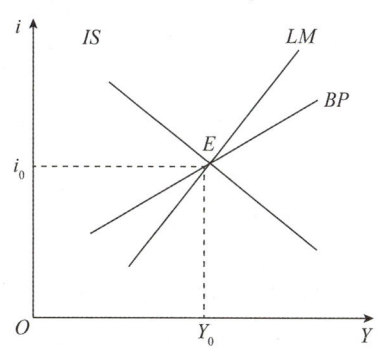

图 16.5　*BP* 曲线比 *LM* 曲线平坦

第三节　固定汇率制度下的宏观经济政策

本节利用 *IS-LM-BP* 模型分析固定汇率制下财政政策与货币政策的效果。

一、财政政策和货币政策的效果

(一)财政政策的效果

开放经济条件下,政府可以采用改变政府支出或税收的方式实施财政政策。下面我们以扩张性财政政策为例,分析其在固定汇率制下的效果。

图 16.6(a)表示资本流动对利率变动反应不太敏感,资本流动程度较低,BP 曲线比 LM 曲线要陡峭;图 16.6(b)表示资本流动对利率变动反应较为敏感,资本流动程度较高,BP 曲线比 LM 曲线要平坦。

假定经济初始状态为 IS 曲线、LM 曲线和 BP 曲线交于 E 点,此时均衡的国民收入和利率分别为 Y_0 和 i_0,$Y_0 < Y_F$,Y_F 表示充分就业下的国民收入水平,说明存在失业和外部平衡。此时,政府采取增加政府支出或减税的扩张性政策,则 IS 曲线会右移至 IS',与 LM 曲线相交于 E' 点。在图 16.6(a)中,E' 点位于 BP 曲线的右方,国际收支出现了逆差,本币面临贬值的压力。本国货币当局为维持汇率的稳定,需要在外汇市场上进行干预,抛出外汇,收回本币,这样一来又导致本国货币供给减少,LM 曲线向左移,直到最终 IS'、LM' 和 BP 曲线相交于 E'' 点,经济重新恢复到均衡状态。

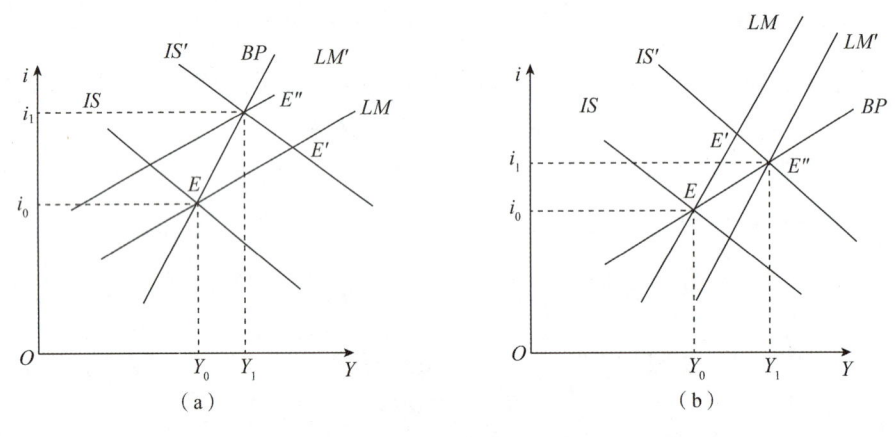

图 16.6 财政政策的效果

而在图 16.6(b)中,IS' 与 LM 曲线的交点 E' 位于 BP 曲线的左方,说明国际收支出现了顺差,本币面临升值的压力。本国货币当局为维持汇率的稳定,需要在外汇市场上进行干预,抛出本币,收回外汇,这样一来又导致本国货币供给增加,LM 曲线向右移,直到最终 IS'、LM' 和 BP 曲线相交于 E'' 点,经济重新恢复到均衡状态。可见,在固定汇率制下,扩张性的财政政策能够提高一国的国民收入水平,而且,资本流动程度越高,财政政策效果越明显。

(二)货币政策的效果

开放经济条件下,政府也可以采用货币政策对经济进行调节。下面我们以扩张性货币政策为例,分析其在固定汇率制下的效果。

图 16.7(a)表示资本流动对利率变动反应不太敏感,资本流动程度较低,BP 曲线比

LM 曲线陡峭；图 16.7(b) 表示资本流动对利率变动反应较为敏感，资本流动程度较高，BP 曲线比 LM 曲线平坦。

但无论哪种情况下，扩张性货币政策都使 LM 曲线右移至 LM'，与 IS 曲线相交于 E' 点，E' 点位于 BP 曲线的右方，说明国际收支出现了逆差，本币面临贬值的压力。本国货币当局为维持汇率的稳定，需要在外汇市场上进行干预，抛出外汇，收回本币，这样一来又导致本国货币供给减少，LM' 曲线又向左移，直到最终 IS、LM 和 BP 曲线重新相交于 E 点，经济重新恢复均衡。可见，在固定汇率制下，扩张性的货币政策在短期能够提高一国的国民收入水平，而长期来看对国民收入没有影响。

以上分析说明，在固定汇率制下，恢复对内平衡，财政政策比货币政策更有效。

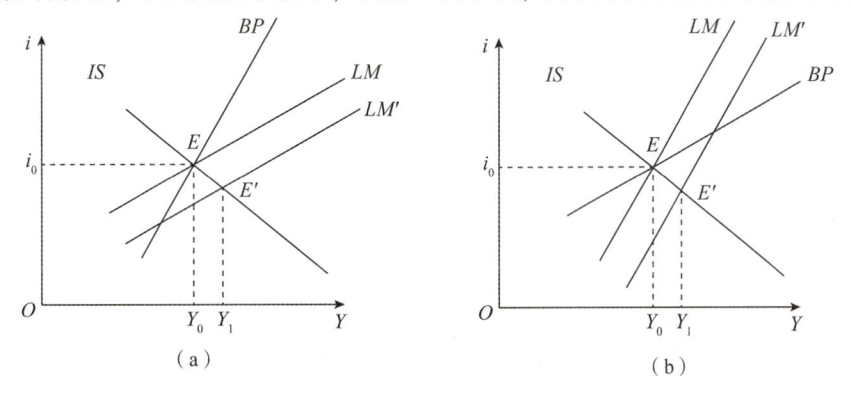

图 16.7 货币政策的效果

二、资本完全自由流动下的宏观经济政策效果

蒙代尔-弗莱明模型是在 20 世纪 60 年代浮动汇率盛行前，由美国哥伦比亚大学经济学教授蒙代尔和国际货币基金组织研究员 J. 马库斯·弗莱明（John Marcus Flemin）提出的。此模型是以资本具有完全流动性为假设前提的小国开放经济模型，它是一类特殊的 IS-LM-BP 模型，其特殊性表现在 BP 曲线由于资本的完全流动性而成为一条水平线，这时资本流动对于利率的变动具有完全的弹性，利率的任何微小变动都会引起巨额的资本流动。下面我们就用这种特殊的开放条件下的宏观经济模型来分析财政政策和货币政策的效果。

（一）财政政策的效果

假定经济的初始状态为 IS 曲线、LM 曲线和 BP 曲线交于 E 点，此时均衡的国民收入为 Y_0，$Y_0 < Y_F$，本国利率等于世界均衡利率 i_0。此时，政府采取增加政府支出或减税的扩张性财政政策，则 IS 曲线右移至 IS'，如图 16.8 所示，与 LM 曲线相交于 E' 点，E' 点位于 BP 曲线的上方，说明本国利率 i_1 高于世界均衡利率 i_0，这会导致巨额资本流入，国际收支出现巨额顺差，本币面临升值压力。为维持汇率的稳定，本国货币当局必须干预外汇市场，抛出本币，收回外汇，这样又会增加本国货币供给，使 LM 曲线向右移，直到最终 IS'、LM' 和 BP 曲线相交于 E'' 点，国民收入提高到 Y_F，利率恢复到原来水平，国际收支恢复平衡。可见，在固定汇率制和资本完全自由流动的情况下，财政政策是完全有效的。

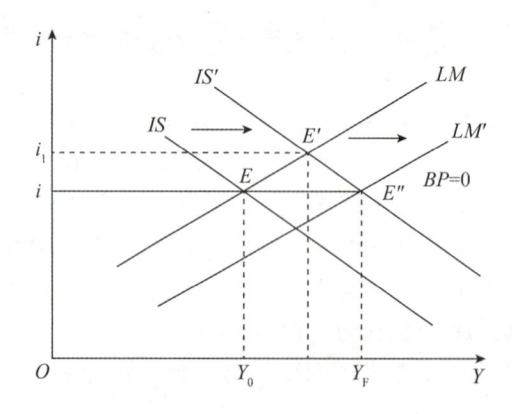

图 16.8　财政政策的效果

(二) 货币政策的效果

假定经济的初始状态为 IS 曲线、LM 曲线和 BP 曲线交于 E 点，此时均衡的国民收入为 Y_0，本国利率等于世界均衡利率 i_0。此时，政府采取扩张性货币政策，则 LM 曲线右移至 LM′，如图 16.9 所示，与 IS 曲线相交于 E′ 点，E′ 点位于 BP 曲线的下方，本国利率 i_1 低于世界均衡利率 i_0，这会导致巨额资本外流，国际收支出现巨额逆差，本币面临贬值压力。为维持汇率的稳定，本国货币当局必须干预外汇市场，抛出外汇，收回本币，这样一来又导致本国货币供给减少，LM′ 曲线向左移，直到最终 IS、LM 和 BP 曲线又相交于 E 点，国民收入和利率又恢复到原来水平，国际收支恢复平衡。可见，在固定汇率制和资本完全自由流动的情况下，货币政策是完全无效的。

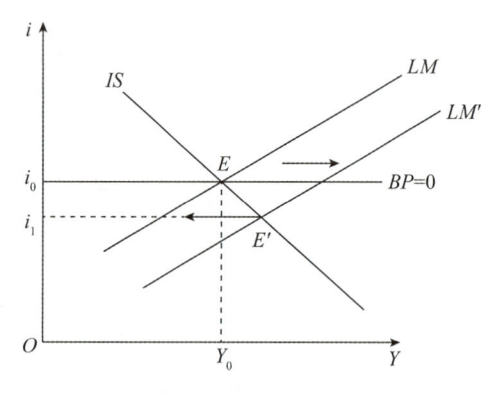

图 16.9　货币政策的效果

综上所述，在固定汇率制下，如果资本具有完全的流动性，任何国家都不可能独立地执行货币政策，不可能偏离世界市场通行的利率水平。任何独立执行货币政策的企图都将引起资本的大量流入或流出，并迫使货币当局增加或减少货币供给，从而迫使利率回到世界市场上通行的水平，使经济重新恢复到原来的状态。而财政政策则会收到意想不到的效果，由于上述相同原因而使国际收支恢复平衡，但对国民收入的影响却进一步扩大了。

专栏 16-2

为什么经常推迟贬值？

固定汇率制度的国家在别无选择之前，即在面临政府遭受重大失败之前，经常推迟贬值，这确实是墨西哥在 1994 年发生的情况，这也是英国和意大利早先在 1992 年被迫贬值时发生的情况。

为什么这些国家等待这么长时间？首先是经济上的原因，要使贬值能够生效，使其能够减少国际收支赤字，它必须使进口商品变贵，使国内居民消费减少。当墨西哥发生贬值时，美国的糖果（和许多更重要的进口商品）变贵了，墨西哥的生活水平因此下降。但是，不仅进口商品的价格上升，使用进口原材料生产的商品的价格也上升了。

贬值不得人心，因为它降低了国内的生活水平。此外，进口商品的价格上升有时引起更普遍的价格上涨，即通货膨胀，这也是不得人心的。

政府长时间推迟贬值有另外一个原因。贬值本身是一种预言，预期一个国家会发生贬值，会增加它会这样做的可能性。为什么呢？因为如果你预期通货要贬值，例如，如果你预期比索要从3.5比索兑1美元下跌到6比索兑1美元，你将尽可能快地仅用3.5比索购买美元，并希望以后以更高的价格卖出美元，在比索上盈利。但是，当你购买美元时，你消耗了国家的比索储备，使国家更难以保持汇率不变。因此，特别是当公众开始担忧贬值的可能性时，政府官员经常要积极声明"绝不会贬值"。这可以使公众放心一段时间，因此有利于防止贬值。但是，当贬值势在必行的时候，政府官员看起来荒唐而困惑，这是他们把贬值推迟得太久的另一个原因。

资料来源：鲁迪格·多恩布什，斯坦利·费希尔，理查德·斯塔兹. 宏观经济学[M]. 7版. 范家骧，等译. 北京：中国人民大学出版社，2003：481-482.

第四节　浮动汇率制度下的宏观经济政策

1971年布雷顿森林体系崩溃之后，许多国家相继实行了自由浮动或管理浮动汇率制度。在浮动汇率制下，由于汇率的可变性，使 BP 曲线也会跟着发生移动。汇率上升，本币贬值，BP 曲线向右移；反之，汇率下降，本币升值，BP 曲线向左移，因而各国财政政策和货币政策的效果与固定汇率制下有所不同。

一、财政政策和货币政策的效果

(一)财政政策的效果

我们仍以扩张性财政政策为例，分析其在浮动汇率制下的效果。

图16.10(a)表示资本流动对利率变动反应不太敏感，资本流动程度较低，BP 曲线比 LM 曲线陡峭；图16.10(b)表示资本流动对利率变动反应较为敏感，资本流动程度较高，BP 曲线比 LM 曲线平坦。

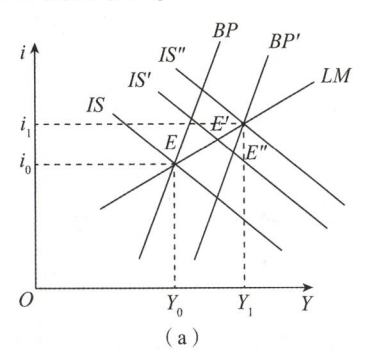

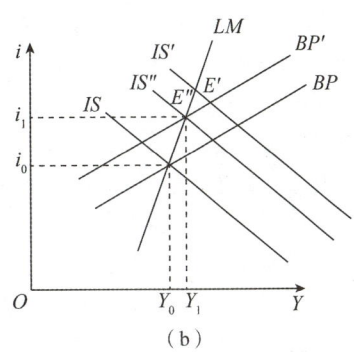

图16.10　财政政策的效果

假定经济的初始状态为 IS 曲线、LM 曲线和 BP 曲线交于 E 点，均衡的国民收入和利率分别为 Y_0 和 i_0，Y_0 仍小于充分就业的国民收入。此时，政府采取扩张性财政政策，则 IS 曲线会右移至 IS′，与 LM 曲线相交于 E′ 点。在图 16.10(a) 中，E′ 点位于 BP 曲线的右方，说明国际收支出现了逆差。在浮动汇率制下，本币会贬值。本币贬值一方面会使 BP 曲线右移至 BP′，另一方面使净出口增加，导致 IS′ 曲线进一步右移向 IS″，直到最终 IS″、LM 和 BP′曲线相交于 E″点，经济重新恢复到均衡状态。而在图 16.10(b) 中，IS′ 与 LM 曲线的交点 E′ 点位于 BP 曲线的左方，说明国际收支出现了顺差，本币升值。本币升值一方面会使 BP 曲线左移至 BP′，另一方面使净出口下降，导致 IS′曲线向左回移向 IS″，直到最终 IS″、LM 和 BP′曲线相交于 E″点，经济重新恢复到均衡状态。可见，在浮动汇率制下，扩张性的财政政策能够提高一国的国民收入水平，但是，资本流动程度越高，财政政策效果越有限。

专栏 16-3

货币政策对美国经济的繁荣和破坏作用

在美国 20 世纪 90 年代的经济繁荣期间(有记录的持续时间最长的经济繁荣)，有一个问题被提出来，即美国经济是否已经能够抵抗危机或者经济危机已成为历史。这种讨论在 2000 年秋美国经济增长急剧降低时突然结束，官方统计认为 2001 年 3 月美国开始衰退，这次经济下滑也被视为经济危机的前奏。这次经济衰退的直接原因是泡沫的破灭，股价迅速下跌，工业产值和 GDP 下滑并且失业增加。虽然在近几十年中，美国经济繁荣的持续时间增长，发生经济危机的次数减少，危机的影响减弱，但经济繁荣不可避免会出现经济发展过热的情况，这需要得到正视，否则极有可能导致经济危机。

战后经济危机发生频率降低、危害程度减弱，有以下几个原因：①银行存款的政府保障实际上缓解了银行恐慌，在过去这一问题几乎总是刺激经济危机的发生；②降低税收和政府对失业保险及脱贫计划投入的增加，这两种形式的经济自动稳定器比一个世纪前可以更有力和成功地实现经济软着陆；③美联储运用货币政策来保持经济稳定发展的能力增强，政府对如何花纳税人的钱以及如何推行财政政策更为谨慎，否则一旦犯错，将对经济产生无法预见的冲击，将经济带入萧条。

实际上，1914 年美联储成立后的每一次经济危机都是由于运用紧缩货币政策和高利率手段来解决经济繁荣所造成的通货膨胀等问题引起的。例如，20 世纪 60 年代的经济繁荣后期，每年的通货膨胀率为 6%，而 80 年代经济繁荣期结束时的通货膨胀率为 5%。1929 年股市崩盘发展为经济大危机，当时在经济紧缩的情况下美联储仍然采取紧缩的货币供应政策，同时，尽管美国当时还有贸易盈余，胡佛总统为了平衡预算、扩大税收及刺激美国经济仍然提高了进口关税。

在过去的 20 年里，货币和财政政策在稳定经济方面发挥的作用越来越明显。例如，1987 年股市崩盘，美联储主席格林斯潘利用资产的流动性操控市场，抑制了将引发经济危机的金融危机，在接下来的 2001 年 9 月 11 日恐怖主义袭击纽约和华盛顿时，他采取的也是同样的方法。从 1999 年中到 2000 年中，为了在通货膨胀发生前缓解经济过热情况，美联储 7 次加息(每次 0.25 点)。虽然这不能阻止经济危机的发生，但2001年的经济危机是有记录的持续时间最短、危害程度最弱的几次之一，但经济恢复似乎也比过去无力。

20世纪90年代的经济繁荣可以持续这么长时间是因为通货膨胀通过以下手段得到了成功的控制，这些手段主要有：①准确的货币和财政政策；②劳动生产率的较大提高（使成本降低）；③迅速全球化（为了避免在竞争中失去市场份额而不能涨价，这给美国公司施加了压力）；④技术进步（如电子商务，它可以扩大价格竞争，使价格保持在较低水平）。然而所有这些因素都不可能避免2001年发生经济萧条，这使得纠正在20世纪90年代经济发展中带来的过度问题成为必要。

资料来源：多米尼克·萨尔瓦多. 国际经济学[M]. 8版. 朱宝宪，吴洪，等译. 北京：清华大学出版社，2004：576-577.

（二）货币政策的效果

我们仍以扩张性货币政策为例，分析其在浮动汇率制下的效果。

无论BP曲线比LM曲线更陡峭（图16.11(a)），还是更平坦（图16.11(b)），扩张性货币政策都使LM曲线右移至LM'，与IS曲线相交于E'点，E'点位于BP的右方，说明国际收支出现了逆差。在浮动汇率制下，本币会贬值。本币贬值一方面会使BP曲线右移至BP'，另一方面使净出口增加，导致IS曲线右移向IS'，直到最终IS'、LM'和BP'曲线相交于E''点，经济重新恢复均衡。可见，在浮动汇率制下，扩张性货币政策能够比较显著地提高一国的国民收入水平。

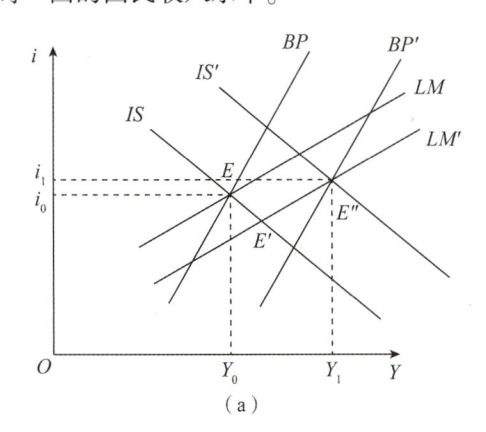

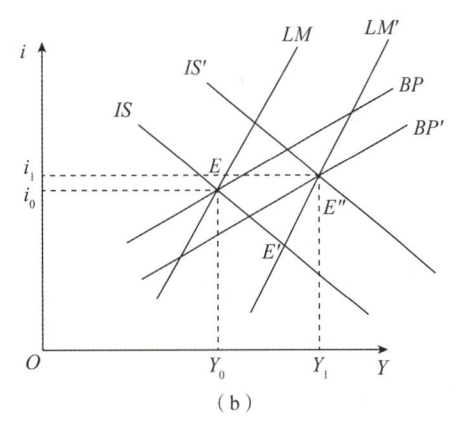

图16.11　货币政策的效果

二、资本完全自由流动下的宏观经济政策效果

下面我们仍使用蒙代尔-弗莱明模型探讨浮动汇率制与资本完全流动情形下财政政策与货币政策的效果。

（一）财政政策的效果

如图16.12所示，假定经济的初始状态为IS曲线、LM曲线和BP曲线相交的E点，此时均衡的国民收入为Y_0，$Y_0 < Y_F$，本国利率等于世界均衡利率i_0。此时，政府采取扩张性财政政策，则IS曲线右移至IS'，与LM曲线相交于E'点，E'点位于BP曲线的上方，

说明本国利率 i_1 高于世界均衡利率 i_0，这会导致巨额资本流入，国际收支出现巨额顺差。在浮动汇率制下，国际收支顺差会导致本币升值。本币升值使净出口减少，从而使 IS' 曲线向左回移，直到最终 IS、LM 和 BP 曲线又重新相交于 E 点，国民收入和利率恢复到原来水平，国际收支恢复平衡。可见，在浮动汇率制和资本完全自由流动的情况下，财政政策是完全无效的。

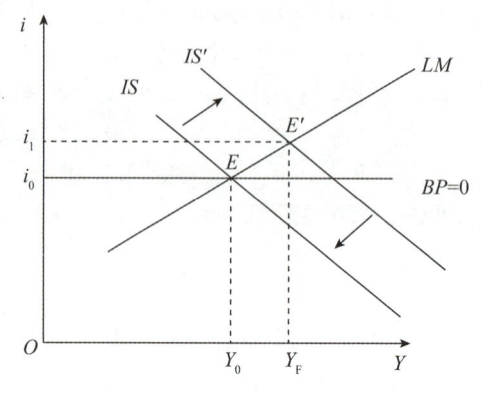

图 16.12 财政政策的效果

（二）货币政策的效果

如图 16.13 所示，假定经济的初始状态为 IS 曲线、LM 曲线和 BP 曲线相交的 E 点，此时均衡的国民收入为 Y_0，$Y_0 < Y_F$，本国利率等于世界均衡利率 i_0。此时，政府采取扩张性货币政策，则 LM 曲线右移至 LM'。

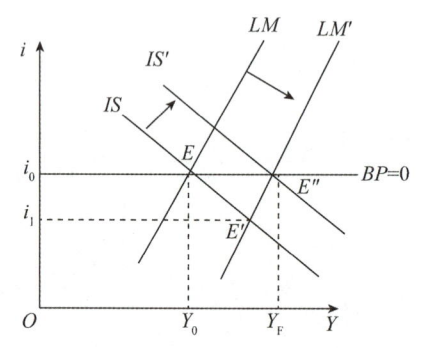

图 16.13 货币政策的效果

LM' 与 IS 曲线相交于 E' 点，E' 点位于 BP 曲线的下方，本国利率 i_1 低于世界均衡利率 i_0，这会导致巨额资本外流，国际收支出现巨额逆差。在浮动汇率制下，国际收支逆差会导致本币贬值。本币贬值使净出口增加，从而使 IS 曲线右移至 IS'，最终 IS'、LM' 和 BP 曲线相交于 E″ 点，此时，国民收入提高到 Y_F，利率恢复到原来水平，国际收支恢复平衡。可见，在浮动汇率制和资本完全自由流动的情况下，货币政策是完全有效的。

综上所述，在浮动汇率制度下，如果资本具有完全的流动性，则政府的财政政策是完全无效的，而货币政策是完全有效的。值得注意的是，以上对浮动汇率制下的财政政策和货币政策效果的分析是以国内价格水平不变为前提的，所以只是一个简化的分析，如果考虑众多变量之间的相互影响，则其调整过程更加复杂。

本章小结

本章阐述了开放经济条件下实现宏观经济内外平衡的理论。在开放经济条件下,宏观经济政策的主要目标包括经济增长、充分就业、物价稳定和国际收支平衡四个方面。其中,经济增长是长期目标,充分就业、物价稳定和国际收支平衡是短期目标。三大短期目标中,充分就业和物价稳定是对内平衡目标,国际收支平衡是对外平衡目标。在开放经济条件下,一国为实现宏观经济政策目标可以采用的政策工具主要有支出改变政策(包括财政政策和货币政策)、支出转换政策、直接控制等。丁伯根法则指出要达到 n 个独立的经济目标,至少需要 n 种有效的政策工具。战后,各国面临两个政策目标,即内外平衡,所以必须合理配合使用支出改变和支出转换政策。但在固定汇率制下,一国难以实行支出转换政策(货币贬值或升值)。在这种情况下,米德最早提出了固定汇率制下的内外冲突问题,即在某些情况下,单独使用支出改变政策追求经济的内外平衡,可能会导致一国内部平衡与外部平衡的冲突。一国财政政策和货币政策对内部平衡和外部平衡的作用程度和方向是不同的,蒙代尔提出了以财政政策促进内部平衡、以货币政策促进外部平衡的政策"分配法则"。

$IS\text{-}LM\text{-}BP$ 模型是开放经济条件下的宏观经济模型。当 IS 曲线、LM 曲线和 BP 曲线恰好相交于 E 点时,说明产品市场、货币市场和国际收支同时达到均衡。根据蒙代尔-弗莱明模型,在固定汇率制下,货币政策是完全无效的,而财政政策完全有效;在浮动汇率制下,财政政策完全无效,而货币政策完全有效。

复习思考题

1. 在开放经济条件下一国宏观经济政策的目标有哪些?
2. 在开放经济条件下实现内外平衡的政策工具有哪些?
3. 什么是"米德冲突"?怎样解决它?
4. 请阐述蒙代尔分配法则。
5. 试运用蒙代尔-弗莱明模型,分析在固定汇率制和浮动汇率制下财政政策和货币政策的有效性。

第十七章 国际货币制度

国际货币制度(International Monetary System)是调整国际货币关系的一系列国际性的规则、安排和惯例的总称,其内容主要包括五个方面:汇率制度的确定、各国货币的兑换性和国际结算原则的确定、国际储备资产的确定、国际收支的调节方式、国际金融事务的协商和组织。在上述几个方面的内容中,汇率制度居于核心地位,它制约着国际货币制度的其他方面,并反映了一定时期内国际货币制度的基本特征。国际货币制度的形式和内容随着各国货币制度的演变以及国际政治、经济关系的变化而不断变动和调整。本章介绍国际货币制度从金本位制时期至现在的运作情况。

第一节 国际货币制度的演变

从19世纪初英国率先实行金本位制至今,国际货币制度的演变先后经历了国际金本位制、布雷顿森林体系和牙买加货币体系三个重要的发展阶段。

一、国际金本位制

国际金本位制(Gold Specie Standard)是世界上最早自发形成的一种国际性货币制度。金本位制是一种以黄金作为本位货币,实行以金币流通为主的货币制度。"一战"以前,资本主义各国普遍实行金本位制。在金本位制下,各国对本国货币单位都规定了含金量,国际货币兑换以货币的含金量为基础,黄金作为国际支付手段和流通手段被各国普遍接受,从而使金本位制具有国际货币制度的性质。按照货币与黄金的联系程度不同,我们可将国际金本位制分为金币本位制、金块本位制和金汇兑本位制。

(一)金币本位制

金币本位制又称金块本位制或金铸币本位制,是19世纪末到"一战"前资本主义各国普遍实行的一种货币制度。1816年英国制定了《金本位制》,并于1821年在世界上首次实行金本位制。19世纪50年代后,大部分资本主义国家,如德国、日本和美国等,效仿英国相继实行金本位制,至20世纪初,除少数国家外,金币本位制已在资本主义世界各国广泛实行。

金币本位制的主要特点是:①以金币作为本位货币,单位货币的重量、成色、形状以及货币的各种面额由国家以法律的形式统一规定；②允许货币的自由铸造和熔毁；③金币和黄金可以自由输出输入；④储备货币使用黄金，并以黄金作为国际结算工具，各国的国际收支可以用黄金的输出输入自动平衡。

金币本位制是国际货币制度中一种比较健全和稳定的货币制度。在这一制度下，流通中的货币量能自发地进行调节，这无疑有利于抑制通货膨胀，扩大商品流通。价值符号稳定地代表一定量的黄金，促进了资本主义国家银行信用的发展；自动调节汇率机制，则对国际贸易的发展大有裨益。国际金本位制对资本主义经济的发展起到了重要的促进作用。

"一战"爆发后，各参战国都实行黄金禁运和纸币停止兑换黄金，国际金本位制停止实行。

(二)金块本位制和金汇兑本位制

"一战"爆发后，金币本位制的运行机制遭到破坏，战后各国已无力恢复金币本位制。1919—1924年之间，外汇市场上汇率出现了急剧的波动，导致了人们对重返金本位制下稳定状态的渴望。在金币本位制难以恢复的情况下，1925年英国首先实行金块本位制，不久，法国、比利时、荷兰等国也相继推行。金块本位制是以黄金为准备金，以有法定含金量的价值符号作为流通手段的一种货币制度。在金块本位制下，货币仍然规定含金量，但黄金只作为货币发行的准备金集中于中央银行，而不再铸造金币和实行金币流通，流通中的货币黄金由银行券等价值符号所代替。银行券不能自由兑换成黄金，但是当需要进行国际支付时，可以用银行券到中央银行根据规定的数量兑换黄金。

金块本位制虽然仍对货币规定含金量，并以黄金作为准备金，但金币的自由铸造和流通以及黄金的自由输出输入已被禁止，价值符号与黄金的兑换也受到限制，此时，黄金已难以发挥自动调节货币供求和稳定汇率的作用。因此，金块本位制是一种残缺不全的金本位制，它是典型的金本位制崩溃后，经济实力较强的国家所实行的货币制度。

金汇兑本位制又称虚金本位制，也是一种不完全的金本位制。实行这种货币制度的国家需将本国的货币与另一个实行金币本位制或金块本位制国家的货币挂钩，实行固定汇率，并在该国存放外汇和黄金作为准备金。"一战"以前，许多弱小的从属于经济实力较强国家的殖民地和半殖民地国家曾经实行过这种货币制度。"一战"后，一些无力恢复金币本位制但又未采用金块本位制的资本主义国家，也推行金汇兑本位制，如战败的德国、意大利和奥地利曾实行过这种货币制度。

在金汇兑本位制下，国家禁止金币的铸造和流通，国内只流通纸币，国家对纸币规定法定的含金量，但不能兑换成黄金，而只能兑换外汇，外汇在国外可兑换黄金，国家禁止黄金自由输往国外，黄金的输出输入由中央银行负责办理。虽然金汇兑本位制规定了货币的含金量，但由于纸币已不能兑换黄金，黄金于是就不能发挥自发调节货币流通的作用。此时，如果纸币流通量超过了流通中对货币的需求量，就会发生货币贬值，从而使货币制度的确定性被大大削弱了。不仅如此，由于实行金汇兑本位制的国家的货币与某个经济实力较强的国家的货币保持着固定的比价，前者的对外贸易政策和金融政策必然受到货币政策的影响和控制。因此，金汇兑本位制是一种削弱了的极不稳定的金本位制。

从上述内容来看，无论是金块本位制还是金汇兑本位制，都远不如金币本位制稳定，它们是被削弱了的金本位制。金币本位制、金块本位制和金汇兑本位制三者统称为广义的金本位制。

(三) 金本位制的崩溃

进入 20 世纪以后，主要资本主义国家的经济日益动荡不安，战争阴云笼罩着欧洲。金币本位制存在的条件一再遭到破坏。"一战"前夕，各主要资本主义国家为了增强经济实力，准备战争，一方面在国际范围内大肆掠夺黄金，另一方面又在国内加紧把黄金集中到中央银行或国库，从而使金币自由铸造和自由流通的基础受到严重的削弱。战争前夕，各国财政支出大量增加，于是不得不发行大量的银行券，导致银行券的流通数量超过了流通中所需要的货币量，银行券与金币的自由兑换越来越困难。这一时期，为了防止黄金外流，许多国家对黄金的自由输出输入进行严格的限制或完全禁止，使货币汇率的稳定性失去了保障。

"一战"爆发后，各国的军费开支猛增，银行券兑换黄金和黄金的自由输出输入被禁止，不兑换纸币的发行和流通，使通货膨胀日益严重，金币本位制终于走向崩溃。只有美国因祸得福，继续勉强维持这一制度。

金块本位制和金汇兑本位制是国际金本位制受到严重削弱后的两种具体形态，但也没能逃过"大萧条"。1929—1933 年资本主义世界经历了历史上持续时间最长、范围最广、破坏性最大的周期性经济危机，经济史上把它称为"大萧条"。这次危机首先从美国开始，而后迅速在欧洲蔓延。1929 年 6 月美国爆发经济危机后，由于银行大量倒闭，美国政府不得不宣布暂停银行活动。由于存款人纷纷挤兑，联邦储备银行的黄金储备急剧减少，迫使美国政府宣布停止银行券兑换黄金，并禁止黄金输出。这样一来，在"一战"期间唯一维持金本位制的美国，也宣告了金本位制的崩溃。继美国废除金本位制后，德国于 1931 年 7 月宣布实行外汇管制，放弃金本位制。接着，同年 9 月英国放弃金本位制。法国、比利时、荷兰、瑞士、意大利和波兰六国组成的"黄金集团"坚持到 1935 年也先后被迫放弃了金本位制。至此，国际金本位制走向全面崩溃。

国际金本位制彻底瓦解后，世界上大多数国家都实行不兑换的纸币制度，而且资本主义世界货币体系陷入了四分五裂的局面。各国为了维护各自的势力范围和原有的殖民体系，增强竞争能力，在各自原有的势力范围的基础上，分别组建了相互对立的货币集团，即以某一大国的货币为中心，与其他国家联合组成排他性的货币联盟或货币区，集团内的各国货币都与这一货币保持固定比价，并作为参与国的外汇储备和国际结算的主要货币。这些货币集团有英镑集团、贸易集团和法郎集团等。各个货币集团对内实行外汇管制，对外争相进行货币贬值，相互展开"汇率战"和"贸易战"，国际金融领域动荡不安，严重妨碍了国际贸易和世界经济的发展。在这种形式下，建立一种新的国际货币制度已成为一种迫切的需要。

二、布雷顿森林体系

"二战"使大多数国家认识到，国际经济的动荡乃至战争的爆发与国际经济秩序的混乱存在着某种直接或间接的联系，因此，重建国际经济秩序成为保持战后经济恢复和发展的重要因素。在国际金融领域中重建经济秩序就是建立能够保证国际经济正常运行的国际货币制度。

(一) 布雷顿森林体系的建立

"二战"彻底改变了世界政治经济格局，"冷战"加强了西方国家的团结合作，前联邦德国、意大利、日本遭到毁灭性打击，英国、法国等老牌强国受到严重的削弱，而美国却凭借"二战"中为盟军提供军火一跃成为世界第一强国。战争结束时，美国的工业制成品占世界总额的一半，国际贸易占世界总额的 1/3，黄金储备约占世界总量的 3/4，其海外投资超过了英国，成为世界上最大的债权国。美国依仗其雄厚的经济实力试图取代英国充当金融霸主，但英国并不会拱手相让。"二战"虽然极大地削弱了英国的经济实力，但英国在世界经济中的实力仍然不可低估，英镑区和帝国特惠制依然存在，国际贸易的 40% 还用英镑结算，英镑仍然是主要的国际储备货币，伦敦依旧还是最大的国际金融中心。1943 年 4 月，英美两国分别提出了各自的方案，英国提出了"凯恩斯计划"，美国则提出了以其财政部部长助理哈里·D. 怀特命名的"怀特计划"。这两个计划充分反映了两国的各自利益以及建立国际金融新秩序的深刻分歧。

"凯恩斯计划"由英国著名的经济学家凯恩斯提出。凯恩斯要求成立一个"国际清算联盟"，各国中央银行在国际清算联盟开户往来，在一个被称作"班克(Banker)"的新记账单位的基础上，进行国际清算，就像各国中央银行在国内创造货币一样。"怀特计划"主张在战后设立国际货币稳定基金，其多少取决于各国的外汇储备、国民收入和国际收支等因素，并决定该国在基金的投票权；美国还创设一种与美元发生联系的国际货币单位，名为"尤尼塔(Unita)"。"怀特计划"明白无误地昭示了美国的意图——凭借其拥有的黄金和经济实力，操纵和控制基金组织，为谋求金融霸主地位铺平道路。

两个方案提出后，英美两国政府代表团就国际货币计划展开了激烈的争论，最后因当时英国的经济、军事实力不如美国，英国妥协，双方于 1944 年 4 月达成基本反映"怀特方案"的《关于设立国际货币基金的专家共同声明》。这时美国认为时机已成熟，遂于同年 7 月邀请包括英美两国在内的 44 国代表在美国的新罕布什尔州的布雷顿森林举行"联合国货币金融会议"，讨论了战后国际货币制度的结构和运行等问题。经过激烈的讨论，大会最终起草并签署了《联合国货币金融会议的最后决议书》以及两个附件，即《国际货币基金组织协定》和《国际复兴开发银行协定》，总称为"布雷顿森林协定"。在这一协定基础上产生的国际货币制度被称为布雷顿森林体系，根据协定成立的国际货币基金组织(IMF)是布雷顿森林体系赖以维持的基本运行机构。由于美国的黄金外汇储备当时已经占到资本主义世界的 3/4，因此，如果建立的货币体系仍然要与黄金有密切联系的话，实际上就是要建立一个以美元为中心的国际货币制度。布雷顿森林体系的内容也正好反映了这样一个事实。

(二) 布雷顿森林体系的内容

布雷顿森林体系包括五点内容，即本位制、汇率制度、储备制度、国际收支调整机制以及组织形式。

在本位制方面，布雷顿森林体系规定，美元与黄金挂钩。各国确认 1934 年 1 月美国规定的一美元的含金量为 0.888 671 克纯金和 35 美元兑换一盎司黄金的黄金官价。美国承担向各国政府或中央银行按黄金官价兑换美元的义务。同时，为了维护这一黄金官价不受国际金融市场金价的冲击，各国政府需协同美国政府干预市场的金价。

在汇率制度方面，规定国际货币基金组织的成员国货币与美元挂钩，实行固定汇率制度。各国货币与美元的汇率按照各自货币的含金量与美元含金量的比较确定，或者不规定本国货币的含金量，只规定与美元的汇率。各国不能任意改变其货币的含金量。如果某种货币的含金量需要作 10% 以上的调整，就必须得到国际货币基金组织的批准。国际货币基金组织允许的汇率波动幅度为±1%，只有在成员国的国际收支发生根本性不平衡时，才能改变其货币平价。

在储备制度方面，美元取得了与黄金同等地位的国际储备资产的地位。

在国际收支调整机制方面，会员国不得对国际收支经常项目的外汇交易加以限制，不得施行歧视性的货币措施或多种货币汇率制度。

为了保证上述货币制度的贯彻执行，1945年12月建立了国际货币基金组织，其宗旨是就国际货币问题进行合作，促进国际贸易的平衡发展、提高就业水平、增加收入、避免会员国货币的竞争性贬值、向成员国提供所需要的临时性贷款，设法消除国际收支的严重失衡。该组织的主要职能有两个：一是当成员国因遇到到期的经常项目逆差，而实行紧缩性的货币或财政政策将影响国内就业时，国际货币基金组织随时准备向他们提供外币贷款，以帮助他们渡过难关。用于这种贷款的黄金与外币由该组织交纳形成的基金提供。二是可调整的货币平价。尽管该货币体系规定，成员国之间的汇率保持固定，但如果该组织认为该国的国际收支处于"根本性不平衡"状态时，该国可以调整其汇率。国际货币基金组织的最高决策机构是理事会，日常工作由执行董事会负责。

国际货币基金组织的基本职能是向国际收支失衡的成员国提供临时性贷款，以解决成员国暂时性的国际收支失衡。但对发展中国家而言，由于这些国家处在经济发展的过程中，他们的国际收支的基本特征是收支长期逆差，因此他们的汇率难以保持不变。要维持他们的汇率必须从基础入手，解决他们经济发展的问题。1945年12月，国际复兴开发银行，即世界银行成立，其宗旨是：对发展中国家用于生产目的的投资提供便利，提供发展中国家开发资源，促进私人对外投资，提供发展中国家经济发展中所需要的贷款等。世界银行的组织形式是股份制，其最高决策机构是理事会。世界银行作为国际货币制度的辅助性机构在促进发展中国家经济发展、摆脱长期贸易收支或国际收支逆差方面起到了非常重要的作用。

(三) 布雷顿森林体系的危机和崩溃

"二战"后确立的以美元为中心的国际货币制度，实际上是一种以美元为储备货币的金汇兑本位制，它一方面进一步确立了美元的霸权地位，迎合了美国对外扩张的需要；另一方面对促进战后国际贸易和投资以及世界经济的发展在客观上也起到了积极作用。但是，该体系的正常运转必须具备3个条件：①美国国际收支必须保持平衡或顺差；②美国必须保持充足的黄金储备，以保证各国政府的兑换；③黄金的市场价格必须能够长期保持在官价水平，以确保黄金和外汇市场的稳定。一旦这些条件无法满足，该体系必然会产生危机，严重时将崩溃。

在布雷顿森林体系建立的初期，美国经济实力雄厚，黄金储备充足。但是随着资本主义政治经济发展的不平衡，从20世纪50年代开始，美国的经济实力和地位逐步下降，美国国际收支连年出现逆差，导致黄金逐渐流失，美国国际地位开始削弱。进入20世纪60年代，美国的国际收支进一步恶化，1960年，美国的黄金储备已由1947年的246亿美元降至178亿美元，而美国的对外短期债务则高达210亿美元，从而出现了美国的黄金储备低于其所欠债务的现象，人们因此对美元兑换黄金的信心发生动摇。同年10月，西方各主要金融市场爆发了第一次抛售美元抢购黄金的"美元危机"，美国的国际地位受到严重挑战；在此后的几年内又爆发了多次美元危机。美元危机的频繁爆发，给国际货币制度的稳定造成了极大的威胁。为维持布雷顿森林体系的正常运转，欧美各国及国际货币基金组织先后采取了许多措施，这些挽救措施尽管使得国际金融局势得到一定程度的缓解，但是引起美元危机的根本原因并没有消除。这是因为布雷顿森林体系内部包含着无法克服的矛盾，即美国哈佛大学教授特里芬发现的著名的"特里芬难题"，即无论美国的国际收支是顺差还是逆差，都会给这一货币体系的运行带来困难。在这一制度下，如果美国要保持国际社会有足够的美元用于国际支付，那么人们就会担心美国持有的黄金能否兑换各国持有的美元，从而对美元的信心发生动摇；另一方面，如果美国力图消除国际收支逆差，以维持人们对美元的信任，美元的供应就不可能充足。因此，在这个货币体系中存在着"美元灾"或"美元荒"的两难问题。实际上，自从布雷顿森林体系建立以后，这种难题一直存在，1960年以前，布雷顿森林体系的主要问题是"美元荒"，1960年以后，主要问题是"美元灾"。这种问题的不断困扰终于使美国认识到，其难以靠自己的力量支撑起整个国际货币制度。

进入20世纪70年代以后，美国的经济实力进一步削弱，国际收支逆差进一步扩大。1971年，美国贸易出现严重逆差，黄金储备量仅为对外短期负债的1/5。面对巨大的压力，美国总统尼克松于1971年8月15日宣布实行"新经济政策"，停止以35美元兑换1盎司黄金的价格兑换黄金；对所有外国进口商品一律征收10%的进口附加税；对内冻结工资、物价90天。美元停止兑换黄金，实际上是抽去了布雷顿森林体系的主要基础，固定汇率制在这一情况下也已处于无法维持的地步。

1971年12月，西方十国在华盛顿签订了"史密森协议"，该协议规定：美元对黄金贬值7.8%，各国货币对美元的汇率的波动幅度从原来不超过±1%，调整为±2.5%，但仍未阻止美元的颓势。1973年1月，美国政府宣布部分解除价格管制，致使通货膨胀上扬，市场再次出现抛售美元抢购日本日元、德国马克等强势货币现象。同年2月12日，美国政府又宣布美元对黄金再次贬值10%。随后其他国家纷纷放弃"史密森协议"，采取浮动汇率制度，至此，布雷顿森林体系彻底崩溃。

布雷顿森林体系崩溃后，国际货币领域中长期存在的三大问题并未得到解决，反而成了日益困扰世界经济正常发展的因素。

在汇率制度方面，由于布雷顿森林体系下的固定汇率制瓦解后，各国实行浮动汇率制，所以各国汇率不稳定，经常造成国际金融动荡。国际社会对汇率制度争论不休，一些国家主张实行浮动汇率制，而另一些国家仍主张恢复固定汇率制，双方最终达成了建立一个既需要追求汇率稳定又具有弹性的汇率制度的共识。

国际储备方面，布雷顿森林体系破坏后，应当实行什么样的货币本位，如美元本位、特别提款权本位抑或金本位。因为各国利害关系不同，主张也就不一样，存在恢复金本位、多种货币共同充当国际储备以及其他主张，但这一问题的基础是黄金的货币作用被大大削弱，几个大国的货币在国际储备中的地位日益增强。

在国际收支的调整上，由于造成一国国际收支出现巨额赤字的原因，既有国内需求过旺、进口过多，也有国际价格体系不合理、贸易条件恶性循环，还有一国产业竞争力问题等。在各国保护本国利益的情况下，追求顺差的动机很强，因而国际收支不平衡应由谁负责调节：赤字方、黑字方抑或双方，这是一个极有争议的问题。同时，清偿力的创造也是需要讨论的问题。

除以上三个主要问题外，国际货币制度还存在着关于基金份额的增长、特别提款权的分配、国际货币领域中南北关系等问题。

三、牙买加货币体系

布雷顿森林体系瓦解后，重新建立，至少是改革原有货币体系的工作成为国际金融领域的中心问题。

早在1971年10月，国际货币基金组织理事会就提出了修改《国际货币基金协定》的意见。1972年7月理事会成立了"二十国委员会"，具体研究国际货币制度的改革问题。1974年6月，该委员会提出了一份临时性改革方案，对黄金、汇率、储备资产和国际收支调节等问题提出了一些原则性建议。1974年10月，基金组织决定设立"理事会关于国际货币制度问题的临时委员会"（简称"临时委员会"）取代"二十国委员会"。1976年1月，临时委员会在牙买加首都金斯敦举行会议，就汇率制度、黄金处理、储备资产等有关国际货币制度改革的问题达成协议，并讨论修改国际货币基金协定的条款，会议结束时各方签订了《牙买加协定》。同年4月，国际货币基金组织理事会又通过了以修改《牙买加协定》为基础的《国际货币基金协定第二次修正案》，并送交各会员国完成立法批准手续。1978年4月，该修正案获得法定多数批准，开始正式生效，从而标志着以《牙买加协定》为基础的新的国际货币制度——牙买加货币体系宣告正式确立。这一体系的基本特点是以美元为中心的国际储备多元化、浮动汇率制及黄金货币作用的削弱。

（一）牙买加货币体系的主要内容

牙买加货币体系的主要内容包括三个方面，即汇率制度、储备制度和资金融通问题。《牙买加协定》认可了浮动汇率的合法性，取消了原来关于金平价的规定，国际货币基金组织同意固定汇率和浮动汇率暂时并存，允许各国自由选择汇率制度，但成员国必须接受基金组织的监督，以防止竞相贬值；当世界经济条件允许，经基金组织85%投票权通过，可以恢复稳定但可调整的汇率制度；该协议明确提出黄金非货币化，取消了国际货币基金组织原有的关于黄金的各种规定，废除黄金官价，取消黄金份额；会员国可以按市价在市场上买卖黄金，取消会员国之间、会员国与基金组织之间以黄金清偿债权债务的义务，降低黄金的货币作用。逐步处理基金组织持有的黄金，按市场价格出售基金组织黄金总额的1/6，另1/6归还各会员国，同时，国际货币基金组织按市场拍卖部分黄金，所得利润主要用于援助低收入的国际收支逆差国家；确定以特别提款权为主要的储备资产，将美元本位改为特别提款权本位；会员国可以用特别提款权偿还对国际货币基金组织的借款，用它进行彼此之间的借贷或作为偿还债务的担保；国际货币基金组织在计算份额和贷款时都使用特别提款权计值，并扩大它的发行额；扩大对发展中国家的资金融通。基金组织用出售黄金所得收益建立信托基金，以优惠条件向最贫穷的发展中国家提供贷款。将基金组织的贷款额度从100%提高到145%，并提高基金组织"出口波动补偿贷款"在份额中的比重，由50%增加到75%；增加成员国在货币基金组织中所缴纳的份额，从292亿特别提款权提高到390亿特别提款权，且各国所占比例亦有所调整。《牙买加协定》的总体结果是石油输出国在国际货币基金组织中的份额增加，某些发达国家如英国的份额有所减少。

（二）牙买加货币体系的基本特征

（1）以浮动汇率制度为中心的多种汇率制度并存。《牙买加协定》实施后，全部发达国家均实行了浮动汇率制,美国、日本、加拿大、澳大利亚、新加坡实行单独浮动,欧共体国家大多实行联合浮动,其他国家则实行多种汇率制度,一些发展中国家选择使本国货币钉住单一外国货币(如美元、法郎、马克等)、钉住特别提款权、钉住一篮子货币、按一组经济指标进行调整、有管理的浮动、单独浮动、联合浮动等9种汇率制度,但是这并不排除其货币随着钉住货币一起对其他货币的兑换比价随市场供求关系而变动。从趋势来看,钉住美元的在减少,而实行按自选一篮子货币安排汇率,有管理的浮动汇率制的国家日益增加。有些国家选择联合浮动,它只是在一定区域内实行固定汇率制度,对区域外国家的货币仍是浮动汇率关系。

(2)多元化的国际储备体系。国际货币基金组织设想的特别提款权成为主要的国际储备资产并未成为现实。从1976年至今,各国官方储备已明显多元化,美元从布雷顿森林体系崩溃时占各国官方储备的3/4,降为20世纪90年代初的1/2,德国马克则从7%升至近20%,而日元则更从0.1%上升为近9%,欧元于1999年进入国际储备资产的行列,其所占比重显著增长。但时至今日,世界进出口额仍六成以上用美元结算,各国的国民生产总值、外贸额等除用本币表示外,仍用美元对外表示。这说明了美元的地位虽然有所下降,但仍是世界的主要货币,在今天的国际货币制度中仍然很重要。

(3)国际收支调节手段多样化。在浮动汇率制度下,各国可以运用多因素、多轨并行的办法协调国际收支,特别是可以运用汇率政策来调节国际收支。

20世纪70年代中期以来,世界各国国际收支失衡状况日益严重,美国贸易赤字问题严重,而联邦德国、日本则一直保持较大顺差,发展中国家除产油国和部分新兴工业化国家外,国际收支也多处于逆差地位,整个世界国际收支严重倾斜,牙买加货币体系对这一问题通过以下几种机制来进行调节:第一,浮动汇率制提供了调整国际收支的机制。如果一国经常账户逆差较大或持续时间较长,则该国货币对外汇率便会下浮,出口货物的外币价格下降,进口货物本币价格上涨,收支状况因出口增加、进口减少而得到改善;反之,当一国经常账户出现较大或持续时间较长的顺差时,其结果便会出现与上述相反的情况,国际收支也会得到相应调整。第二,利用各国间利率差异来调整国际收支失衡,国家间的利率差(实际利率差,实际利率等于名义利率减去通货膨胀率)是导致资本在国际流动的重要因素,资金必然从低利息率国家流向高利息率国家,这样就可以通过国际收支资本账户的资金流入、流出调节经常账户不平衡,当经常账户为赤字时可用引进资金来平衡收支,反之则用输出资金来平衡。第三,国际货币基金组织进行干预的调节。在布雷顿森林体系下,国际货币基金组织大多通过向国际收支逆差国提供贷款的方式纠正国际收支失衡;在牙买加货币体系下,除了贷款之外,货币基金组织更多地监督指导收支失衡国家所进行的调整,包括制定一系列调整政策并帮助落实,尽量使顺差、逆差双方均承担相应的义务,以避免对世界经济的不利冲击。应该说,国际货币基金组织在这方面,尤其是帮助发展中国家度过1982年7月爆发的债务危机方面起了很大的作用。

此外,与布雷顿森林体系时期相比,牙买加货币体系对外汇管制和对进口的直接限制进一步放宽,许多发展中国家在贸易和金融自由化方面都取得了显著进展;同时,在国际储备多元化基础上出现了一些货币区,如欧洲货币体系,这些货币区内维持各国货币的固定汇率,使货币区内部成员国间的贸易和金融关系得以快速发展。

3. 对牙买加货币体系的评价

人们对牙买加货币体系的看法不尽相同,一方面,它在维持和推动 20 世纪 70 年代中后期以来的世界经济发展发挥了积极的作用。牙买加货币体系中多种货币充当国际储备资产共同分担风险,可以较好地避免"特里芬难题",多种汇率制度并存可以适应一国、国家集团或世界经济的变化。以浮动汇率为主的体制,汇率可根据市场供求变化及时作出反应,调节对外经济交易(贸易与金融),协调一国宏观经济政策,保持对内、对外均衡。牙买加货币体系下的汇率制度是开放的,各国可以根据自己情况选择汇率制度并作出必要的调整。多因素的国际收支调节在一定程度上适应了世界经济的发展不平衡。

另一方面,这一制度也具有明显的反应迟缓、政策不符合实际等缺点,同时,由于《牙买加协定》对国际收支的调节明显缺乏制约能力,国际收支失衡现象无法解决,甚至有些发达国家和发展中国家的国际收支失衡问题日趋严重。在牙买加货币体系下,钉住汇率制度与独立浮动汇率制度之间的内在矛盾导致汇率动荡、货币危机频发。20 世纪 80 年代以来,世界出现经济结构失衡、国际收支失衡、货币被严重高估等问题,最终引发 1994 年的墨西哥货币危机、1997 年的东南亚金融危机、2001 年的阿根廷金融危机。国际收支调节与汇率体系不适应,由于时滞原因,大多数发展中国家不具备马歇尔-勒纳条件,汇率调节反而使国际收支恶化,直接通过国际融资来弥补逆差不能从根本上消除收支失衡,而长期依赖国际借款,可能发生债务危机。牙买加货币体系下的汇率体系极不稳定的另一主要原因是国际游资对汇率体系的冲击,由于国际金融机构对国际资本流动缺乏有效的监督,货币金融危机也就不可避免。

专栏 17-1

国际金融危机简史

自 1870 年以来,全球产出的年均增长速度为 3%,在此期间,至少爆发了 9 次国际性金融危机。

1873 年,奥地利首都维也纳的股市暴跌,引起伦敦、巴黎、法兰克福、纽约金融市场一片恐慌,铁路股票纷纷下挫。1873 年 9 月,美国颇具实力的银行杰依-库克金融公司因铁路投机破产,纽约股市狂泻,5 000 家商业公司和 57 家证券交易公司相继倒闭,纽约证券交易所也因此第一次关门 10 天。

1890 年,拉美国家(尤其是阿根廷)爆发了债务危机,伦敦巴林兄弟投资银行(巴林银行)对阿根廷债权发生支付危机,加之当年 10 月纽约发生金融危机,伦敦一系列企业倒闭,巴林银行几乎破产,英国对南非、澳大利亚、美国和其他拉美国家的贷款锐减,使上述国家和地区的经济危机一直持续到 1893 年。

1907 年,美国爆发了交易所危机。1907—1908 年,美国破产的信贷机构超过 300 个,共负债 3.56 亿美元,还有 2.74 万家工商企业登记破产,共负债 4.2 亿美元。危机波及世界许多国家,德国、英国、法国竭力向自己的殖民地倾销商品。一系列危机加剧了英德、法德之间的矛盾,使"一战"在危机中孕育。

1929 年 10 月 29 日,美国股市崩盘,道·琼斯指数单日重挫 23%(俗称"黑色星期二")。1929—1932 年,道·琼斯指数下跌超过 80%。随着美国经济崩溃,银行转向欧洲抽回银根，使欧洲各国也陷入萧条。美国在1930年6月17日通过法案，对3 000多项进口商品征收60%的高关税，全球许多国家纷纷效仿，采取关税壁垒进行报复，致使国际贸易完全停滞。到1932年，全球贸易总额不到1929年的一半。

1982—1983年，由拉美债务危机引发了席卷全球的债务危机，近40个发展中国家要求重新安排债务，发生危机的国家数目超过1972—1981年国家的总和。

1987年10月19日，美国的道·琼斯股票指数下跌508点，跌幅为22.6%。这一天被称为"黑色星期一"。之后，全球股市剧烈动荡。1987年10月20日，伦敦股票市场下跌249点，跌幅达11%；巴黎股票市场下跌9.7%；东京股票市场下跌14.9%；中国香港股票市场停止交易。

1991—1992年，芬兰、瑞典、挪威的北欧三国及日本的房地产和股市泡沫破灭，引发了北欧三国的银行危机和日本经济全面衰退。1992年9月，英镑和意大利里拉大幅贬值，被迫退出欧洲货币体系，引发了欧洲货币危机。

1997年7月，爆发于泰国的金融危机迅速波及菲律宾、马来西亚、印度尼西亚、新加坡和韩国，进而日本、俄罗斯、巴西、美国和欧洲的金融市场也相继动荡。金融市场的动荡使全球经济增长放缓。

2007年发端于美国的次贷危机引发了席卷全球的金融海啸。2008年9月7日，美国政府宣布接管房地美公司和房利美公司；9月15日雷曼兄弟公司宣布破产；美国国际集团获得了美国政府850亿美元的紧急援助；高盛、摩根士丹利获准转型为银行控股公司。美国金融动荡和经济衰退引发了一系列连锁反应，发达国家和发展中经济体均受到严重冲击，各国纷纷出台经济刺激计划。

资料来源：李坤望. 国际经济学[M]. 4版. 北京：高等教育出版社，2017：337-338.

第二节　国际货币制度改革

牙买加货币体系相对于布雷顿森林体系有较多的改革，它所确立的以美元为中心的多元国际储备和浮动汇率体系，在其运行的20多年中对维持国际经济运转和推动世界经济发展起到了积极作用。但是，随着国家经济关系的变化和发展，其弊端也日益暴露出来，货币金融危机频发，尤其是在1997年爆发的亚洲金融危机之后，浮动汇率制加剧了国际金融市场和体系的动荡和混乱，套汇、套利等短线投机活动泛滥，先后引发多次金融危机。汇率变化难以预测也不利于国际贸易和投资。调节机制多样化不能从根本上改变国际收支失衡的矛盾，亚洲金融危机爆发时，国际货币基金组织的几次干预失败就是例证。因此，改革现行的国际货币制度以便更好地适应当代国际经济的发展已成为时代的迫切要求。

货币制度变迁是人类社会生产力发展和国家治理制度变革的必然逻辑。相应地，国际货币体系也要随各国经济实力对比的改变而变化。在现行的美元信用本位制度下，已无法约束主要国际储备货币发行国的行为；各国之间缺乏协调合作，无法为世界提供稳定的货币体系公共产品,这些都是全球不断发生货币金融危机的深层次根源。当前,全球各国经济实力对比再次发生显著变化,新兴经济体经济实力不断增长,其货币理应在全球货币体系中占据一席之地,世界需要纳入有新兴经济体货币在内的多极化货币体系。对我国而言,除积极加快与我国实力相称的人民币国际化步伐外,还要为建立一个更有效、更开放的全球多极化货币体系,加强国际协调和相互制约的包容性机制而努力,这不仅有利于增强国际货币体系的信誉,也是关乎未来世界稳定发展的重要一环。

自20世纪60年代以来,有关国家政府和经济学家先后提出了许多改革国际货币制度的方案,其中主要有以下几类。

一、恢复金本位制方案

早在20世纪60年代中期,法国政府就提出了这种主张。法国经济学家雅克·吕埃夫(Jacques Rueff)进一步提出了建立"国家之间的金本位制"方案。该建议提出提高黄金价格,外国人持有本国货币要求兑换黄金时应予兑换,恢复用黄金弥补国际收支逆差。20世纪80年代,美国经济学家罗伯特·蒙代尔提出要在美国恢复金本位制的建议,为此美国政府曾专门成立一个黄金委员会进行论证,但最终否决了这种方案。实际上,恢复金本位制的方案是不现实的,一是因为黄金产量有限,其供应远远跟不上世界经济增长的需要;二是国际黄金市场金价起伏不定,金平价难以准确确定;最主要的原因还在于当前各国经济政策普遍倾向于实现国内经济平衡,使金本位制的自动调节机制无法发挥作用。

二、改进的金汇兑本位制方案

这种方案主要是为了改善以美元为中心的国际金汇兑本位制而提出的。这种方案认为,美国应消除国际收支赤字。然而,美国消除国际收支赤字会引起国际清偿能力不足的问题。鉴于此,英国经济学家罗伊·福布斯·哈罗德(Roy Forbes Harrod)主张提高金价,美国经济学家爱德华·伯恩斯坦(E. M. Bernstein)主张建立新的储备单位,该储备单位不能兑换黄金,但具有黄金的世界货币职能,可用于国际结算。伯恩斯坦的主张后来发展为特别提款权。

三、重建美元本位制方案

这是由美国经济学家查尔斯·P. 金德尔伯格(Charles P. Kindleberger)、罗纳德·麦金农(Ronald I. Mckinoon)和德斯普雷斯(E. Despres)等提出的方案,他们主张:美元不兑换黄金;国际市场力量决定各国官方与私人所需要的美元数量;为保持美元币值稳定,美国必须在国内执行稳定增长货币量的政策,同时也要注意到国际收支逆差的问题。自布雷顿森林体系崩溃以来,美元地位不断下降,但是美元仍然广泛用于国际交易和结算,且仍然是世界各国的主要储备货币,因而美元地位是不容置疑的。此外,美国仍然是世界上经济实力最强大的国家,其国民生产总值约占世界国民生产总值的25%,美国有强大的经济实力作为后盾。从上述理由看,恢复美元本位制有一定的道理。但是,从布雷顿森林体系运行的实践以及崩溃的教训来看,以任何一国货币为国际本位货币而建立的国际货币制度,其基础不稳固,因而也就无法维持。

四、建立"汇率目标区"的方案

这是有关国际汇率制度改革的方案,该方案由美国经济学家约翰·威廉姆森(John Williamson)在1986年提出,主要构想是建立汇率的目标区域。在该体系下,主要工业化国家估算出平衡汇率水平,并就允许浮动的范围达成协议。该方案建议将汇率浮动的目标区域定为均衡汇率±10%。在该范围内,汇率由供求决定,官方对外汇市场的干预是阻止其变动超出目标区域之外。目标区域方案提出后,受到其他一些经济学家的批评,批评者认为这一方案包含了固定汇率和浮动汇率制度各自最糟糕的特点。在浮动汇率制度下,目标区域允许汇率频繁且大幅度波动,并可能由于通货膨胀使之加剧。在固定汇率制度下,目标区域只能通过政府干预外汇市场,因此,将损害国际货币制度的自动调节功能。针对一些经济学家的批评,威廉姆森和米勒(Miller)进一步完善其方案,要求工业化国家加强货币政策等方面的合作,以便在减少对外汇市场干预行为的同时仍能将汇率维持在目标区域内。

五、建立世界中央银行方案

这是由美国经济学家罗伯特·特里芬(Robert Triffin)提出的,该方案主张彻底改革国际货币基金组织,把它变成世界中央银行。在这种体制下,用一种"国际货币"来代替美国境外流通的美元;各国货币的汇率平价将与国际货币挂钩;各国将把自己相当一部分外汇储备存入国际货币基金组织;国际货币基金组织为各国中央银行之间办理往来转账,就像美国联邦储备系统在美国的各商业银行之间办理清算业务一样。

除了上述改革方案外,针对当前国际金融市场巨额国际资本流动而造成的汇率不稳定和全球经济失调等问题,托宾曾建议对期限越短的交易征收越高的累进交易税(即"托宾税")以抑制国际投机资本的流动。1987年,多恩布什和弗兰克尔还提出了实行双重汇率以减少金融资本的国际流动的方案。该方案主张对贸易交易使用一种减少浮动的汇率,而对与国际贸易和投资无关的纯金融交易使用一种更灵活的汇率。

国际货币制度的改革是一项极为困难且复杂的系统工程,由于其涉及面非常广,并涉及各国的经济利益,因而在其改革过程中将不可避免地会产生各种各样的矛盾甚至激烈的斗争。历史的经验告诉人们,一种国际货币制度的崩溃所需时间可能较短,但要创立一种新的国际货币制度则要经历一个漫长的过程。因此,在改革国际货币制度的过程中,世界各国应本着务实灵活的态度加强国际合作与交流,努力缩小彼此间的差距,以促进适应新的国际经济关系的国际货币制度的早日建立。

专栏 17-2

完善全球货币体系的建议

当前,全球各国经济实力对比再次发生显著变化,新兴经济体经济实力不断增长,其货币理应在全球货币体系中占一席之地,世界需要纳入有新兴经济体货币在内的多极化货币体系。对我国而言,除积极加快与我国实力相称的人民币国际化步伐外,还要为建立一个更有效、更开放的全球多极化货币体系,加强国际协调和相互制约的包容性机制而努力,这不仅有利于增强国际货币体系的信誉,也是关乎下一个五十年世界稳定发展的重要一环。

一是稳慎推进人民币国际化。人民币国际化进程不在于快，而在于稳，在于逐步取得全球信誉和责任担当，不断提升人民币在全球货币体系中的地位。成为国际货币，经济实力和宏观经济稳定至关重要，汇率要由市场决定但同时要防止大幅波动。

二是加强货币政策与金融监管政策之间的协作。信用本位货币制度最根本的问题就是政府信用。虽然中央银行作为独立机构负责维护货币币值稳定，但是2008年国际金融危机以来，各国都有过度依赖中央银行的倾向。中央银行实行宽松货币政策的初衷是为实体经济调整提供时间，但副作用也很明显，必须加强与宏观审慎政策、微观监管政策之间的合作，尤其是在全球各国都受到美国货币政策外溢影响的情况下，必须借助宏观审慎管理来减缓资本大规模流动带来的冲击，加强对金融机构个体风险承担行为的审慎监管，以维护金融稳定。

三是进一步加强国际货币合作。历史经验一再表明，全球加强合作，汇率稳定，将有利于全球贸易增长，促进全球经济发展。进一步加强全球合作，在二十国集团（G20）框架下，研究建立一种全球货币制度，既能满足全球经济增长的需要，也能对各国经济实力转换保持一定的灵活性，让各国都信任和维护这种全球货币体系，除进行汇率协调外，要能对主要国际货币发行施加一定程度的硬性约束。

四是强化国际多边组织作用。进一步加快IMF等国际金融组织改革，加强对主要国际货币发行国的宏观经济监督和政策协调，扩大SDR发行规模，增加IMF可用资源，提升其服务世界各国的能力。国际组织要建立和完善包括东盟10+3、金砖国家、"一带一路"沿线国家等在内的区域性金融合作机制，加强相关国家之间的货币合作，为全球货币体系变革积蓄力量。

资料来源：王华庆，李良松. 国际货币制度改革之道[J]. 中国金融，2021（8）.

第三节 最优货币区理论与欧洲货币一体化实践

前面两节我们探讨了国际货币制度的演变及改革，本节首先阐述最优货币区理论，然后介绍欧洲货币一体化的发展和实践。

一、最优货币区理论

最优货币区（Optimum Currency Area，OCA）的概念是在固定汇率和浮动汇率的优劣争论中提出来的，最早由蒙代尔引入国际经济学领域。最优货币区由一组国家组成，在这个区域内，要么采用单一的货币（完全货币联盟），要么在保留不同国家货币的同时在这些货币之间实行持久严格的固定汇率，且相互之间完全可自由兑换，但对非成员国的货币采用浮动汇率制。最优货币区理论所要探讨的是一个货币区的适当范围，特别是一个国家参加某一货币区（新建立的或已经存在的货币区）或留在某一货币区内对其是否有利的问题。研究最优货币区理论主要有两种不同的方法，即传统方法和成本收益分析法。

（一）传统方法

传统方法试图找出一些关键的标准来界定一个适当的货币区域。这些标准主要包括国际要素流动性、经济的开放度、产品多样化、金融一体化程度、通货膨胀率的相似性和政策一体化程度等。

1. 国际要素流动性

要素流动性高的国家参与同一货币区有利可图，而要素流动性低的国家之间则应实行浮动汇率制。实际上，当要素流动性高时，国际调节就如同一国内各区域之间的调节一样，不存在国际收支问题。例如，假定在同一个国家，不同区域之间商品的贸易差额会引起逆差地区的收入和消费水平下降，为了消除该区域实际收入的下降，该区域将通过向区域外融资来消费比产出价值更多的产品（高资本流动性），而且失业工人可向区域外转移（高劳动力流动），这样，区域间的差异得以消除。如果没有要素的流动性，要消除国际不平衡就必然要求汇率变化。

2. 经济的开放度

经济的开放度可以用一国生产可贸易商品（包括可进口商品和可出口商品）与不可贸易商品的部门的相对重要性来衡量。如果一国生产的可贸易商品占国内产出的比重较高，则该国参与某一货币区有利可图；相反，如果一国生产的可贸易商品占国内产出的比重较低，则该国最好采取浮动汇率制。例如，如果一国经济具有较高的开放度，当它发生国际收支逆差时，如果采用本币贬值的政策，相对价格的变化将引起资源由不可贸易商品生产部门向可贸易商品生产部门转移，以满足出口增加和进口减少所产生的国内外对可贸易商品的需求增加，这就会对不可贸易商品生产部门产生巨大的冲击（其中包括发生通货膨胀），因为不可贸易商品生产部门所占比重较低。在这种情况下，采用固定汇率反而较为有利，同时可采用减少支出的国内政策（减少进口，同时促进出口）来消除贸易逆差。

3. 产品多样化

如果一国产品多样化程度较高，则其出口不同产品的范围就较广。一般来说，经济事件通常不会同时对所有产品的生产和出口产生不利的影响。这样，产品多样化程度较高的国家的出口稳定性也较高，从而对汇率变动的要求就较少，因而更能适应固定汇率的要求，适宜参加某一货币区。相反，产品多样化程度较低的国家，其可供出口的产品范围有限，受出口波动的影响就较大，从而采用浮动汇率制较为有利。

4. 金融一体化程度

这条标准与第一条标准有部分的重叠，但这条标准主要考虑的是作为平衡国际收支手段的资本流动要素。如果国际金融一体化程度较高，为保持外部平衡就不一定需要汇率变动，因为利率的很小变化就能引起大量的国际资本流动来平衡国际收支差额。因而一国在资本流动性较高时，采取固定汇率是恰当的，参与某一货币区也有利可图。当然，要保证国际资本有较高的流动性，就必须消除各种对国际资本流动的限制。

5. 通货膨胀率的相似性

通货膨胀率的差异过大会对贸易条件产生很大的影响，从而影响贸易商品的流量。在这种情况下，当发生经常项目差额时，就有必要改变汇率。相反，如果各国具有相同或相似的通货膨胀率，则不会对贸易条件产生影响，这时，采用固定汇率较为有利，参与某一货币区也有利可图。

6. 政策一体化程度

各国间政策一体化程度越高，越有利于组建货币区。政策的一体化可以采用成员国之间简单的政策协调、成员国将其财政政策或货币政策制定权交给一个超国家的货币或财政政策管理机构等不同形式。统一的货币政策要求区域内各成员国统一管理国际储备，并统一对非成员国货币的汇率等；统一的财政政策则要求区域内各成员国统一税收和转移支付以及其他财政措施。显然，政策一体化的理想情况是完全的经济一体化，而完全经济一体化的实现必然要求某种形式的政治一体化。

以上6条标准都是从一个方面给出了组建最优货币区的标准，这种单一标准的分析方法通常被认为是片面的和不完整的，需要进行综合归纳和发展。

(二) 成本收益分析法

与传统方法不同，成本收益分析法认为，一国参与某一货币区，会带来收益，也存在成本，因此一国要采取正确的行动，就要进行成本收益分析。

1. 收益分析

一国参与某一货币区的收益，主要包括以下4个方面。

(1) 持久的固定汇率制可以消除成员国之间投机资本的流动。当然，这取决于人们对区域内固定汇率的信心。如果人们对区域内的固定汇率缺乏信心，不稳定投机就不可避免。而在实行共同货币的情况下这一问题显然不会出现。

(2) 节省国际储备。各成员国在区域内的经济交易不再需要国际储备，就像在同一个国家不同区域之间进行交易一样。当然，这取决于人们对固定汇率的信赖。但在货币区建立初期，为了稳定建立固定的货币平价，各国必须拥有足够的国际储备来保持汇率稳定。

(3) 货币一体化可以刺激经济政策一体化甚至经济一体化。一国参与某个货币区，履行保持与其他成员国货币间的固定汇率的义务，可以在一定程度上使所有成员国制定统一的经济政策(特别是统一的反通货膨胀政策)。

(4) 尽管货币区内各成员国的货币对非成员国的货币采用浮动汇率，但货币区采取共同的对外汇率政策，无疑有利于提高货币区整体的谈判实力。

2. 成本分析

一国参与某一货币区的成本，主要包括以下4个方面。

(1) 各成员国会丧失货币政策和汇率政策的自主性。金融一体化及与此相关的完全资本流动，将导致货币政策失效。在完全货币一体化的情况下，各成员国的中央银行将合并成一个超国家的中央银行。当各成员国在工资、生产率、价格等方面存在差异时，汇率政策工具的丧失，将对成员国造成严重的影响，尤其是在受到外部冲击时，这种问题会变得更加严重。

(2) 财政政策受到约束。在固定汇率制下，虽然货币政策失效，但财政政策却是有效的，但这只对独立的国家而言。当一国参与某一货币区时，财政政策会受到货币区整体经济目标的约束。由于对各成员国财政政策的联合管理是以货币区内大多数成员的利益为目标的，因而有可能出现对大多数成员国有利的政策，可能刚好使某些成员国受到伤害。

(3) 可能引起失业增加。假定货币区内某一个成员国通货膨胀率较低且存在国际收支顺差，这个国家有可能对通货膨胀率较高且存在国际收支逆差的成员国产生压力，迫使逆差成员国实施限制性政策，导致该成员国失业增加。按照货币学派的观点，在长期内，货币区内的低通货膨胀率将使所有成员国获利。但即使如此，我们并不知道这个"长期"会有多长，而且，在短期，逆差国必定要承担失业增加的成本。

(4) 如果货币区内原先就存在经济发展的不平衡，那么这种不均衡可能会恶化。由于在没有限制的条件下，国际资本的流动性比国际劳动力的流动性更大，因而，与劳动力相比，资本更容易找到报酬更高的机会。这样，欠发达地区的资本流失比劳动力流失更快，从而加剧货币区内经济发展的不平衡。

根据上述分析，一国就可以在理性比较的基础上，作出是否加入或继续留在某一货币区的选择。当然，由于不同国家的社会福利函数不同，因而最终的选择结果可能并不统一。

二、欧洲货币一体化实践

由于布雷顿森林体系崩溃后汇率的剧烈波动以及全球性货币合作在短期内难以实现，区域性货币合作发展很快，其中欧洲货币体现的发展最为完善，影响也最大。

(一) 欧洲货币体系的建立

1950 年，欧洲支付同盟成立，标志着欧洲货币一体化的起步。1958 年，欧洲经济共同体各国签署了欧洲货币协定来取代欧洲支付同盟。20 世纪 60 年代初期，共同体的决策机构建议成员国货币之间实行固定汇率制。1969 年 3 月，举行欧洲经济共同体首脑会议，提出了建立欧洲货币联盟的概念。同年 12 月，欧共体成员国政府首脑在荷兰海牙举行会议，会议决定把欧共体建成欧洲经济货币联盟(EMU)，并决定在 1980 年前实现 EMU 的目标。1971 年，因美国放弃美元与黄金的联系使建立欧洲货币机制更为紧迫。在这种背景下，欧共体六国于 1972 年 3 月建立了"隧道之蛇"制度。这个制度把各成员国货币汇率的浮动作为蛇，把蛇的游动范围限定在一定范围(隧道)内，这个浮动的范围是±2.5%。后因国际金融市场的变化以及德法之间的政治分歧，欧洲货币之"蛇"无法正常运转，这导致欧洲货币之"蛇"夭折。直到 20 世纪 70 年代末，共同体才重新开始货币一体化进程，并在 1979 年 3 月 13 日正式建立了欧洲货币体系。欧洲货币体系的建立是共同体在经济一体化道路上的一次重大进展，也是战后国际货币制度演变中的一件大事。建立欧洲货币体系的主要目的是要建立一个稳定的货币区，以保持区内低通货膨胀和汇率稳定，同时通过区内各国之间的协商与合作来消除或减轻国际外汇市场波动对经济发展的负面影响。但由于 1992 年夏的欧洲金融危机，1993 年欧洲货币体系发生了很大变化，英国和意大利两国因各自货币大幅贬值而退出了这个体系。

(二) 欧洲货币体系的主要内容

1. 创建了"欧洲货币单位"

欧洲货币单位(European Currency Unit，简称 ECU，又称埃居)是欧洲货币体系的核心，它取代了 1975 年创设的只起计价单位作用的欧洲记账单位。欧洲货币单位是一个"货币篮子"，最初由欧洲经济共同体 12 个成员国中的 9 国货币组成，各国货币在欧洲货币单位中所占的权重按其在欧共体内部贸易中所占比重及其 GDP 在欧共体 GDP 总额中所占的比重加权计算，原则上权数每 5 年调整一次，但"篮子"中任何一种货币的比重变化超过

25%时，"篮子"的构成可随时调整。1984年9月，希腊货币德拉克马加入"货币篮子"后，进行了第一次调整。1989年6月和10月，西班牙和葡萄牙两国货币先后加入后，欧洲货币单位已包括了欧共体所有成员国的12种货币。1990年，又重新调整了中心汇率和欧洲货币单位中各国货币的权数。各国货币在欧洲货币单位中的比重，总的来说反映了各国的相对经济实力地位。

自从欧洲货币单位产生后，其地位和作用日益重要，具体作用主要体现在三个方面：①决定成员国货币中心汇率；②作为成员国货币当局之间的结算工具及整个共同体财政预算的结算工具；③随着欧洲货币基金的建立，逐渐成为各国货币当局的一种储备资产。欧洲货币单位成为欧洲统一货币的雏形，成了实行欧洲统一大市场的关键因素。欧洲货币单位于1999年1月1日由欧元取而代之。

2. 成员国之间实行可调整的固定汇率，对外实行联合浮动

欧洲货币体系的一个主要特点就是具有一个独特的汇率机制。欧洲货币体系通过平价网体系来稳定成员国间的货币汇价，参加国都规定本国货币同欧洲货币单位的中心汇率，并在双边基础上确定各参加国相互间货币的中心汇率。1993年以前，各国货币当局要保证各自货币汇率的波动幅度不超过中心汇率±2.5%（意大利里拉、英镑、西班牙比塞塔例外，波动幅度可达±6%）；从1993年8月起，所有参与货币的波动幅度都可达±15%。在这一机制中，欧洲货币单位是基准，各成员国货币分别规定出这一基准波动的最大偏离幅度。这实际上是一条警戒线，当某一成员国货币波动幅度达到或超过这条线时，该国金融当局就要进行干预，市场干预行动由所有成员国参与的货币委员会决定。对非成员国货币，成员国货币实行同升同降的浮动汇率。

3. 建立欧洲货币基金

欧洲货币基金是共同体对原有欧洲货币合作基金的扩大和发展。为了加强干预外汇市场的能力，稳定成员国之间的货币汇率，资助国际收支有困难的成员国，加强成员国之间的货币合作，1979年4月，欧洲货币体系的成员国将20%的黄金储备交给欧洲货币基金建立共同储备。其作用是一方面用于加强干预外汇市场的力量，稳定成员国货币之间的汇率和维持汇率联合浮动；另一方面向成员国提供贷款，平衡国际收支。在欧洲货币体系成立初期，欧洲货币基金的总额为250亿欧洲货币单位，其中140亿用于短期贷款，其余110亿作为中期金融援助。欧洲货币基金发放贷款的办法与国际货币基金组织相似，成员国取得贷款时，应以等值的本国货币存入基金。各国中央银行提供借款时可以用本国货币来提供，借款国还款可以使用提供借款国的货币偿付，也可以使用欧洲货币单位偿还。

三、欧元和欧洲中央银行体系

欧洲货币体系的建立与运行对促进欧共体国家的经济一体化及其经济协调、稳定发展起到了积极的推动作用。1991年年底签署的《马斯特里赫特条约》规定最迟至1999年建立欧洲经济与货币联盟。经过各成员国的共同努力，1999年1月1日，欧洲单一货币欧元作为欧元区11国的统一货币正式问世，标志着欧洲经济货币联盟正式确立。欧元与欧洲货币单位实行等值转换。因此，从1999年1月1日起，欧洲货币单位就已经被欧元取代，欧洲货币体系的核心已不再存在。从1999年1月1日至2002年6月30日，是欧元的过渡期，欧元区国家实行欧元与成员国货币双重等值计价。从2002年7月1日起，成员国货

币退出了流通领域，欧元成为欧元区国家唯一的法定货币。由于是单一货币，因此不存在汇率问题，欧洲货币体系的稳定汇率机制亦不复存在。因此，欧元的产生，标志着欧洲货币体系的终结，欧洲货币体系已经被欧洲货币联盟的欧洲中央银行体系所取代，欧元区成员国的货币政策由欧洲中央银行统一制定和执行。各成员国的中央银行已成为欧洲中央银行的分支机构。欧元的产生和欧洲中央银行的成立，表明作为欧洲货币联盟的过渡形式的欧洲货币体系已完成其历史使命。

四、欧元启用的意义

欧元的启用有利于欧元区优化区域资源配置，推动欧盟经济货币一体化建设，使欧盟真正成为货币与市场完全统一的体系，流通手续简化，成本降低，内部矛盾减少，都有利于推动成员国之间的贸易、金融和投资活动的扩展，提高市场运转的效率，使商品、劳动力和资本的流动更加自由，使社会资源更合理有效地在整个欧盟区内配置，有利于区域经济合作的加强和发展。由于欧盟经济实力的增强，这将会进一步提高欧元区整体竞争力。

欧元的问世是欧洲经济一体化发展过程中的一个重要里程碑，同时，它对国际金融秩序产生了重大的影响。"二战"后，美元凭借其雄厚的经济实力作后盾，一直在国际金融体系和世界经济中占据霸主地位，虽然经历过多次美元危机，但美元特权始终没有动摇。如今欧元问世，随着欧元区经济规模和经济实力的不断增加，欧盟的金融地位将明显提高，欧元货币职能的国际化在一定程度上挑战了美元特权，形成了与美元分庭抗礼的局面，导致了美元在国际储备资产中的份额减少。尽管美国政府多次声明，欧元问世和欧洲资本市场交易活跃不会构成对美国的威胁，但从长期来看，欧元对美元的压力是始终存在的。虽然欧元不可能在短期内取代美元，但它的作用在逐步加强。我们有理由相信，随着欧洲经济的发展，欧元的影响将进一步扩大，而欧元作用的加强将会促进国际金融体系由美元单极向美元、欧元等多极过渡，欧元的启用推动了国际货币汇率体系的合作和稳定，国际货币制度将越来越趋向均衡，欧元区的出现为新兴的国际货币制度提供了一种不同于美元化的区域货币选择。

同时，欧元作为单一货币正式使用后，尽管欧盟内部金融秩序混乱的问题大大得到缓解，一些经济学家认为在这样一个大而不同的区域内使用单一货币是有害的，甚至认为欧元会给欧洲金融市场带来巨大的波动。2009年12月始于希腊的债务危机，从2010年起开始蔓延至欧洲其他国家，伴随着德国等欧元区的龙头国开始受到危机的影响，欧元大幅下跌，整个欧元区正面临前所未有的挑战。

专栏 17-3

欧元的使用

欧元是欧盟中19个国家3.4亿人口正在使用的货币。欧元的19个会员国分别是德国、法国、意大利、荷兰、比利时、卢森堡、爱尔兰、西班牙、葡萄牙、奥地利、芬兰、立陶宛、拉脱维亚、爱沙尼亚、斯洛伐克、斯洛文尼亚、希腊、马耳他、塞浦路斯。欧元是由1992年为创建欧洲经济货币同盟各成员国在马斯特里赫特签订的《欧洲联盟条约》所确定的。成员国需要满足一系列严格的标准，如预算赤字不得超过国内生产总值的3％，负债率不超过国内生产总值60％，通货膨胀率和利率接近欧盟国家的平均水平等。

1999年1月1日，在实行欧元的欧洲联盟国家中实行统一货币政策（Single Monetary Act），2002年7月，欧元成为欧元区的合法货币，欧元由欧洲中央银行（European Central Bank，ECB）和各欧元区国家的中央银行组成的欧洲中央银行系统（European System of Central Banks，ESCB）负责管理。此外，欧元也是非欧盟中6个国家（地区）的货币，他们分别是摩纳哥、圣马力诺、梵蒂冈、安道尔、黑山和科索沃地区，其中，前4个国家根据与欧盟的协议使用欧元，而后两个国家（地区）则是单方面使用欧元。

本章小结

本章主要阐述了国际货币制度的国际金本位阶段、布雷顿森林体系阶段和牙买加货币体系阶段，并就每种货币体系对世界经济的影响进行评价。对欧洲货币体系的建立及运行进行了必要的分析。最后，本章对当前国际货币制度内容及形成后取得的成就和存在的问题进行分析，并就其改革和发展趋势进行探讨。

复习思考题

1. 简述布雷顿森林体系的主要内容，其运行效果如何？
2. 试分析布雷顿森林体系崩溃的原因。
3. 试述《牙买加协定》的主要内容、特点及困境，试述其改革的前景。
4. 简述现行国际货币制度的特征及其存在的问题。
5. 简述欧洲货币一体化的进展，如何看待欧元发行对国际货币制度的影响？
6. 阐述最优货币区理论的内容。

参 考 文 献

[1] 多米尼克·萨尔瓦多. 国际经济学[M]. 12版. 刘炳圻,译. 北京:清华大学出版社,2019.

[2] 李坤望,张兵. 国际经济学[M]. 4版. 北京:高等教育出版社,2017.

[3] 保罗·R. 克鲁格曼,茅瑞斯·奥博斯法尔德,马克·J. 梅里兹. 国际经济学:理论与政策[M]. 11版. 丁凯,等译. 北京:中国人民大学出版社,2021.

[4] 罗伯特·J. 凯伯. 国际经济学[M]. 15版. 侯锦慎,等译. 北京:中国人民大学出版社,2017.

[5] 佟家栋,周申. 国际贸易学——理论与政策[M]. 3版. 北京:高等教育出版社,2014.

[6] 赵春明,等. 国际贸易[M]. 北京:高等教育出版社,2021.

[7] 张二震,马野青,戴翔. 国际贸易学教程[M]. 北京:高等教育出版社,2019.

[8] 海闻,林德特,王新奎. 国际贸易[M]. 上海:上海人民出版社,2012.

[9] 赵春明,等. 国际贸易理论的传承与发展[M]. 北京:经济科学出版社,2017.

[10] 范爱军. 国际贸易学[M]. 北京:高等教育出版社,2016.

[11] 尹翔硕. 国际贸易:理论与政策[M]. 北京:机械工业出版社,2017.

[12] 薛荣久,屠新泉,杨凤鸣. 世界贸易组织概论[M]. 北京:高等教育出版社,2018.

[13] 赵春明,郑飞虎,齐玮. 跨国公司与国际直接投资[M]. 北京:机械工业出版社,2020.

[14] 多米尼克·萨尔瓦多. 国际经济学[M]. 10版. 杨冰,等译. 北京:清华大学出版社,2012.

[15] 大卫·艾特曼. 国际金融[M]. 英文版,12版. 北京:机械工业出版社,2016.

[16] 彼得·林德特. 国际经济学[M]. 范国鹰,等译. 9版. 北京:经济科学出版社,1992.

[17] 新帕尔格雷夫. 经济学大辞典:1卷[M]. 北京:经济科学出版社,1996.

[18] 佟家栋. 国际经济学[M]. 北京:中国财政经济出版社,2000.

[19] 彼得·罗布森. 国际一体化经济学[M]. 戴炳然,等译. 上海:上海译文出版社,2001.

[20] 张梅. 国际贸易理论与实务[M]. 陈岱孙,译. 北京:中国铁道出版社,2010.

[21] 陈雨露. 国际金融[M]. 第六版精编版. 北京:中国人民大学出版社,2019.

[22] 姜波克. 国际金融新编[M]. 北京:清华大学出版社,2005.

[23] 胡涵钧. 新编国际贸易[M]. 6版. 上海:复旦大学出版社,2018.

[24] 张玉珂, 杨宏玲. 国际经济学[M]. 保定: 河北大学出版社, 2003.
[25] 佟家栋, 周申. 国际贸易学理论与政策[M]. 2 版. 北京: 高等教育出版社, 2007.
[26] 李天德. 国际经济学[M]. 2 版. 成都: 四川大学出版社, 2011.
[27] 白树强. 世界贸易组织教程[M]. 北京: 北京大学出版社, 2009.
[28] 樊莹. 国际区域经济一体化的经济效应[M]. 北京: 中国经济出版社, 2005.
[29] Salvatore D. International Economics. 8th ed[M]. New York: John Wiley, 2004.
[30] Robert C. Feenstra. Advanced International Trade: Theory and Evidence[M]. Princeton: Prineton University Press, 2015.